kosmos

Hans-Ulrich Keller

Das Himmelsjahr 1989

Sonne, Mond und Sterne im Jahreslauf

Herausgegeben
von Hans-Ulrich Keller
unter Mitarbeit von Erich Karkoschka

Mit 214 Abbildungen
und 83 Tabellen

Astro-Kosmos
Kosmos
Gesellschaft der Naturfreunde
Franckh'sche Verlagshandlung
Stuttgart

Mit 166, z. T. zweifarbigen Zeichnungen von Elke Köder nach Vorlagen der Verfasser; 16 Farb- und 22 Schwarzweißfotos.

Umschlaggestaltung von Kaselow Design, München, unter Verwendung einer Graphik von Conrad Höllerer

Franckh'sche Verlagshandlung, W. Keller & Co., Stuttgart/
1988

Printed in Germany / Imprimé en Allemagne
L10 IN Hrr / ISBN 3-440-05871-9 / ISSN 0439-1551 80.1989
Satz: G. Müller, Heilbronn
Reproduktion: G. Schmid, Stuttgart
Druck und Binden: Clausen & Bosse, Leck

Das Himmelsjahr 1989

Das Himmelsjahr – ein kalendarischer Führer durch die Sternenwelt

Das astronomische Jahrbuch DAS HIMMELSJAHR kann auf eine jahrzehntelange Tradition zurückblikken. Vorliegender Band für das Jahr 1989 ist der 80. Jahrgang. Im Jahre 1910 erschien erstmals das STERNBÜCHLEIN von Robert HENSELING in der Franckh'schen Verlagshandlung in Stuttgart. Robert HENSELING (1883–1964) gehörte zu den profiliertesten Persönlichkeiten, die sich um die Verbreitung des astronomischen Weltbildes in unserem Jahrhundert verdient gemacht haben. Er gründete die Schwäbische Sternwarte in Stuttgart, die astronomische Zeitschrift DIE STERNE, den Bund der Sternfreunde und war Initiator und erster Leiter des alten Stuttgarter Planetariums, das von 1928 bis 1943 in Betrieb war. Alle seine Werke haben Robert HENSELING überdauert. Die Stuttgarter Sternwarte erfreut sich nach wie vor großer Beliebtheit in der Bevölkerung. DIE STERNE haben sich zu einer renommierten astronomischen Fachzeitschrift entwickelt, der Bund der Sternfreunde existiert heute noch unter der Bezeichnung Vereinigung der Sternfreunde (VdS) als Dachorganisation der Amateurastronomen im deutschen Sprachraum, das Planetarium Stuttgart wurde in den Jahren 1975 bis 1977 neu erbaut, und DAS HIMMELSJAHR wird heute von einer großen Lesergemeinde als astronomischer Ratgeber geschätzt.

Im Jahre 1945 erschien der astronomische Kalender aus der Franckh'schen Verlagshandlung in Stuttgart erstmals unter der Bezeichnung DAS HIMMELSJAHR. Verschiedene Autoren übernahmen die Bearbeitung und Herausgabe, unter ihnen Paul AHNERT, Rudolf BRANDT, Felix SCHMEIDLER, Karl Heinrich SCHÜTTE, Anton STAUS, Karl STUMPFF, Helmut WERNER und Walter WIDMANN. Seit 1949 hat Max GERSTENBERGER über drei Jahrzehnte in mühevoller Kleinarbeit Texte und Tabellen für DAS HIMMELSJAHR zusammengestellt, bis zu Beginn der achtziger Jahre auf Wunsch des Verlages die Herausgabe vom jetzigen Verfasser übernommen wurde.

Im Laufe der Jahrzehnte hat sich Aussehen und Gestaltung des Sternenjahrbuches aus Stuttgart immer wieder gewandelt. Der Inhalt aber ist der langjährigen Tradition treu geblieben. Auch heute noch gilt, was Robert HENSELING im Vorwort zu seinem Sternbüchlein einst schrieb:

„Das Sternbüchlein hat zwei Aufgaben zu erfüllen: Es soll denen nützen, die ohne fachliche Voraussetzungen die Sternbilder und Vorgänge am Sternenhimmel kennenlernen wollen, und es soll für fortgeschrittene Sternfreunde die astronomischen Ereignisse des Jahres vollständig, anschaulich und übersichtlich zusammenstellen."

Auch für den vorliegenden 80. Jahrgang gilt: Sowohl der interessierte Laie und Naturfreund als auch der ernsthaft beobachtende Amateurastronom soll dem HIMMELSJAHR die nötigen Informationen über die astronomischen Ereignisse des Jahres entnehmen können.

Das HIMMELSJAHR gliedert sich in drei Teile. Im ersten Teil findet man eine Einführung in den Gebrauch. Er ist zunächst für Leser gedacht, die das HIMMELSJAHR erstmals benutzen. Aber auch langjährige Benutzer sollten gelegentlich diese Erläuterungen nochmals durchlesen.

Der zweite Teil enthält zwölf Monatsübersichten. In diesem kalendarischen Hauptteil sind, für jedermann verständlich, Sonnen- und Mondlauf, Planetenlauf, Kleinplaneten, Sternschnuppen, besondere Himmelsereignisse, Fixsternhimmel und Veränderliche Sterne beschrieben.

Außerdem folgt jeder monatlichen Übersicht unter der Rubrik *Monatsthema* ein aktuelles Kapitel aus der Astronomie zur Vertiefung und Erweiterung vorhandener Kenntnisse.

Dem Hauptteil vorangestellt ist eine Übersicht über die 1989 stattfindenden Sonnen- und Mondfinsternisse. Auf Seite 11 findet man einen kalendarischen

Abb. 1: Der Spiralnebel M 81 im Sternbild Großer Bär. Diese Galaxie (Milchstraßensystem) ist rund zehn Millionen Lichtjahre von uns entfernt und enthält etwa 200 Milliarden Sterne.

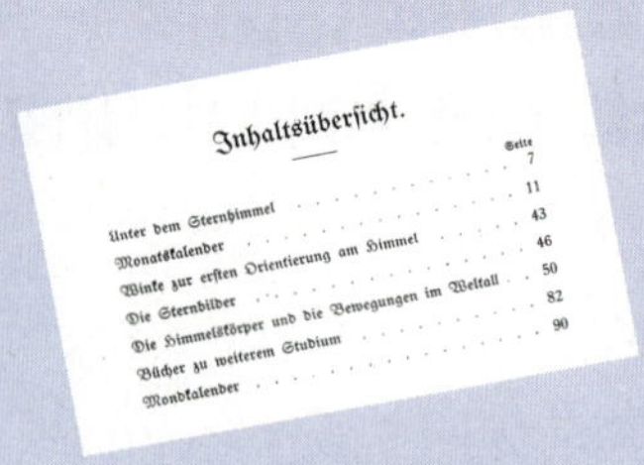

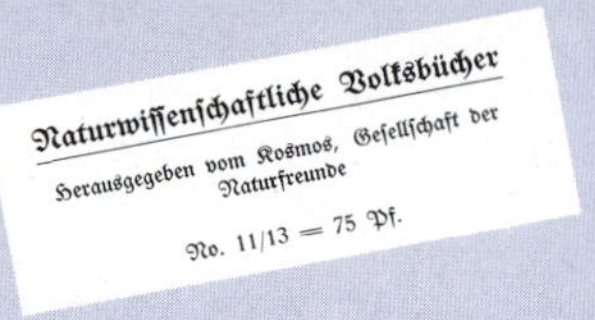

Abb. 2: Das erste „HIMMELSJAHR".

Abb. 3: Die Himmelsjahr-Umschlagsgestaltung im Wandel von 80 Jahren.

1910

Anblick des Sternhimmels in Mitteleuropa (unter 51° nördl. Br.) **am 15. April 1910 abends 10 Uhr.**

1924

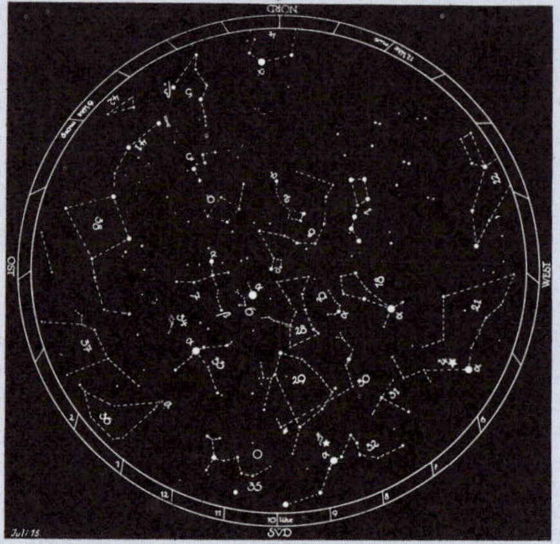

Der Sternhimmel Anfang Juli 1924 abends 11, Mitte 10 Uhr.
(1 Wagen, 2 Kl. Bär, 3 Kassiopeia, 4 Fuhrmann, 5 Perseus, 6 Leier, 7 Schwan, 8 Drache, 9 Kepheus, 18 Bootes, 19 Krone, 21 Jungfrau, 22 Löwe, 23 Krebs, 27 Rabe, 28 Herkules, 29 Schlangenträger, 31 Wage, 32 Skorpion, 33 Adler, 34 Delphin, 35 Schütze, 41 Andromeda.)

1941

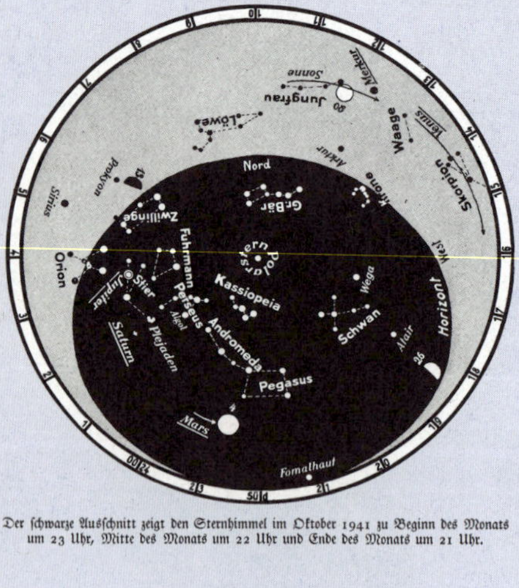

Der schwarze Ausschnitt zeigt den Sternhimmel im Oktober 1941 zu Beginn des Monats um 23 Uhr, Mitte des Monats um 22 Uhr und Ende des Monats um 21 Uhr.

1965

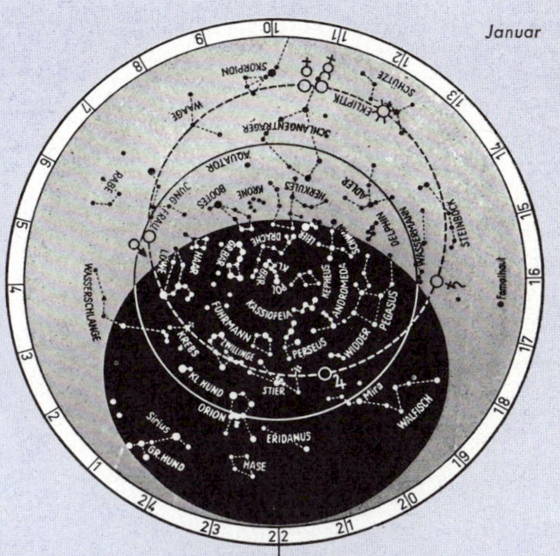

Sternhimmel am 1. Januar 22h MEZ bzw. am 15. Januar 21h MEZ

Februar

1976

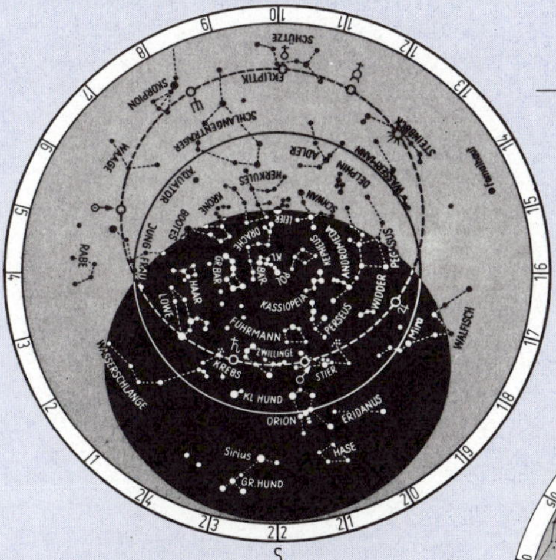

Sternhimmel am 1. Februar 22h MEZ bzw. am 15. Februar 21h MEZ

1982

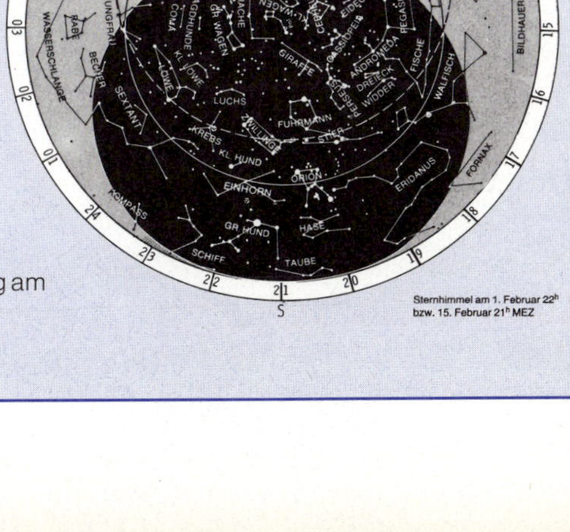

Sternhimmel am 1. Februar 22h bzw. 15. Februar 21h MEZ

Abb. 4: Veränderung der grafischen Gestaltung am Beispiel der monatlichen Sternenhimmel.

Überblick für das Jahr 1989 mit Angabe der Festtage.

Der letzte Abschnitt, der Tabellenteil, soll den erfahrenen, regelmäßig beobachtenden Sternfreunden die nötigen Daten liefern. Dabei wurde strikt darauf geachtet, daß nur die wirklich wichtigen und notwendigen Zahlenwerte erscheinen. Es ist beispielsweise wenig sinnvoll, für einen Planeten die Auf- und Untergangszeiten, scheinbare Helligkeiten etc. für jeden Tag des Jahres komplett aufzulisten. Geht ein Planet am Taghimmel auf, so ist die genaue Uhrzeit unwichtig. Durch diese Straffung des Tabellenteils wird vermieden, daß das HIMMELSJAHR zu einem dickleibigen Band wie ein großer Almanach wird, der dann auch entsprechend teuer wäre. Die Leser schätzen aber ein preisgünstiges Jahrbuch, das ihnen dennoch alle benötigten Zahlenwerte liefert.

In diesem Jahrbuch erscheinen die Planetenlaufgraphiken in verbesserter Form. Die waagrechte Hauptachse stellt nun den Himmelsäquator dar, die Ekliptik erscheint als Sinuskurve. Die Sternbilder sind damit in der aus Sternkarten gewohnten Stellung leichter zu erkennen. Auch die Darstellungen der Merkursichtbarkeiten wurden verbessert.

Ferner findet man im Tabellenteil ein Verzeichnis aller in den Jahrgängen 1980 bis 1989 erschienenen Monatsthemen, ein Verzeichnis aller Sternbilder, die bisher in der Rubrik *Aus der Sagenwelt der Sternbilder* behandelt wurden, sowie eine Tabelle der Sommerzeiten in der Bundesrepublik Deutschland für die Jahre 1980 bis 1993.

Die Daten für vorliegendes Jahrbuch stammen, soweit nicht nachstehend besonders vermerkt, vom *Planetarium Stuttgart.* Die Bahnkurven und Zeiten für die Jupitermonderscheinungen lieferte das *Bureau des Longitudes,* Paris, die Angaben für die Sternbedeckungen das *International Lunar Occultation Centre* (ILOC), Tokio, die Sonnenfleckenrelativzahlen das *Observatoire Royal de Belgique,* Brüssel.

Mein Mitarbeiter, Erich KARKOSCHKA (Lunar and Planetary Laboratory, University of Arizona, Tucson), hat einen Sternatlas zum HIMMELSJAHR verfaßt, der unter dem Titel *Atlas für Himmelsbeobachter* im Verlag Franckh-Kosmos, Stuttgart, erschienen ist. Er ist als Ergänzung zu eigenen Himmelsbeobachtungen ebenso zu empfehlen wie die Tonkassette *HIMMELSSPAZIERGANG – Hören, wo die Sterne stehen* von Irene NAUMCZYK, die mit Drehbarer Mini-Sternkarte und Textheft vom gleichen Verlag stammt. Rechnende Sternfreunde seien auf das ausgezeichnete Standardwerk von Oliver MONTENBRUCK, *Grundlagen der Ephemeridenrechnung,* aufmerksam gemacht, das inzwischen in der 3. Auflage im Verlag Sterne und Weltraum, München, vorliegt.

Besonders zu danken habe ich Herrn Erich KARKOSCHKA für die Skizzen zu den Himmelsanblicken, Merkursichtbarkeiten, Vierteljahresübersichten der Planetenstellungen, Planetenlaufgraphiken, Aufsuchkärtchen etc. sowie für die Ephemeridenberechnungen und die kritische Durchsicht des fertigen Manuskriptes.

Danken darf ich auch Frau Sabine HAUPT für die sorgfältige Reinschrift des Manuskripts sowie den Mitarbeitern des Verlags, namentlich Frau Irene NAUMCZYK, Frau Kirsten RAUE und Frau Margret SEKLER, für ihre stete Unterstützung und hervorragende Zusammenarbeit, ohne die vorliegendes Jahrbuch nicht pünktlich erscheinen könnte.

Stuttgart, im März 1988 *Hans-Ulrich Keller*

Das Jahr 1989

Das Jahr 1989 ist nach dem Gregorianischen Kalender ein **Gemeinjahr** mit 365 Tagen.

Der **Frühling** (Tagundnachtgleiche) beginnt am 20. März um 16^h28^m, der **Sommer** (Sonnenwende) am 21. Juni um 10^h53^m, der **Herbst** (Tagundnachtgleiche) am 23. September um 2^h20^m und der **Winter** (Sonnenwende) am 21. Dezember um 22^h22^m. Der längste Tag des Jahres mit 16^h23^m ist der 21. Juni, der kürzeste mit 8^h04^m der 22. Dezember.

Der Neujahrstag (1. Januar) fällt auf einen Sonntag, Aschermittwoch ist am 8. Februar, **Ostersonntag** am 26. März, Himmelfahrt am 4. Mai, Pfingstsonntag am 14. Mai und Fronleichnam am 25. Mai. Der 17. Juni (Tag der deutschen Einheit) fällt auf einen Samstag, Buß- und Bettag ist am Mittwoch, 22. November, der 1. Advent am Sonntag, 3. Dezember. Der 1. Weihnachtsfeiertag (25. Dezember) fällt auf einen Montag und Silvester (31. Dezember) auf einen Sonntag.

Das jüdische Neujahrsfest des Jahres 5750 wird am 30. September 1989 begangen. Am 4. August 1989 beginnt das Jahr 1410 des mohammedanischen Kalenders. In der byzantinischen Ära schreibt man das Jahr 7488, und die Japaner zählen das Jahr 2649.

Das Jahr 1989 entspricht dem Jahr 6702 der Julianischen Periode. Der 1. Januar 1989 (0^h Weltzeit $= 1^h$ Mitteleuropäischer Zeit) hat die Julianische Tagesnummer 2 447 527,5. Der 14. Januar 1989 des Gregorianischen Kalenders entspricht dem 1. Januar 1989 des Julianischen Kalenders. Der Sonntagsbuchstabe ist A, der Sonnenzirkel 10, die Epakte 22 und die Goldene Zahl XIV.*

Vier **Finsternisse** finden 1989 statt: Am 7. März und am 31. August ereignet sich je eine partielle Sonnenfinsternis. Beide Sonnenfinsternisse bleiben von Deutschland aus unsichtbar. Am 20. Februar und am 17. August findet je eine totale Mondfinsternis statt. Die Mondfinsternis vom 20. Februar ist von Deutschland aus nur in ihrer Endphase beobachtbar, während die Mondfinsternis in der Nacht vom 16. auf 17. August bei uns fast in ihrer vollen Länge zu verfolgen ist (siehe auch Kapitel *Sonnen- und Mondfinsternisse 1989* auf Seite 30 ff.).

* Nähere Erläuterungen zu den Kalenderzyklen findet man im HIMMELSJAHR 19**84** auf Seite 80 f.

Merkur kann Anfang Januar und Ende April, Anfang Mai sowie Ende Dezember am Abendhimmel aufgefunden werden. Im zweiten Oktoberdrittel macht sich der flinke Planet am Morgenhimmel bemerkbar.

Venus kann noch in der ersten Januarhälfte am Morgenhimmel gesehen werden. Am 4. April steht sie in oberer Konjunktion mit der Sonne. Von Juni an bis Jahresende ist der hellste aller Planeten dann Abendstern. Am 8. November erreicht die Venus ihre größte östliche Elongation von der Sonne.

Mars kommt am 29. September in Konjunktion mit der Sonne. Von Jahresbeginn bis Mitte Juni kann er noch am Abendhimmel gesehen werden. Im Dezember taucht der rote Planet wieder am Morgenhimmel auf.

Jupiter steht kurz vor Jahresende, am 27. Dezember, im Sternbild Zwillinge in Opposition zur Sonne. Im Spätherbst und Winter 1989/90 ist er als auffällig helles, gelbliches Gestirn hoch am Abendhimmel zu sehen.

Saturn im Sternbild Schütze erreicht am 2. Juli seine Oppositionsstellung. Er befindet sich an der tiefsten Stelle im Tierkreis. Mit Neptun kommt es 1989 zu einer dreifachen Konjunktion (3. März, 24. Juni und 12. November). Durch seine extrem südliche Stellung erreicht Saturn selbst in Meridiannähe nur eine bescheidene Höhe über dem Horizont. Die besten Monate zur Saturnbeobachtung sind Juni, Juli und August.

Uranus, Neptun und **Pluto** sind so lichtschwach, daß sie ohne optische Hilfsmittel unbeobachtbar bleiben. **Uranus** im Schützen steht am 24. Juni, **Neptun** ebenfalls im Schützen am 3. Juli und **Pluto** in der Jungfrau/Waage am 4. Mai in Opposition zur Sonne. **Pluto** durchläuft am 5. September den sonnennächsten Punkt (Perihel) seiner Bahn. Er ist dabei der Sonne näher als Neptun.

Genauere Angaben über die Sichtbarkeiten der Wandelgestirne entnehme man der Rubrik *Planetenlauf* in den Monatsübersichten.

Erläuterungen zum Gebrauch

Wer in einer wirklich klaren Nacht fernab von jeder störenden irdischen Lichtquelle den sternenübersäten Himmel betrachtet, ist leicht verwirrt. Scheinbar unzählige Lichtpünktchen funkeln am samtschwarzen Firmament. Doch die Astronomen haben Ordnung in dieses Sternengewimmel gebracht. Sich am Sternenzelt zurechtzufinden ist leichter, als mancher denken mag.

Die vielen Sterne, die man in einer mondlosen Nacht zu sehen bekommt, sind fast ausnahmslos Sonnen, also heiße, selbstleuchtende Gasbälle, gewissermaßen Geschwister unserer eigenen Sonne. Sie prägen dem Himmel ein scheinbar unveränderliches Muster auf, d. h., ihre gegenseitigen Positionen bleiben unverändert; man nennt sie daher Fixsterne. Die Phantasie der Menschen erkannte schon in alter Zeit in der zufälligen Anordnung der Sterne die Gestalten von Menschen, Tieren oder Gegenständen, eben die Sternbilder. Das Beispiel des Großen Wagens ist wohl jedem bekannt. Seine Form ändert sich nicht, jahraus, jahrein erkennen wir ihn in gleicher Gestalt.

Das Aussehen des Sternenhimmels ändert sich jedoch von Stunde zu Stunde. Da die Erde sich dreht, gehen die Sterne ebenso wie Sonne und Mond auf und unter. Am Morgenhimmel sind andere Sternbilder zu sehen als am Abendhimmel. Da die Sonne im Laufe eines Jahres durch die Tierkreissternbilder wandert, ist der Himmelsanblick auch jahreszeitlich immer wieder verschieden. Schließlich hängt es noch vom Beobachtungsort auf der Erde ab, welche Sterne zu sehen sind. In anderen geographischen Breiten sieht der Himmel entsprechend verschieden aus. Das berühmte Kreuz des Südens beispielsweise ist bei uns in Mitteleuropa nicht zu sehen.

Im HIMMELSJAHR ist das Bild des abendlichen Fixsternhimmels für jeden Monat beschrieben. Eine Sternkarte erleichtert die Übersicht. Außerdem ist die Stellung des Himmelswagens um 22^h MEZ für jeden Monat aus einer Graphik ersichtlich. Der Himmelswagen ist in jeder klaren Nacht zu beobachten, da er bei uns zirkumpolar ist, also niemals untergeht.

Während die Fixsterne ihre Stellungen zueinander nicht ändern, sondern nur gemeinsam infolge der Erdrotation über das Firmament ziehen, gibt es Gestirne, die ihre Position im Laufe von Wochen und Monaten ändern. Man nennt sie Wandelsterne oder Planeten (griech.: πλανάομαι = umherirren). Sie sind Geschwister unserer Erde, die ebenfalls ein Planet ist. Mit freiem Auge sind fünf Planeten zu sehen: Merkur, Venus, Mars, Jupiter und Saturn. Nach Erfindung des Fernrohres wurden noch drei weitere entdeckt: Uranus, Neptun und Pluto. Somit sind heute neun große Planeten bekannt, die die Sonne, das Zentralgestirn, umkreisen.

Wer die Sternbilder kennt, dem fällt ein Planet sofort als nicht dazugehöriges, gewissermaßen fremdes Gestirn auf. Ferner flimmern Planeten im Unterschied zu den punktförmigen Fixsternen nicht oder kaum, sie glänzen ruhig im geborgten Sonnenlicht. Die Planeten laufen ziemlich genau in derselben Ebene um die Sonne, die von der Erdbahn aufgespannt wird. Die Erdbahnebene entsteht durch den Umlauf der Erde um die Sonne. Sie heißt auch Ekliptikebene.

Von der Erde aus gesehen wandert somit die Sonne in einem Jahr durch die bekannten Sternbilder des Tierkreises. Der Wanderweg der Sonne heißt Ekliptik. Mond und Planeten bewegen sich ebenfalls in der Nähe der Ekliptik. Sie sind daher stets in den Tierkreissternbildern zu finden. Niemals kann beispielsweise die Venus im Großen Bären gesehen werden!

Ein Wort zu den Dimensionen im Weltall: Gibt man sie in Kilometer an, so erhält man die berühmten „astronomischen" Zahlen, Ungetüme mit vielen Nullen, die kaum aussprechbar sind und unter denen man sich gar nichts mehr vorstellen kann. Anschaulicher werden die Entfernungen im Kosmos, nimmt man die Reisegeschwindigkeit des Lichtes zu Hilfe: Pro Sekunde legt ein Lichtstrahl 300 000 Kilometer zurück, das ist fast die Strecke von der Erde zum Mond. Von der Sonne zur Erde sind es $8\frac{1}{3}$ Lichtminuten; dies entspricht 150 Millionen Kilometer. Die Entfernung Erde-Sonne wird auch Astronomische Einheit (AE) genannt. Sie ist die Basis für astronomische Entfernungsmessungen.

Bis zum fernsten Planeten unseres Sonnensystems, dem Pluto, ist ein Lichtquant von der Sonne immerhin schon sechs Stunden unterwegs. Da-

Abb. 5: Der Spiralnebel NGC 7331 im Sternbild Pegasus, ein Milchstraßensystem ähnlich dem unseren. Es setzt sich aus 140 Milliarden Sternen zusammen, die rund 50 Millionen Lichtjahre entfernt sind. Diese Aufnahme wurde mit dem 5-m-Reflektor des Palomar Observatoriums gewonnen.

nach beginnt der Abgrund der Fixsternräume. Schon die nächsten Sterne, also Nachbarsonnen unserer eigenen, sind so weit weg, daß das Licht Jahre braucht, um die gewaltigen Distanzen zu überbrücken. In einem Jahr legt das Licht 9 460 000 000 000 Kilometer zurück, also fast zehn Billionen Kilometer. Sirius im Sternbild Großer Hund, ein sehr naher Stern, ist beispielsweise „nur" neun Lichtjahre entfernt. Die meisten Sterne sind aber Dutzende, Hunderte und Tausende von Lichtjahren weit weg.

Alle Sterne am Himmel gehören zu einem riesigen System, zur Milchstraße. Als Sternenschwarm von 100 Milliarden Sonnen bildet sie einen gewaltigen Diskus mit 100 000 Lichtjahren Längsdurchmesser und 30 000 Lichtjahren Querdurchmesser. Zwischen den Sternen schweben Staub und Gaswolken, sogenannte interstellare Materie. Von den Mil-

Abb. 6: Die Milchstraße im Gebiet des Stieres mit Dunkelwolken. Interstellarer Staub schwächt und verdeckt teilweise das Licht ferner Sterne. Im Zentrum ist der dichtgedrängte offene Sternhaufen NGC 1647 zu erkennen.

liarden Sternen der Milchstraße sehen wir in einer klaren Nacht aber nur etwa 3000 bis 4000 Sterne, also nicht einmal ein Tausendstel eines Promilles aller Sterne.
Doch die Milchstraße ist nicht das einzige Sternensystem im Universum. Es gibt Milliarden solcher Milchstraßen oder Galaxien, wie sie auch heißen. Schon mit bloßem Auge kann man im Sternbild der Andromeda ein schwaches Lichtfleckchen erkennen: unsere Nachbarmilchstraße, den berühmten Andromedanebel. Über zwei Millionen Jahre ist das Licht dieser Sterne zu uns unterwegs. Andere Galaxien oder Spiralnebel (vgl. Abb. 5, Seite 13) stehen viele Millionen, ja Milliarden Lichtjahre tief im Raum – für unsere Begriffe unvorstellbar weit weg.

Sterne, Sternbilder und Sternkarten

Je nach Phantasie und Kultur haben die einzelnen Völker Sterne und Sternbilder unterschiedlich benannt. Die alten Chinesen kannten einen anderen Tierkreis, als wir ihn heute benutzen. Der Große Wagen wiederum heißt bei den Amerikanern „big dipper", große Schöpfkelle. Die meisten Sternbilder, die wir in den Sternkarten finden, stammen aus der griechisch-römischen Mythologie, viele haben ihre Wurzel im babylonischen Kulturkreis, einige kamen im Mittelalter hinzu. Die Sternbilder des Südhimmels wurden erst in der Neuzeit von den Entdekkern benannt.
Damit keine Verwirrung aufkommt, hat die Internationale Astronomische Union (IAU) für die gesamte Himmelskugel 88 Sternbilder festgelegt, die für alle Astronomen und Sternfreunde verbindlich sind. Diese 88 Sternbilder haben lateinische Namen und jeweils eine Abkürzung von drei Buchstaben; Beispiel: der Krebs, lat.: Cancer, Abkürzung: Cnc. Waren früher die Grenzen zwischen den einzelnen Sternbildern unklar oder fließend, so sind die durch IAU-Beschluß festgelegten Sternbilder durch die rechtwinkligen, äquatorialen Himmelskoordinaten (Rektaszension und Deklination) eindeutig abgegrenzt.
In alten Himmelsatlanten findet man recht hübsch und phantasiereich ausgeschmückte Darstellungen der einzelnen Himmelsfiguren (Abb. 7). Moderne Sternkarten zeigen nur noch Namen und Koordinatengrenzen eines Sternbildes, aber keine figürliche Darstellung mehr (Abb. 8).
Für den Anfänger auf dem Gebiet der Himmelskunde empfehlen sich zur ersten Orientierung die Sternkarten in dem „Atlas für Himmelsbeobachter" von Erich KARKOSCHKA, Franckh-Kosmos-Verlag, Stuttgart. Alle Sterne, die mit freiem Auge sichtbar sind, befinden sich im „Kosmos-Sternatlas" von

Abb. 7: Sternbild Großer Bär in der phantasievoll ausgeschmückten Sternkarte von Johann Elert BODE aus dem Jahre 1782.

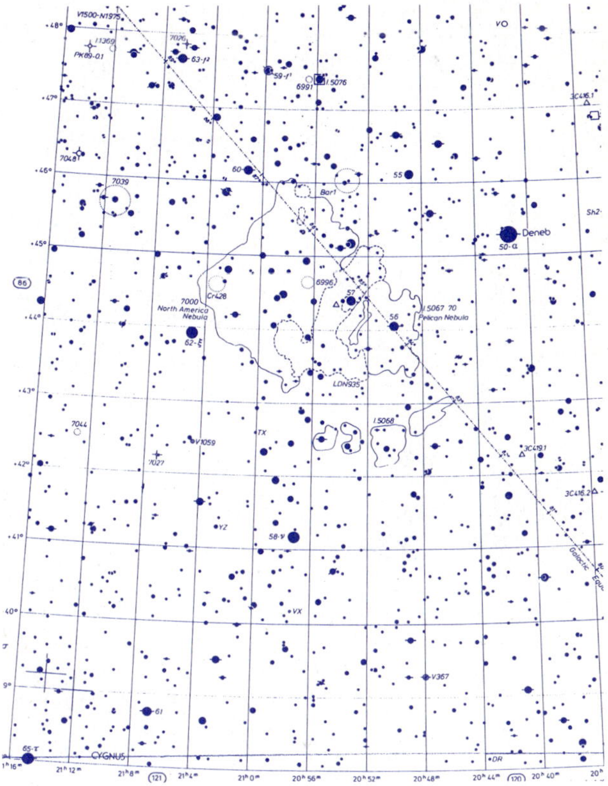

Abb. 8: Ausschnitt aus einer modernen Sternkarte (URANOMETRIA 2000.0 von TIRION, RAPPORT, LOVI).

DUNLOP/TIRION (Grenzgröße 6^m) und in dem Himmelsatlas „Der große Kosmos-Himmelsführer" von Ian RIDPATH und Wil TIRION, Franckh-Kosmos-Verlag, Stuttgart.

Für Sternfreunde mit Fernrohren seien folgende Sternatlanten genannt:

Atlas of the Heavens (Atlas Coeli 1950.0) von Antonin BEĆVÁR (geht bis $7^m{,}75$),

Sky Atlas 2000 von Wil TIRION (bis $8^m{,}0$),

URANOMETRIA 2000.0 von W. TIRION/B. RAPPAPORT/ G. LOVI (Grenzgröße $9^m{,}5$),

Falkauer Atlas von Hans VEHRENBERG (Fotografischer Sternatlas bis $13^m{,}0$),

Atlas Borealis, Eclipticalis und Australis von Antonin BEĆVÁR (farbige Darstellung der Sterne nach dem Spektraltyp, Grenzgröße $10^m{,}0$),

Atlas Stellarum von Hans VEHRENBERG (Grenzgröße etwa 15^m).

Nur die hellsten oder auffällige Sterne, die beispielsweise periodisch ihre Helligkeit ändern, haben Eigennamen erhalten. Diese stammen häufig von den Arabern, die in klaren Wüstennächten eifrig den Himmel beobachteten. So heißen die beiden hellsten Sterne im Wintersternbild Orion Beteigeuze und Rigel oder der berühmte veränderliche Stern im Perseus Algol.

Etwas systematischer hat Johannes BAYER im Jahre 1603 die Sterne bezeichnet, nämlich mit griechischen Buchstaben und dem Genitiv des lateinischen Sternbildnamens. So bekommt der hellste Stern in der Leier die Bezeichnung α Lyrae (oder kurz α Lyr), der zweithellste β Lyrae, der dritthellste γ Lyrae usw. Die Helligkeitsfolge ist aber nicht immer streng eingehalten, manchmal hat die Mythologie Vorrang. Von den beiden hellen Zwillingssternen trägt der hellere Pollux die Bezeichnung β Geminorum, der etwas schwächere Kastor α Geminorum. Bei Doppelsternen wird gelegentlich noch ein In-

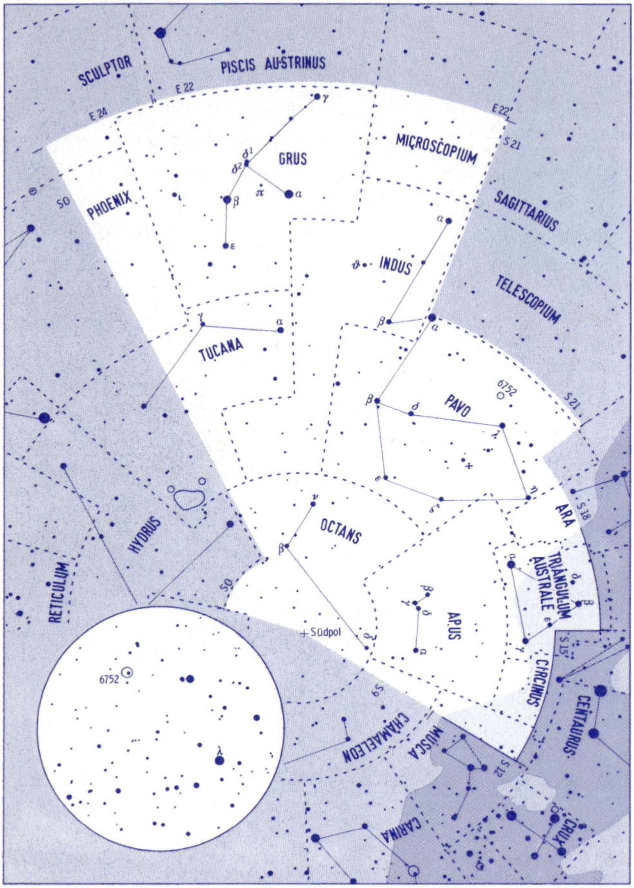

Abb. 9: Ausschnitt aus dem „Atlas für Himmelsbeobachter" von Erich KARKOSCHKA. Die Übersichtskarten enthalten alle Sterne bis Grenzgröße 6^m, die Aufsuchkarten für Sternhaufen und Nebel Sterne bis zur Grenzgröße 9^m (Franckh-Kosmos-Verlag, Stuttgart, 1988).

Abb. 10: Totale Mondfinsternis vom 8. 10. 1985 (Aufnahme GUTZEIT/IDLER).

Abb. 11: Der Krabbennebel (M1) im Sternbild Stier – Überbleibsel einer Supernovadetonation.

dex an den griechischen Buchstaben angehängt. Beispiel: ε_1 und ε_2 Lyrae, der berühmte Vierfachstern in der Leier (jede Komponente ist ihrerseits ebenfalls ein Doppelstern). Die 24 griechischen Buchstaben (siehe Seite 30) pro Sternbild reichen natürlich nicht aus, um alle Sterne zu benennen. Sie sind gewissermaßen nur ein Tropfen auf einen heißen Stein. Bei schwächeren Sternen gibt man die Katalognummer an, unter der sie verzeichnet sind, oder einfach die genauen Koordinaten.

Beispiele für Katalognummern: BD +52° 1312 bedeutet Stern Nummer 1312 in der Deklinationszone von +52° bis +53° der sogenannten Bonner Durchmusterung. HD 128974, Stern aus dem Henry-Draper-Katalog, SAO 146912, Stern aus dem Smithsonian Astrophysical Observatory Star Catalog, FK4: 1051, Stern aus dem 4. Fundamental-Katalog.

Sterne, deren Helligkeit variiert, werden häufig mit großen lateinischen Buchstaben + Sternbildnamen versehen: RR Lyrae, T Coronae Borealis. Man kann somit aus der Bezeichnung auf die Eigenart dieser Sterne schließen.

Eine Zusammenfassung der verschiedenen Bezeichnungen für die helleren Sterne findet man in folgendem Katalog-Werk:

Synopsis der Nomenklatur der Fixsterne von H. WERNER und F. SCHMEIDLER, Wissenschaftl. Verlagsgesellschaft mbH., Stuttgart.

Sterngruppen und Nebel

Schon mit bloßem Auge entdeckt man im Sternbild Stier ein Grüppchen von sechs bis neun Sternen, bekannt unter dem Namen Siebengestirn oder Plejaden. Sucht man den Himmel mit Feldstecher oder Fernrohr ab, so findet man zahlreiche derartige Gruppen. Sie werden schlicht Sternhaufen genannt. Man unterscheidet offene und kugelförmige Sternhaufen: Offene Sternhaufen enthalten Dutzende bis einige hundert Sterne, die alle einzeln als Lichtpunkte erkennbar sind; Kugelhaufen haben Hunderttausende bis Millionen Mitgliedssterne und sind als verwaschene, kreisrunde Lichtfleckchen zu sehen. Nur die Randpartien sind in Einzelsterne auflösbar, im Zentrum stehen die Sterne zu dicht, um als einzelne Lichtpunkte erkannt zu werden.
Zwischen den punktförmigen Sternen zeigen sich auch nebelhafte Gebilde. Da diese „Nebel" ihre Positionen unter den Sternen beibehalten, sind sie keine Erscheinung in der Erdatmosphäre, sondern astronomische Objekte. Bei den Nebeln gilt es zwei Kategorien auseinanderzuhalten. Einmal beobachten wir tatsächlich Staub- und Gasmassen zwischen den Sternen unserer Milchstraße, wie zum Beispiel im Sternbild Orion den berühmten Orionnebel. Andere nebelhafte Lichtfleckchen lassen sich jedoch mit sehr großen Teleskopen in einzelne Sterne auflösen. Hier sieht man fremde, ferne Milchstraßensysteme; das Licht von Milliarden Sternen wird von uns nur als schwaches Nebelfleckchen registriert, wie beispielsweise beim Andromedanebel. Wegen ihrer häufig spiraligen Gestalt spricht man auch von Spiralnebeln oder Galaxien (griech.: γαλάξις = Milchstraße).
Der französische Astronom Charles Messier (1730 bis 1817) hat einen Katalog mit über hundert Sternhaufen und Nebeln zusammengestellt. Sternfreunde benutzen noch heute seine Katalognummern. Der Orionnebel wird z. B. mit M 42, der Andromedanebel mit M 31, der Kugelhaufen im Herkules mit M 13 bezeichnet.
Wesentlich umfangreicher ist der Katalog von John L. E. Dreyer mit dem Namen „New General Catalogue of Nebulae and Clusters of Stars", abgekürzt mit

Abb. 12: Die Große Magellansche Wolke.

Abb. 13: Die Kleine Magellansche Wolke.

Abb. 14: Der offene Sternhaufen der Praesepe im Sternbild Krebs.

Abb. 15: Der Lagunen-Nebel, M 8 mit der Katalog-Bezeichnung, im Sternbild Schütze. Nach der Gestalt seiner leuchtenden Gaswolken erhielt er diese Bezeichnung.

NGC. Später erschienen noch zwei Ergänzungen („Index – Catalogue I and II“, kurz IC I und IC II) und schließlich der überarbeitete „Revised New General Catalogue“ (RNGC). Daher trägt der Andromedanebel M 31 auch die Bezeichnung NGC 224.

Die Helligkeit der Sterne

Seit alters her teilt man die Sterne in sogenannte Größenklassen ein. Man sagt z. B., der Polarstern sei ein Stern zweiter Größe. Diese Größenklassen geben nicht den Durchmesser oder die wahre Leuchtkraft der Sterne an, sondern ihre scheinbare Helligkeit am Himmel. Sterne erster Größe sind dabei heller als solche zweiter Größe. Ein schwaches Sternpünktchen sechster Größe ist eben noch vom unbewaffneten Auge zu erkennen. Ein Stern erster Größe ist dabei hundertmal heller als ein Stern sechster Größe. Daraus folgt, daß ein Stern 2. Größe 2,512mal lichtschwächer ist als ein Stern 1. Größe. Ein Stern 3. Größe wiederum ist 2,512mal lichtschwächer als ein Stern 2. Größe usw., denn $2{,}512^5 = 100$. Die Größenklassenskala ist somit ein logarithmisches Maß.

Abb. 16: Sternbild Kleiner Wagen mit Helligkeitsangaben in Größenklassen für die einzelnen Sterne.

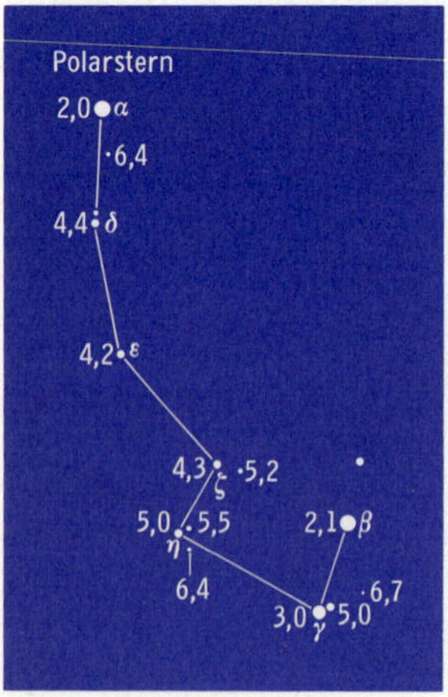

Als Abkürzung verwendet man ein kleines, hochgestelltes ^{m} für magnitudo (lat.) = Größe. Sterne, die heller als 1^{m} sind, bezeichnet man mit 0^{m}, -1^{m}, -2^{m} usw. Die Venus kann -4^{m} hell sein, was bedeutet, daß sie dann hundertmal heller strahlt als ein Stern erster Größe, also mit 1^{m}!

Mit Teleskopen lassen sich auch Sterne beobachten, die schwächer sind als 6^{m}.

In einem guten Fernglas sind Sterne bis 10^{m} ohne weiteres erkennbar.

In großen Teleskopen werden Sterne bis 21^{m} beobachtet, also Objekte, die eine Million mal lichtschwächer sind als die schwächsten dem menschlichen Auge zugänglichen Sterne mit 6^{m}.

Die Helligkeiten der Sterne zu schätzen, sollte man üben. Abb. 16 auf dieser Seite zeigt den Kleinen Wagen, wobei die Helligkeiten der einzelnen Sterne vermerkt sind. Da das Sternbild Kleiner Wagen zirkumpolar ist, kann es in jeder klaren Nacht zu jeder Uhrzeit gesehen werden.

Stünden alle Sterne gleich weit entfernt, sozusagen in einer Normentfernung, dann entspräche die beobachtete scheinbare Helligkeit auch ihrer wirklichen Leuchtkraft. Eine solche Normentfernung wurde mit 10 Parsec (knapp 33 Lichtjahre) festgelegt. Man rechnet nun die Helligkeit aus, die ein Stern in 10 Parsec Entfernung hätte, und bezeichnet diese Größe als „absolute Helligkeit“ oder „wahre Leuchtkraft“ eines Sternes.

Um die absolute nicht mit der scheinbaren Helligkeit zu verwechseln, wird sie mit einem großen M (Magnitudo) abgekürzt.

Beispiel: Unsere Sonne hat die enorme scheinbare Helligkeit von -27^{m} am Firmament und eine absolute Helligkeit von $+4^{M}{,}8$. Das heißt, in 33 Lichtjahren Entfernung erschiene uns die Sonne nur noch als Sternchen 5. Größe.

Anmerkung: Da ^{m} auch für Minute steht, ist aus dem Textzusammenhang zu entnehmen, ob Helligkeiten oder Zeiten bzw. Koordinaten gemeint sind.

Zeitangaben

Alle Uhrzeiten im Himmelsjahr sind grundsätzlich **in Mitteleuropäischer Zeit (MEZ)** angegeben.

Die Mitteleuropäische Zeit ist die mittlere Sonnen-

zeit des Meridians 15° östlich von Greenwich (Nullmeridian der Erde). Sie geht gegenüber der Weltzeit (UT – Universal Time oder GMT = Greenwich Mean Time) um eine Stunde vor. Es gilt: Weltzeit plus eine Stunde = MEZ.
Wenn es in Greenwich Mitternacht (0^h) ist, dann haben wir schon 1^h (MEZ) morgens. Für ortsabhängige Angaben (z. B. Auf- und Untergänge) gelten alle Zeiten für genau einen Ort 10° östlich von Greenwich und 50° nördlicher Breite. Dieser Punkt liegt für Westdeutschland ziemlich zentral.

Sommerzeit

Die Sommerzeit ist eine willkürliche Verschiebung der Zonenzeit um eine Stunde, um die Taageshelligkeit besser auszunutzen und (angeblich) Energie einzusparen. Sie beruht nicht auf astronomischen Grundlagen und ist außerdem von Staat zu Staat verschieden. Um die Benutzer des Himmelsjahres nicht zu verwirren, sind alle Angaben das ganze Jahr durchgehend in MEZ vermerkt.
Es gilt: MEZ plus eine Stunde = MESZ (Mitteleuropäische Sommerzeit).
Gilt in einem Land die Sommerzeit, so ist zu den Zeitangaben im HIMMELSJAHR einfach eine Stunde zu addieren. Beispiel: Der Mondaufgang am 18. April 1989 findet laut Tabelle *Mondlauf im April* um 16^h49^m MEZ statt und somit um 17^h49^m MESZ.
Achtung: Fällt ein Ereignis in die letzte Stunde vor Mitternacht, so ändert sich auch das Datum um einen Tag. Beispiel: Der Monduntergang erfolgt am 7. Mai 1989 um 23^h09^m MEZ; zählt man eine Stunde hinzu, erhält man 0^h09^m MESZ am 8. Mai.
Die Mitteleuropäische **Sommerzeit** (MESZ) **beginnt** am Sonntag, **26. März 1989,** und **endet** am Sonntag, **1. Oktober 1989.**
Wer häufig beobachtet, sollte das ganze Jahr über eine Uhr in MEZ laufen lassen. Dies ist recht bequem und hilft, Irrtümer zu vermeiden.
Eine Tabelle der Sommerzeiten in den Jahren 1980 bis 1993 findet man auf Seite 182.

Auf- und Untergangszeiten

Alle **Auf-** und **Untergangszeiten** (MEZ) **gelten** exakt **für 10° östlicher Länge und 50° nördlicher Breite.**
Für andere Orte im deutschen Sprachraum können diese Zeiten erheblich differieren (bis etwa ½ Stunde). Um schnell auch für andere Orte die Auf- und Untergänge ermitteln zu können, ist in der Tabelle auf Seite 191 die Zeitdifferenz abzulesen.
Man bestimmt dazu zunächst die geographische Position seines Beobachtungsortes (siehe Tabelle Seite 191). In der vierten Spalte ist der Zeitunterschied der Ortszeit zum Meridian 10° östlicher Länge angegeben. Man korrigiert zunächst in Länge. Positive Werte sind den Auf- und Untergangszeiten hinzuzufügen, negative abzuziehen. Für Stuttgart findet man z. B. $+3^m$, für München -6^m.
Damit hat man die Differenz in geographischer Länge ausgeglichen. Leider sind die Auf- und Untergangszeiten auch (und für die langgestreckte Bundesrepublik in viel stärkerem Maße als von der Länge) von der geographischen Breite abhängig und zu allem Überfluß auch noch von der Deklination des Gestirns! Um langwierige Rechnungen zu ersparen, ist das Nomogramm auf Seite 192 gedacht.
Die waagrechte Achse (Abszisse) enthält alle Deklinationswerte von $-30°$ bis $+30°$, für Sonne, Mond und Planeten also völlig ausreichend. Man schlägt die Deklination des Gestirns nach und sucht den Schnittpunkt der Deklination mit der Linie, die der geographischen Breite des eigenen Beobachtungsortes am nächsten kommt. An der senkrechten Achse (Ordinate) kann dann links die Korrektur in Minuten für die Aufgangszeiten und rechts für die Untergangszeiten direkt abgelesen werden.
Beispiel: Sonnenaufgang in Stuttgart am 21. Januar. Dem HIMMELSJAHR entnehmen wir 8^h07^m. Die Korrektur in Länge haben wir weiter oben schon bestimmt: $+3^m$. Die Aufgangszeit lautet somit: 8^h10^m.
Die geographische Breite von Stuttgart beträgt (siehe Seite 191) knapp $+49°$. Die Sonne hat, wie aus dem Sonnenlauf im Januar zu entnehmen, am 21. $-20°$ Deklination. Wir lesen im Nomogramm ab: knapp -4^m. Um diese vier Minuten erfolgt der Aufgang früher, das Ergebnis lautet somit: 8^h06^m MEZ.
Wer will, kann für seinen Heimatort (ständigen Beobachtungsort) die Ordinate (senkrechte Achse) um die stets gleichbleibende Längendifferenz verändern: Man addiere einfach zu den angegebenen Minutenzahlen den Längenkorrekturwert. Um beim Beispiel Stuttgart zu bleiben: An der 50°-Linie stünde links dann 3^m statt 0^m, darüber -2^m statt -5^m, darunter $+8^m$ statt $+5^m$. Ferner kann man auch eine Interpolationskurve mit der genauen geographischen Breite seines Heimatortes selbst einzeichnen.
Da durch den natürlichen Horizont (Häuser, Bäu-

me, Berge etc.) die Auf- und Untergangszeiten ohnedies mit einem gewissen Spielraum zu versehen sind, kann man auf die Korrektur auch ganz verzichten, wenn man keine große Genauigkeit benötigt.

Sternzeit

Unser tägliches Leben richtet sich nach der Sonne, ebenso unsere bürgerliche Zeitrechnung. Auf unserer Armbanduhr lesen wir somit „Sonnenzeit" ab. Steht die Sonne im Süden, dann haben wir zwölf Uhr Mittag. Eine Stunde später ist es ein Uhr nachmittags, wieder eine Stunde später zwei Uhr nachmittags usw. Die Sonnenzeit wird also am Stundenwinkel der Sonne gemessen.

Die Sonne steht jedoch nicht fest, sondern wandert im Laufe eines Jahres durch die Tierkreissternbilder. Um aber mit dem Fernrohr ein bestimmtes Gestirn zu finden, muß man die Stellung des Beobachters auf der Erde zu einer bestimmten Uhrzeit des Tages relativ zur Fixsternwelt kennen. Man braucht also einen „ruhenden" Punkt unter den Sternen. Dafür hat man den Frühlingspunkt ausgewählt. Er ist der Schnittpunkt der aufsteigenden Sonnenbahn mit dem Himmelsäquator. Im Frühlingspunkt steht die Sonne zu Frühlingsbeginn. Er ist auch der Nullpunkt der äquatorialen Himmelskoordinaten. Nimmt man statt der Sonne den unter den Fixsternen feststehenden Frühlingspunkt, erhält man statt der Sonnen- die Sternzeit.

Steht der Frühlingspunkt im Süden (Meridian), spricht man von 0^h Sternzeit, eine Stunde später von 1^h Sternzeit usw. Es gilt: Sternzeit = Stundenwinkel des Frühlingspunktes.

Im HIMMELSJAHR ist die Sternzeit jeweils für 1^h MEZ (= 0^h Weltzeit) von fünf zu fünf Tagen für den Meridian von Greenwich (Nullmeridian) angegeben.

Die Tabelle auf Seite 187 erlaubt eine schnelle Bestimmung der Sternzeit zur abendlichen Beobachtungsstunde.

Wozu dient die Sternzeit? Zunächst gibt sie an, wie der Fixsternhimmel relativ zum Beobachter steht. Um 0^h Sternzeit (SZ) sind beispielsweise Pegasus und Kassiopeia im Meridian zu finden, das Sommerdreieck hingegen im Westen, um 6^h SZ sind im Süden Orion und Sirius zu sehen, um 11^h SZ kulminiert der Löwe usw. Mit Hilfe der Sternzeit kann man sein Teleskop „nach Koordinaten" einstellen. Die Deklination wird direkt an einem Teilkreis eines parallaktisch montierten Fernrohres abgelesen. Der andere Teilkreis ist der Stundenkreis. Um den Stundenwinkel eines Gestirns zu ermitteln, bilde man die Differenz: Sternzeit minus Rektaszension des Gestirns, dann hat man den Stundenwinkel zum Beobachtungszeitpunkt und kann das Teleskop entsprechend einstellen.

Für die Bestimmung des Stundenwinkels eines Planeten kann man auch seine Kulminationszeit (Zeit des Meridiandurchganges) benutzen, wenn man keine Sternzeituhr zur Verfügung hat und sich die Berechnung der Sternzeit zum Beobachtungszeitpunkt ersparen will. Die Kulminationszeiten der Planeten und Kleinplaneten sind auf den Seiten 176 bis 180 angegeben.

Die Kulminationszeit gilt für 10° östlicher Länge. Zunächst ist die Korrektur für die Längendifferenz des Beobachtungsortes anzubringen (siehe Seite 191, Spalte *Zeitkorrektur gegen 10° östlicher Länge*). Um diese so erhaltene Zeit geht der Planet durch den Meridian des Beobachters und hat somit den Stundenwinkel Null. Man bilde nun die Zeitdifferenz zwischen der Beobachtungszeit und der Zeit des Meridiandurchganges. Sie entspricht direkt dem Stundenwinkel (im Zeitmaß).

Geht beispielsweise der Planet Neptun am 31. Mai 1989 um 2^h37^m durch den Meridian, beobachtet man aber erst um 3^h10^m, dann beträgt der Stundenwinkel $t = 0^h33^m$. Erhält man einen negativen Wert, so bedeutet dies, daß das Objekt noch vor dem Meridiandurchgang steht, der Stundenwinkel also in Richtung Ost einzustellen ist.

Dynamische Zeit

In der Astronomie wird seit 1984 eine **Dynamische Zeit** verwendet, die die früher übliche **Ephemeridenzeit** abgelöst hat. Genaugenommen gibt es zwei dynamische Zeitskalen: TDT (Terrestrial Dynamical Time) und TDB (Time Dynamical Barycentric). Die TDT bezieht sich auf den Beobachter auf der Erde, die TDB ist auf das Baryzentrum (Schwerpunkt) des Sonnensystems bezogen. Die genaue Differenz der Dynamischen Zeit zur Weltzeit (UT = Universal Time) kann erst *im nachhinein* aus Beobachtungen der Gestirnspositionen bestimmt werden. Der extrapolierte Wert für das Jahr 1989 lautet: $\Delta T = +56{,}5$ Sekunden, wobei $\Delta T = TDT - UT$ gilt. Die Weltzeit (UT) hinkt somit fast eine Minute der Dynamischen Zeit (TDT) nach. Der beobachtende Sternfreund kann die TDT unberücksichtigt lassen, wenn er nicht hohe Genauigkeitsansprüche hat. Wer jedoch die Angaben im HIMMELSJAHR mit anderen

Jahrbüchern vergleicht, muß beachten, daß alle Zeitangaben hier in MEZ = UT + 1^h und nicht in TDT vermerkt sind.

Der Sonnenlauf

Die Bewegung der Sonne durch den Tierkreis ist zu Beginn jeder Monatsübersicht aus einer kleinen Graphik zu entnehmen. Die Grenzen der Sternbilder sind eingetragen sowie die wichtigsten Bahnpunkte der Sonne.
Die Tages- und Nachtstunden sowie Dämmerungslängen werden durch eine dreiteilige Zeichnung (Uhrensymbole) veranschaulicht. Diese soll einen groben und schnellen Überblick über die Länge der Tages- und Nachtzeit geben. Für die Dämmerungszeiten wurde die nautische Dämmerung (Sonne 12° unter dem Horizont) eingesetzt.
Die Tabelle *Sonne* gibt die Auf- und Untergangszeiten, Meridiandurchgang (Kulmination), Zeitgleichung und die Mittagshöhe der Sonne an sowie die äquatorialen Koordinaten Rektaszension und Deklination für 1^h MEZ jeweils von fünf zu fünf Tagen. Die Zeiten gelten exakt für einen zentralen Ort mit 10° östlicher Länge und 50° nördlicher Breite. In der letzten Spalte ist die Sternzeit um 0^h Weltzeit = 1^h MEZ für den Nullmeridian (Greenwich) angegeben (siehe auch *Sternzeit*).

Sonnenhöhe zu Mittag

Sie ist in der Tabelle *Sonne* für 50° nördlicher Breite angegeben. Für andere Breiten ist sie einfach zu ermitteln: 90° minus geographische Breite des Beobachters plus Sonnendeklination.
Beispiel: Wie hoch steht die Sonne am 16. Mai zu Mittag (Kulmination) in Düsseldorf (geographische Breite: +51°)? 90° – 51° + 19° = 58°.
Im Winterhalbjahr ist die Deklination abzuziehen (negative Werte!).

Zeitgleichung

Die Sonnenzeit wird nach einer fiktiven „mittleren Sonne" gerechnet. Die wahre Sonne läuft nämlich ungleichförmig. So geht sie einmal vor, dann wieder nach. Die Differenz kann bis zu einer Viertelstunde plus oder minus betragen. Diese Differenz wird Zeitgleichung genannt. Sie ist definiert zu:

ZGL = Wahre Sonnenzeit minus Mittlere Sonnenzeit

Die Zeitgleichung und die Kulmination der wahren Sonne sind tabellarisch aufgeführt.
Wer den Wert der Zeitgleichung berechnen will, ziehe von 12^h20^m die Kulminationszeit ab. 12^h20^m ist nämlich die wahre Sonnenzeit der Kulmination für 10° östlicher Länge. Beispiel: Wie groß ist die Zeitgleichung am 26. April? Kulminationszeit der wahren Sonne am 26. April: 12^h18^m MEZ. Also $12^h20^m - 12^h18^m = +2^m$. Das heißt, die wahre Sonne geht 2^m früher durch den Meridian (Kulmination) als die mittlere. Ein negativer Wert der ZGL bedeutet, die wahre Sonne geht nach der mittleren durch den Meridian.

Der Mondlauf

Auf- und Untergangszeiten (MEZ) gelten genau für 10° östliche Länge und 50° nördliche Breite (siehe *Zeitangaben*).
Der Mond bewegt sich recht schnell durch den Tierkreis. Deshalb sind für jeden Tag des Jahres seine Koordinaten angegeben. Sie gelten jeweils für 1^h MEZ (= 0^h Weltzeit).
Wem Zahlen nichts sagen, der findet in der Spalte *Sterne und Sternbilder* die Position des Mondes im Tierkreis vermerkt. Ein * deutet auf eine Sternbedeckung hin.
Die Position des Mondes gilt wie erwähnt für 1^h MEZ. Wer also abends beobachtet, sollte die Stellung des Mondes im Tierkreis aus der Zeile des *folgenden* Tages entnehmen, denn der Mond läuft recht rasch.
Nähere Angaben zu den Sternbedeckungen finden sich in der Tabelle *Sternbedeckungen durch den Mond* auf Seite 188 f. Die letzte Spalte enthält die Mondphasen sowie wichtige Punkte in der Bahn. Die Mondbahn ist rund 5° gegen die Ekliptik (scheinbare Sonnenbahn) geneigt. Aufsteigender Knoten bedeutet, der Mond überschreitet die Ekliptik nach Norden, absteigender Knoten, er wechselt

wieder nach Süden. Größte Nordbreite: Der Mond steht am weitesten in nördlicher Richtung von der Ekliptik entfernt; analog dazu heißt größte Südbreite: Der Mond hat maximalen südlichen Abstand von der Ekliptik.

Libration: Bei größter Südbreite ist die Nordhalbkugel des Mondes uns ein wenig mehr zugekehrt, man spricht von maximaler Libration Nord; entsprechend sieht man bei größter Nordbreite mehr vom Südpolgebiet des Mondes.

Libration West: Westrand des Mondes, Libration Ost: Ostrand des Mondes ist uns zugekehrt.

Der Planetenlauf

Planeten sind Geschwister der Erde. Sie laufen gemeinsam mit ihr um die Sonne. Je näher ein Planet der Sonne steht, desto schneller wandert er um sie. Wir beobachten die Planeten nicht von einem ruhenden Punkt aus, sondern vom Raumschiff Erde, das ständig in Bewegung ist. Deshalb erscheinen uns von der Erde aus (geozentrisch) die Bewegungen der Planeten vor dem Hintergrund der fernen Fixsterne – dem Muster der Sternbilder also – recht kompliziert.

Überholt die Erde einen weiter außen laufenden Planeten, so scheint er einige Wochen lang zurückzubleiben, er ist „rückläufig", wie die Astronomen zu sagen pflegen. Anschließend bewegt er sich wieder in der ursprünglichen Richtung wie die Sonne, nämlich von West nach Ost, er ist wieder „rechtläufig".

Durch diesen Bewegungswechsel bildet die Bahn des Planeten eine Schleife.

Ob ein Planet am Himmel zu sehen ist, hängt von der gegenseitigen Stellung von Sonne und Planet ab. Steht ein äußerer Planet von der Erde aus gesehen hinter der Sonne, Planet – Sonne – Erde bilden also eine Linie, so ist er nicht beobachtbar (Abb. 17, links). Da er in Sonnenrichtung steht, geht er mit der Sonne auf und unter, bleibt somit nachts unter dem Horizont verborgen. Diese Konstellation heißt Konjunktion.

Steht der Planet von der Erde aus gesehen der Sonne gegenüber, also in der Reihenfolge Sonne – Erde – Planet (Abb. 17, links), so spricht man von Opposition oder Gegenschein.

Der Planet ist die ganze Nacht über zu sehen, da er mit Sonnenuntergang aufgeht und morgens mit Sonnenaufgang unter dem Westhorizont verschwindet.

Bilden Sonne – Erde – Planet ein rechtwinkliges Dreieck, so spricht man von einer Quadratur.

Die inneren Planeten Merkur und Venus können, wie leicht zu sehen, niemals in Oppositionsstellung kommen. Dafür unterscheidet man bei ihnen zwischen oberer und unterer Konjunktion (Abb. 17, rechts). In diesen beiden Stellungen bleibt der Planet unsichtbar. Nur wenn der Planet westlich oder östlich der Sonne „in Elongation" steht, kann er gesehen werden.

Steht Venus in östlicher Elongation, so geht sie erst nach Sonnenuntergang unter, sie ist dann Abendstern.

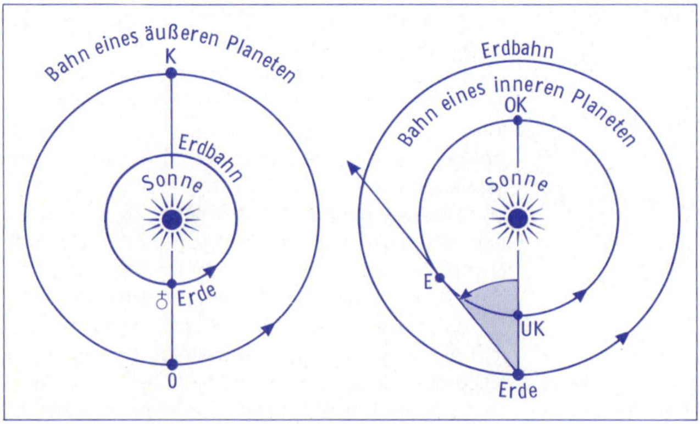

Abb. 17: Die linke Zeichnung zeigt die Erdbahn und die Bahn eines äußeren Planeten. Bei O steht der Planet in Opposition, bei K in Konjunktion. Auf der rechten Seite der Abbildung sind die Erdbahn und die Bahn eines inneren Planeten dargestellt. Bei UK steht der Planet in unterer, bei OK in oberer Konjunktion mit der Sonne. Bei E steht er in größter Elongation (Winkel blau gerastert).

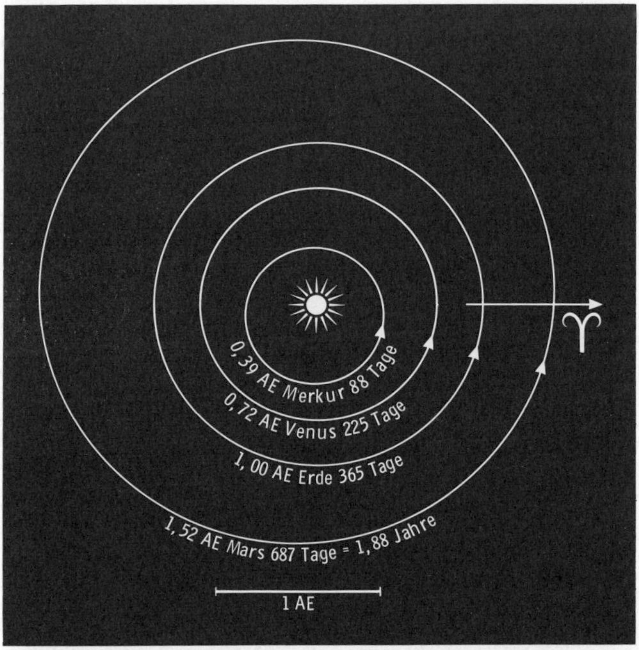

Abb. 18: Die Bahnen der inneren Planeten um die Sonne. 1 AE = 1 Astronomische Einheit = 149,59 Millionen Kilometer. Der Pfeil deutet die Richtung zum Frühlingspunkt an (Symbol: ♈).

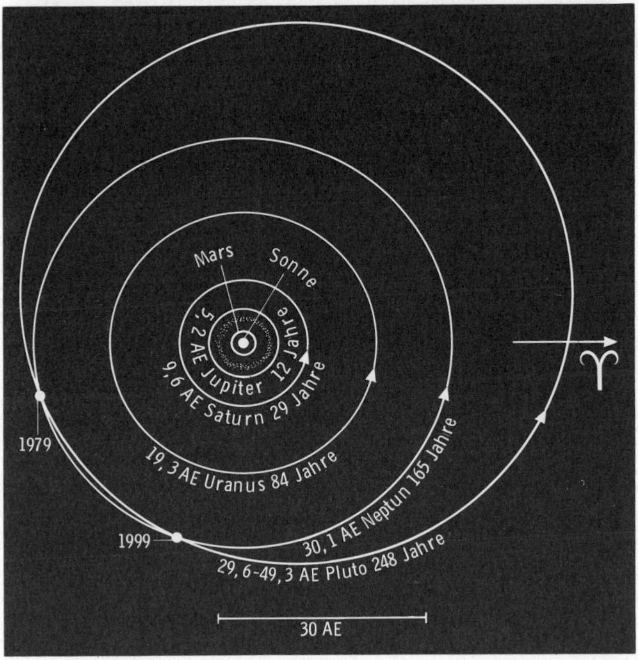

Abb. 19: Die Bahnen der äußeren Planeten. Zwischen der Marsbahn und der Jupiterbahn laufen Abertausende Kleinplaneten (Planetoiden) um die Sonne. Wegen seiner stark exzentrischen Bahn ist Pluto von 1979 bis 1999 der Sonne näher als Neptun.

Erläuterungen

Steht sie in westlicher Elongation, so geht sie vor der Sonne auf und ist am Morgenhimmel zu sehen. Ähnliches gilt für Merkur. Die größte Elongation (Winkelabstand von der Sonne) kann für die Venus 48° betragen, für den sonnennäheren Merkur aber nur 28°. Merkur ist daher schwer zu beobachten – entweder abends kurz nach Sonnenuntergang tief im Westen oder kurz vor Sonnenaufgang tief am Osthimmel.

Die **Sichtbarkeiten** der Planeten hängen nicht nur von den geometrischen Verhältnissen (Stellung des Planeten und der Sonne), sondern auch von meteorologischen Gegebenheiten ab. Eine starke Dunstglocke, hohe Luftfeuchtigkeit (Nebel) oder irdisches Streulicht (Neonreklame, Autoscheinwerfer, Lichtdom eines Stadions!) beeinträchtigen die Beobachtung.

Aufgrund langjähriger Erfahrungen sind die Sichtbarkeitszeiten im HIMMELSJAHR vermerkt. Je nach Beobachtungsort (stadtnah oder stadtfern) und Witterung sind die angegebenen Termine um wenige Tage zu verschieben. Jeder Beobachter wird hier seine eigenen, ganz persönlichen Erfahrungen machen.

Uranus: Ist theoretisch mit bloßem Auge gerade noch erkennbar (Oppositionshelligkeit $5\overset{\mathrm{m}}{,}5$). Wohlgemerkt „theoretisch“, es empfiehlt sich auf alle Fälle ein gutes Fernglas, um Uranus zu finden! Farbe: grünlich. Die im März 1977 entdeckten Ringe sind selbst in großen Fernrohren nicht zu sehen.

Neptun: Helligkeit um $7\overset{\mathrm{m}}{,}9$; zeigt im Fernrohr ein winziges, grünblaues Scheibchen.

Pluto: Der in der Regel sonnenfernste Planet ist leider recht lichtschwach, Helligkeit: $13\overset{\mathrm{m}}{,}7$. Nur gutausgerüstete Amateurastronomen können ihn beobachten.

Bis zum Jahr 1999 ist Pluto uns ein wenig näher als Neptun.

Die Angaben der scheinbaren Helligkeiten der Planeten sind – wie international üblich – V-Helligkeiten (nach dem UBV-System von JOHNSON). Die früher gebräuchlichen „visuellen“ (m_{vis}) Helligkeiten sind um durchschnittlich $0\overset{\mathrm{m}}{,}2$ geringer. Man beachte, daß manche Sternkalender noch die veralteten Werte bringen.

Die großen Planeten

Merkur: Sonnennächster Planet, zwischen $+3^{\mathrm{m}}$ und $-1\overset{\mathrm{m}}{,}5$ hell; schwer zu beobachten, da nur kurze Sichtbarkeitsperioden und stets horizontnahe Stellung; chromgelbes Licht.

Venus: Nach Sonne und Mond hellstes Gestirn, oft als Abend- bzw. Morgenstern bezeichnet. Helligkeiten von $-3\overset{\mathrm{m}}{,}9$ bis $-4\overset{\mathrm{m}}{,}7$; strahlend weißes Licht; entweder abends am Westhimmel oder morgens in der östlichen Himmelshemisphäre zu sehen.

Mars: Äußerer Nachbarplanet der Erde, auffallend seine rötliche Farbe (der *rote* Planet); sehr unterschiedliche Helligkeiten, nämlich von $+1\overset{\mathrm{m}}{,}8$ bis $-2\overset{\mathrm{m}}{,}9$.

Jupiter: Der größte aller Planeten, ein auffallend heller Planet, daher kaum zu übersehen; Helligkeit von $-1\overset{\mathrm{m}}{,}7$ bis $-2\overset{\mathrm{m}}{,}9$; weißlichgelbes Licht.

Saturn: Der sonnenfernste, mit freiem Auge noch sichtbare Planet strahlt in einem fahlen Licht zwischen $+1\overset{\mathrm{m}}{,}3$ und 0^{m}, in Ausnahmefällen bis $-0\overset{\mathrm{m}}{,}5$. Den berühmten Ring kann man mit einem Fernrohr ab etwa 30facher Vergrößerung erkennen.

Kleinplaneten

Außer den neun großen Planeten schwirren noch Tausende kleiner und kleinster Planeten (**Planetoiden** oder Asteroiden) um die Sonne. Der erste wurde in der Neujahrsnacht des Jahres 1801 von Giuseppe PIAZZI in Palermo entdeckt und auf den Namen Ceres getauft.

Heute sind über dreitausend Planetoiden katalogisiert. Die meisten bewegen sich zwischen Mars und Jupiter um die Sonne. Einige haben jedoch sehr langgestreckte Bahnen, die die Bahnen anderer Planeten kreuzen. Sie können auch der Erde recht nahe kommen.

Einige Planetoiden, die im Jahre 1989 heller als 9^{m} werden, sind in der Rubrik *Planetenlauf* verzeichnet, und zwar:

Ceres (1), Pallas (2), Juno (3), Vesta (4), Iris (7) und Eunomia (15).

Im Ephemeridenteil (Seite 176 ff.) sind ihre Koordinaten und Kulminationszeiten angegeben.

Auf Seite 178 findet sich eine Tabelle der Vesta-Oppositionen 1980–2000.

Abb. 20: Größenverhältnisse der Planeten und der Mondbahn im Vergleich zur Sonne. Darunter sind die astronomischen Symbole der Planeten vermerkt, die auch in den monatlichen Sternkarten des Himmelsjahres den Ort der betreffenden Planeten markieren.

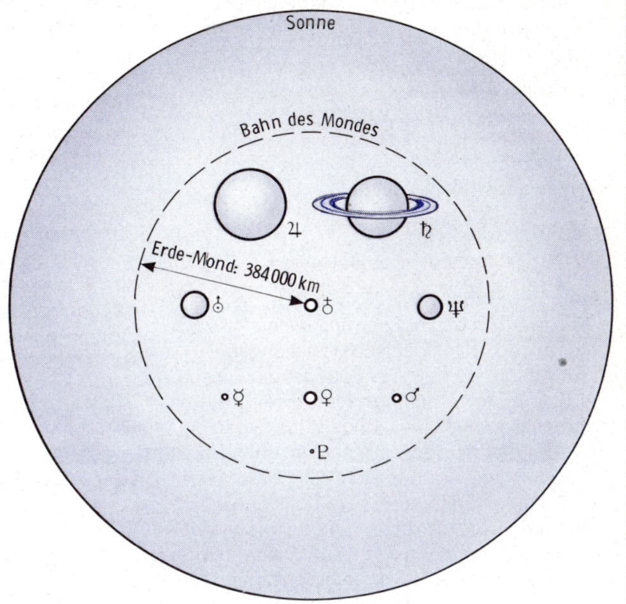

☉ Sonne ⌀1 392 000 km	☿ Merkur ⌀4 800 km	♀ Venus ⌀12 200 km	♁ Erde ⌀12 756 km	♂ Mars ⌀6 800 km
♃ Jupiter ⌀143 000 km	♄ Saturn ⌀120 000 km	♅ Uranus ⌀52 000 km	♆ Neptun ⌀49 000 km	♇ Pluto ⌀2 300 km

Die Monde der Planeten

Die beiden winzigen Marsmonde, die zahlreichen Uranusmonde, die beiden Neptunmonde und der neuentdeckte Plutomond sind so lichtschwach, daß sie nicht mit den bescheidenen optischen Hilfsmitteln der Sternfreunde zu beobachten sind. Deshalb sind sie hier nicht aufgeführt.

Jupiter: Hier sind die vier hellsten schon in kleinen Teleskopen leicht zu sehen: I Io, II Europa, III Ganymed, IV Kallisto. In den Monaten, in denen Jupiter zu beobachten ist, findet man eine Graphik, aus der Positionen der Jupitermonde im **umkehrenden** Fernrohr ersichtlich sind. Sie soll den Benutzer die gegenseitigen Stellungen und die Bewegungsabläufe der Jupitermonde erkennen lassen.

Die waagrechten Linien in der Graphik beziehen sich auf 1^h MEZ des jeweiligen Datums, das links angegeben ist.

Die Schnittpunkte der waagrechten Linien mit den Kurven der Jupitermonde geben somit deren Positionen jeweils um 1^h MEZ an.

Auf Seite 187 findet man eine Darstellung der Lage der Jupitermondbahnen relativ zum Beobachter.

Erscheinungen der Jupitermonde

Für den Fernrohrbesitzer ist es überaus reizvoll, Bedeckungen, Verfinsterungen, Durchgänge, Schattenwürfe der Monde des Riesenplaneten auf Jupiter selbst zu beobachten. Sofern diese Ereignisse von Mitteleuropa aus beobachtbar sind, findet man sie in der Rubrik *„Jupitermonde"* verzeichnet. Es gelten folgende Abkürzungen:

B = Bedeckung, Mond verschwindet hinter der Jupiterscheibe.

Erläuterungen

D = Durchgang, Mond geht vor der Planetenscheibe vorbei.

S = Schattendurchgang, Mond wirft seinen Schatten auf Jupiter.

V = Verfinsterung, Mond wird vom Jupiterschatten getroffen.

A = Anfang der Erscheinung.

E = Ende der Erscheinung.

I: Io, II: Europa, III: Ganymed, IV: Kallisto.

Beispiel: September 1989: 26. 0 18 II SA bedeutet: Am 26. um 0^h18^m beginnt der Schatten von Mond II (Europa) über die Jupiterkugel zu wandern.
Saturn: Schon mit dem Fernglas ist der Riesenmond Titan leicht zu erkennen. Für Sternfreunde mit Fernrohren sind auch die Monde Rhea, Dione und Tethys sowie Japetus in westlicher Elongation (er ist dann rund 2^m heller) zugänglich. Für die Monate, in denen Saturn einigermaßen zu beobachten ist, findet man jeweils eine Graphik, aus der die Stellungen und die Bewegungsabläufe der Saturnmonde Titan, Rhea und Japetus zu entnehmen sind. Auf Seite 191 sind die Bahnlagen der Saturnmonde relativ zum Beobachter abgebildet.

Sternschnuppen

Sternschnuppen, die in Strömen periodisch auftreten, sind in den Monatsübersichten angegeben. Bei den verzeichneten Daten, vor allem, was die Häufigkeit betrifft, ist mit erheblichen Abweichungen zu rechnen.
Die systematische Beobachtung heller Meteore ist auch heute noch ein dankbares Aufgabengebiet für den Amateurastronomen.

Konstellationen und Ereignisse

Diese Übersicht weist auf alle Konjunktionen (Begegnungen) zwischen den großen Planeten sowie mit Sonne und Mond sowie auf alle Oppositionen zur Sonne und die größten Elongationen der inneren Planeten hin. Auch Perihel- (Sonnennähe) und Aphelstellungen (Sonnenferne) der Planeten sind angegeben.
Sind Konjunktionen des Mondes mit Planeten prinzipiell beobachtbar, so sind die Winkeldistanzen **topozentrisch** (für +50° Breite) angegeben und durch **Fett**druck hervorgehoben.
Für die übrigen Konjunktionen sind die Abstandsangaben **geozentrische** Werte (Normaldruck). Denn durch die relative Erdnähe des Mondes ergibt sich eine große Parallaxe, d. h. der Winkelabstand des Mondes von einem Planeten kann bis etwa 1° differieren zwischen einem (fiktiven) Beobachter im Erdmittelpunkt (geozentrisch) und einem Beobachter auf der Erdoberfläche (topozentrisch).

Fixsternhimmel

Da die Sonne täglich um rund 1° unter den Sternen nach Osten vorrückt, ändert sich der Anblick des Himmels im Laufe eines Jahres. Genauer: Täglich durchschreiten die Fixsterne den Meridian vier Minuten früher als am Vortag. In 30 Tagen, also einem Monat, macht das schon zwei Stunden! Mitte Dezember steht das Sternbild Orion gegen Mitternacht im Süden. Mitte Januar schon um 22 Uhr, und Mitte Februar geht Orion um 20 Uhr durch den Meridian. Dadurch ändert sich zur gleichen Beobachtungsstunde die Himmelsszene mit dem Datum.
Nach einem Monat ist der Anblick noch nicht allzu verschieden vom Vormonat, aber nach einem Vierteljahr (sechs Stunden!) hat sich die Szenerie völlig umgestellt. Man spricht daher von einem Frühlings-, Sommer-, Herbst- und Wintersternhimmel. Gemeint ist der Anblick des Fixsternhimmels in den Abendstunden der jeweiligen Jahreszeit.
Alle drei Monate, im Januar, im April, Juli und Oktober, ist daher im HIMMELSJAHR der abendliche Fixsternhimmel ausführlich beschrieben, in den dazwischenliegenden Monaten wird jeweils ein Sternbild ausführlich besprochen bzw. werden lohnende Objekte für Feldstecher- und Fernrohrbesitzer genannt.
Im Laufe der Jahre kommt auf diese Weise eine umfangreiche Beschreibung der Sterne und Sternbilder in Sage und Wissenschaft zusammen.
Eine kleine Sternkarte dient der schnellen Orientie-

rung. Der dunkle, blaue Teil mit den weißen Sternen zeigt den Himmelsanblick zu Monatsbeginn um 22 Uhr, zur Monatsmitte um 21 Uhr. Die unter dem Horizont stehenden Sterne sind auf grauem Hintergrund schwarz eingetragen. Die Sonne und die fünf hellen Planeten (Merkur bis Saturn) sind ebenfalls eingezeichnet.
Wie vorher beschrieben, soll diese Sternkarte nur zur schnellen Orientierung dienen. Wer überhaupt noch keine Sternbilder kennt, sollte vorher zu dem Kosmos-Naturführer von WIDMANN/SCHÜTTE: „Welcher Stern ist das?" (Franckh-Kosmos-Verlag, Stuttgart) greifen.
Die monatlichen Sternkarten können auch zur Beobachtung am Morgenhimmel herangezogen werden. Der dunkle Teil mit den hellen Sternen zeigt den Himmelsanblick zu Monatsbeginn um 6 Uhr, zur Monatsmitte um 5 Uhr jeweils *vier* Monate *vor* dem Monat, in dem die Sternkarte erscheint.
Beispiel: Der Anblick des Fixsternhimmels um 22 Uhr im Juni (zu Monatsbeginn) entspricht dem Himmelsanblick zu Februarbeginn um 6 Uhr. Oder: Welche Sternkarte zeigt den Anblick des Sternenhimmels um 5 Uhr morgens Mitte November? Antwort: die März-Sternkarte, denn der November ist der *vierte* Monat vor dem März.
Man beachte noch, daß für den Morgenhimmel der Planetenstand nicht aktuell ist. Man entnehme ihn der Sternkarte des laufenden Monats.

Monatsthemen

Hier wird monatlich ein Kapitel aus der Himmelskunde kurz und bündig dargestellt, zum leichteren und allmählichen Eindringen in die Wissenschaft von den Sternen.
Auch über neue Forschungsergebnisse aus der Astronomie wird berichtet.

Tabellen und Ephemeriden

Für den fortgeschrittenen Amateurastronomen sind im Anhang wichtige Beobachtungsgrundlagen vermerkt. Der Anfänger kann diese Angaben unberücksichtigt lassen.

Die **äquatorialen Koordinaten** der hellen Planeten Merkur bis Uranus sind für das Äquinoktium 1989 angegeben, für Neptun, Pluto sowie die Kleinplaneten gilt das Äquinoktium J 2000.0, damit man sie leichter in vorhandene Sternkarten einzeichnen kann. Die Aufsuchkärtchen gelten ebenfalls für J 2000.0. Die Differenz zwischen beiden Äquinoktien beträgt in der Ekliptik knapp 0,2 Grad. Zur schnellen und leichteren Orientierung auf alten Sternkarten mit dem Äquinoktium 1950.0 dient die **Präzessionstafel,** die auf Seite 190 zu finden ist.
Für Sonne und Jupiter (System I und II) sind die **Zentralmeridiane** (Meridiane durch den Scheibchenmittelpunkt) jeweils für 1^h MEZ vermerkt. Die Daten der Sonnenrotation sind nach dem Improved IAU-System auf $0\overset{\circ}{.}01$ bzw. 1^m berechnet.
Sternbedeckungen durch den Mond sind für Berlin (Potsdam), Hamburg, Hannover, Düsseldorf, Frankfurt, München, Nürnberg, Stuttgart, Wien und Zürich angegeben. Aus Platzersparnisgründen ist jeweils nur ein Positionswinkel angegeben, der lediglich dem leichteren Aufsuchen des zu bedekkenden Sternes dienen soll. In den Monatsübersichten wird unter der Rubrik *Mondlauf* in der Spalte *Sterne und Sternbilder* durch ein * auf eine Sternbedeckung hingewiesen.
Veränderliche Sterne sind im Anschluß an die Fixsternmonatsübersichten aufgeführt. Für Algol (β Persei) und β Lyrae findet der Sternfreund jeweils die Minima-Zeiten, für δ Cephei die Lichtmaxima und für den langperiodischen Veränderlichen Mira (ο Ceti) den jeweiligen Helligkeitszustand. Die Aufsuchkärtchen (Abb. 107) findet man auf Seite 149. Bei den Minima-Angaben für Algol und β Lyr ist die Lichtzeitkorrektur (heliozentrisch auf geozentrisch) berücksichtigt.
Eine **Sternzeittafel** soll die rasche Bestimmung der Sternzeit zur abendlichen Beobachtungsstunde ermöglichen. Die **Sternzeit** für 1^h MEZ findet man in den Monatsübersichten in der Tabelle *Sonne* (letzte Spalte).
Das **Julianische Datum** ist jeweils für den Monatsersten in der Rubrik *Sonnenlauf* angegeben. Das Julianische Datum stellt eine fortlaufende Tageszählung dar, die mit dem 1. Januar des Jahres 4713 v. Chr. beginnt.
Ein **Verzeichnis astronomischer Vereine, Planetarien und Sternwarten** soll dem Leser den Kontakt zu Gleichgesinnten erleichtern und die eigene Beobachtungstätigkeit fördern. Das Verzeichnis erhebt keinen Anspruch auf Vollständigkeit. Weitere Adressen nimmt der Herausgeber gerne auf.

Das griechische Alphabet

Α α	Alpha	a		Η η	Eta	e		Ν ν	Nü	n		Τ τ	Tau	t	
Β β	Beta	b		Θ ϑ	Theta	th		Ξ ξ	Xi	x		Υ υ	Ypsilon	y	
Γ γ	Gamma	g		Ι ι	Jota	i, j		Ο ο	Omikron	o		Φ φ	Phi	ph	
Δ δ	Delta	d		Κ ϰ	Kappa	k		Π π	Pi	p		Χ χ	Chi	ch	
Ε ε	Epsilon	e		Λ λ	Lambda	l		Ρ ρ	Rho	r		Ψ ψ	Psi	ps	
Ζ ζ	Zeta	z		Μ μ	Mü	m		Σ σ ς	Sigma	s		Ω ω	Omega	o	

Sonnen- und Mondfinsternisse 1989

Im Jahre 1989 ereignen sich vier Finsternisse, und zwar zwei partielle Sonnenfinsternisse sowie zwei totale Mondfinsternisse. Die beiden Sonnenfinsternisse bleiben von Mitteleuropa aus unsichtbar. Die totale Mondfinsternis vom 20. Februar ist in ihrer Endphase, die totale Mondfinsternis vom 17. August fast in ihrer vollen Länge von Deutschland aus beobachtbar. Erst am 22. Juli 1990 wird von Nordosteuropa aus eine totale Sonnenfinsternis zu sehen sein. Am 21. Mai 1993 wird von Nord- und Nordostdeutschland, am 10. Mai 1994 von ganz Deutschland aus eine partielle Sonnenfinsternis beobachtbar sein. Am 9. Februar 1990 ereignet sich eine totale Mondfinsternis, die von Deutschland aus beobachtbar ist. (Siehe auch Abb. 10 auf Seite 17.)

Totale Mondfinsternis am 20. Februar

Diese Mondfinsternis ist von Deutschland aus nur in ihrer Endphase beobachtbar. Der Vollmond geht am 20. um 17^h44^m MEZ auf (für 50° nördl. Breite und 10° östl. Länge). Zu diesem Zeitpunkt ist das Ende der Totalität schon rund eine halbe Stunde vorbei.

Eintritt des Mondes in den Halbschatten	13^h30^m MEZ
Eintritt des Mondes in den Kernschatten	14 43
Beginn der totalen Verfinsterung	15 56
Mitte der Finsternis	16 35
Ende der totalen Verfinsterung	17 15
Austritt des Mondes aus dem Kernschatten	18^h27^m MEZ
Austritt des Mondes aus dem Halbschatten	19 41

Die Größe der Finsternis beträgt das 1,279fache des Mondscheibendurchmessers.

Partielle Sonnenfinsternis am 7. März

Diese Finsternis erfolgt in den Abendstunden nach Sonnenuntergang und bleibt von Deutschland aus unsichtbar. Der Höhepunkt der Finsternis wird um 19^h08^m erreicht, wobei 82,7 Prozent des Sonnendurchmessers vom Mond bedeckt werden. Der Ort der maximalen Phase liegt in der Beringstraße zwischen Alaska und dem nordöstlichen Archipel des asiatischen Kontinents. Die Finsternis ist außerdem beobachtbar von dem nordöstlichen Teil des Pazifischen Ozeans aus, von Nordamerika ohne die östlichen Gebiete, von Grönland ohne den nordöstlichsten Teil, von Alaska und dem an Nordamerika grenzenden Teil des nördlichen Eismeers.

Totale Mondfinsternis am 17. August

Diese Finsternis erfolgt in der Nacht vom **16.** auf 17. August. Der Mond geht am 17. um 5^h20^m MEZ (dies entspricht 6^h20^m Sommerzeit) unter (für 50° nördl. Breite und 10° östl. Länge). Der Untergang des Mondes erfolgt somit 36^m vor seinem Austritt aus dem Kernschatten. Die Finsternis ist daher fast in ihrer gesamten Länge von Deutschland aus beobachtbar.

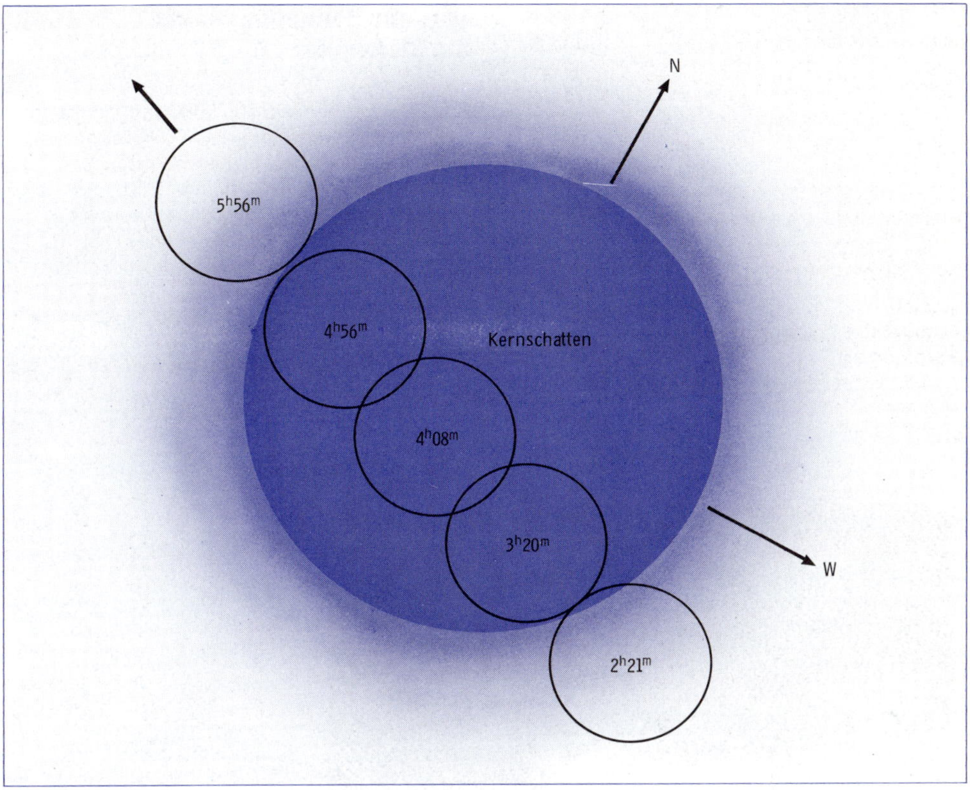

Abb. 21: Verlauf der totalen Mondfinsternis vom 17. August 1989. Alle Zeiten MEZ. Um Sommerzeit zu erhalten, eine Stunde addieren!

Abb. 22: Aufgang des teilweise verfinsterten Mondes am 20. Februar 1989.

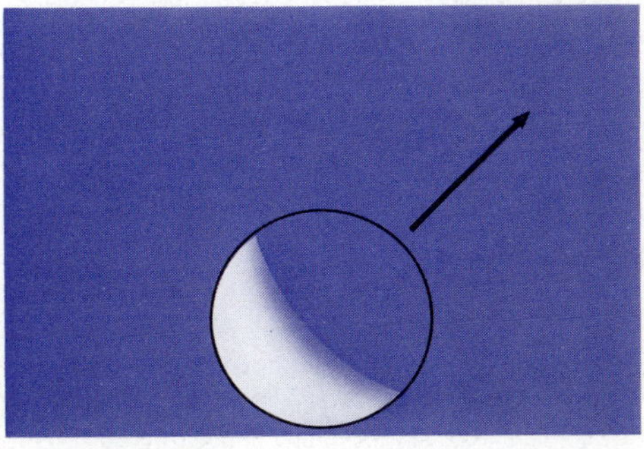

Abb. 23: Untergang des teilweise verfinsterten Mondes am 17. August 1989.

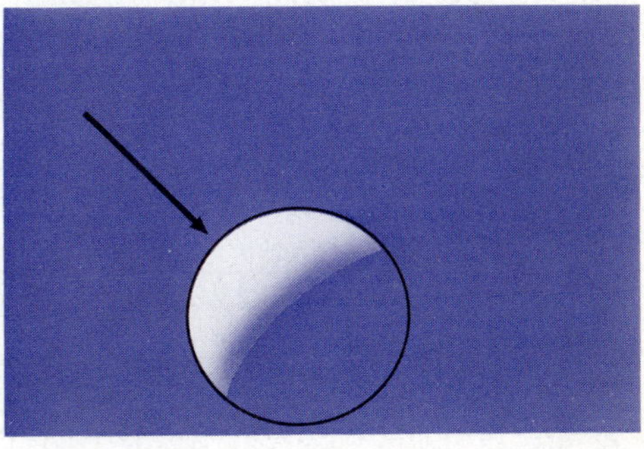

Eintritt des Mondes in den Halbschatten	1^h23^m MEZ
Eintritt des Mondes in den Kernschatten	2 21
Beginn der totalen Verfinsterung	3 20
Mitte der Finsternis	4 08
Ende der totalen Verfinsterung	4 56
Austritt des Mondes aus dem Kernschatten	5 56
Austritt des Mondes aus dem Halbschatten	6 53

Addiert man zu den obigen Zeiten jeweils **eine Stunde**, so erhält man den Verlauf der Finsternis in **Sommerzeit**.
Die Größe der Finsternis beträgt das 1,604fache des Mondscheibendurchmessers.

Partielle Sonnenfinsternis am 31. August

Die Finsternis findet in den frühen Morgenstunden des 31. August statt und bleibt von der gesamten Nordhalbkugel der Erde aus unbeobachtbar. Zum Höhepunkt der Finsternis um 6^h31^m sind 63,5 Prozent des Sonnendurchmessers vom Mond bedeckt. Der Ort der maximalen Phase liegt im südlichen Eismeer nahe der Antarktis, weit südlich der Südspitze von Afrika.
Die Finsternis ist sichtbar von Südafrika aus, von Madagaskar, südwestlichen Teilen des Indischen Ozeans und Teilen der Antarktis.

Abb. 24: Der Pferdekopfnebel im Orion – eine berühmte Dunkelwolke (Aufnahme Hale-Observatories). Siehe Text Seite 19.

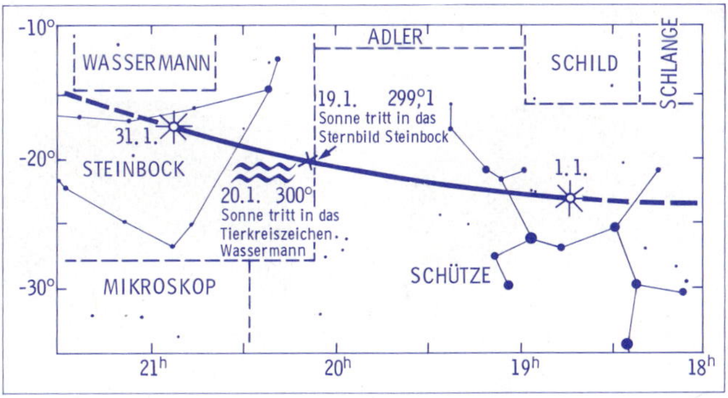

Sonnenlauf

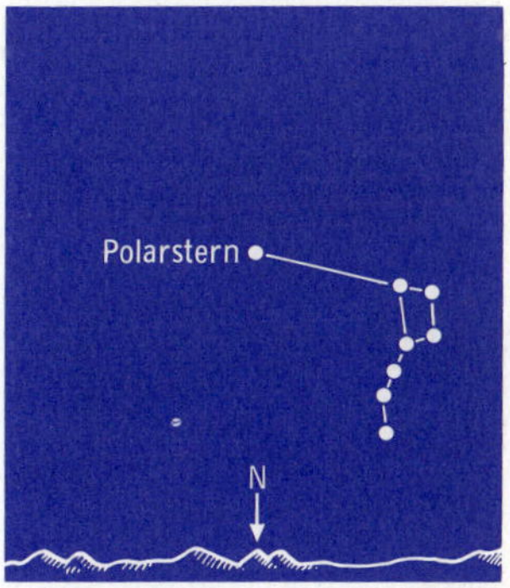

Himmelswagen
Anfang Januar 22^h MEZ

Sonne

Datum	Aufgang	Untergang	Kulmination	Zeitgleichung	Mittagshöhe	Rektaszension	Deklination	Sternzeit 1^h MEZ
1.	8^{h}19^m	16^{h}29^m	12^{h}24^m	– 4^m	17°,0	18^{h}46^m	–23°,0	6^{h}42^m
6.	8 18	16 34	12 26	– 6	17,5	19 08	–22,5	7 02
11.	8 16	16 41	12 28	– 8	18,2	19 30	–21,8	7 22
16.	8 12	16 48	12 30	–10	19,1	19 51	–21,0	7 42
21.	8 07	16 56	12 31	–11	20,2	20 13	–20,0	8 01
26.	8 02	17 04	12 33	–13	21,4	20 34	–18,8	8 21
31.	7 55	17 12	12 34	–14	22,7	20 54	–17,4	8 41

Julianisches Datum am 1. Januar, 1^h MEZ: 2 447 527,5

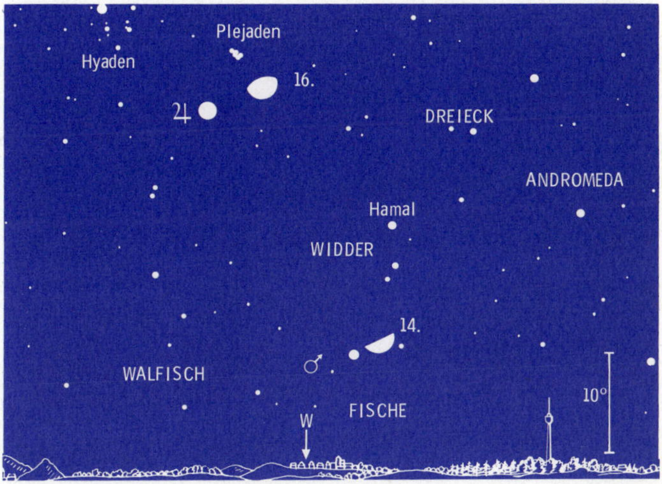

Abb. 25: Anblick des abendlichen Sternenhimmels am 14. und 16. Januar gegen 24^h MEZ. Der zunehmende Mond zieht an Mars (14.) und Jupiter (16.) vorbei, ein reizvoller Anblick.

Tages- und Nachtstunden im Januar

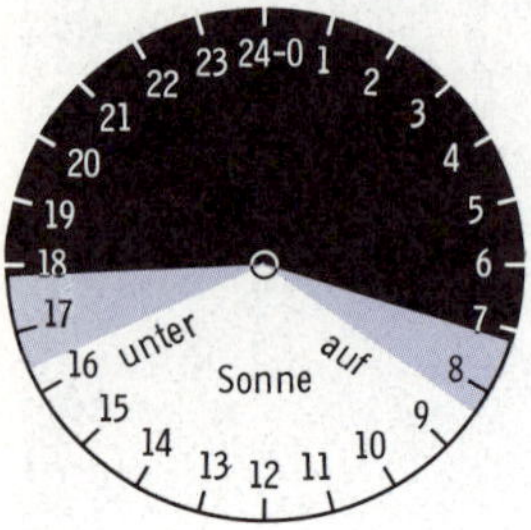

5. Januar

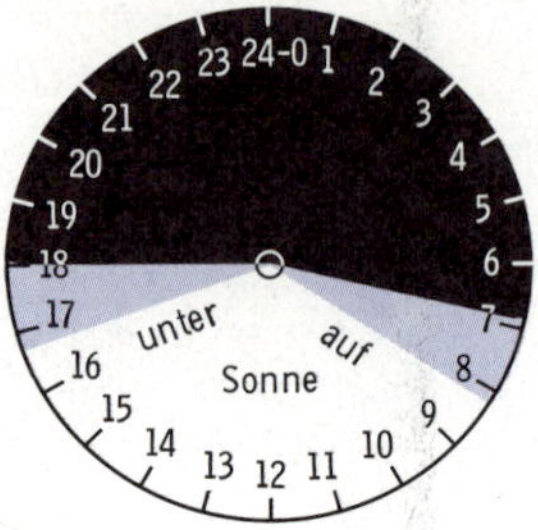

15. Januar

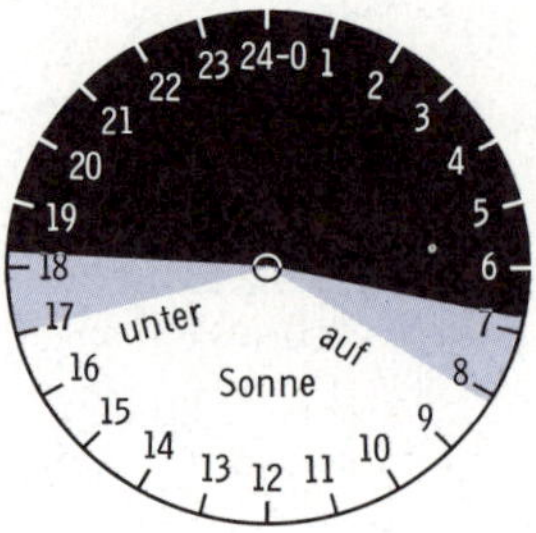

25. Januar

Mondlauf im Januar

Datum		Aufgang	Untergang	Rektaszension	Deklination	Sterne und Sternbilder	Phase	MEZ
So	**1.**	1^h37^m	11^h56^m	13^h05^m	−10°,7	Jungfrau, Spica		
Mo	2.	2 49	12 12	13 50	−15,8	Jungfrau		
Di	3.	4 03	12 32	14 38	−20,4	Waage		
Mi	4.	5 19	13 01	15 30	−24,2	Waage		
Do	5.	6 33	13 41	16 26	−26,9	Antares	Größte Südbreite Libration Ost	
Fr	6.	7 40	14 37	17 26	−28,1	Schlangenträger		
Sa	7.	8 33	15 50	18 28	−27,7	Schütze	**Neumond**	20^h22^m
So	**8.**	9 11	17 14	19 30	−25,5	Schütze		
Mo	9.	9 40	18 43	20 30	−21,7	Steinbock		
Di	10.	10 01	20 11	21 27	−16,6	*Steinbock	Erdnähe	
Mi	11.	10 17	21 37	22 21	−10,5	Wassermann	Aufsteigender Knoten	
Do	12.	10 32	23 00	23 13	− 3,9	Fische		
Fr	13.	10 47	–	0 04	+ 2,9	Fische		
Sa	14.	11 02	0 24	0 54	+ 9,5	*Fische	**Erstes Viertel**	14^h58^m
So	**15.**	11 21	1 48	1 46	+15,5	Widder, Hamal		
Mo	16.	11 44	3 12	2 40	+20,7	*Widder		
Di	17.	12 15	4 34	3 37	+24,7	Plejaden		
Mi	18.	12 58	5 50	4 36	+27,2	*Aldebaran	Größte Nordbreite Libration West	
Do	19.	13 55	6 53	5 35	+28,2	*Stier, Al Nath		
Fr	20.	15 03	7 42	6 34	+27,6	Zwillinge		
Sa	21.	16 18	8 16	7 31	+25,5	Kastor, Pollux	**Vollmond**	22^h33^m
So	**22.**	17 33	8 41	8 24	+22,2	Krebs		
Mo	23.	18 47	9 00	9 14	+17,9	Krebs		
Di	24.	19 58	9 15	10 01	+12,9	Regulus	Absteigender Knoten	
Mi	25.	21 06	9 27	10 44	+ 7,5	Löwe		
Do	26.	22 14	9 39	11 27	+ 2,0	Löwe		
Fr	27.	23 22	9 50	12 09	− 3,6	Jungfrau	Erdferne	
Sa	28.	–	10 02	12 51	− 9,1	Spica		
So	**29.**	0 32	10 16	13 34	−14,3	*Jungfrau		
Mo	30.	1 43	10 34	14 21	−19,0	Waage	**Letztes Viertel**	3^h02^m
Di	31.	2 58	10 57	15 10	−23,0	Waage		

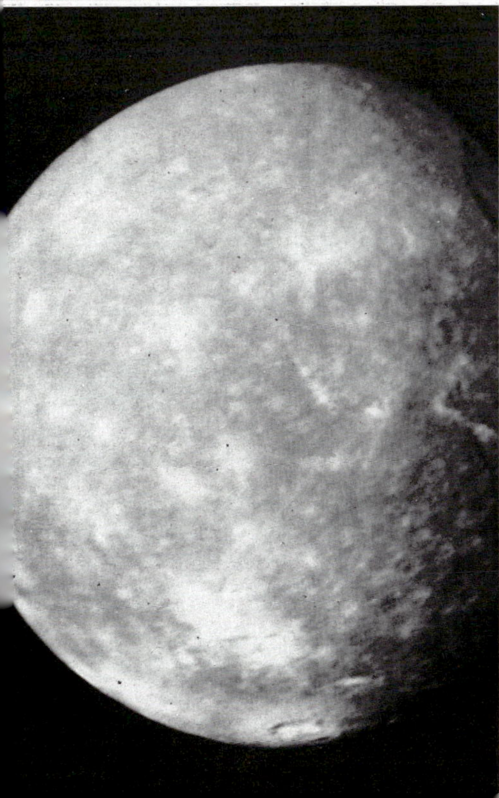
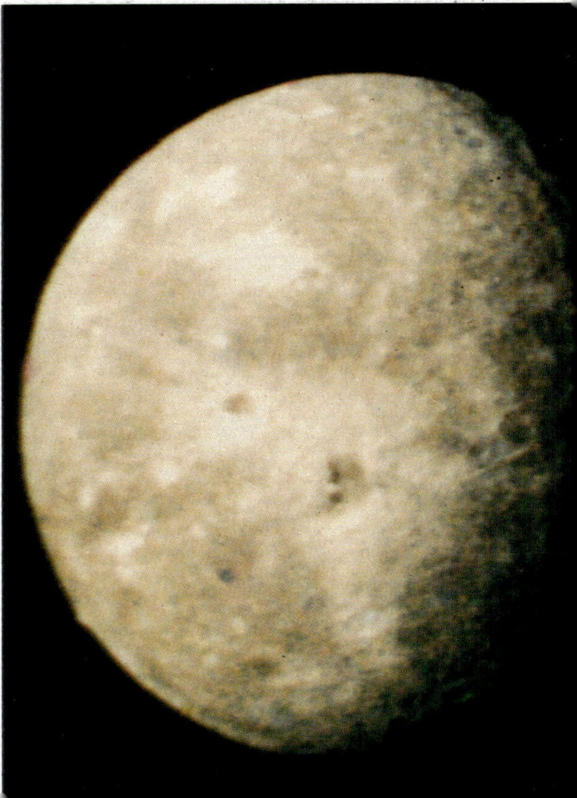

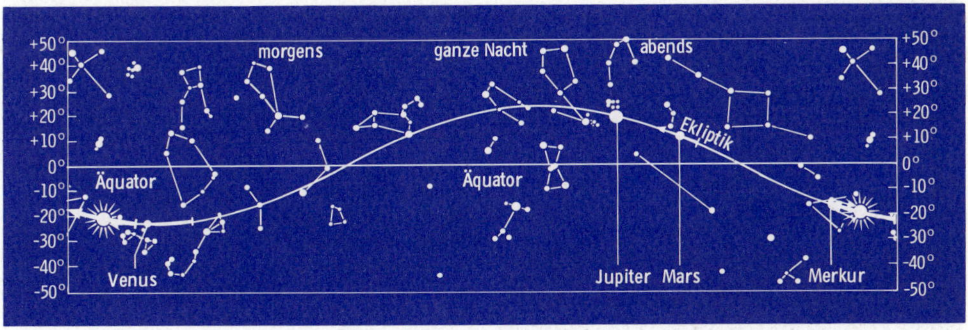

Abb. 26: Uranusmond Ariel (Seite 35, links oben), aufgenommen von der Raumsonde VOYAGER 2 am 24. Januar 1986 aus rund 130 000 Kilometer Entfernung (JPL/NASA).

Abb. 27: Uranusmond Umbriel (Seite 35, rechts oben), aufgenommen von der Raumsonde VOYAGER 2 (JPL/NASA).

Abb. 28: Uranusmond Titania (Seite 35, links unten), aufgenommen von der Raumsonde VOYAGER 2 (JPL/NASA).

Abb. 29: Uranusmond Oberon (Seite 35, rechts unten), aufgenommen von der Raumsonde VOYAGER 2 (JPL/NASA).

Abb. 30: Der Ringplanet Saturn (links oben) nach einer Aufnahme der Raumsonde VOYAGER 1 aus dem Jahre 1980 (Aufnahme NASA/JPL).

Abb. 31: Die Dunstschicht des Titan (links unten), des größten Saturnmondes, der von einer relativ dichten Atmosphäre umgeben ist (Aufnahme VOYAGER 1 1980/NASA/JPL).

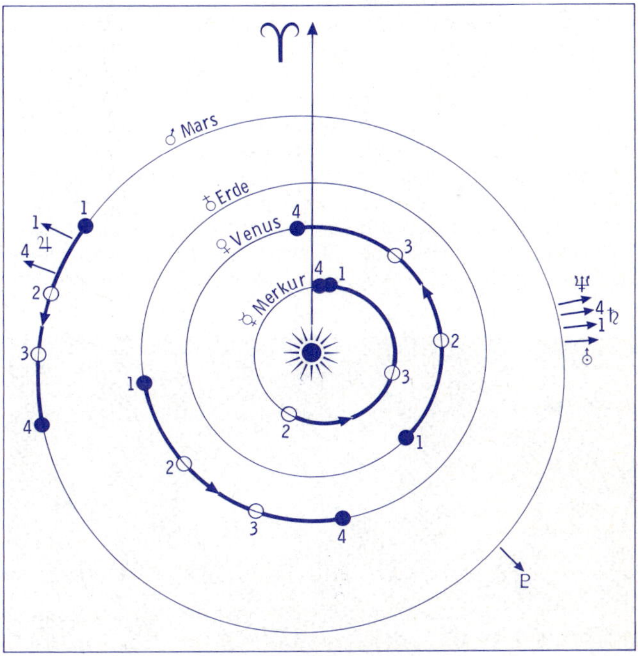

Abb. 32: Das innere Planetensystem im ersten Jahresviertel 1989. Eingezeichnet sind die Positionen der Planeten für den 1. Januar (1), 1. Februar (2) sowie 1. (3) und 31. März (4). Die Pfeile deuten die Richtungen zu den ferneren Planeten sowie zum Frühlingspunkt an. Die Bedeutung der Planetensymbole findet man auf Seite 27 in Abb. 20.

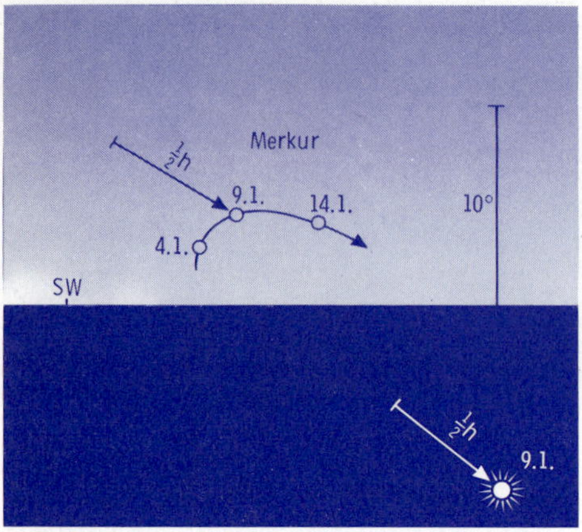

Abb. 33: Stellung von Merkur über dem Südwesthorizont zu den angegebenen Daten jeweils eine Stunde nach Sonnenuntergang. Die Pfeile geben die Bewegung von Merkur und Sonne während der letzten halben Stunde an.

Planetenlauf im Januar

Merkur stand zu Beginn des Vormonats in oberer Konjunktion mit der Sonne. Von da an ist er der Sonne im Tierkreis vorangeeilt und erreicht am 9. seinen größten östlichen Winkelabstand von der Sonne. Mit nur 19°07' fällt diese größte östliche Elongation bescheiden aus. Der relativ kleine Winkelabstand ergibt sich, weil Merkur nahe seinem Perihel ist, das er am 17. morgens durcheilt. Trotzdem bietet Merkur im ersten Monatsdrittel eine Abendsichtbarkeit, allerdings nur bei guten Sichtbedingungen: freier Horizont, kaum Horizontdunst und Fehlen störender Lichtquellen. Unter diesen Voraussetzungen kann man den flinken Planeten ab etwa 5. am Abendhimmel aufsuchen. An diesem Tag geht der $-0^m\!,7$ helle Merkur um 18^h03^m unter. Bald nach 17^h macht sich Merkur in der Abenddämmerung bemerkbar. Etwa 20 Minuten vor seinem Untergang wird Merkur im Horizontdunst unsichtbar. Am 9. erfolgt der Merkuruntergang um 18^h16^m. Danach werden die Sichtbarkeitsverhältnisse schnell schlechter. Merkur verliert rapide an Helligkeit. Am 15. wird er stationär und nähert sich anschließend rasch rückläufig der Sonne, die ihm entgegenkommt. Am 15. kann er letztmalig beobachtet werden. An diesem Tag geht der nur noch $0^m\!,4$ helle Merkur um 18^h18^m unter. Im Fernrohr zeigt das $7''\!,2$ große Merkurscheibchen am 11. seine Halbphase (Dichotomie). Schon am 25. hat der flinke Planet die Sonne erreicht und steht in unterer Konjunktion mit ihr.

Venus beendet ihre Periode als Morgenstern. Zu Jahresanfang kann sie noch am Morgenhimmel gesehen werden. Am 1. geht der mit $-3^m\!,9$ hellste Planet um 6^h37^m auf und verblaßt gegen 8^h in der Morgendämmerung.

Venus wandert in der gleichen Richtung wie die Sonne, also rechtläufig durch den Tierkreis, allerdings rascher. Ihr westlicher Winkelabstand schrumpft bis Monatsende auf knapp 16°.

Um die Monatsmitte zieht sich die Venus vom Morgenhimmel zurück. Am 20. taucht sie um 7^h10^m, am 31. um 7^h17^m über dem Horizont auf. Da sie südlicher als die Sonne steht, beschreibt sie einen kleineren Tagbogen. Nach dem 15. bleibt Venus für den „Normalverbraucher" verschwunden. Spezialisten mögen – vor allem mit Ferngläsern – die Venus noch bis etwa 25. am Morgenhimmel aufstöbern.

Mars ist als auffallend heller, rötlicher Planet am Abendhimmel zu sehen. Er bewegt sich rechtläufig in den Fischen. Während des Monats wechselt er in

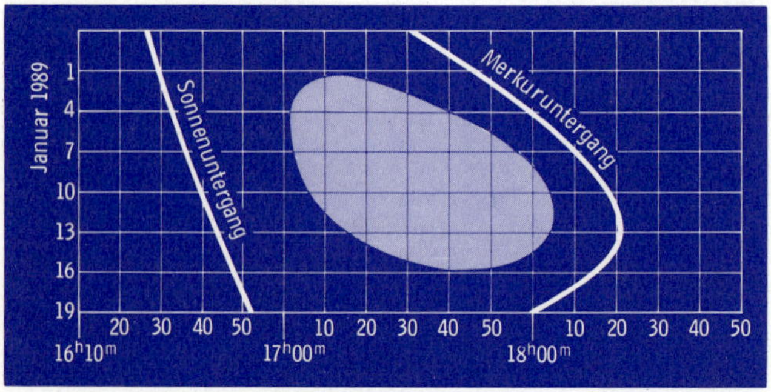

Abb. 34: Sichtbarkeitsdiagramm für Merkur. Es gilt genau für 50° nördlicher Breite und 10° östlicher Länge. Dunkelblaue Fläche: Merkur ist unsichtbar; blaue Halbtonfläche: Merkur ist unter günstigen Verhältnissen sichtbar; weiße Fläche: Merkur kann gut gesehen werden.

Jupitermond-Erscheinungen

Datum	MEZ	Vorgang	
1.	0h03m	I	BA
	3 08	I	VE
	17 30	III	VA
	19 45	III	VE
	21 10	I	DA
	22 05	I	SA
	23 20	I	DE
2.	0 15	I	SE
	18 30	I	BA
	21 37	I	VE
3.	16 34	I	SA
	17 46	I	DE
	18 44	I	SE
4.	3 12	II	BA
5.	3 33	III	DA
	22 19	II	DA
6.	0 18	II	SA
	0 36	II	DE
	2 37	II	SE
7.	20 49	II	VE
8.	1 51	I	BA
	17 19	III	BA
	19 30	III	BE
	21 32	III	VA
	22 59	I	DA
	23 47	III	VE
9.	0 01	I	SA
	1 08	I	DE
	2 11	I	SE
	20 18	I	BA
	23 32	I	VE
10.	17 26	I	DA
	18 30	I	SA
	19 35	I	DE
	20 40	I	SE
11.	18 01	I	VE
13.	0 43	II	DA
	2 54	II	SA
	3 00	II	DE
14.	18 49	II	BA
	23 27	II	VE
15.	20 55	III	BA
	23 09	III	BE

Datum	MEZ	Vorgang	
16.	0h49m	I	DA
	1 33	III	VA
	1 57	I	SA
	2 58	I	DE
	18 31	II	SE
	22 08	I	BA
17.	1 27	I	VE
	19 16	I	DA
	20 25	I	SA
	21 26	I	DE
	22 35	I	SE
18.	19 56	I	VE
19.	17 46	III	SE
21.	21 17	II	BA
	23 37	II	BE
	23 44	II	VA
22.	2 05	II	VE
23.	0 37	III	BA
	2 40	I	DA
	2 54	III	BE
	18 42	II	DE
	18 49	II	SA
	21 08	II	SE
	23 59	I	BA
24.	21 08	I	DA
	22 21	I	SA
	23 17	I	DE
25.	0 31	I	SE
	18 27	I	BA
	21 51	I	VE
26.	17 45	I	DE
	19 00	I	SE
	19 33	III	SA
	21 48	III	SE
28.	23 47	II	BA
29.	2 08	II	BE
	2 22	II	VA
30.	18 54	II	DA
	21 12	II	DE
	21 25	II	SA
	23 44	II	SE
31.	1 51	I	BA
	23 00	I	DA

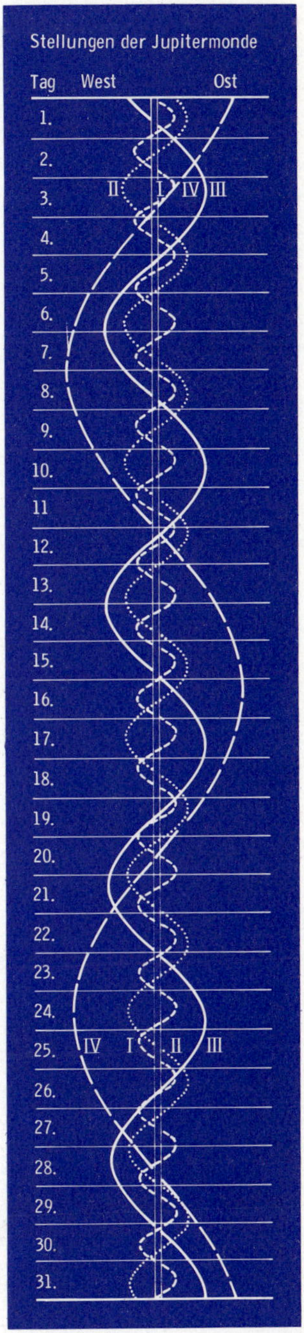

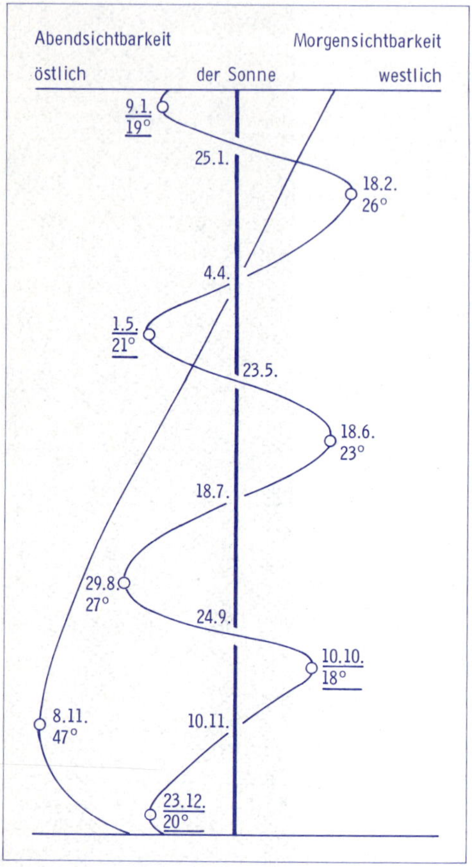

Abb. 35: Elongationen der inneren Planeten Merkur und Venus von der Sonne im Jahr 1989. Die Datumsangaben beziehen sich jeweils auf die größten Elongationen und die Konjunktionen. Unterstrichenes Datum bedeutet: in Mitteleuropa mit freiem Auge sichtbar. Unterbrochener Sonnenbalken weist auf eine untere Konjunktion hin, unterbrochene Planetenlinie auf eine obere Konjunktion.

den Widder, wobei er auch immer nördlichere Deklinationen erreicht. Seine Glanzzeit ist allerdings vorbei. Die Marshelligkeit geht im Laufe des Monats von $0^{m}\!,0$ auf $0^{m}\!,6$ zurück. Seine Untergangszeiten verändern sich nur wenig: von 1^h35^m am 1. auf 1^h11^m am 31.

Am 14. ergibt sich ein hübscher Himmelsanblick, wenn der zunehmende Mond etwa 3° nördlich am roten Planeten vorbeizieht.

Im Fernrohr bemerkt man eine leichte Abnahme des Marsscheibchendurchmessers, nämlich von 9",6 auf 7",4.

Jupiter im Stier bremst deutlich seine rückläufige Bewegung. Am 20. wird er stationär und wandert anschließend wieder rechtläufig durch den Tierkreis. Damit hat Jupiter seine Oppositionsperiode beendet. Auch wenn die Helligkeit des Riesenplaneten während des Monats von $-2^{m}\!,7$ auf $-2^{m}\!,5$ zurückgeht, so ist er doch ein auffallendes Objekt am Firmament.

Vom Morgenhimmel beginnt er sich allmählich zurückzuziehen. Geht Jupiter am 1. noch um 4^h54^m in nordwestlicher Richtung unter, so erfolgt der Jupiteruntergang am 15. um 3^h56^m und am 31. schon um 2^h54^m.

Konstellationen und Ereignisse im Januar

Datum	MEZ	Ereignis
1.	23^h	Erde im Perihel (Sonnennähe)
		Abstand Erde – Sonne 147,1 Millionen Kilometer
6.	5	Mond bei Venus, Mond 5° südlich
9.	3	Merkur in größter östlicher Elongation (19°)
9.	6	Mond bei Merkur, Mond 1°,7 südlich
12.	18	Venus bei Uranus, Venus 0°,5 nördlich
14.	23	Mond bei Mars, **Mond 3° nördlich**
15.	16	Merkur im Stillstand, anschließend rückläufig
16.	17	Venus bei Saturn, Venus 0°,6 südlich
17.	1	Mond bei Jupiter, **Mond 5° nördlich**
17.	5	Merkur im Perihel
19.	5	Venus bei Neptun, Venus 0°,9 südlich
20.	15	Jupiter im Stillstand, anschließend rechtläufig
25.	1	Merkur in unterer Konjunktion mit der Sonne

Das Jupiterscheibchen schrumpft merkbar: Der scheinbare Äquatordurchmesser nimmt während des Monats von 46" auf 42" ab.

Saturn im Schützen stand kurz vor Ende des Vorjahres in Konjunktion mit der Sonne. Sein westlicher Sonnenabstand wird im Laufe des Monats noch nicht groß genug, um den Ringplaneten sichtbar werden zu lassen. Allenfalls versierte Planetenjäger können Saturn gegen Monatsende tief im Südosten aufspüren. Am 31. geht der $0^{m},5$ helle Ringplanet um $6^{h}11^{m}$ auf. Gegen $6^{h}30^{m}$ kann man versuchen, ihn mit einem Fernglas zu erjagen. Bald nach 7^{h} verblaßt er in der zunehmenden Morgenhelle.

Die Konjunktion mit Venus am 16. bleibt unbeobachtbar.

Uranus im Schützen stand im Vormonat in Konjunktion mit der Sonne und bleibt unbeobachtbar. Auch die Begegnung mit Venus am 12. entgeht uns.

Neptun stand am letzten Tag des Vorjahres in Konjunktion mit der Sonne und bleibt deshalb unsichtbar. Die Begegnung mit Venus am 19. bleibt ebenfalls unbeobachtbar.

Pluto siehe *Planetenlauf im Mai,* Seite 83 f.

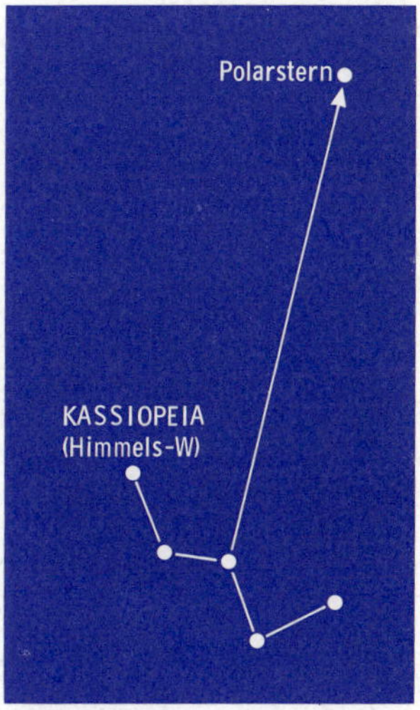

Abb. 36: Das Sternbild Kassiopeia, auch Himmels-W genannt, als Polweiser.

Planetoiden

Juno – Planetoid Nr. 3 – hält sich in der Nähe von β im Sextanten, südlich des Löwen, auf (siehe Abb. 40 auf Seite 50). Am 4. wird sie stationär und wandert anschließend rückläufig in Richtung Nordwest auf den Löwen zu. Die Junohelligkeit steigt von $9^{m},3$ auf $8^{m},9$ an. Am 1. kulminiert sie um $4^{h}11^{m}$, am 15. um $3^{h}15^{m}$ und am 31. bereits um $2^{h}04^{m}$.

Iris – Planetoid Nr. 7 – wird im Laufe des Monats heller als 9^{m}, nämlich $8^{m},4$, und sei darum erwähnt. Iris wandert rückläufig im Gebiet Löwe/Wasserschlange (siehe Abb. 40 auf Seite 50). Am 1. kulminiert Iris um $3^{h}32^{m}$, am 15. um $2^{h}29^{m}$ und am 31. bereits um $1^{h}12^{m}$.

Periodische Sternschnuppenströme im Januar

Von 1. bis 6. Januar sind die **Quadrantiden** (Ausstrahlungspunkt oder Radiant im Sternbild Bootes) in der zweiten Nachthälfte zu erwarten. In der Nacht vom 3. auf 4. Januar ist das spitze Maximum zu erwarten. Bis zu 100 Objekte pro Stunde sind im Maximum zu registrieren, in manchen Jahren wurden sogar über 200 pro Stunde beobachtet. Helle Sternschnuppen kommen dabei nur selten vor. Ein Erzeugerkomet ist nicht bekannt. Die einzelnen Meteorite haben mittlere Geschwindigkeit um 40 Kilometer pro Sekunde. Da der Radiant im Bootes liegt, wird dieser Strom auch **Bootiden** genannt.

Der Fixsternhimmel im Januar

Wer außer dem Großen Wagen noch keine Sternbilder kennt, mag über die Fülle heller Sterne am abendlichen Winterhimmel staunen, zumal in diesem Jahr auch noch die beiden hellen Planeten Jupiter und Mars den abendlichen Himmelsanblick bereichern. Bevor man nun beginnt, Sternbilder am Firmament mit Hilfe einer Sternkarte selbst zu suchen, beachte man folgendes: Der Anfänger vermutet die Bilder am Himmel viel zu klein – so, wie er sie in der Monatssternkarte sieht. Oft staunt er über die wahre Größe am Firmament, wenn er beispielsweise das markanteste der Wintersternbilder, den Himmelsjäger Orion, hoch im Südosten, erkannt hat. Auch wer die Sternbilder in einem Planetarium, ungestört durch Dunst und Streulicht, sich eingeprägt hat, hat oft Mühe, sie am echten Himmel wiederzuerkennen.

Bevor man mit eigenen Himmelsbeobachtungen

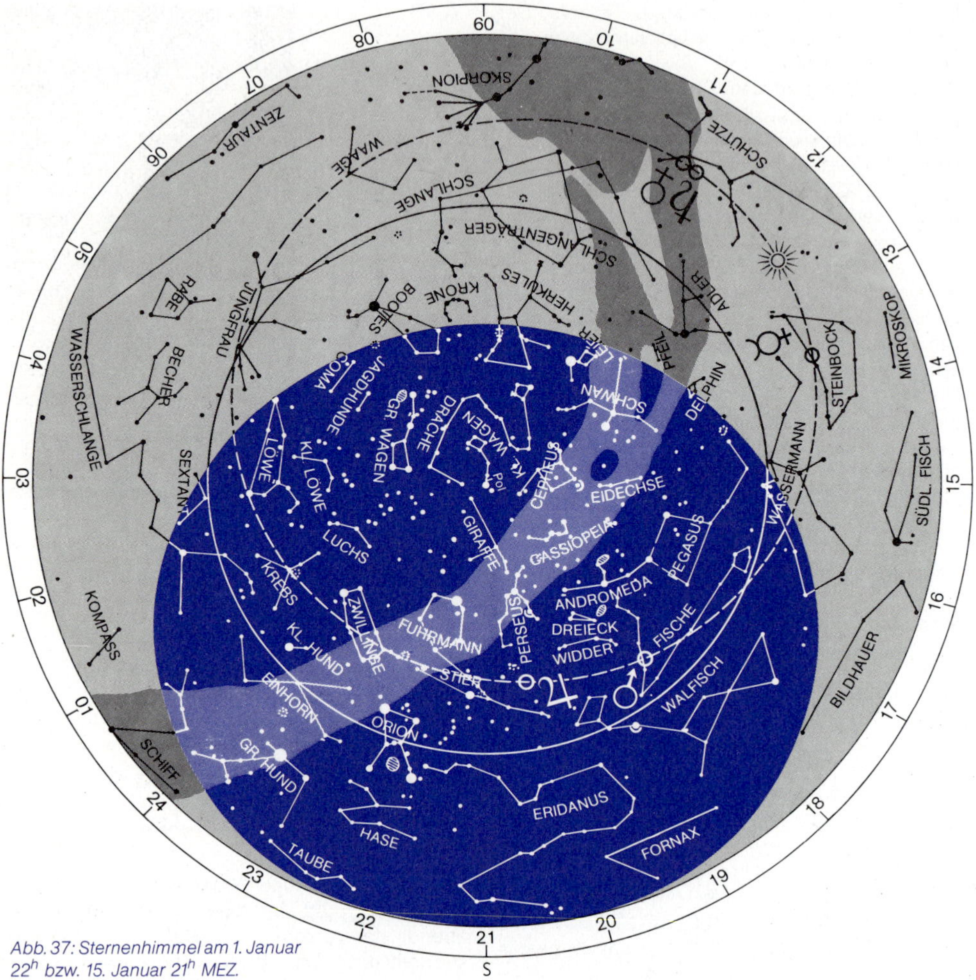

Abb. 37: Sternenhimmel am 1. Januar 22^h bzw. 15. Januar 21^h MEZ.

beginnt, muß man sich orientieren, genauer, man muß wissen, wo Norden, Osten, Süden und Westen ist. Am besten beginnt man seine Beobachtungen mit dem Polarstern. Der Polarstern steht nahe dem Himmelsnordpol, dem einen Angelpunkt, um den sich scheinbar das gesamte Himmelsgewölbe dreht. In jeder klaren Nacht des Jahres ist daher der Polarstern stets an derselben Stelle zu finden. Als Stern 2. Größenklasse ist er nicht übermäßig auffällig. Mit Hilfe der sieben Sterne des Großen Wagens ist er aber schnell zu entdecken. Die Stellung des Himmelswagens ist in diesem Jahrbuch deshalb jeweils für den Monatsanfang, 22^h MEZ, in einer kleinen Graphik angedeutet.

Wegen seiner horizontalen Stellung kann man im Winter den Großen Wagen gelegentlich übersehen. Ein anderes Sternbild hilft ebenfalls, den Polarstern leicht zu finden, nämlich die Kassiopeia. Die Sterne der Kassiopeia bilden ein großes W, weshalb diese Konstellation im Volksmund „Himmels-W" genannt wird. Die mittlere Spitze dieses Himmels-W deutet in etwa auf den Polarstern. Das

Himmels-W steht nun zur abendlichen Beobachtungsstunde fast senkrecht über uns. Wer steil nach oben blickt, dem fällt in Zenitnähe ein heller, gelblicher Stern auf: die Kapella (lat., Zicklein), der Hauptstern des Fuhrmanns. Der Sage nach ist der Fuhrmann der Erbauer des Himmelswagens.
Läßt man seinen Blick vom Zenit entlang der Mittagslinie (Meridian) nach Süden schweifen, so bemerkt man ein hell glänzendes Gestirn, nämlich den Riesenplaneten Jupiter, der sich gerade im Sternbild Stier aufhält. Der hellste Stern im Stier ist der rote Aldebaran, der das blutunterlaufene eine Auge des Stieres markiert. Aldebaran steht mitten im Sternhaufen der Hyaden, ein schönes Feldstecherobjekt. Noch eindrucksvoller, weil dichter beieinanderstehend, erscheinen die Sterne des offenen Haufens der Plejaden, auch Siebengestirn genannt. Manchmal werden die Plejaden, die ebenfalls zum Stier gehören, von Laien mit dem Kleinen Wagen verwechselt. Doch so klein ist der Kleine Wagen nun wieder auch nicht. Er ist leicht zu finden, denn der Polarstern ist der letzte Stern der Deichsel des Kleinen Wagens. Der Kleine Wagen ist somit zirkumpolar und kann in jeder klaren Nacht des Jahres gesehen werden, nicht so die Plejaden. Im Sommer steht die Sonne im Stier, die Plejaden stehen dann am Taghimmel und bleiben nachts unbeobachtbar.
Zwischen Plejaden und Hyaden geht die scheinbare Sonnenbahn hindurch, diese beiden offenen Sternhaufen bilden das sogenannte *Goldene Tor der Ekliptik,* durch das Sonne, Mond und Planeten von Zeit zu Zeit hindurchmarschieren. Momentan befindet sich gerade Jupiter im *Goldenen Tor der Ekliptik.*
Auch für den Anfänger leicht zu entdecken, präsentiert sich im Süden der eingangs erwähnte Himmelsjäger Orion. Ihm folgt weiter im Südosten der hellste Fixstern überhaupt, der blauweiß funkelnde Sirius, Hauptstern des Großen Hundes. Ein wenig höher leuchtet Prokyon im Kleinen Hund, ebenfalls ein Stern 1. Größe.
Hoch im Osten fallen zwei Sternenketten auf, die Zwillinge. Die beiden hellsten Sterne in den Zwillingen heißen Kastor und Pollux, das Dioskurenpaar. Das Schwergewicht des Winterhimmels liegt jetzt im Süden mit etlichen Sternen 1. Größe. Man sollte einmal versuchen, sich das sogenannte Wintersechseck einzuprägen. Es setzt sich aus folgenden Sternen zusammen: Kapella – Aldebaran – Rigel – Sirius – Prokyon – Pollux.
In der westlichen Himmelshälfte finden sich noch die Herbstbilder: Perseus – Andromeda – Pegasus, ein wenig südlicher Dreieck – Widder – Fische. Die Fische, die recht lichtschwach sind, werden durch Mars aufgewertet, der hier gerade seine Gastrolle spielt. Tief im Südwesten nimmt der ausgedehnte Walfisch mit dem veränderlichen Stern Mira seinen Platz ein.
Von Südosten her zieht sich das Lichtband der winterlichen Milchstraße durch den Großen Hund, die Zwillinge, den Fuhrmann über den Zenit, weiter über Perseus und Kassiopeia nach Nordwesten zum Horizont hinab.

Monatsthema: Die nächsten Sterne

Wenn man am Himmel spazierensieht, so meint man unwillkürlich, die hellsten Sterne seien auch die allernächsten. Das trifft in Einzelfällen sicher zu, gilt aber nicht generell. So ist Sirius, der hellste Fixstern am Himmel, tatsächlich nur knapp neun Lichtjahre von uns entfernt, also ein recht naher Nachbar unserer Sonne. Beteigeuze und Rigel, die beiden hellsten Sterne im Orion, sind 500 bzw. 900 Lichtjahre weit weg und gehören damit nicht mehr zur engeren Nachbarschaft unserer Sonne. Andererseits sind lichtschwache Objekte oft recht nahe. Der Stern 61 Cygni, an dem der Königsberger Astronom Friedrich Wilhelm Bessel erstmals eine Fixsternparallaxe gemessen hat, ist nur 11 Lichtjahre von uns entfernt, jedoch als Sternchen 5. Größenklasse ein ausgesprochen unauffälliges, lichtschwaches Objekt. Der allernächste Stern, Proxima Centauri (wörtlich: der nächste [Stern] des Zentauren), ist eine Zwergsonne in nur 4,3 Lichtjahren Distanz, aber mit $10\overset{m}{.}7$ scheinbarer Helligkeit so licht-

Veränderliche Sterne im Januar

Algol-Minima	1. 18^h05^m	13. 5^h22^m	16. 2^h11^m	18. 23^h01^m	21. 19^h50^m
β-Lyrae-Minima	2. 1^h	14. 23^h	27. 22^h		
δ-Cephei-Maxima	6. 3^h	11. 12^h	16. 21^h	22. 6^h	27. 14^h
Mira-Helligkeit	ca. 3^m, kurz nach dem Maximum				

schwach, daß er mit bloßen Augen überhaupt nicht zu sehen ist, sondern mit einem lichtstarken Fernglas mit Mühe aufgesucht werden muß. Da er mit –63° Deklination tief am Südhimmel steht, ist er in unseren Breiten sowieso nicht zu sehen.
Die Helligkeit, mit der uns ein Stern am Himmel erscheint, sagt nichts über seine Entfernung aus. Erst wenn die wahre Leuchtkraft eines Sternes bekannt ist, kann man aufgrund der am Himmel beobachteten scheinbaren Helligkeit auf die Entfernung des Sternes schließen. Oder umgekehrt: Kennt man die Entfernung eines Sternes, so kann man aus der scheinbaren Helligkeit auf seine wahre Leuchtkraft schließen. Eine simple Formel gestattet dies. Sie lautet: $m - M + 5 = 5 \lg r$. Hierbei bedeutet m die scheinbare und M die absolute oder wahre Helligkeit des Sterns, gemessen in der üblichen Skala der Größenklassen, lg steht für den Zehnerlogarithmus (BRIGGscher Log.) und r für die Distanz in Parsec. Ein Parsec (= Parallaxensekunde, abgekürzt pc) ist jene Entfernung, unter der der Erdbahnhalbmesser, die mittlere Distanz Erde – Sonne also, unter dem winzigen Winkel von nur 1" (einer Bogensekunde) erscheint. Da die Strecke Erde – Sonne knapp 150 Millionen Kilometer (= 1 Astronomische Einheit, abgekürzt AE) mißt, so muß ein Parsec eine ungeheuer große Entfernung sein. Man stelle sich vor: Die Strecke Erde – Sonne schrumpft auf den unglaublich kleinen Winkel von nur einem 1800stel der Mondscheibe am Himmel. Ein Parsec hat die Länge von 30,8 Billionen Kilometer! Um diese Entfernung zu überbrücken, braucht ein Lichtstrahl $3\frac{1}{4}$ Jahre. Dennoch, innerhalb eines Parsecs von der Sonne aus finden wir überhaupt keinen Stern. Der sonnennächste Stern, Proxima Centauri, ist schon $1\frac{1}{3}$ Parsec entfernt, wie wir gerade gesehen haben. Wir erkennen schon: Selbst die sogenannten „sonnennahen" Sterne sind für irdische Begriffe schier unvorstellbar weit entfernt. In der Astronomie zählen aber Sterne bis fünf Parsec (5 pc = 16,3 Lichtjahre) Entfernung zur Nachbarschaft der Sonne.
Um eine Vorstellung von der ungeheuren Entfernung selbst der nächsten Sterne zu gewinnen, lassen wir unsere Sonne auf die Größe eines Balls von 14 cm Durchmesser schrumpfen. In diesem Maßstab kreist die Erde als 1,3 mm großes Pfefferkorn in 15 m Abstand um den Sonnenball. Pluto wäre dann in 600 m Entfernung zu finden. Der 8,7 Lichtjahre entfernte Sirius wäre aber in diesem Maßstab immer noch 8200 Kilometer weit von der Sonne weg!
Der vorhin erwähnte Winkel, unter dem man vom Stern aus die Strecke Erde – Sonne sieht, heißt Parallaxe (π). Die Parallaxe gibt uns die Distanz eines Sternes an, wenn man ihren reziproken Wert (Kehrwert) nimmt: $1/\pi$ = Entfernung in Parsec. Ein Stern, von dem aus die Strecke Erde – Sonne unter einem Winkel von $\pi = 0'',1$ erscheint, ist somit 10 Parsec oder 32,6 Lichtjahre entfernt. Die Parallaxe kann im Prinzip direkt gemessen werden. Als Spiegelbild des Erdumlaufes um die Sonne beschreiben die Sterne kleine Ellipsen während eines Jahres am Himmel (siehe Abb. 38). Die großen Halbachsen dieser Ellipsen entsprechen direkt den Parallaxen. Da die Winkel sehr klein sind, kann man mit Hilfe dieser trigonometrischen Methode höchstens noch Parallaxen messen, die nicht kleiner als 0",01 sind. Eine Parallaxe von nur einer Hundertstel Bogensekunde entspricht einer Entfernung von 100 Parsec oder 326 Lichtjahren. Im Klartext: Nur bis zu 300 Lichtjahren Entfernung kann man mit Aussicht auf Erfolg Sterndistanzen mit Hilfe der trigonometrischen Parallaxen messen. Bei größeren Entfernungen muß man andere Methoden anwenden, wie photometrische Parallaxenbestimmungen oder Sternstromparallaxen. Auch wenn keine Winkel mehr direkt gemessen werden, so spricht man im Astronomenjargon von der *Parallaxenbestimmung,* wenn man die Entfernung eines Sternes ermittelt.
Fast alle Entfernungsmessungen im Weltall müssen aber direkt oder indirekt an trigonometrischen Parallaxen geeicht werden. Daher ist die sorgfältige und möglichst genaue Parallaxenmessung der nächsten Sterne so enorm wichtig.
Wer sich die Tabelle der sonnennahen Sterne ansieht, dem fällt schnell auf: Nur wenige Exemplare sind helle Sterne, die man leicht am Himmel erkennt. Die meisten sind so lichtschwach, daß man optische Hilfsmittel benötigt, um sie zu finden. Helle Objekte sind das Doppelsternsystem Toliman (α Centauri), das mit dem lichtschwachen Stern Proxima Centauri ein Dreifachsystem bildet, Sirius im Großen Hund sowie Prokyon im Kleinen Hund, der 11 Lichtjahre weit weg ist. Atair im Adler gehört mit 17 Lichtjahren gerade noch zu den hellen Sternen in der engeren Sonnenumgebung. Aus der Tatsache, daß nur wenige Sterne in der Sonnennachbarschaft so hell sind, daß sie mit bloßen Augen leicht zu sehen sind, ergibt sich, daß die meisten Sterne wohl nur eine sehr geringe Leuchtkraft haben. Da die überwiegende Mehrzahl der Sterne, die wir mit unbewaffnetem Auge am Himmel sehen, aber wesentlich weiter als 15 Lichtjahre entfernt sind, so bekommen wir eigentlich nur die leucht-

kräftigsten Sonnen zu Gesicht. Die ungeheure Menge der „normalen“ Sterne bleibt uns durch diesen Auswahleffekt verborgen. Bei den meisten der leuchtschwachen Sterne in der Sonnenumgebung handelt es sich um tiefrote Zwergsterne.

Ein relativ naher Stern hat vor einigen Jahren für Schlagzeilen gesorgt: das Objekt Nr. 710 in W. GLIESEs Katalog sonnennaher Sterne. Diese rote Zwergsonne hat gegenwärtig eine scheinbare Helligkeit von $9^{m},7$ und ist 50 Lichtjahre entfernt. GLIESE Nr. 710 zeigt eine Radialgeschwindigkeit von –23 Kilometer pro Sekunde. Das Minus bedeutet eine Annäherung. Die Eigenbewegung ist fast null – der Stern steuert geradewegs auf unser Sonnensystem zu! Nun, zu einem Zusammenstoß wird es aber nicht kommen. Die Eigenbewegung, also die tangentiale Bewegung an der Sphäre, ist eben nur „fast“ null. Nach sorgfältigen Abschätzungen dürfte Objekt Nr. 710 in etwa 650 000 Jahren in etwa nur einem Lichtjahr Abstand die Sonne passieren. Unsere fernen Nachfahren können ihn dann als rötlichen Stern etwa 1. Größe sehen, der mit der enormen Eigenbewegung von fast 13" pro Jahr am Firmament dahinzieht.

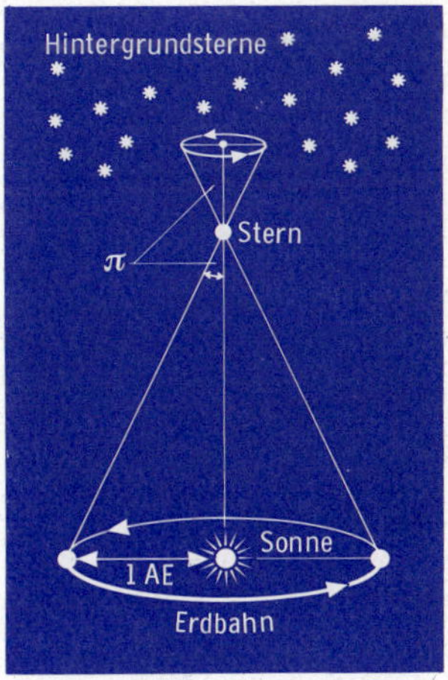

Abb. 38: Der Winkel π wird Parallaxe genannt. Es ist der Winkel, unter dem von einem Stern aus der Erdbahnhalbmesser (1 AE = Astronomische Einheit) erscheint. Je kleiner der Winkel, desto größer ist die Entfernung des Sterns von Erde und Sonne.

Die sonnennächsten Sterne*

Name / Katalogbezeichnung	Sternbild	Ort α 2000.0	δ	Scheinbare Helligkeit	Spektraltyp (Farbe)	Parallaxe	Entfernung pc	LJ	Absolute Helligkeit
Proxima Centauri	Cen	$14^{h}30^{m},6$	−62°42'	$10^{m},7$	M5e	0",762	1,31	4,28	$15^{M},1$
α Centauri A/B	Cen	14 39,6	−60 50	0,0/1,4	G2 V/K5	0,751	1,33	4,34	4,4/5,8
Barnards Pfeilstern	Oph	17 57,8	+ 4 41	9,5	M5 V	0,545	1,83	5,98	13,2
Wolf 359	Leo	10 56,4	+ 7 03	13,7	M6e V	0,427	2,34	7,63	16,8
Lalande 21185/+ 36°2147	UMa	11 03,2	+36 02	7,5	M2 V	0,398	2,51	8,19	10,5
Luyten 726-8/LFT 144 A	Cet	1 38,5	−17 57	12,4	M6e V	0,385	2,60	8,47	15,2
UV Ceti B				13,0	M6e V				15,8
Sirius A/B	CMa	6 45,1	−16 42	−1,5/8,7	A1 V/A5 VII	0,375	2,67	8,69	1,4/11,5
Ross 154 −24°2833-183	Sgr	18 49,5	−23 50	10,6	M4e V	0,351	2,85	9,29	13,3
Ross 248	And	23 41,5	+44 12	12,2	M6e V	0,316	3,16	10,32	14,7
ε Eridani	Eri	3 33,0	− 9 28	3,7	K2 V	0,303	3,30	10,76	6,2
Ross 128	Vir	11 47,7	0 49	11,1	M5 V	0,298	3,36	10,94	13,5
Luyten 789-6/LFT 1729	Aqr	22 38,4	−15 20	12,6	M6e V	0,298	3,36	10,94	15,0
61 Cygni A/B	Cyg	21 06,6	+38 42	5,2/6,0	K5 V/K7 V	0,292	3,42	11,16	7,5/8,4
Prokyon A/B	CMi	7 39,3	+ 5 14	0,3/10,8	F5 V/F VII	0,287	3,48	11,36	2,6/13,1
ε Indi	Ind	22 02,9	−56 45	4,7	K5 V	0,285	3,51	11,44	7,0
Σ 2398/+59°1915 A/B	Dra	18 42,9	+59 36	8,9/9,7	M4 V/M5 V	0,280	3,57	11,64	11,1/11,9
Groombridge 34/+43°44 A/B	And	0 18,0	+44 01	8,1/11,0	M1 V/M6 V	0,278	3,60	11,73	10,3/13,3
τ Ceti	Cet	1 44,2	−15 57	3,5	G8p V	0,275	3,64	11,85	5,7
Lacaille 9352/−36°15693	PsA	23 05,4	−35 52	7,4	M2 V	0,273	3,66	11,94	9,6

*Die Tabelle enthält alle Sterne in der Sonnennachbarschaft bis zu einer Entfernung von 12 Lichtjahren.

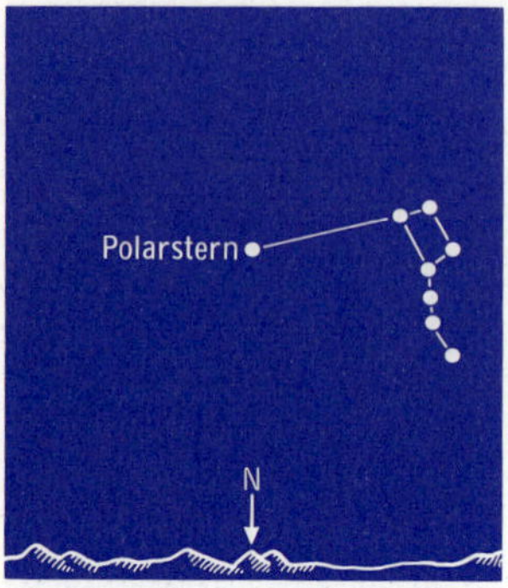

Himmelswagen
Anfang Februar 22^h MEZ

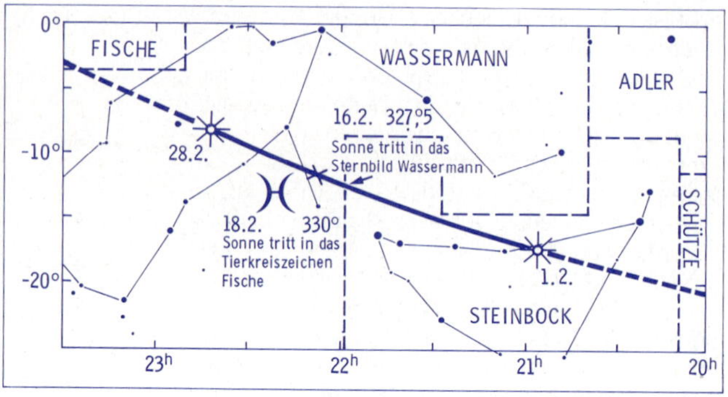

Sonnenlauf

Sonne

Datum	Aufgang	Untergang	Kulmination	Zeitgleichung	Mittagshöhe	Rektaszension	Deklination	Sternzeit 1^h MEZ
5.	7^{h}48^m	17^{h}21^m	12^{h}34^m	−14^m	24°,2	21^{h}14^m	−16°,0	9^{h}00^m
10.	7 40	17 30	12 34	−14	25,7	21 34	−14,4	9 20
15.	7 31	17 38	12 34	−14	27,4	21 54	−12,8	9 40
20.	7 22	17 47	12 34	−14	29,2	22 13	−11,0	10 00
25.	7 12	17 55	12 33	−13	31,0	22 32	− 9,2	10 19

Julianisches Datum am 1. Februar, 1^h MEZ: 2 447 558,5

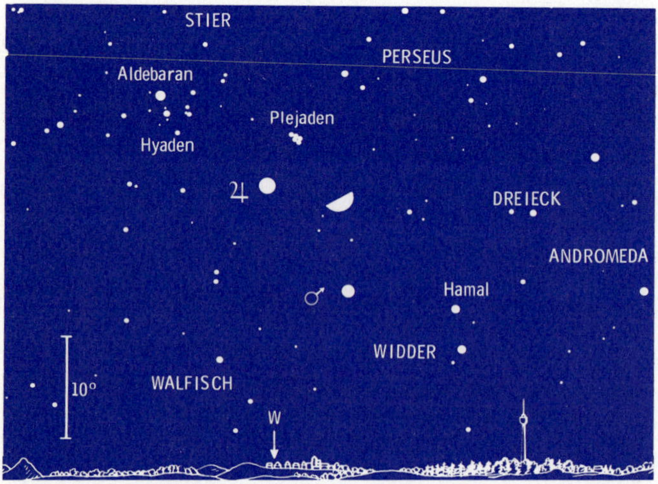

Abb. 39: Himmelsanblick am 12. Februar gegen 23^h MEZ. In westlicher Richtung stehen Mars und Jupiter, zu denen sich der zunehmende Mond gesellt.

Tages- und Nachtstunden im Februar

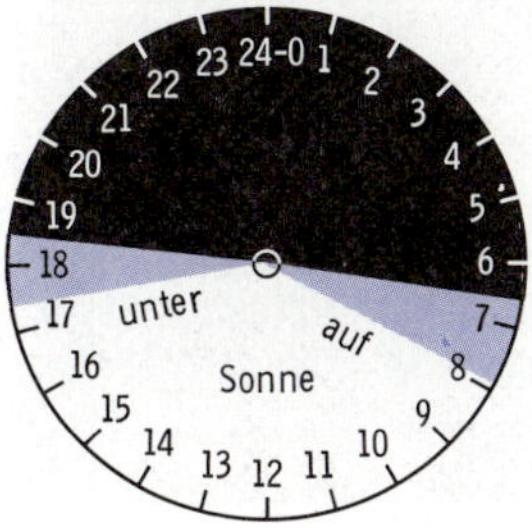

5. Februar

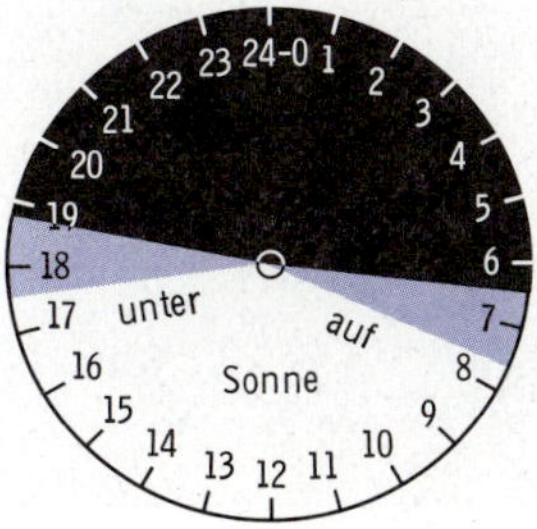

15. Februar

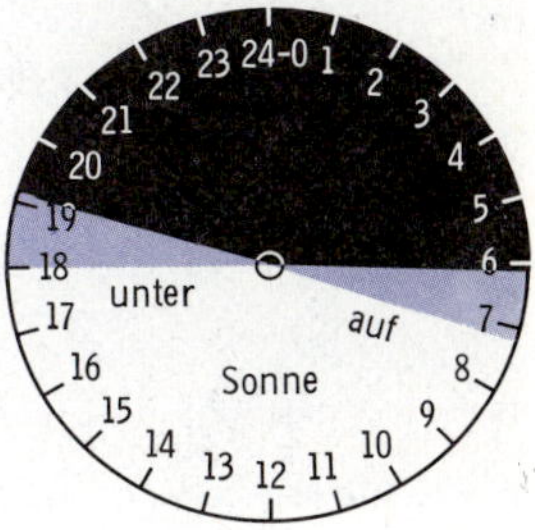

25. Februar

Mondlauf im Februar

Datum		Aufgang	Untergang	Rektaszension	Deklination	Sterne und Sternbilder	Phase	MEZ
Mi	1.	4^h12^m	11^h31^m	16^h03^m	−26°,1	Skorpion	Größte Südbreite	
Do	2.	5 21	12 18	17 01	−27,9	Schlangenträger	Libration Ost	
Fr	3.	6 20	13 22	18 01	−28,2	Schütze		
Sa	4.	7 05	14 42	19 03	−26,8	Schütze		
So	**5.**	7 38	16 10	20 04	−23,6	Schütze		
Mo	6.	8 03	17 41	21 04	−18,9	Steinbock	**Neumond** Aufsteigender Knoten	8^h37^m
Di	7.	8 22	19 11	22 00	−12,9	Wassermann	Erdnähe	
Mi	8.	8 38	20 39	22 54	− 6,2	*Wassermann		
Do	9.	8 53	22 05	23 47	+ 0,8	Fische		
Fr	10.	9 08	23 32	0 39	+ 7,7	*Fische		
Sa	11.	9 26	–	1 32	+14,1	*Fische		
So	**12.**	9 48	0 58	2 27	+19,6	*Hamal		
Mo	13.	10 17	2 23	3 24	+24,0	Plejaden	**Erstes Viertel**	0^h15^m
Di	14.	10 56	3 42	4 22	+26,9	*Stier, Hyaden, Aldebaran	Größte Nordbreite Libration West	
Mi	15.	11 48	4 49	5 21	+28,2	Stier, Al Nath		
Do	16.	12 52	5 41	6 20	+28,0	*Zwillinge		
Fr	17.	14 04	6 19	7 17	+26,2	*Kastor, Pollux		
Sa	18.	15 19	6 46	8 10	+23,2	Krebs		
So	**19.**	16 33	7 06	9 00	+19,2	Krebs		
Mo	20.	17 44	7 22	9 47	+14,4	Regulus	**Vollmond** Absteigender Knoten	16^h32^m
Di	21.	18 54	7 35	10 32	+ 9,1	Löwe		
Mi	22.	20 02	7 47	11 14	+ 3,6	Löwe		
Do	23.	21 10	7 58	11 56	− 2,0	Jungfrau	Erdferne	
Fr	24.	22 18	8 09	12 38	− 7,6	*Jungfrau		
Sa	25.	23 29	8 22	13 21	−12,9	Spica		
So	**26.**	–	8 38	14 06	−17,7	Jungfrau		
Mo	27.	0 41	8 59	14 54	−21,9	Waage		
Di	28.	1 54	9 27	15 45	−25,2	Waage	**Letztes Viertel** Größte Südbreite	21^h08^m

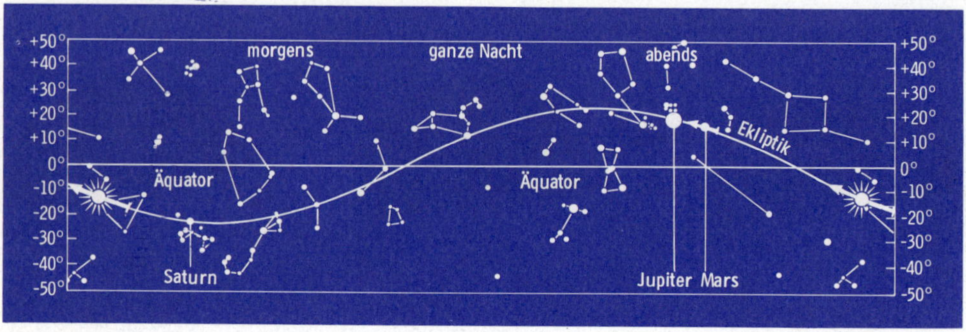

Planetenlauf im Februar

Merkur hat seine untere Konjunktion hinter sich und strebt rückläufig von der Sonne weg. Am 5. wird er stationär und bewegt sich anschließend wieder rechtläufig – zunächst allerdings recht langsam – durch den Tierkreis. Am 18. erreicht er seine größte westliche Elongation von der Sonne. Trotz des beachtlichen Elongationswinkels von 26°25' kommt es nicht zu einer Morgensichtbarkeit. Die morgendliche Ekliptik verläuft flach zum Südosthorizont, Merkur hat eine rund 7° südlichere Deklination als die Sonne, so daß er relativ spät, die Sonne aber entsprechend früher aufgeht. Am Tag der größten westlichen Elongation geht Merkur um 6^h23^m auf. Bevor der $0\overset{m}{,}0$ helle Planet hoch genug über dem Horizont ist, um die niedrigsten Dunstschichten unter sich zu lassen, ist die Dämmerung schon so weit fortgeschritten, daß er sich nicht mehr in der Morgenhelle durchsetzen kann.

Fazit: Merkur bleibt den ganzen Monat über unbeobachtbar. Auch die Konjunktion mit Venus am 1. entgeht uns.

Venus hat im Vormonat ihre Morgensichtbarkeitsperiode beendet und nähert sich weiter der Sonne, ohne sie in diesem Monat zu erreichen. Der innere Nachbarplanet der Erde bleibt unsichtbar.

Mars bleibt Planet der ersten Nachthälfte. Am 1. geht der rote Planet um 1^h11^m unter, am Monatsletzten nur eine Viertelstunde früher. Die nur geringe Verschiebung seiner Untergangszeit resultiert aus seiner raschen rechtläufigen Bewegung und der Zunahme seiner Deklination. Er läuft der Sonne davon, und seine Tagbögen werden größer.

Fazit: Die Untergangszeiten bleiben fast konstant. Der schnellere Mars steuert geradewegs auf den wesentlich langsameren Jupiter zu, der sich gemächlich nun wieder rechtläufig im Stier auf das *Goldene Tor der Ekliptik* zubewegt. Dafür übertrifft Jupiter den roten Planeten bei weitem an Helligkeit. Mars verliert während des Monats fast eine halbe Größenklasse und ist am 28. nur mehr $1\overset{m}{,}0$ hell.

Am 12. kann man abends in westlicher Richtung gegen 23^h den zunehmenden Mond zwischen Mars und Jupiter sehen, ein reizvoller Himmelsanblick.

Am 16. beginnt für die Marsnordhalbkugel der Frühling. Das Marsscheibchen ist an diesem Tag knapp 7" groß, etwa mit dem Merkurscheibchen in größter Elongation vergleichbar.

Jupiter, der sich anschickt, wieder rechtläufig das *Goldene Tor der Ekliptik* im Stier zu passieren, wird von Mars verfolgt, der wesentlich schneller läuft. Jupiter ist das dominierende und bei weitem hellste Gestirn der ersten Nachthälfte. Am 1. sinkt der Riesenplanet um 2^h50^m, am 15. um 2^h00^m und am 28. bereits um 1^h17^m unter den Horizont. Mit Einbruch der Dunkelheit kann Jupiter bereits hoch im Süden als heller Lichtpunkt gesehen werden.

Die Helligkeit des leicht gelblichen Riesenplaneten sinkt weiter von $-2\overset{m}{,}5$ auf $-2\overset{m}{,}3$ ab, der Äquatordurchmesser des Jupiterscheibchens geht auf 38" zurück.

Auf den schönen Himmelsanblick am 12. gegen 23^h, wo Jupiter mit Mond und Mars in westlicher Richtung zu sehen ist, wurde schon unter *Mars* hingewiesen.

Saturn, rechtläufig im Schützen, taucht im Laufe des Monats am Morgenhimmel auf. Ab der Monatsmitte ist er ohne weiteres als Morgenstern zu sehen. Am 15. geht der $0\overset{m}{,}6$ helle Ringplanet um 5^h18^m auf, am 28. schon um 4^h31^m.

Im Fernrohr zeigt Saturn einen relativ weit geöffne-

Jupitermond-Erscheinungen

Datum	MEZ	Vorgang		Datum	MEZ	Vorgang	
1.	0^h17^m	I	SA	15.	18^h14^m	II	BA
	1 10	I	DE		20 36	II	BE
	18 02	II	VE		20 57	II	VA
	20 19	I	BA		23 19	II	VE
	23 47	I	VE	16.	0 07	I	BA
2.	17 29	I	DA		21 18	I	DA
	18 19	III	DA		22 37	I	SA
	18 46	I	SA		23 28	I	DE
	19 38	I	DE	17.	0 47	I	SE
	20 37	III	DE		18 15	II	SE
	20 56	I	SE		18 36	I	BA
	23 35	III	SA		22 06	I	VE
3.	1 50	III	SE	18.	19 16	I	SE
	18 16	I	VE	20.	18 37	III	BE
6.	21 26	II	DA		21 38	III	VA
	23 45	II	DE		23 58	III	VE
7.	0 01	II	SA	22.	20 53	II	BA
8.	0 54	I	DA		23 16	II	BE
	17 59	II	BE		23 35	II	VA
	18 19	II	VA	23.	23 14	I	DA
	20 41	II	VE	24.	0 33	I	SA
	22 13	I	BA		18 15	II	DE
9.	1 42	I	VE		18 31	II	SA
	19 23	I	DA		20 32	I	BA
	20 42	I	SA		20 51	II	SE
	21 33	I	DE	25.	0 02	I	VE
	22 14	III	DA		19 02	I	SA
	22 51	I	SE		19 54	I	DE
10.	0 34	III	DE		21 12	I	SE
	20 11	I	VE	26.	18 31	I	VE
13.	19 56	III	VE	27.	20 18	III	BA
14.	0 00	II	DA		22 44	III	BE

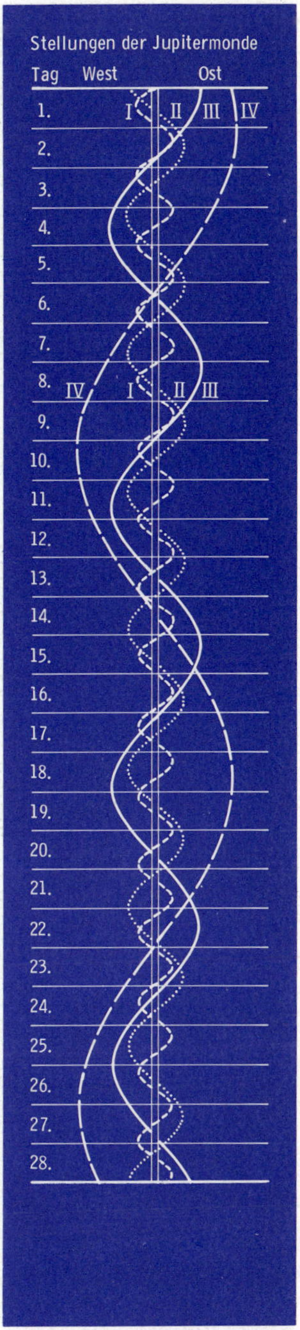

Konstellationen und Ereignisse im Februar

Datum	MEZ	Ereignis
1.	4^h	Merkur bei Venus, Merkur 4° nördlich
3.	7	Mond bei Uranus, Mond 4° südlich
3.	16	Mond bei Saturn, Mond 5° südlich
3.	19	Mond bei Neptun, Mond 5° südlich
4.	19	Mond bei Merkur, Mond 6° südlich
5.	15	Merkur im Stillstand, anschließend rechtläufig
12.	8	Mond bei Mars, Mond 4° nördlich
13.	8	Mond bei Jupiter, Mond 6° nördlich
18.	17	Merkur in größter westlicher Elongation (26°)
20.	13	Pluto im Stillstand, anschließend rückläufig
20.	17	**Totale Mondfinsternis** (siehe Seite 30)
24.	1	Venus im Aphel

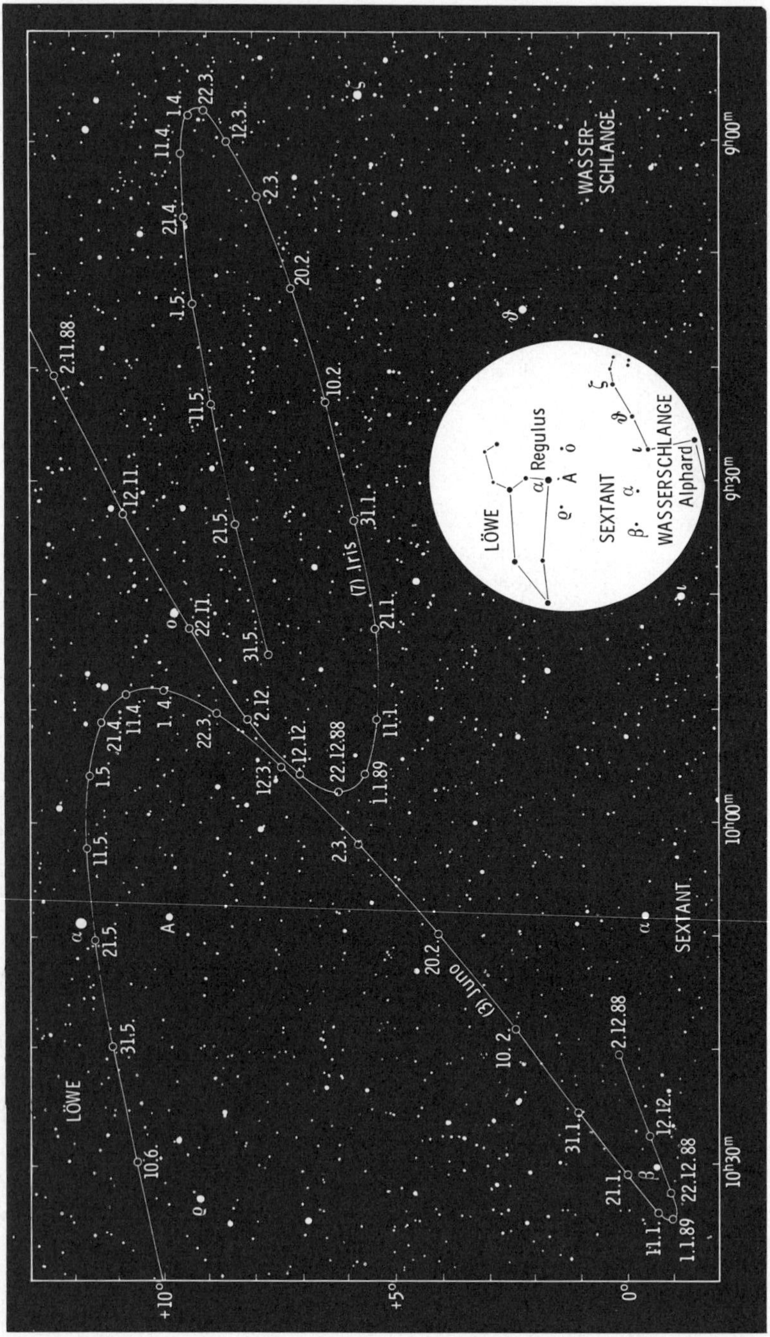

Abb. 40: Bahn des Kleinplaneten Juno von Dezember 1988 bis Anfang Juni 1989 und Bahn des Kleinplaneten Iris von November 1988 bis Ende Mai 1989 im Gebiet Löwe / Sextant / Wasserschlange.

ten Ring (25°,6). Der scheinbare Längsdurchmesser des Ringes beträgt 34″,6, der Äquatordurchmesser des Saturnscheibchens 15″,2.

Uranus, der gemächlich rechtläufig im Schützen wandert, kann gegen Monatsende am Morgenhimmel aufgefunden werden. Am 20. geht der $5^m,7$ helle, grünliche Planet um 4^h40^m auf. Etwa eine Stunde später kann man versuchen, den lichtschwachen Planeten mit einem Fernglas zu erkennen. Durch seine südliche Position (Deklination: −23°,6) beschreibt er einen flachen Tagbogen und erreicht nur bescheidene Höhen über dem Horizont. Um den 25. kommt Mondlicht störend hinzu. Am 28. erfolgt der Uranusaufgang bereits um 4^h10^m.

Neptun, rechtläufig im Schützen, kann sich aus den Strahlen der Sonne noch nicht befreien und bleibt weiterhin unbeobachtbar.

Planetoiden

Pallas – Planetoid Nr. 2 – kommt am 25. in Konjunktion mit der Sonne. In Opposition zur Sonne steht sie am 30. September. Ab Ende August kann man sie im Walfisch aufsuchen.

Juno – Planetoid Nr. 3 – steht am 21. in Opposition zur Sonne. Sie wandert rückläufig im Gebiet Sextant/Löwe und erreicht eine Oppositionshelligkeit von $8^m,6$. Am 21. kulminiert sie um 0^h25^m. Ihre Bahn durch die Sternbilder ist in Abb. 40 auf Seite 50 eingetragen.

Iris – Planetoid Nr. 7 – kommt am 9. im Grenzgebiet Löwe/Hydra in Opposition zur Sonne. Ihre Oppositionshelligkeit beträgt $8^m,3$. Sie ist damit lichtstarken Ferngläsern zugänglich, zumal sie nördlich des Äquators steht (Deklination +6°,6) und somit vernünftige Kulminationshöhen erreicht. Am Tag der Opposition kulminiert Iris um 0^h24^m.

Bis Monatsende ist die Iris-Helligkeit wieder auf $8^m,8$ abgesunken. Die Iris-Bahn findet man in Abb. 40 auf Seite 50.

Periodische Sternschnuppenströme im Februar

Zwischen 6. und 9. Februar sind die **Alpha-Aurigiden** zu erwarten. Ihr Maximum ist nicht sehr ausgeprägt. Der Ausstrahlungspunkt liegt in der Nähe von Kapella. Nur wenige, aber helle und langsame Meteore tauchen auf. Die beste Beobachtungszeit ist um Mitternacht.

Die **Delta-Leoniden** erreichen ihr Maximum um den 26. Februar. Sie sind ein schwacher Strom, der sich zwischen dem 5. Februar und dem 19. März bemerkbar macht, wobei es sich um langsame Objekte handelt (um 23 Kilometer pro Sekunde).

Zu Monatsende erscheinen die ersten **Virginiden** am Morgenhimmel.

Der Fixsternhimmel im Februar

Gegenüber dem Vormonat hat sich der Anblick des abendlichen Sternenzeltes nicht wesentlich verändert, die Himmelsbühne hat sich lediglich um 30° weitergedreht. Hoch im Süden findet man den Orion mit seinem hellen, rötlichen Schulterstern Beteigeuze, den drei in einer Linie stehenden Gürtelsternen und dem auffälligen, hellen, blauweißen Fußstern Rigel. Dem Himmelsjäger folgt der Große Hund mit dem unübersehbaren, strahlenden Sirius, von dem uns nur knapp neun Lichtjahre trennen. Sirius steht ziemlich genau im Süden, er kulminiert eben.

Im Osten kündigt sich schon der Frühling an: Der Löwe ist bereits aufgegangen. Regulus, der Hauptstern des Löwen, fällt als einziger Stern erster Größe in dieser Gegend sofort auf.

Fast im Scheitelpunkt stehen die Zwillinge hoch über unseren Köpfen. Zwischen dem Löwen und den Zwillingen findet man den Krebs. Dem Namen nach kennt ihn jeder, gehört er doch zum Tierkreis, also zu jenen Sternbildern, durch die die Sonne hindurchläuft. Ihn aber am Himmel zu erkennen ist nicht ganz einfach, da er sich nur aus lichtschwachen Sternen zusammensetzt. Gerade deshalb sollte man einmal in einer mondlosen Nacht und ohne durch Straßenlampen geblendet zu werden, versuchen, den Krebs zu finden.

Schon mit bloßen Augen kann man unter günstigen Verhältnissen im Krebs den offenen Sternhaufen der Krippe (lat.: Praesepe) sehen, allerdings nur als schwaches Lichtfleckchen. Erst im Fernrohr löst sich die Krippe in zahlreiche einzelne Sterne auf.

Das Wintersechseck mit Kapella, Aldebaran, Rigel, Sirius, Prokyon und Pollux hat sich deutlich nach Westen verschoben. Von den Herbstbildern sind nur noch Perseus, Andromeda und der Widder erwähnenswert. Im Widder findet sich außerdem der rötliche Mars, ein wenig höher noch glänzt Jupiter. Im Nordosten schiebt sich der Große Wagen langsam höher, während das Himmels-W, die Kassiopeia, zum Horizont herabsinkt – diesen aber als Zirkumpolarbild nicht erreicht.

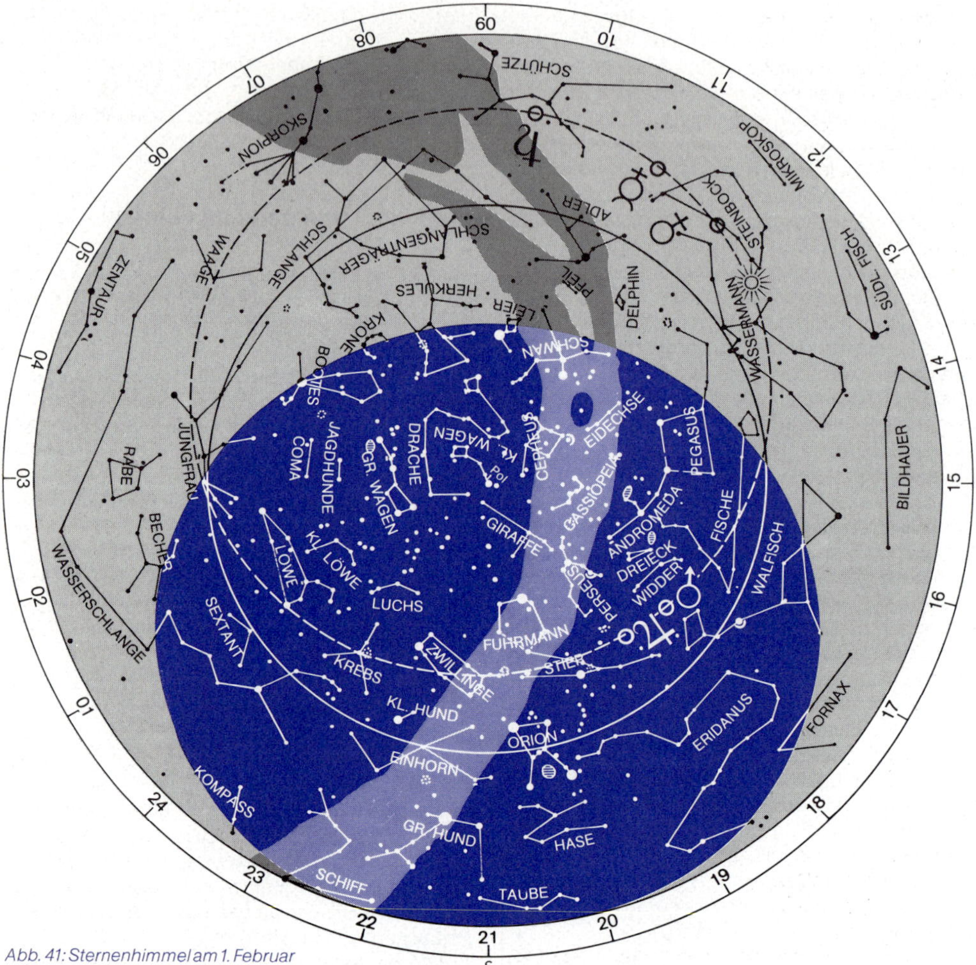

Abb. 41: Sternenhimmel am 1. Februar 22^h bzw. 15. Februar 21^h MEZ.

Objekte für Feldstecher und Fernrohr

Der Winterhimmel ist besonders reich an schönen und interessanten Objekten für Fernrohr- und Feldstecherbesitzer. Wer zum ersten Mal mit seinem Fernglas den Sternenhimmel nach lohnenswerten Objekten absuchen will, der sollte einmal die winterliche Milchstraße „abgrasen". Es ist schon ein beeindruckendes Erlebnis, wenn sich dieses schimmernde Lichtband in Abertausende feiner Lichtpünktchen auflöst. Auch mit einem kleinen Fernrohr sollte man dies versuchen, wobei man aber eine möglichst geringe Vergrößerung wählen sollte, um ein großes Gesichtsfeld zu erhalten.

Typische Feldstecherobjekte, die zur Zeit gut zu beobachten sind, sind die beiden offenen Sternhaufen Plejaden und Hyaden im Stier. Die Plejaden, die etwas dichter gedrängt sind, gehen meist ganz in das Gesichtsfeld eines Fernglases – wenn es nicht allzu große Vergrößerung aufweist. Bei den Hyaden muß man ein wenig herumschwenken, um sie in ihrer Gesamtheit zu erfassen, die Hyadenster-

Veränderliche Sterne im Februar

Algol-Minima	5. 3^h57^m	8. 0^h46^m	10. 21^h35^m	13. 18^h24^m	28. 2^h31^m	
β-Lyrae-Minima	9. 20^h	22. 18^h				
δ-Cephei-Maxima	1. 23^h	7. 8^h	12. 17^h	18. 2^h	23. 10^h	28. 19^h
Mira-Helligkeit	ca. 5^m, fallend					

ne sind lockerer gestreut. Auffallend ist mitten in den Hyaden der rote Aldebaran, das weitaus hellste Objekt hier. Allerdings gehört Aldebaran selbst nicht zu den Hyaden. Mit 68 Lichtjahren Distanz ist er ein Vordergrundstern; die Hyadensterne sind nämlich im Mittel 140 Lichtjahre entfernt. In den Hyaden findet sich außerdem ein interessanter Doppelstern, ϑ Tauri. Mit 337" kann man ihn theoretisch schon mit bloßen Augen trennen. In der Praxis scheitert dies meist daran, daß man in dem Gewimmel der Hyadensterne ϑ Tau schwer herausfindet. Mit dem Fernglas ist dies kein Problem. Man wird allerdings bald feststellen: Bei genauem Betrachten erlahmen schnell die Arme, das Fernglas beginnt zu zittern, die Sterne wackeln hin und her, die Augen beginnen zu tränen. Deshalb empfiehlt es sich fast immer, ein gutes Stativ zu benützen. Ohne ein solches wird jede Beobachtung nur eine halbe Sache, es fehlt an Muße, die einzelnen Objekte ausgiebig zu studieren, und man verliert schnell das Interesse an der Beobachtung.

Weitere offene Haufen, die schon im Fernglas beeindruckend sind, wenn auch nicht so spektakulär wie Hyaden und Plejaden, sind M 44 im Krebs und M 35 in den Zwillingen. Beide Haufen liegen auf der Tierkreislinie, der Ekliptik. M 35 findet man etwa 2°,5 nordwestlich von η Geminorum. In der Monatssternkarte ist er zwischen den Zwillingen und dem Stier eingetragen. Im Feldstecher erkennt man eine schwache Aufhellung. Erst im Teleskop ab 10 cm aufwärts wird die wahre Pracht von M 35 erkennbar – ein Sternhaufen mit etwa 300 Mitgliedssternen in 2600 Lichtjahren Entfernung.

Der offene Sternhaufen M 44 im Krebs wird Krippe oder Praesepe (lat.) genannt. Schon mit bloßen Augen ist er als schwaches Lichtfleckchen zu sehen – wenn Mondlicht oder Straßenbeleuchtung nicht stören. Im Fernglas kann man M 44 in einzelne Sterne auflösen. So richtig zur Geltung kommt die Krippe aber erst im Fernrohr bei geringer Vergrößerung (um 35 x) – ein wahres Prachtobjekt von einem offenen Haufen. Die Sterne der Krippe sind etwas mehr als 500 Lichtjahre entfernt. Bis 10^m findet man rund 80 Sterne beisammen.

Weniger bekannt ist der offene Haufen M 41 im Großen Hund. Er liegt rund 4° südlich von Sirius. Etwa hundert Sterne von 7^m bis 13^m sammeln sich hier zu einem losen Haufen – nicht zu stark vergrößern! M 41 ist rund 2400 Lichtjahre entfernt. – Ein letzter offener Sternhaufen sei genannt: M 50 im Einhorn. Er liegt nordöstlich von Sirius, unterhalb des „HO" von EINHORN in der Monatssternkarte. Im Fernglas hat M 50 etwa $^1/_3$ Vollmonddurchmesser.

Ein unbedingtes „Muß" für den Feldstecherbesitzer ist der Große Orionnebel südlich („unterhalb") der drei Gürtelsterne, M 42 mit der Katalogbezeichnung. Bei guter Sicht ist der Gasnebel M 42 schon mit bloßen Augen als schwach bläulich schimmerndes Lichtfleckchen zu erkennen. Eingebettet in die leuchtenden Gaswolken sind junge, heiße,

Abb. 42: Fernrohranblick von Mizar und Alkor im Großen Bären.

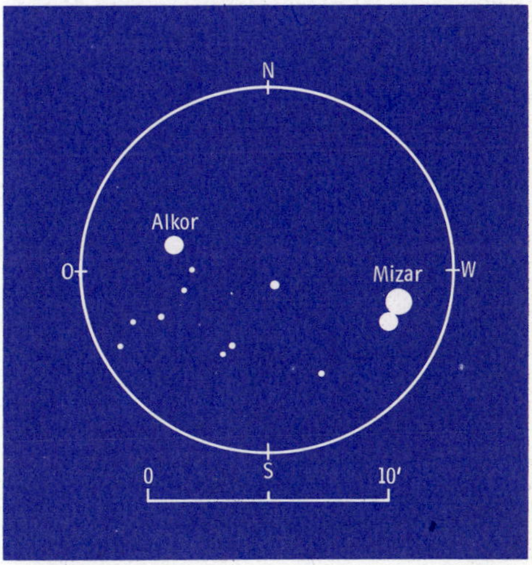

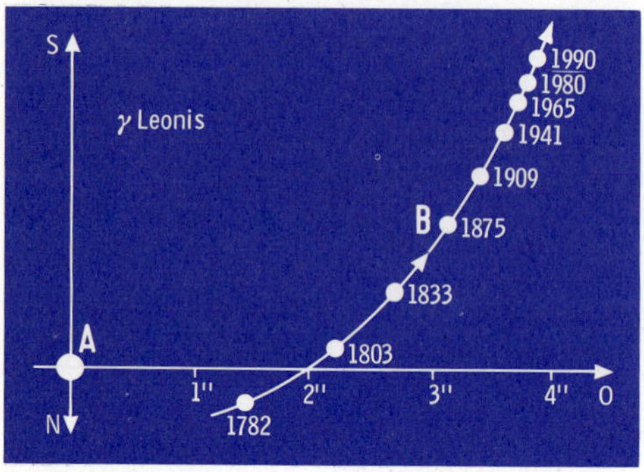

Abb. 43: Relative scheinbare Bahn von γ Leonis.

bläuliche Sterne. Berühmt ist das Trapez, eine Gruppe von vier Sternen (A, B, C, D von ϑ_1 Orionis). Das bläuliche Licht ist an Staubwolken reflektiertes Sternenlicht. Die roten, zum Selbstleuchten angeregten Wasserstoffwolken sind nur auf Fotografien, nicht aber mit den Augen direkt zu sehen. Das Sternentstehungsnest M 42 ist etwa 1700 Lichtjahre von uns entfernt.

Wer noch keine große Erfahrung im Beobachten von Doppelsternen hat, sollte mit Mizar, dem mittleren Deichselstern im Großen Wagen, beginnen. Mit bloßen Augen erkennt man Alkor, das Reiterlein genannt, in 710" Distanz von Mizar.

Mizar selbst ist schon im Zweizöller (Fernrohr mit 5 cm freier Öffnung) leicht zu trennen, die Distanz beträgt 14". Ein weiterer, sehr bekannter Doppelstern ist γ Leonis, Algieba, der Halsstern des Löwen: Die Hauptkomponente A ($2\overset{m}{,}3$) hat in 4",5 Distanz einen $3\overset{m}{,}5$ hellen Begleiter. Ein bereits im kleinen Feldstecher leicht zu trennender, aber wegen seiner südlichen Breite wenig bekannter Doppelstern ist γ Leporis. Die $3\overset{m}{,}8$ helle Komponente A hat in 95" Distanz einen $6\overset{m}{,}2$ hellen Begleitstern. Das physische Paar ist 27 Lichtjahre entfernt, also so weit weg, wie die bekannte Wega am Sommerhimmel. Die Entfernung beider Sterne voneinander beträgt somit 1000 AE. Auch Rigel im Orion hat in 9",4 Distanz einen $6\overset{m}{,}7$ hellen Begleiter, der wegen des großen Helligkeitsunterschiedes nur im Teleskop ab 15 cm Öffnung gesehen werden kann.

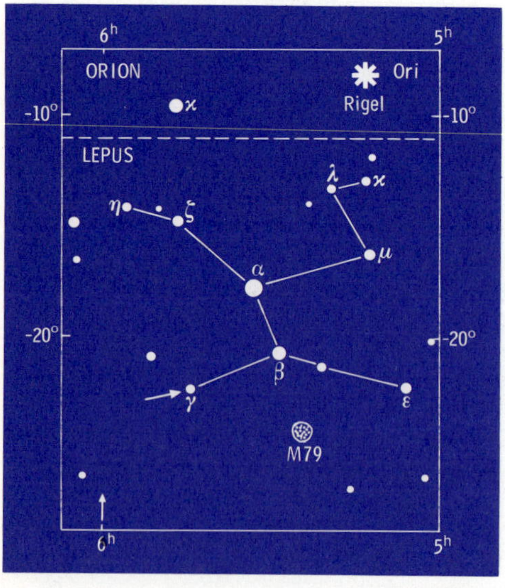

Abb. 44: Der Doppelstern γ Leporis ist schon im einfachen Fernglas leicht zu trennen.

Monatsthema: Was ist eine Supernova?

Lange hegte man die Auffassung, daß das Sternenzelt ewig und unvergänglich sei, daß der Sternenhimmel mit Ausnahme von den bewegten Gestirnen Sonne, Mond und Planeten immer den gleichen Anblick biete. Das Muster der Sternbilder, dargestellt durch die Fixsterne, schien unveränderlich zu sein im Gegensatz zu den rasch vergänglichen irdischen Dingen. Heute weiß man, daß Sterne einen Lebensweg zurücklegen, eine Entwicklung durchmachen: Sie entstehen, leuchten eine Zeitlang und gehen anschließend zugrunde. Freilich mißt die Lebensspanne eines Sternes viele Millionen, oft sogar Milliarden von Jahren. So wird verständlich, daß selbst für einige Menschengenerationen der Fixsternenhimmel sein Aussehen kaum ändert.

Deshalb gerieten unsere Vorfahren in helle Aufregung, wenn am Himmel ein neuer Stern aufflammte. So berichten fernöstliche Quellen von einem „Gaststern", der am 4. Juli des Jahres 1054 plötzlich im Sternbild Stier auftauchte. Nach wenigen Wochen war er wieder verschwunden. Im Jahr 1572 beobachtete der berühmte Astronom Tycho de

BRAHE in der Kassiopeia einen hellen Stern, den er nie zuvor dort gesehen hatte. Ähnlich erging es seinem Mitarbeiter und Nachfolger Johannes KEPLER, der 1604 einen bis dahin unbekannten Stern im Schlangenträger entdeckte.
KEPLER verfaßte einen Bericht mit dem lateinischen Titel „De Nova Stella" („Über den neuen Stern"). Man war damals der Auffassung, einen echten neuen Stern zu beobachten, und so bürgerte sich die Bezeichnung *Nova* ein. Bald tauchten Zweifel auf, ob eine Nova-Erscheinung tatsächlich die Geburt eines neuen Sterns anzeigt, verschwinden doch solche *Novae Stellae* nach recht kurzer Zeit wieder. Mit Erfindung des Fernrohres gelang es nachzuweisen, daß Novae nicht völlig verschwinden, sondern nach ihrer Glanzzeit weiterhin als schwache Sternchen zu beobachten sind (als *Postnovae*). So kam der Verdacht auf, daß möglicherweise vor dem Erscheinen einer Nova an derselben Stelle schon ein – wenn auch lichtschwacher – Stern stand, *Praenova* genannt. Mit der Herausgabe immer besserer Sternkarten, in denen auch relativ lichtschwache Sterne verzeichnet sind, gelang es in etlichen Fällen, solche Praenovae nachzuweisen. Damit war klar: Eine Nova ist nicht ein völlig neuer Stern, sondern eine Nova-Erscheinung ist auf einen gewaltigen Helligkeitsanstieg eines bereits vorhandenen Sternes zurückzuführen. Ein Lichtausbruch einer Nova ist so enorm, daß der Stern plötzlich 100 000mal heller strahlt. Somit werden Sterne sichtbar, die vor ihrem Novastadium nur in großen, lichtstarken Teleskopen beobachtbar und vor Erfindung des Fernrohres völlig unbekannt waren. Novae zählt man daher folgerichtig zu den veränderlichen Sternen, und zwar zur Klasse der Eruptiv-Variablen.
Manchmal jedoch zeigen Sterne Helligkeitsausbrüche, die sie viele Millionen, ja Milliarden mal heller werden lassen als ihre ursprüngliche Leuchtkraft. Für Tage oder Wochen werden sie so hell wie eine ganze Galaxie, also wie etliche Milliarden Sonnen.
Eine solche Erscheinung wird Supernova genannt. Supernovae sind selbst in fernen Milchstraßensystemen als auffällige Objekte beobachtbar. Supernovae übertreffen gewöhnliche Nova-Erscheinungen um etwa das 100 000fache an Helligkeit! Physikalisch gesehen muß es sich bei einer Supernova deshalb um einen andersgearteten Vorgang handeln als bei einer Nova. Tatsächlich ist ein Nova-Ausbruch ein vergleichsweise harmloser Vorgang für einen Stern, gewissermaßen eine Art Hautkrankheit des Sterns, wie ein Astronom sich einst auszudrücken beliebte. Eine Supernova hingegen bedeutet das Ende für einen Stern; die betroffene Sonne beendet ihr Dasein in einer gewaltigen Explosion, die als spektakuläre Leuchterscheinung weithin im Weltall sichtbar wird.
Wie kommt es nun zu einer Supernovaexplosion? Erleidet jeder Stern, also auch unsere Sonne, am Ende seines Lebens ein solch katastrophales Schicksal?
Sterne bilden sich aus interstellaren Gas- und Staubwolken. Zum überwiegenden Teil, rund Dreiviertel der Masse, besteht ein Stern aus Wasserstoff, dem leichtesten Element im Universum, der Rest ist Helium. Nur wenige Prozent – teilweise nicht einmal ein Prozent der Sternenmaterie – setzen sich aus schwereren Elementen als Helium zusammen. Sterne sind gigantische Atommeiler. Im tiefen Innern ihrer riesigen Gasleiber wird bei Temperaturen von Millionen Grad Celsius Wasserstoff in Helium umgewandelt, *fusioniert,* wie die Astrophysiker sagen. In späteren Lebensstadien fusioniert auch Helium zu Kohlenstoff.
Der Stern beginnt dabei zu altern, er bläht sich auf, seine Oberfläche wird kühler und damit röter. Rote Riesensterne sind gewissermaßen die Greise des Weltalls. Der Lebensweg eines Sterns hängt dabei von seiner Masse ab. Massereichere Sterne entwikkeln sich schneller, denn sie gehen mit ihrem Kernbrennstoff verschwenderischer um. Hat ein Stern beispielsweise die zehnfache Masse unserer Sonne, so verbraucht sich sein Wasserstoffvorrat schon in wenigen Millionen Jahren, und die Fusion von Helium in Kohlenstoff setzt ein. Kohlenstoff ist aber nicht das Endprodukt in massereichen Sternen. Kohlenstoffatomkerne verschmelzen bei ungeheurer Hitze zu noch schwereren Elementen. Nacheinander werden bei immer höheren Temperaturen (über eine Milliarde Grad!) Neon, Sauerstoff, Silizium, Magnesium, Aluminium und in relativ bescheidenen Mengen Phosphor und Schwefel produziert. Die Kernfusionen werden dabei allerdings immer unergiebiger, was die Freisetzung von Energie betrifft. Beim Eisen schließlich ist eine Grenze erreicht. Werden nämlich noch schwerere Elemente als Eisen erzeugt, so *verbraucht* der Fusionsvorgang Energie und liefert keine mehr. Ein massereicher Stern erhält nach relativ kurzer Zeit einen Kern aus heißem, ungeheuer dichtem Eisengas. In diesem Stadium erlischt der Atomofen, keine Energie wird mehr freigesetzt. Hinzu kommt, daß nun in verstärktem Maße Energie aus dem Zentrum

E

Abb. 45: Die Supernova 1987 A in der Großen Magellanschen Wolke.

abgeführt wird. Nicht nur Photonen (Lichtteilchen), sondern auch Neutrinos bewirken eine Kühlung des Sterninneren. Da Neutrinos nur eine winzig kleine Masse und keine elektrische Ladung besitzen, gelangen sie, fast ohne auf Widerstand zu stoßen, vom Zentrum an die Oberfläche des Sterns und von da ins Weltall. Dieser geringe Wirkungsquerschnitt ist auch der Grund, warum Neutrinos so schwer im irdischen Labor nachzuweisen sind.

Nun überstürzen sich die Ereignisse. Die nuklearen Energiequellen sind erschöpft. Neutrinos kühlen das Zentrum, der Innendruck läßt gewaltig nach. Innerhalb von Sekundenbruchteilen stürzt die Eisenkugel von etwa 1,5 bis 3 Sonnenmassen in sich zusammen, sie erleidet einen Gravitationskollaps. Bei einem solchen Gravitationskollaps wird Schwerkraftenergie schlagartig freigesetzt, der Stern explodiert. Übrig bleibt der ungeheuer dichte – pro Kubikzentimeter Millionen Tonnen –, aber winzig kleine Sternenkern, ein sogenannter *Neutronenstern* oder *Pulsar* (siehe HIMMELSJAHR 19**87**, Seite 140). Die Vorgänge im Sterninneren, die bei einer Supernovaexplosion ablaufen, kann man mit leistungsfähigen Großrechnern simulieren. Allerdings sind noch nicht alle Probleme gelöst, manche Details sind noch unverstanden. Eine Supernova bedeutet den Tod für den betroffenen Stern. Ein Großteil seiner Materie wird ins Weltall gesprengt. Sucht man die Stelle im Sternbild Stier, an der die Chinesen im Jahre 1054 ihren Gaststern sahen, mit einem Teleskop ab, so findet man ein lichtschwaches Gebilde, den berühmten Crab-Nebel M1, der sich mit rund 1000 Kilometer pro Sekunde ausdehnt. (Siehe Abb. 11, Seite 17.) Er ist Zeuge der Sternkatastrophe. Radioastronomen haben im Crab-Nebel einen Pulsar gefunden, den rasch rotierenden Rest des detonierten Sterns, den man inzwischen in vielen Spektralbereichen einschließlich des Optischen beobachtet.

Doch nicht bei allen Supernova-Resten (engl.: supernovae-remnants) findet man einen Neutronenstern im Explosionszentrum. Man muß nämlich zwischen zwei Typen von Supernovae unterscheiden. Typ I Supernovae (SN) sind heller (bis etwa -19^{M}), Typ II nicht ganz so hell (bis etwa -17^{M}).

SN I zeigen einen Helligkeitsrückgang von 3^{m} innerhalb von 30 Tagen, bei Typ II sinkt die Helligkeit langsamer ab; erst nach 70 Tagen oder länger hat ihre ursprüngliche Leuchtkraft um 3^{m} abgenommen. Typ II SN sind massereicher, übrig bleibt ein Neutronenstern. Bei SN I hingegen findet man nur filamentartige, fasrig-strukturierte Gaswolken. Durch die Supernovadetonationen wird die interstellare Materie mit schwereren Elementen angereichert. So gesehen bestehen auch wir Menschen aus „Sternenmaterie". Denn die Kohlenstoff-, Sauerstoff-, Stickstoff-, Phosphor-, Schwefelatome usw., aus denen unsere Körper sich zusammensetzen, wurden einst in einem Stern zusammengebakken, der längst explodiert ist, noch vor Entstehung unseres Sonnensystems.

Leider sind die Supernovae-Erscheinungen in unserer Milchstraße allesamt *vor* Erfindung des Fernrohrs aufgetreten. Seit es Teleskope gibt, hat man nur in anderen Galaxien und damit in recht großen Distanzen SNs aufgespürt. So ist die helle Aufregung der Astronomen zu verstehen, als am 23. Februar 1987 im Sternbild Schwertfisch eine Supernova aufflammte. Die SN 1987 A ereignete sich zwar nicht in unserer Milchstraße, aber relativ nahe, nämlich in der Großen Magellanschen Wolke in rund 170 000 Lichtjahren Distanz. Die Große Magellansche Wolke ist eine Begleitgalaxie unserer Milchstraße und nur am Südhimmel beobachtbar. Für die Astronomen bietet SN 1987 A eine harte Nuß zum Knacken: Der explodierte Stern, den man auf Himmelsfotografien schon vorher gebannt hatte, zeigt zwar die erwartete Masse von etwa fünfzehnfacher Sonnenmasse, war aber vor seiner Detonation kein Roter Riese, sondern ein blauer Stern und damit sehr jung. Nun sind die Theoretiker dran, sich auszutoben!

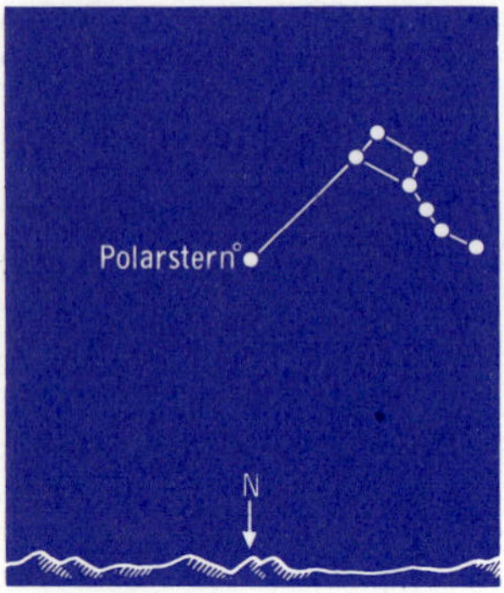

Himmelswagen
Anfang März 22^h MEZ

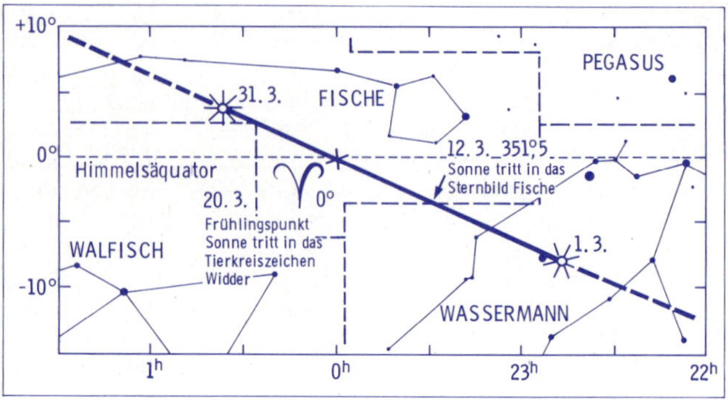

Sonnenlauf

Sonne

Datum	Aufgang	Untergang	Kulmination	Zeitgleichung	Mittagshöhe	Rektaszension	Deklination	Sternzeit 1^h MEZ
2.	7^h02^m	18^h04^m	12^h32^m	-12^m	32°,9	22^h51^m	−7°,3	10^h39^m
7.	6 51	18 12	12 31	−11	34,8	23 10	−5,4	10 59
12.	6 41	18 20	12 30	−10	36,8	23 28	−3,4	11 18
17.	6 30	18 28	12 28	− 8	38,7	23 47	−1,4	11 38
22.	6 19	18 36	12 27	− 7	40,7	0 05	+0,5	11 58
27.	6 08	18 44	12 25	− 5	42,7	0 23	+2,5	12 18

Julianisches Datum am 1. März, 1^h MEZ: 2 447 586,5

Achtung: Ab Sonntag, 26. 3., gilt die Sommerzeit. Zu allen Zeitangaben 1^h addieren!

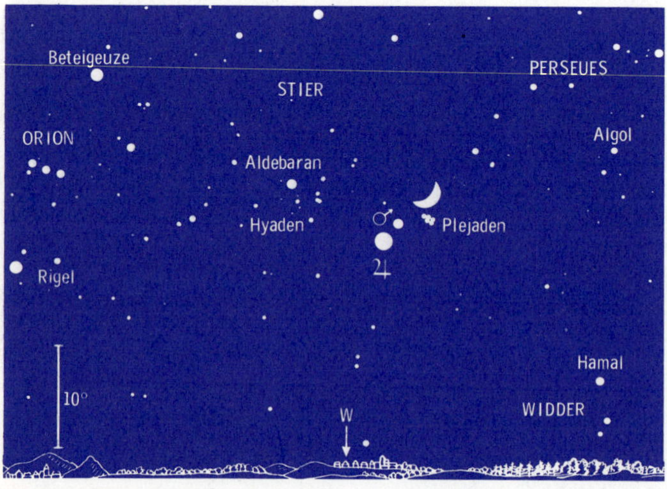

Abb. 46: Anblick des Sternenhimmels in westlicher Richtung am 12. März gegen 22^h MEZ. Mars und Jupiter stehen nahe beieinander im „Goldenen Tor der Ekliptik“, das von den beiden offenen Sternhaufen Plejaden und Hyaden im Stier gebildet wird. Der zunehmende Mond verleiht der Himmelsszene einen besonderen Reiz.

Tages- und Nachtstunden im März

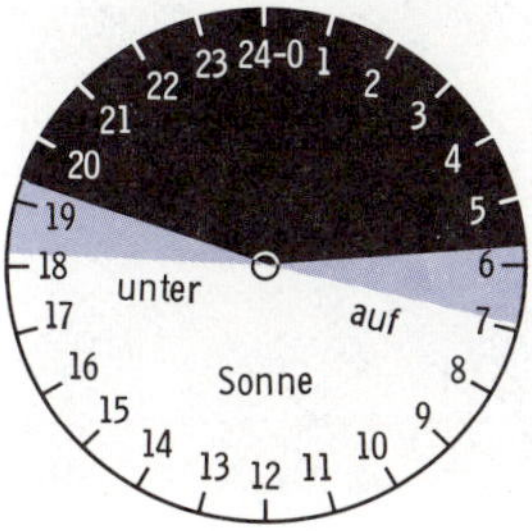

5. März

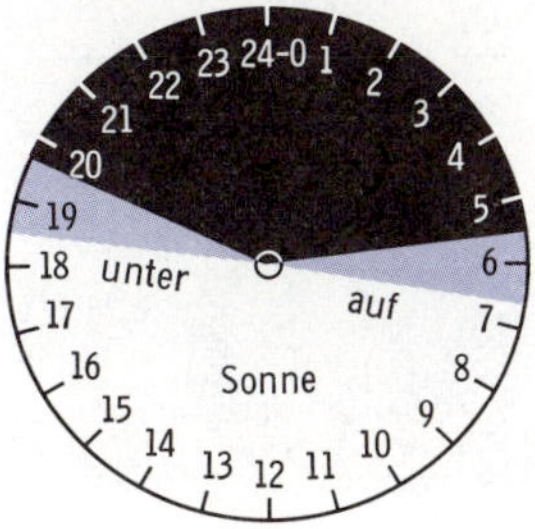

15. März

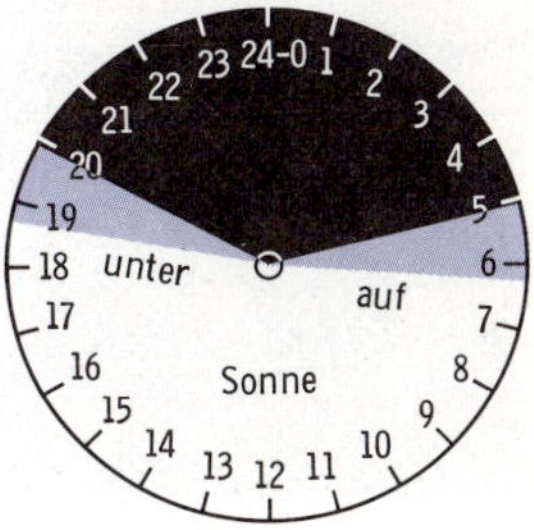

25. März

Mondlauf im März

Datum	Aufgang	Untergang	Rektaszension	Deklination	Sterne und Sternbilder	Phase	MEZ
Mi 1.	3^h05^m	10^h07^m	16^h40^m	–27°,5	Antares, Skorpion		
Do 2.	4 07	11 02	17 38	–28,3	Schlangenträger	Libration Ost	
Fr 3.	4 57	12 13	18 38	–27,6	Schütze		
Sa 4.	5 35	13 35	19 38	–25,2	Schütze		
So 5.	6 02	15 04	20 37	–21,2	Steinbock		
Mo 6.	6 24	16 35	21 34	–15,8	Steinbock	Aufsteigender Knoten	
Di 7.	6 41	18 04	22 30	– 9,4	Wassermann	**Neumond**	19^h19^m
Mi 8.	6 57	19 34	23 24	– 2,3	Fische	Erdnähe	
Do 9.	7 13	21 04	0 17	+ 4,9	Fische		
Fr 10.	7 30	22 34	1 12	+11,7	Fische		
Sa 11.	7 51	–	2 08	+17,8	*Hamal		
So 12.	8 17	0 03	3 06	+22,8	*Widder		
Mo 13.	8 54	1 27	4 06	+26,2	*Plejaden, Hyaden	Größte Nordbreite	
Di 14.	9 42	2 41	5 06	+28,0	*Stier, Al Nath	**Erstes Viertel** Libration West	11^h11^m
Mi 15.	10 44	3 39	6 06	+28,1	*Zwillinge		
Do 16.	11 54	4 21	7 04	+26,7	Kastor, Pollux		
Fr 17.	13 08	4 51	7 58	+24,0	*Zwillinge		
Sa 18.	14 22	5 13	8 49	+20,2	Krebs		
So 19.	15 34	5 30	9 36	+15,6	Regulus		
Mo 20.	16 43	5 44	10 21	+10,5	Löwe	Absteigender Knoten	
Di 21.	17 51	5 55	11 03	+ 5,0	Löwe		
Mi 22.	18 59	6 07	11 45	– 0,6	Jungfrau	**Vollmond** Erdferne	10^h58^m
Do 23.	20 07	6 18	12 27	– 6,1	Jungfrau		
Fr 24.	21 17	6 31	13 10	–11,5	Spica		
Sa 25.	22 29	6 46	13 54	–16,4	Jungfrau		
So 26.	23 42	7 05	14 41	–20,8	Waage		
Mo 27.	–	7 30	15 31	–24,4	Waage		
Di 28.	0 52	8 05	16 25	–26,9	*Antares	Größte Südbreite	
Mi 29.	1 57	8 52	17 21	–28,1	Schlangenträger		
Do 30.	2 50	9 55	18 18	–27,9	Schütze	**Letztes Viertel** Libration Ost	11^h21^m
Fr 31.	3 31	11 11	19 17	–26,1	Schütze		

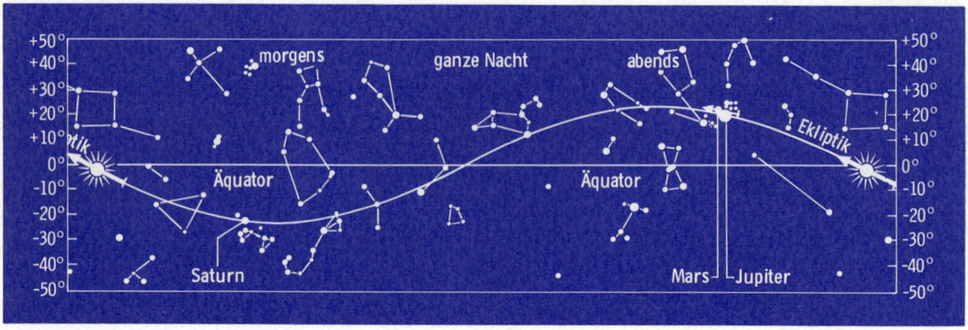

Planetenlauf im März

Merkur bleibt auch in diesem Monat unbeobachtbar am Morgenhimmel. Er eilt rechtläufig der Sonne nach. Die Winkelabstände verringern sich allerdings nur langsam, da die Sonne in der gleichen Richtung durch den Tierkreis zieht. Bis zum Monatsende hat Merkur die Sonne noch nicht ganz eingeholt.

Am 2. durchläuft Merkur sein Aphel (sonnenfernster Bahnpunkt). An diesem Tag trennen ihn knapp 70 Millionen Kilometer vom Tagesgestirn.

Venus pirscht sich weiter an die Sonne heran. Zu Monatsende hat sie das Tagesgestirn fast erreicht – ihr westlicher Abstand beträgt nur mehr 2°. Die obere Konjunktion ist aber erst im nächsten Monat fällig. Auch in diesem Monat bleibt Venus unbeobachtbar.

Mars im Stier, Planet der ersten Nachthälfte, gewinnt das Wettrennen mit dem Riesenplaneten. Am 12. überholt der schnellere Mars 2° nördlich den langsam laufenden Jupiter im *Goldenen Tor der Ekliptik,* das durch die beiden offenen Sternhaufen Hyaden und Plejaden gebildet wird. Mars, Jupiter, Aldebaran, Hyaden, Plejaden und der Mond – eine Gestirnskonstellation, die sich kein Naturfreund entgehen lassen sollte. Gewaltig ist die Helligkeitsdifferenz zwischen Mars und Jupiter. Am Tag der Konjunktion ist Mars $1^{m}\!,2$ hell, Jupiter übertrifft ihn um drei Größenklassen! Am 12. steht gegen 20^{h} der Mond 4° nördlich von Mars.

Die Marsuntergänge verfrühen sich nur unwesentlich: Am 1. sinkt der rote Planet um $0^{h}55^{m}$, am 31. um $0^{h}38^{m}$ unter die Horizontlinie.

Jupiter ist Glanzlicht des Abendhimmels und übertrifft alle anderen Gestirne, vom Mond natürlich abgesehen, an Helligkeit. Auch wenn seine scheinbare Helligkeit von $-2^{m}\!,3$ auf $-2^{m}\!,1$ abnimmt, so tut dies seiner Glanzrolle keinen Abbruch: Er bleibt das auffälligste Gestirn.

Schon bald nach Einsetzen der Abenddämmerung taucht der Riesenplanet hoch am südlichen Firmament auf. Jupiter wandert gemächlich durch den Stier. Mit zunehmender Dunkelheit werden auch die beiden Sternhaufen Plejaden und Hyaden sichtbar, bei denen der gelbliche Riesenplanet sich gerade befindet. Am 12. wird er vom Mars, dem rötlichen Planeten, überholt.

Die Jupiteruntergänge verlagern sich in die Zeit vor Mitternacht. Geht der Riesenplanet am 1. um $1^{h}13^{m}$ unter, am 15. um $0^{h}29^{m}$, so verschwindet er am 31. schon um $23^{h}38^{m}$ unter dem Horizont.

Saturn im Schützen baut seine Morgensichtbarkeit aus. Geht der Ringplanet am 1. um $4^{h}27^{m}$ und am 15. um $3^{h}36^{m}$ auf, so erscheint er am 31. bereits um $2^{h}36^{m}$ über dem Horizont. Die Helligkeit steigt leicht auf $0^{m}\!,5$ an.

Am 3. kommt es zu einer nahen Begegnung mit Neptun. Saturn zieht nur 14' südlich an diesem fernen Planeten vorbei. In diesem Jahr kommt es zu einer dreifachen Konjunktion von Saturn mit Neptun. Infolge seiner Schleifenbewegung zur Oppositionszeit wandert Saturn nochmals am 24. Juni und am 12. November an Neptun vorbei.

Uranus verlangsamt seine ohnehin nicht schnelle, rechtläufige Bewegung im Schützen und bleibt zu Monatsende fast stehen – der Stillstand ist bald erreicht.

Die Uranusaufgänge verfrühen sich von $4^{h}06^{m}$ am 1. auf $3^{h}12^{m}$ am 15. und auf $2^{h}10^{m}$ am 31. Durch die

Jupitermond-Erscheinungen

Datum	MEZ	Vorgang	
1.	23h34m	II	BA
3.	18 34	II	DA
	20 55	II	DE
	21 07	II	SA
	22 29	I	BA
	23 27	II	SE
4.	19 41	I	DA
	20 58	I	SA
	21 51	I	DE
	23 08	I	SE
5.	20 26	I	VE
10.	19 41	III	SA
	21 15	II	DA
	22 01	III	SE
	23 36	II	DE
	23 42	II	SA
11.	21 39	I	DA
	22 54	I	SA
	23 50	I	DE
12.	18 56	I	BA
	20 36	II	VE
	23 50	I	DE

Datum	MEZ	Vorgang	
12.	22h21m	I	VE
13.	19 33	I	SE
17.	18 48	III	DA
	21 15	III	DE
	23 42	III	SA
19.	20 50	II	BE
	20 51	II	VA
	20 55	I	BA
	23 15	II	VE
20.	19 19	I	SA
	20 19	I	DE
	21 29	I	SE
24.	23 06	III	DA
26.	21 12	II	BA
	22 54	I	BA
27.	20 08	I	DA
	21 14	I	SA
	22 19	I	DE
28.	20 07	III	VE
	20 33	II	SE
	20 40	I	VE

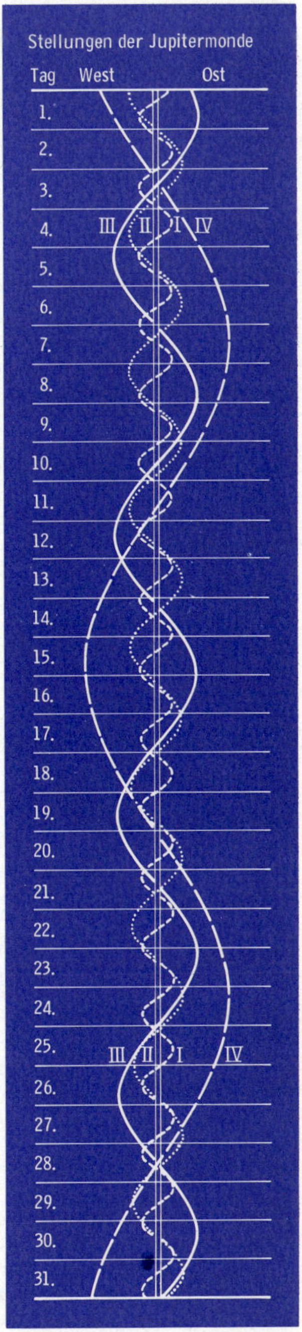

Konstellationen und Ereignisse im März

Datum	MEZ	Ereignis
2.	5h	Merkur im Aphel
2.	18	Mond bei Uranus, Mond 4° südlich
3.	3	Saturn bei Neptun, Saturn 0°,2 südlich
3.	7	Mond bei Neptun, Mond 5° südlich
3.	7	Mond bei Saturn, Mond 5° südlich
6.	5	Mond bei Merkur, Mond 0°,8 nördlich
7.	19	Partielle Sonnenfinsternis – in Deutschland unbeobachtbar (siehe Seite 30)
12.	9	Mars bei Jupiter, Mars 2° nördlich
12.	20	Mond bei Jupiter, **Mond 4° nördlich**
12.	20	Mond bei Mars, **Mond 2° nördlich**
20.	16h28m	Sonne im Frühlingspunkt, Tagundnachtgleiche
30.	3	Mond bei Uranus, Mond 4° südlich
30.	15	Mond bei Neptun, Mond 5° südlich
30.	17	Mond bei Saturn, Mond 5° südlich

extreme südliche Position lohnt es sich frühestens eine Stunde nach Aufgang, nach dem $5^{m}{,}7$ hellen Uranus Ausschau zu halten.

Neptun, gegenwärtig der sonnenfernste Planet, bleibt auch im März noch unbeobachtbar. In diesem Jahr kommt es zu einer dreifachen Konjunktion mit Saturn (siehe auch unter *Saturn*). Die erste Begegnung findet am 3. statt; sie bleibt leider unsichtbar.

Planetoiden

Juno – Planetoid Nr. 3 – stand im Vormonat in Opposition zur Sonne und wandert noch rückläufig in den Löwen hinein. Ihre Helligkeit geht von $8^{m}{,}8$ auf $9^{m}{,}5$ zurück, womit die Beobachtung zunehmend schwieriger wird. Um den 20. stört zusätzlich der Mond mit seinem Licht. Juno kulminiert am 1. um $23^{h}42^{m}$, am 15. um $22^{h}38^{m}$ und am 31. schon um $21^{h}30^{m}$.

Vesta – Planetoid Nr. 4 – wandert rechtläufig durch den Schützen und kann am Morgenhimmel aufgefunden werden (siehe Abb. 70 auf Seite 95). Die Vesta-Helligkeit steigt von $7^{m}{,}5$ auf $7^{m}{,}1$ an. Vesta geht am 1. um $2^{h}34^{m}$ auf, am 15. um $2^{h}12^{m}$ und am 31. um $1^{h}31^{m}$. Jeweils zwei Stunden nach ihrem Aufgang kann man versuchen, Vesta aufzuspüren.

Iris – Planetoid Nr. 7 –, rückläufig im Krebs, beendet zu Monatsschluß ihre Oppositionsschleife und wird wieder rechtläufig. Allein, ihre Helligkeit sinkt drastisch um fast eine Größenklasse, nämlich von $8^{m}{,}8$ auf $9^{m}{,}7$ ab.

Damit wird die Beobachtung schon schwierig. Die Kulminationszeiten von Iris lauten: am 1.: $22^{h}45^{m}$, am 15.: $21^{h}43^{m}$ und am 31.: $20^{h}40^{m}$ (siehe auch *Iris-Bahn,* Abb. 40 auf Seite 50).

Periodische Sternschnuppenströme im März

In der Zeit um Mitternacht sind während des ganzen Monats die **Virginiden** zu beobachten. Ihr Radiant (Ausstrahlungspunkt) liegt in der Jungfrau. Die Häufigkeit ist nicht besonders groß. Das Maximum der Virginidenaktivität ist erst Anfang April zu erwarten.

Wenig bekannt ist der Strom der **Hydraïden**, die zwischen Mitte März und Anfang April auftauchen. Ihr Maximum ist wenig ausgeprägt – es sind nur einige wenige Sternschnuppen pro Stunde zu erwarten, die außerdem noch recht langsam sind. Der Radiant liegt im Sternbild der Wasserschlange. Vermutlich sind die Hydraïden ein Zweigstrom der Virginiden.

Gegen Ende des Monats tauchen die ersten Exemplare der **Sigma-Leoniden** auf, ein schwacher, breit gestreuter Strom.

Der Fixsternhimmel im März

Der Winter strebt seinem Ende zu; ein Blick zum abendlichen Sternenhimmel läßt dies schnell erkennen. Der riesige Orion und der auffallend helle, blauweiße Sirius ziehen im Südwesten noch die Blicke auf sich. Auch der Stier mit dem roten Aldebaran, den Plejaden und den Hyaden ist noch halbhoch im Westen zu finden, erregt auch noch durch die Anwesenheit des hellglänzenden Jupiters und des roten Mars die Aufmerksamkeit des Beobachters. Jupiter ist jetzt – vom Mond natürlich abgesehen – das weitaus hellste Gestirn am Abendhimmel.

Im Osten hat der Aufmarsch der Frühlingsbilder bereits begonnen. Allen voran ist der Löwe mit dem hellen Regulus zu nennen. Der Löwe folgt im Tierkreis dem Krebs, der eben im Meridian seine höchste Position erreicht hat.

Der Große Wagen hat sich inzwischen emporgeschwungen. Seine Deichsel weist auf den hellen, orangerot leuchtenden Arktur, den Hauptstern des Bootes, der im Osten aufgegangen ist, während im Südosten soeben die Jungfrau über die Horizontlinie steigt.

Die südliche und südöstliche Region wird von der Wasserschlange, einem sehr langgestreckten Sternbild, eingenommen (siehe das nachfolgende Kapitel *Aus der Sagenwelt der Sternbilder*). Nur geübte Beobachter können die Wasserschlange identifizieren.

Zwischen der Wasserschlange und dem Löwen liegt der Sextant; er ist ein unscheinbares Sternbild. Als kleine Orientierungsübung bietet sich der Sextant für fortgeschrittene Sternfreunde an, die hier und da auch mal ein schwächeres Sternbild aufsuchen sollten.

Aus der Sagenwelt der Sternbilder: Die Wasserschlange (Hydra)

Die Wasserschlange ist das ausgedehnteste Sternbild am Himmel. Es zieht sich über 100°, also rund sieben Rektaszensionsstunden, entlang. Der Kopf

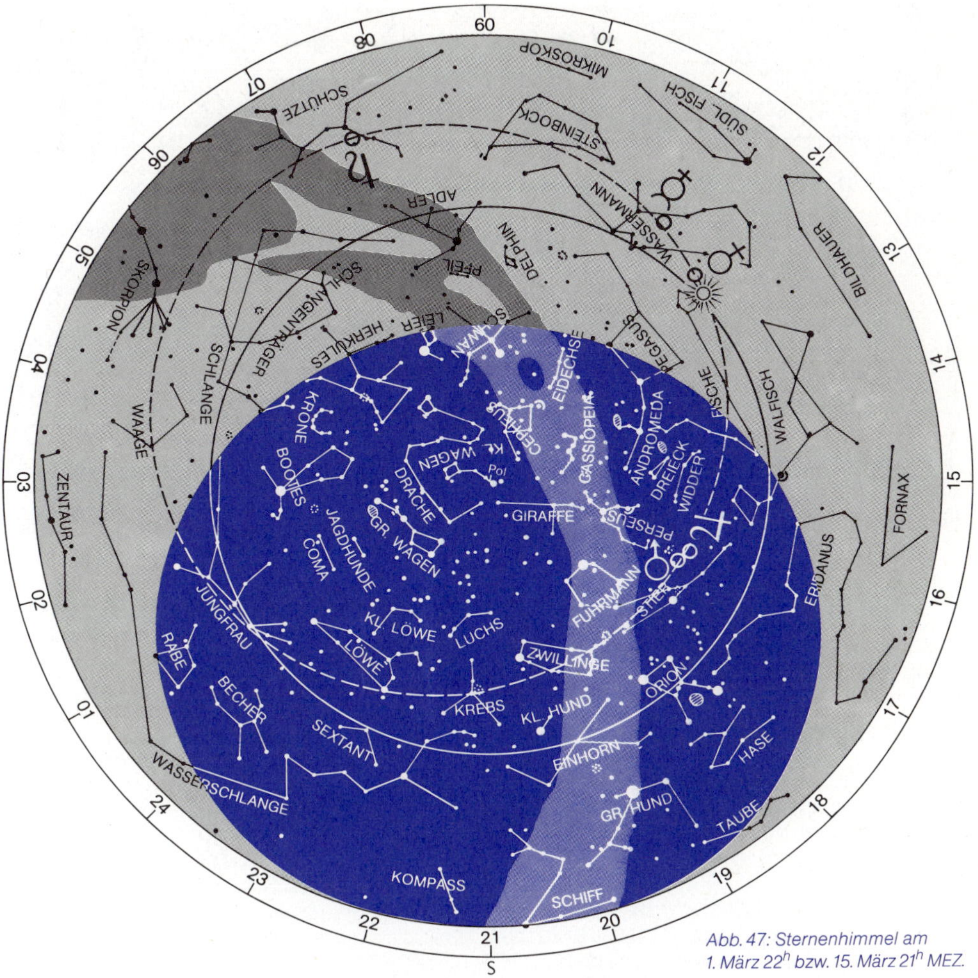

Abb. 47: Sternenhimmel am 1. März 22^h bzw. 15. März 21^h MEZ.

der Wasserschlange liegt noch nördlich des Himmelsäquators, südwestlich von Regulus im Löwen. Dann windet sich der Leib gen Süden, wo als einziger Stern 2. Größe Alphard, α Hydrae, das Herz der Schlange markiert. Alle übrigen Sterne der Wasserschlange sind schwächer als 3. Größenklasse, was sie zu einem unscheinbaren Sternbild werden läßt. Unterhalb von Alphard knickt die Schlange gen Osten ab und zieht sich südlich von Becher, Rabe und Jungfrau bis zu ihrem Schwanz, der die Sternbilder Waage und Centaurus voneinander trennt.

Die Hydra (Hyd) ist nicht zu verwechseln mit dem Sternbild Hydrus (Hyi). Hydrus wird als männliche oder südliche Wasserschlange, gelegentlich auch als kleine Wasserschlange bezeichnet, während Hydra die weibliche oder nördliche Wasserschlange ist. Die kleine Wasserschlange (Hyi) ist in der Nähe des Himmelssüdpols zu finden, also von unseren Breiten überhaupt nicht sichtbar. Ein spitz-

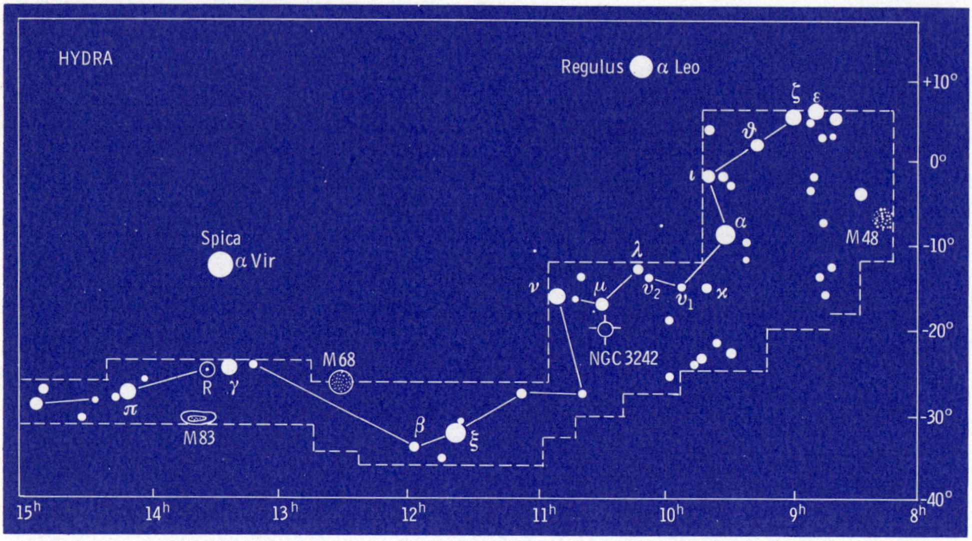

Abb. 48: Das Sternbild Hydra zieht sich über 7^h *Rektaszension. R. Hydrae ist ein Veränderlicher vom Mira-Typ, M 48 ein offener Sternhaufen, M 68 ein Kugelsternhaufen, M 83 eine Spiralgalaxie und NGC 3242, „Jupiters Geist“, ein planetarischer Nebel.*

winkeliges Sternendreieck (α, β und γ Hydri) markiert den Hydrus; es liegt zwischen Achernar im Eridanus, der Kleinen Magellanschen Wolke im Tukan und der Großen Magellanschen Wolke im Dorado (Schwertfisch).

Die größere, bei uns sichtbare Wasserschlange hat ihre weibliche Form erst durch Johannes Bayer erhalten, der in seiner Uranometria aus dem Jahre 1603 beide Wasserschlangen aufgenommen und der nördlichen die weibliche Form zuerkannt hat. In der Antike kommen für die nördliche Wasserschlange sowohl männliche wie weibliche Formen vor: ʽΥδρη, ʽΥδρα und ʽΥδρος. Im Almagest von 1551 findet man noch „Hydrus“, also die männliche Version, für die nördliche Wasserschlange. Bei den Römern wurde von Idrus aquaticus oder von Serpens aquaticus gesprochen, was ebenfalls Wasserschlange bedeutet. Eine andere Bezeichnung lautet Asuia oder Asvia und leitet sich vom arabischen Al Shuja, die Schlange (auch Al Sugahh), ab. Eine Verwechslung mit dem lateinischen Wort asina ergab in der Übersetzung die falsche Bezeichnung „die Eselin“ für diese Sternenkonstellation, was sicher unzutreffend ist. Eine andere klassische Bezeichnung lautet Echidna furiosa, die wilde Viper.

Die griechische Mythologie kennt zwei Sagen, in denen die Wasserschlange eine Rolle spielt. Die ältere Legende berichtet von den Heldentaten des Herakles. In dieser Geschichte kommt die Hydra als das vielköpfige Monster, als die lernäische Sumpfschlange vor. Vor Lerna, dem heiligen Ort bei Argos in Griechenland, hauste in unwegsamen Sumpfgebieten die schreckliche Hydra, die Menschen und Tiere in der Umgebung von Lerna drangsalierte. Sie verwüstete Felder, fiel über weidende Schafe und Rinder her, und aus den Mäulern ihrer neun Köpfe hauchte sie einen giftigen Atem aus, der jeden Menschen tötete, der ihrer ansichtig wurde.

König Eurystheus beauftragte den großen Helden Herakles, der Hydra den Garaus zu machen und Lerna von diesem Untier zu befreien. Der mutige Herakles, der eben den nemëischen Löwen erlegt hatte, warf sich dessen Fell über die Schultern und begab sich in die Sümpfe, um der Hydra aufzulauern. Die Göttin der Weisheit, Pallas Athene, verriet ihm die Höhle, in der sich die Hydra versteckt hielt. Herakles schoß einige brennende Pfeile durch die Öffnung in das Dunkel der Höhle. Bald darauf erschien die Hydra und kroch zischend vor Wut auf den Helden zu. Herakles hielt den Atem an, um nicht vom Gifthauch der Hydra benebelt zu werden. Rasch zückte er sein Schwert und begann, in wuchtigen Hieben die Köpfe der Hydra nacheinander abzuschlagen. Doch umsonst, das Untier ließ sich so nicht bezwingen. Denn kaum war einer der Köpfe abgeschlagen, wuchsen in erstaunlicher Schnelle aus der blutenden Wunde zwei neue Häupter. In seiner Not rief Herakles nach seinem Neffen Iolaos, der ihn begleitete, aber aus Sicherheitsgründen etwas im Hintergrund geblieben war. Der Neffe eilte mit brennenden Ästen heran. Inzwischen hatte die Sumpfschlange Herakles erreicht und seine Beine eisern umklammert, um ihn zu Fall zu bringen. Herakles schwang verzweifelt seine Keule, bis er schließlich die brennenden Äste von seinem Neffen gereicht bekam. Damit brannte er nun nach jedem Hieb die Wunden aus und verhinderte so das Nachwachsen weiterer Köpfe. Doch als Hera vom Olymp aus erkannte, daß Herakles siegen würde, sandte sie einen Krebs aus dem Sumpf, der den Helden schmerzhaft in den Fuß kniff. Wütend zertrampelte er den Krebs, der von Hera daraufhin unter die Sterne versetzt wurde, wo er noch heute als Sternbild Krebs zu sehen ist.

In einer anderen Version entschuldigt sich der Rabe (lat.: Corvus), der im Auftrag Apolls frisches Wasser aus einer Quelle den Göttern in einem Becher (lat.: Crater) bringen sollte, für seine Verspätung damit, daß die Hydra die Quelle leergesoffen habe. Alle drei werden daraufhin von Apoll unter die Sterne versetzt, wo man sie heute noch beieinander finden kann (siehe auch HIMMELSJAHR 19**84**, S. 60).

Der christliche Sternbilderhimmel sieht im Sternenareal der Hydra ein Symbol für die Sintflut, wobei wohl die Zick-Zack-Linie der Sterne dieses Bildes als Wasserwellen gedeutet wird.

Im alten Ägypten sah man hier den Nilfluß. Die Hydra war im Altertum kürzer, erst AL SUFI (964 n. Chr.) erweiterte dieses Sternbild auf die heutige Länge. F. W. ARGELANDER gibt 75 freisichtige Sterne an, die zur Hydra gehören. Aus dem 16. Jahrhundert stammt ein Gemälde von Conrad GENSER, das die Hydra darstellt, wie sie als Meeresungeheuer erfolgreich das Schiff Argo angreift.

Bei den Chinesen sah man in der Hydra kein einheitliches Sternbild. In der Sternengruppe κ, υ_1, υ_2, λ, μ und φ Hydrae erkannte man den gespannten Bogen, der von Gott Chang verwendet wird, um den Himmelshund zu töten. Das Areal zwischen γ Hydrae und α Virginis (Spica) hieß Tien Mun, das Himmelstor.

Der mit $2\overset{m}{,}0$ hellste Stern (α Hydrae) heißt Alphard, was arabisch soviel wie *der Einzelstehende* bedeutet. Gemeint ist, daß er als relativ heller Stern in einer sonst an hellen Sternen armen Gegend einsam dasteht. Alphard deutet das Herz der Wasserschlange an (Cor Hydrae). Alphard leuchtet rötlich (Spektraltyp: K4) und ist rund 130 Lichtjahre entfernt.

γ Hydrae ist ein $3\overset{m}{,}0$ heller, gelber Stern (G6) mit einem $9\overset{m}{,}7$ schwachen Begleiter in 138" Distanz.

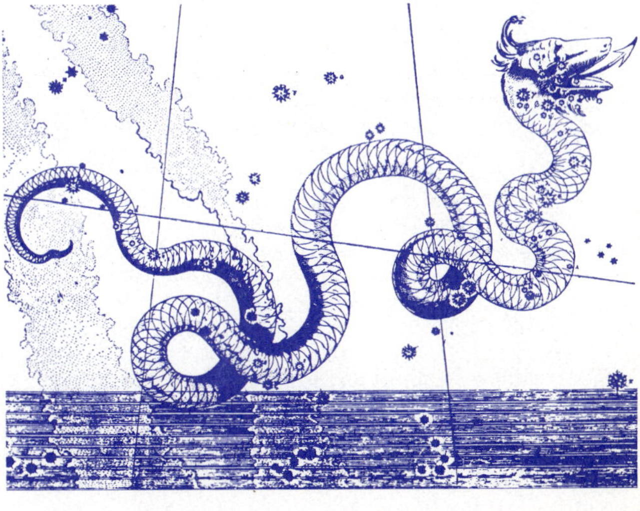

Abb. 49: Figürliche Darstellung des Sternbildes Wasserschlange (Hydra) in dem Sternatlas URANOMETRIA von Johannes BAYER aus dem Jahre 1603.

Veränderliche Sterne im März

Algol-Minima	2. 23^h20^m	5. 20^h09^m	23. 1^h05^m	25. 21^h54^m	28. 18^h44^m
β-Lyrae-Minima	7. 17^h	20. 15^h			
δ-Cephei-Maxima	6. 4^h	11. 13^h	16. 21^h	22. 6^h	27. 15^h
Mira-Helligkeit	ca. 6^m, fallend				

Für Veränderlichenbeobachter empfiehlt sich R Hydrae, ein Stern vom Mira-Typ mit einer mittleren Periode von 386 Tagen. Im Maximum ist er 4^m hell, im Minimum sinkt er auf 10^m ab.

Erwähnenswert ist ferner der kugelförmige Sternhaufen M68 im Schwanzteil der Hydra. Seine Distanz mißt etwa 32000 Lichtjahre.

Der offene Haufen M48 ist schwer erkennbar und galt lange als „verschollen“. Er liegt westlich von Alphard nahe dem Himmelsäquator. Etwa 80 Mitgliedssterne sind hier in rund 2000 Lichtjahren Entfernung versammelt.

M83, südlich von γ Hydrae, ist eine der schönsten Spiral-Galaxien, auf die wir fast senkrecht blicken. Sie ist etwa acht Millionen Lichtjahre entfernt.

NGC 3242 ist ein planetarischer Nebel, der *Jupiters Geist* genannt wird, da er etwa dessen Durchmesser hat und scheibchenförmig erscheint.

Monatsthema: Die Magellanschen Wolken

Tief am Südhimmel findet man etwas abseits der südlichen Milchstraße zwei schimmernde Lichtwölkchen, die Große und die Kleine Magellansche Wolke. Die Bezeichnung erinnert an den portugiesischen Seefahrer und Weltumsegler Ferñao DE MAGELLAN (1480–1521), der sie in seinen Reiseberichten erwähnt. Von unseren Breiten aus bleiben die Magellanschen Wolken unbeobachtbar, stehen sie doch nahe dem Himmelssüdpol: die größere Wolke im Sternbild Dorado (Schwertfisch) bei −69° und die kleinere im Sternbild Tucana (Tukan) bei −73° Deklination. Auf die Nordhalbkugel übertragen, sind die Magellanschen Wolken vom Pol etwa so weit entfernt wie γ im Kleinen Wagen vom Polarstern. Beide Wolken sind etwa 22° voneinander getrennt. Man hat den Eindruck, wenn man die Wolken am dunklen Sternenhimmel betrachtet, als ob sie abgesprengte Stücke aus unserer Milchstraße wären. So ganz falsch ist dieser Eindruck nicht. Die Magellanschen Wolken sind riesige Sternsysteme, zwar erheblich kleiner als unser Milchstraßensystem, aber immerhin Galaxien. Sie gehören zu den sogenannten Zwerggalaxien und sind die uns nächsten extragalaktischen Sternsysteme. Man spricht auch von Begleitgalaxien unserer Milchstraße. Die beiden Magellanschen Wolken gehören zur sogenannten Lokalen Gruppe, einer Galaxienvereinigung, zu der auch der Andromedanebel zählt, der allerdings über zehnmal soweit entfernt ist. (Siehe Abb. 12/13, Seite 18.)

In vielen Sternkarten sind die Magellanschen Wolken mit den Bezeichnungen „LMC“ und „SMC“ eingetragen. LMC steht dabei für Large Magellanic Cloud (engl., Große Magellansche Wolke) und SMC für Small Magellanic Cloud (engl., Kleine Magellansche Wolke). Am Firmament erscheint LMC in einer Ausdehnung von etwa 8° × 10°, SMC hingegen nur mit 4° Durchmesser. Früher wurde die Kleine Magellansche Wolke etwas näher geschätzt als die Große. Neuere Entfernungsbestimmungen lassen jedoch erkennen, daß beide Minigalaxien gleich weit, nämlich rund 170000 Lichtjahre von uns entfernt sind.

Trotz der Bezeichnung *Minigalaxien:* Die Magellanschen Wolken setzen sich aus Milliarden von Sternen zusammen. Wegen ihrer relativen Nähe können in ihnen viele Objekttypen beobachtet werden, die auch in unserer Milchstraße vorkommen. So wurden bisher allein in der Großen Magellanschen Wolke 415 Emissionsnebel, 900 Sternhaufen und 95 Planetarische Nebel registriert. Der hellste Emissionsnebel ist der Tarantelnebel mit mindestens 3000 Sonnenmassen. Der Tarantelnebel wird auch unter der Bezeichnung 30 Doradus oder NGC 2070 geführt.

Der Kleinen Magellanschen Wolke nahe benachbart sind zwei prominente Kugelhaufen: 47 Tucanae = NGC 104 sowie NGC 362. Die Nachbarschaft bezieht sich rein geometrisch auf die Lage an der Sphäre. Beide Kugelhaufen sind viel näher als die Kleine Magellansche Wolke und gehören zu unserer Milchstraße. 47 Tuc ist rund 15000 Lichtjahre entfernt und ist der zweitgrößte uns bekannte

Abb. 50: Lage der Großen (LMC) und der Kleinen Magellanschen Wolke (SMC) auf der Südhalbkugel des Himmels.

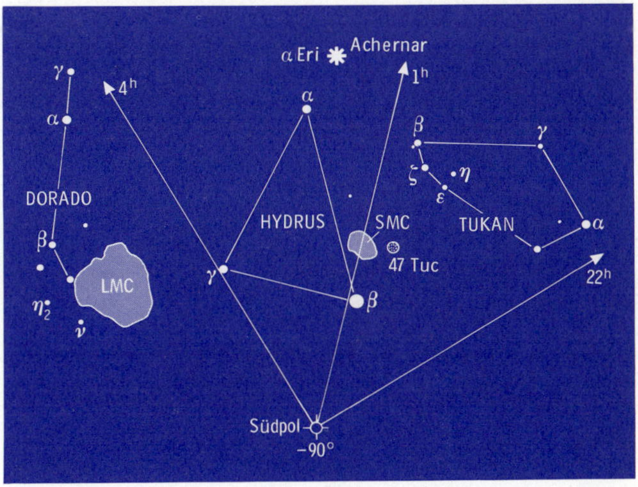

Kugelhaufen, während NGC 362 etwa 30 000 Lichtjahre weit weg ist.

Die Magellanschen Wolken gehören zu den irregulären Galaxien, was ihre Form betrifft. Neue Untersuchungen lassen jedoch vermuten, daß die Große Wolke mehr einer Balkenspirale ähnelt (HUBBLE-Typ: SB). Die Wolken sind reich an interstellarer Materie sowie an heißen, jungen und massereichen Sternen vom Spektraltyp O und B. Etliche Sterne mit mehr als -9^M Leuchtkraft, also echte Superriesen, wurden gefunden. Die Astronomen sprechen bei einer solchen Sternengesellschaft von einer Population I.

Radioastronomisch wurde eine Brücke aus neutralem Wasserstoffgas zwischen beiden Wolken nachgewiesen. Sie sind vermutlich auch gleich alt.

Im Jahre 1912 entdeckte die amerikanische Astronomin Henrietta Swan LEAVITT (1868–1921) an veränderlichen Sternen vom Typ Delta Cephei in der Kleinen Magellanschen Wolke die Perioden-Leuchtkraft-Beziehung. Die Bedeutung dieser Entdeckung für die extragalaktische Entfernungsmessung kann nicht hoch genug eingeschätzt werden. Mit Hilfe der Perioden-Leuchtkraft-Beziehung werden die Delta-Cephei-Sterne zu wahren Meilensteinen im Weltall.

Miss LEAVITT untersuchte am Harvard-Observatorium in Cambridge (USA) veränderliche Sterne in der Kleinen Magellanschen Wolke. Dabei fiel ihr auf, daß die Lichtwechselperioden um so länger sind, je heller die Sterne leuchten.

Bei der großen Entfernung der Magellanschen Wolke kann man die individuellen Entfernungsdifferenzen der einzelnen Sterne innerhalb der Wolke vernachlässigen und die Sterne als gleich weit ansehen. Wenn die Sterne aber gleich weit entfernt sind, so sind die scheinbar helleren Sterne auch wirklich die leuchtkräftigeren. Differenzen der scheinbaren Helligkeiten entsprechen somit den Unterschieden in der wahren Leuchtkraft der Sterne. Im Klartext: Je länger ein Delta-Cephei-Stern pulsiert, je größer also seine Periode ist, desto heller ist er. Findet man in einer Galaxie einen Delta-Cephei-Stern, so kann man aus seiner Blinkperiode auf seine wahre Leuchtkraft schließen. Aus der Differenz zwischen beobachteter scheinbarer Helligkeit und aus der Lichtwechselperiode folgender absoluter Leuchtkraft kann man durch simple Rechnung auf die Entfernung schließen. Die Formel lautet: $m - M + 5 = 5 \lg r$ (m = scheinbare Helligkeit, M = absolute Helligkeit, lg = Zehnerlogarithmus, r = Entfernung in Parsec, wobei 1 pc = 3,26 Lichtjahre sind).

Im Zeitalter des Ferntourismus wird mancher Sternfreund Gelegenheit haben, die Magellanschen Wolken einmal mit eigenen Augen zu betrachten. Beim Packen daran denken: Fernglas nicht vergessen!

Im Februar 1987 flammte in der Großen Magellanschen Wolke eine Supernova auf, die den Astronomen noch viele Rätsel aufgibt (siehe Monatsthema: *Was ist eine Supernova?*, auf Seite 54 ff.).

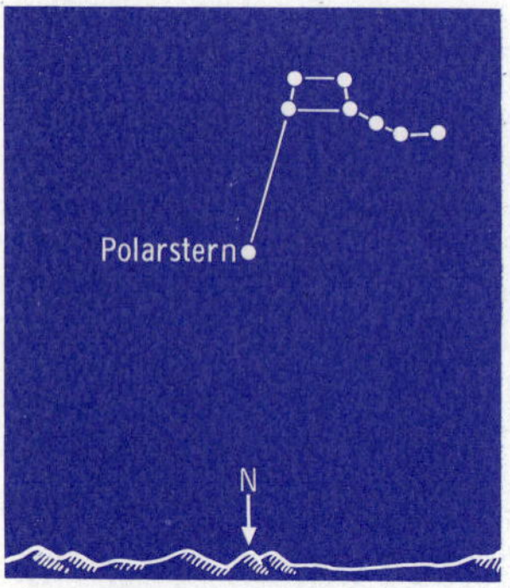

Himmelswagen
Anfang April 22^h MEZ

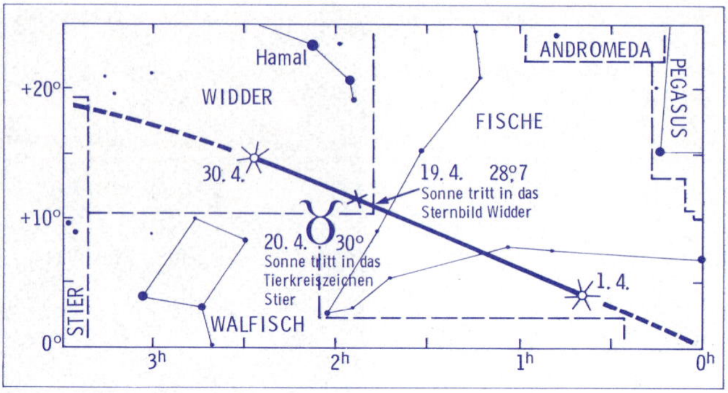

Sonnenlauf

Sonne

Datum	Aufgang	Untergang	Kulmination	Zeitgleichung	Mittagshöhe	Rektaszension	Deklination	Sternzeit 1^h MEZ
1.	5^h57^m	18^h52^m	12^h24^m	-4^m	44°,6	0^h41^m	+ 4°,4	12^h37^m
6.	5 46	19 00	12 22	−2	46,5	1 00	+ 6,4	12 57
11.	5 36	19 07	12 21	−1	48,4	1 18	+ 8,2	13 17
16.	5 25	19 15	12 20	0	50,2	1 36	+10,0	13 36
21.	5 15	19 23	12 19	+1	51,9	1 55	+11,8	13 56
26.	5 06	19 31	12 18	+2	53,6	2 14	+13,4	14 16

Julianisches Datum am 1. April, 1^h MEZ: 2 447 617,5

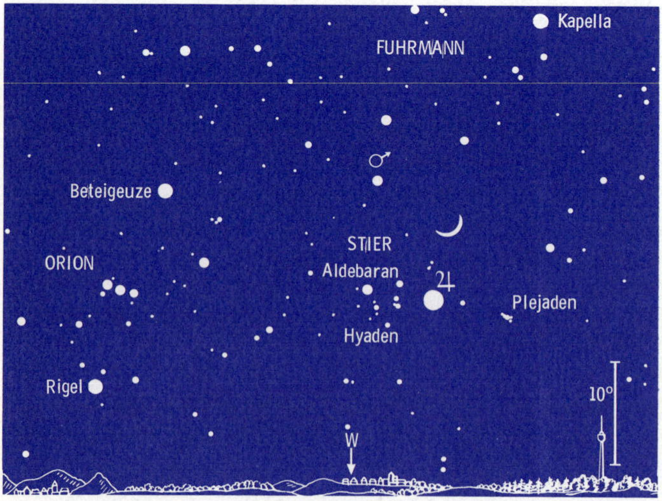

Abb. 51: Himmelsanblick am 9. April gegen 21^h MEZ (= 22^h MESZ). In westlicher Richtung glänzt Jupiter zwischen den Plejaden und Hyaden mit Aldebaran. Ein wenig höher steht der rote Mars. Hinzu gesellt sich die schmale Sichel des zunehmenden Mondes.

Tages- und Nachtstunden im April

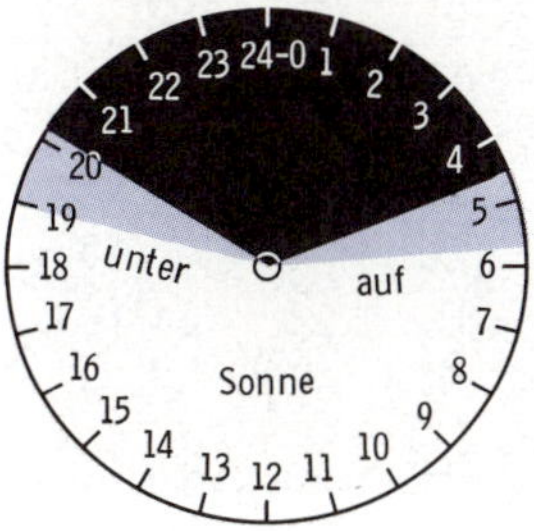

5. April

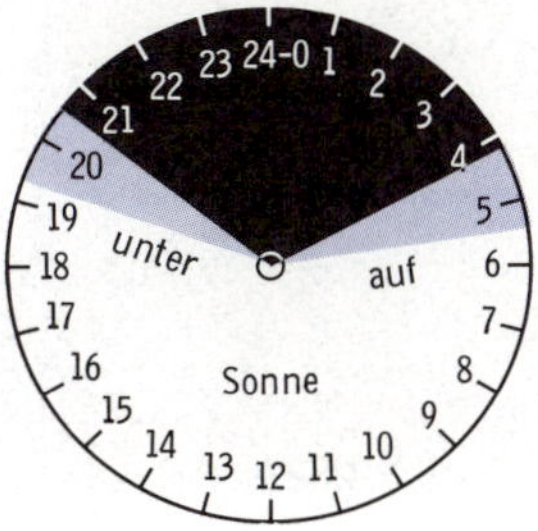

15. April

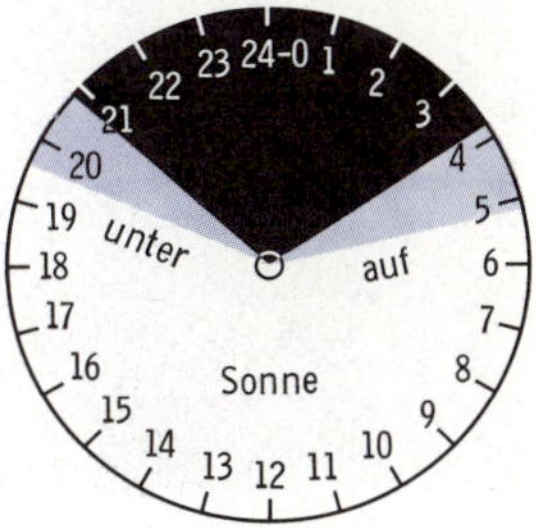

25. April

Mondlauf im April

Datum		Aufgang	Untergang	Rektaszension	Deklination	Sterne und Sternbilder	Phase	MEZ
Sa	1.	4^h02^m	12^h34^m	20^h14^m	$-22{,}^\circ8$	Steinbock		
So	**2.**	4 25	14 01	21 11	−18,1	Steinbock		
Mo	3.	4 44	15 29	22 05	−12,3	Wassermann	Aufsteigender Knoten	
Di	4.	5 00	16 57	22 59	− 5,6	Wassermann		
Mi	5.	5 16	18 27	23 52	+ 1,5	Fische	Erdnähe	
Do	6.	5 32	19 58	0 46	+ 8,6	Fische	**Neumond**	4^h33^m
Fr	7.	5 52	21 30	1 43	+15,2	Fische		
Sa	8.	6 16	23 00	2 41	+20,8	Widder		
So	**9.**	6 49	–	3 43	+25,0	Plejaden	Größte Nordbreite	
Mo	10.	7 34	0 22	4 45	+27,4	*Stier, Aldebaran		
Di	11.	8 33	1 29	5 47	+28,1	Stier, Al Nath	Libration West	
Mi	12.	9 42	2 18	6 47	+27,1	*Zwillinge		
Do	13.	10 57	2 53	7 44	+24,7	*Kastor, Pollux	**Erstes Viertel**	0^h13^m
Fr	14.	12 11	3 18	8 36	+21,1	Krebs		
Sa	15.	13 24	3 37	9 24	+16,7	*Löwe		
So	**16.**	14 34	3 51	10 09	+11,7	*Regulus	Absteigender Knoten	
Mo	17.	15 42	4 04	10 53	+ 6,4	Löwe		
Di	18.	16 49	4 15	11 35	+ 0,8	Löwe	Erdferne	
Mi	19.	17 57	4 27	12 16	− 4,7	Jungfrau		
Do	20.	19 07	4 39	12 59	−10,1	Spica		
Fr	21.	20 18	4 53	13 43	−15,2	Jungfrau	**Vollmond**	4^h13^m
Sa	22.	21 31	5 11	14 30	−19,7	Waage		
So	**23.**	22 42	5 35	15 19	−23,5	Waage		
Mo	24.	23 49	6 06	16 12	−26,3	Skorpion	Größte Südbreite	
Di	25.	–	6 50	17 07	−27,8	Schlangenträger		
Mi	26.	0 45	7 48	18 04	−27,9	Schütze		
Do	27.	1 30	8 58	19 02	−26,5	Schütze	Libration Ost	
Fr	28.	2 03	10 17	19 58	−23,7	Schütze	**Letztes Viertel**	21^h46^m
Sa	29.	2 28	11 40	20 53	−19,5	Steinbock		
So	**30.**	2 47	13 04	21 47	−14,2	Steinbock	Aufsteigender Knoten	

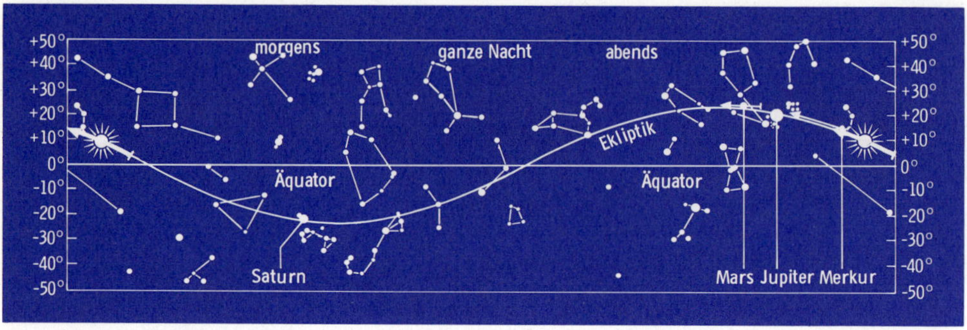

Planetenlauf im April

Merkur kommt am 4. in obere Konjunktion mit der Sonne. Da die Ekliptik nun steil zum abendlichen Westhorizont steht und Merkur schnell höhere Deklination erreicht, taucht der flinke Planet schon ab der Monatsmitte am Abendhimmel auf. Damit beginnt die günstigste Abendsichtbarkeitsperiode von Merkur in diesem Jahr. Am 15. geht der $-1\overset{m}{,}3$ helle Merkur um 20^h24^m unter. Etwa eine Viertelstunde vor 20^h macht er sich bei sehr klarem Himmel in der Abenddämmerung bemerkbar. Am 20. erfolgt der Merkuruntergang um 21^h01^m, am 30. erst um 21^h44^m. Allerdings verspäten sich auch die Sonnenuntergänge. Außerdem geht die Merkurhelligkeit drastisch zurück und beträgt am Monatsletzten nur $0\overset{m}{,}3$.
Fernrohrbeobachter sehen am 27. das Merkur-

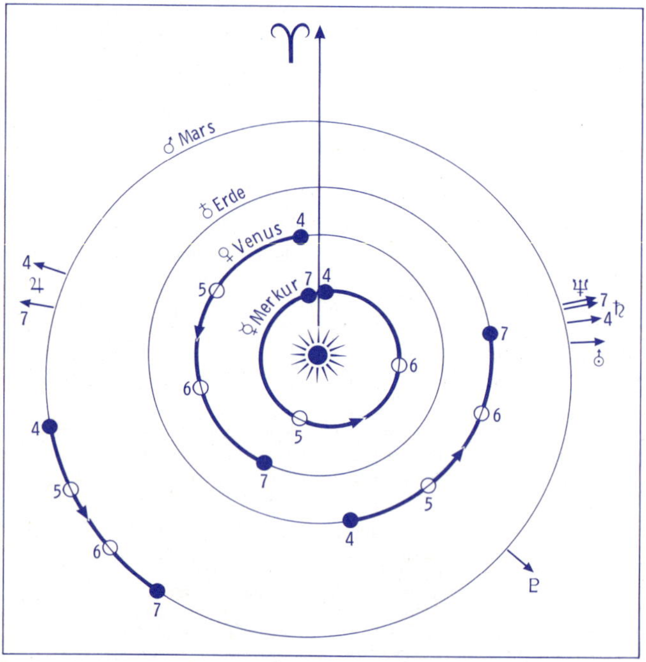

Abb. 52: Das innere Planetensystem im zweiten Jahresviertel 1989 (links). Eingezeichnet sind die Positionen der Planeten für den 1. April (4), 1. Mai (5) sowie 1. (6) und 30. Juni (7). Die Pfeile deuten die Richtungen zu den fernen Planeten sowie zum Frühlingspunkt an.

Abb. 53: Stellung von Merkur über dem Westhorizont zu den angegebenen Daten jeweils eine Stunde nach Sonnenuntergang (rechts oben). Die Pfeile geben die Bewegung von Merkur und Sonne während der letzten halben Stunde an.

Abb. 54: Sichtbarkeitsdiagramm für Merkur (rechts unten; Erklärung siehe Seite 38, Abb. 34).

Jupitermond-Erscheinungen

Datum	MEZ	Vorgang		Datum	MEZ	Vorgang	
3.	22^h09^m	I	DA	12.	19^h35^m	I	SA
4.	19 24	I	BA		20 51	I	DE
	20 04	III	BE		21 46	I	SE
	20 46	II	SA	13.	20 31	II	VE
	21 10	II	DE	19.	20 41	I	DA
	21 44	III	VA		21 30	I	SA
	22 35	I	VE	20.	20 54	I	VE
5.	19 50	I	SE	22.	19 48	III	SA
11.	21 24	I	BA	28.	20 06	I	SE
	21 32	II	DA	29.	20 14	II	SE
	21 56	III	BA		21 03	III	DA

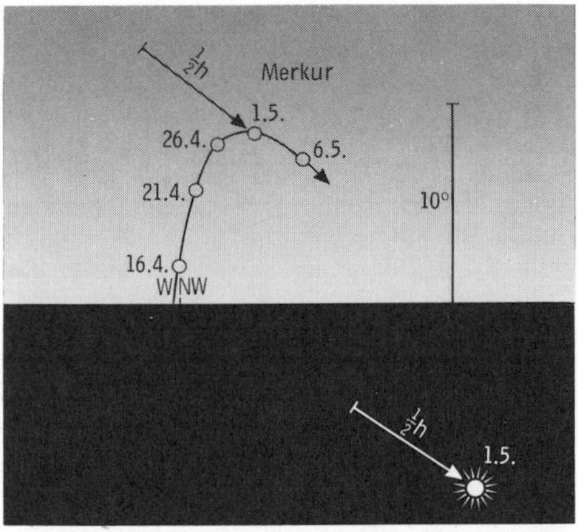

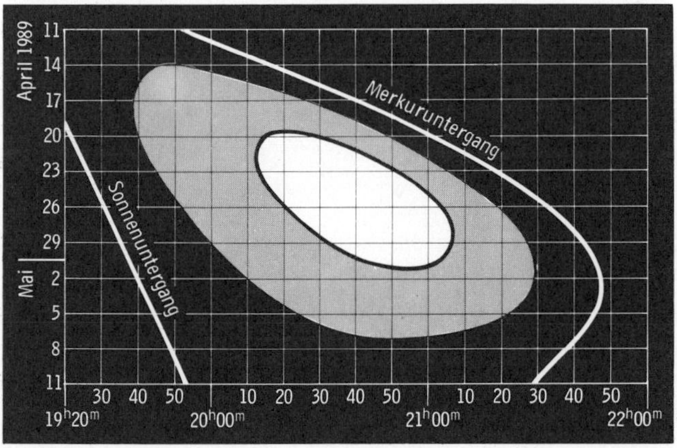

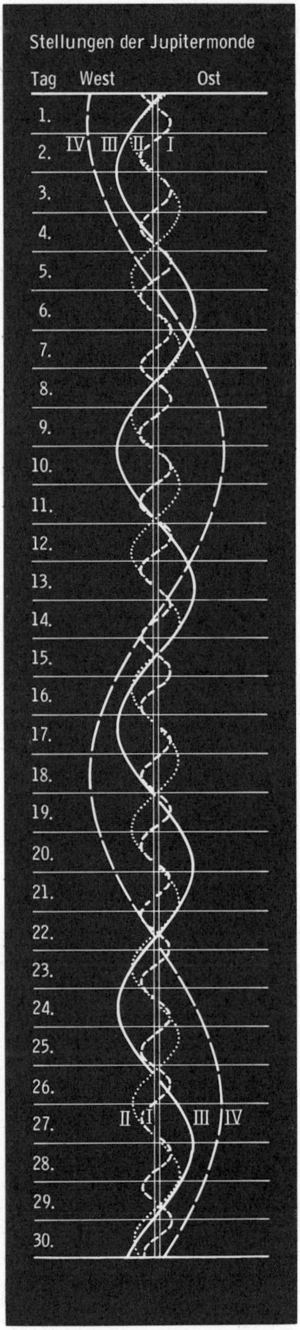

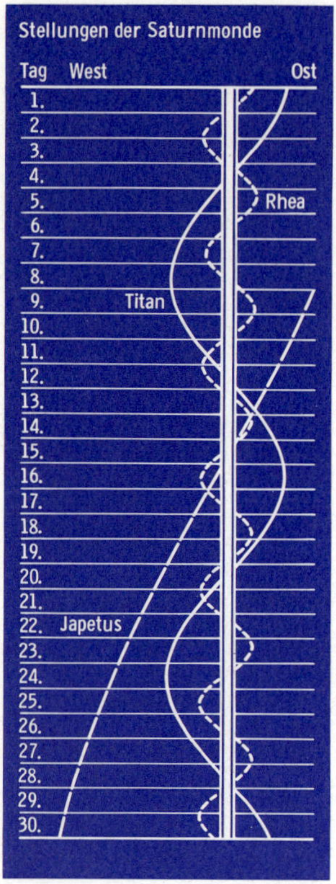

scheibchen ($7''\!,1$ Durchmesser) halb beleuchtet (Dichotomie).

Am 15. passiert Merkur das Perihel seiner Bahn. An diesem Tag ist er nur 46 Millionen Kilometer von der Sonne entfernt.

Venus kommt am 4. in obere Konjunktion mit der Sonne. Sie steht am Taghimmel und bleibt nachts unsichtbar. Nach ihrer Konjunktion gewinnt sie nur langsam an östlichem Vorsprung vor der Sonne – bis Monatsende $6\frac{1}{2}°$. Dies reicht nicht für eine Abendsichtbarkeit.

Mars im Stier durchwandert die nördlichsten Bezirke der Ekliptik und kann am Abendhimmel beobachtet werden. Seine Untergänge verschieben sich auf die Zeit kurz nach Mitternacht: Am 15. sinkt er um 0^h25^m, am 30. um 0^h09^m unter den Horizont. Seine Helligkeit geht von $1^m\!,4$ auf $1^m\!,6$ zurück. Mars ist somit kein auffälliges Gestirn mehr. Durch die nun immer später einsetzende Dunkelheit verkürzen sich die Sichtbarkeitszeiten auf etwa drei Stunden. Das Marsscheibchen wird kleiner als 5", weshalb ihn Fernrohrbeobachter vom Programm streichen können.

Jupiter ist noch heller Abendstern, wenn sich auch seine Sichtbarkeitszeiten drastisch verkürzen: Die Dunkelheit setzt nun immer später ein, die Untergänge des Riesenplaneten erfolgen immer früher. Am 1. geht Jupiter um 23^h35^m (= 0^h35^m Sommerzeit), am 15. um 22^h55^m und am 30. bereits um 22^h12^m unter. Auch sinkt die Helligkeit ein wenig auf $-2^m\!,0$ ab. Damit ist Jupiter aber immer noch hellstes Gestirn am Abendhimmel.

Konstellationen und Ereignisse im April

Datum	MEZ	Ereignis
4.	15^h	Merkur in oberer Konjunktion mit der Sonne
5.	0	Venus in oberer Konjunktion mit der Sonne
9.	10	Uranus im Stillstand, anschließend rückläufig
9.	13	Mond bei Jupiter, Mond 6° nördlich
10.	10	Mond bei Mars, Mond 4° nördlich
13.	23	Neptun im Stillstand, anschließend rückläufig
15.	4	Merkur im Perihel
23.	1	Saturn im Stillstand, anschließend rückläufig
26.	9	Mond bei Uranus, Mond 4° südlich
26.	21	Mond bei Neptun, Mond 5° südlich
27.	0	Mond bei Saturn, **Mond 6° südlich**

Der Riesenplanet wandert rechtläufig durch das *Goldene Tor der Ekliptik,* also zwischen den Sternhaufen Plejaden und Hyaden hindurch. Um die Monatsmitte passiert er ω Tauri. Mit einem Fernglas kann man gut die tägliche Ortsveränderung von Jupiter gegenüber ω Tauri verfolgen. Die Gegend im Stier, durch die Jupiter gerade seine Bahn zieht, ist überhaupt reich an relativ hellen Sternen, die als Wegmarkierungen für den Jupiterlauf dienen können.
Für Fernrohrbeobachter sei bemerkt, daß der Durchmesser des Jupiterscheibchens auf 33",2 zurückgeht.
Am 9. gesellt sich zu Jupiter die Sichel des zunehmenden Mondes, ein netter Himmelsanblick so gegen 21^h.
Saturn ist Planet der zweiten Nachthälfte. Er kommt kaum noch vom Fleck. Am 23. wird der Ringplanet stationär und setzt zu seiner Oppositionsschleife im Schützen an.
Am 1. erfolgt der Aufgang des $0^m,5$ hellen Saturns um 2^h32^m und am 15. um 1^h38^m. Am 30. geht der inzwischen $0^m,4$ helle Ringplanet bereits um 0^h40^m (= 1^h40^m Sommerzeit) auf.
Uranus kommt am 9. im Schützen zum Stillstand und wird rückläufig, was zunächst nicht auffällt, da er kaum vom Fleck kommt. Uranus hat seine Oppositionsperiode begonnen, was sich auch in einem leichten Ansteigen der Helligkeit auf $5^m,6$ ausdrückt. Die Aufgänge verlagern sich in die Zeit kurz nach Mitternacht. Der grünliche Planet übersteigt die Horizontlinie am 1. um 2^h07^m (= 3^h07^m Sommerzeit), am 15. um 1^h12^m und am 30. bereits um 0^h12^m.
Neptun wird im Laufe des Monats beobachtbar. Am 10. geht der $7^m,9$ helle, sonnenferne Planet um 1^h51^m auf. Da er weit südlich im Schützen steht, kann man frühestens zwei Stunden später versuchen, Neptun im Teleskop oder lichtstarken Fernglas zu erkennen.
Bald danach setzt die Morgendämmerung ein. Am 20. geht Neptun um 1^h12^m auf, allerdings stört Mondlicht die Beobachtung erheblich. Am 30. überschreitet Neptun bereits um 0^h32^m (= 1^h32^m Sommerzeit) die Horizontlinie und kulminiert um 4^h41^m.
Am 13. kommt der ohnehin sehr langsame Planet zum Stillstand und setzt zur Oppositionsschleife an. Von da an bewegt er sich rückläufig im Schützen.

Planetoiden

Ceres – Planetoid Nr. 1 – steht am 28. in Konjunktion mit der Sonne. Ihre Opposition erreicht sie kurz vor Jahresende. Ab Ende August kann sie in den Zwillingen gefunden werden.
Vesta – Planetoid Nr. 4 –, rechtläufig im Schützen, nimmt merklich an Helligkeit zu und erreicht $6^m,6$ zu Monatsende. Am 1. geht sie um 1^h28^m auf, am 15. um 0^h47^m und am 30. um 23^h56^m, wobei sie um 4^h30^m den Meridian erreicht.

Periodische Sternschnuppenströme im April

Um den 3. April erreichen die **Virginiden** ihr wenig ausgeprägtes Maximum. Einzelne Virginiden-Meteore sind bis ins erste Maidrittel zu verfolgen.
In der Zeit vom 12. bis 24. April werden die **Lyriden** aktiv. Ihr Ausstrahlungspunkt liegt in der Leier, etwa 7° südwestlich von Wega. Manche Beobachter vermuten mehrere Radianten.
Die Lyriden-Objekte sind schnell – im Mittel liegt die Geschwindigkeit bei 48 Kilometer pro Sekunde. Günstigste Beobachtungszeit: 22^h bis 4^h. Das Maximum am 22. April ist nicht sehr ausgeprägt. Rund 10 bis 20 Meteore, darunter einige helle Exemplare, leuchten dann pro Stunde auf.
Um den 17. April erreichen die **Sigma-Leoniden** ihr Maximum. Vereinzelte Objekte dieses schwachen Stromes sind noch bis Mitte Mai nachweisbar.

Der Fixsternhimmel im April

Der Frühling hat begonnen, wie ein Blick zum Abendhimmel erkennen läßt. Der Große Wagen steht steil über uns, praktisch im Zenit. Auch der Anfänger kann ihn jetzt sofort entdecken.
Hoch im Süden schreitet gerade der Löwe durch den Meridian. Ein mächtiges Sternentrapez soll dabei den Rumpf dieses königlichen Tieres andeuten. Auf ihm sitzt ein kleines Trapez, das den Kopf markieren soll. Die Basislinie des Löwentrapezes wird von den beiden Sternen Regulus (α Leonis) und Denebola (β Leonis) gebildet. Regulus ist der hellste Stern im Löwen ($1^m,4$). Der Name ist lateinisch und bedeutet soviel wie „Kleiner König“. Regulus steht nahe der scheinbaren Sonnenbahn, markiert also recht gut die Position der Ekliptik am Himmelszelt. Denebola ist mit $2^m,1$ deutlich schwächer als der Löwenhauptstern. Der Name stammt aus dem Ara-

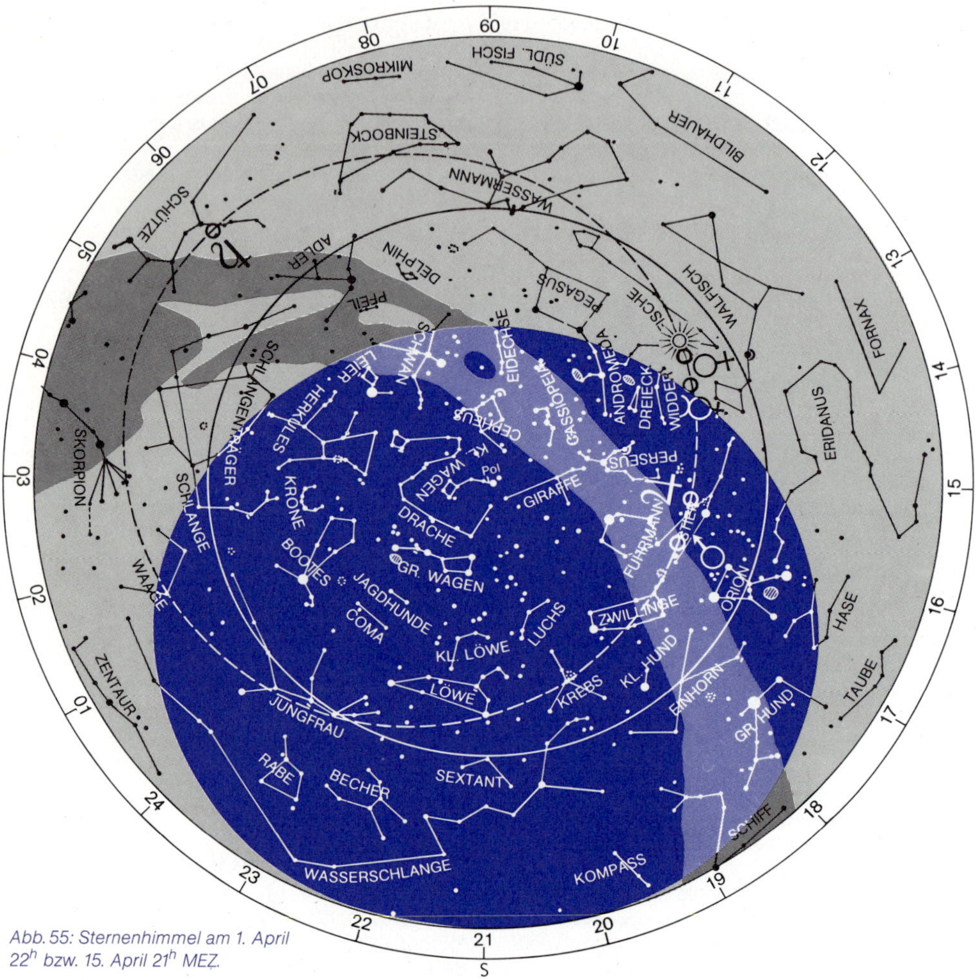

Abb. 55: Sternenhimmel am 1. April 22^h bzw. 15. April 21^h MEZ.

bischen und heißt *Schwänzchen* (des Löwen). Algieba (γ Leonis) am Ansatz zum kleinen Trapez ist ein schöner Doppelstern (siehe *Objekte für Feldstecher und Fernrohr,* Seite 54). Algieba markiert den Hals des Löwen. Der Name kommt ebenfalls aus dem Arabischen und bedeutet eigentlich *Mähne des Löwen.* Algieba ist ziemlich genau 2^m hell, was man gut mit Hilfe des Polarsterns überprüfen kann, der nur ein Zehntel Größenklasse schwächer ist, ebenso wie β Leonis.

Kehren wir mit unserem Blick zum Großen Wagen zurück und lassen unsere Augen, dem Bogenschwung der Wagendeichsel folgend, weiterschweifen, so stoßen wir auf den hellen, orangerot strahlenden Arktur. Mit Sirius, Kanopus, Toliman, Wega und Kapella gehört Arktur zu den hellsten Fixsternen des Himmels. Arktur ist ein *Roter Riese.* Das sind Sterne in einem fortgeschrittenen Lebensstadium, die sich infolge innerer Vorgänge gewaltig aufblähen und Dutzende bis Hunderte Male größer sind als unsere eigene Sonne. Arktur heißt soviel wie *Bärenhüter* oder *Bärenwächter.* Er ist der hellste

Abb. 56: Ausgehend vom Großen Wagen findet man leicht den Polarstern, Arktur im Bootes und Regulus im Löwen.

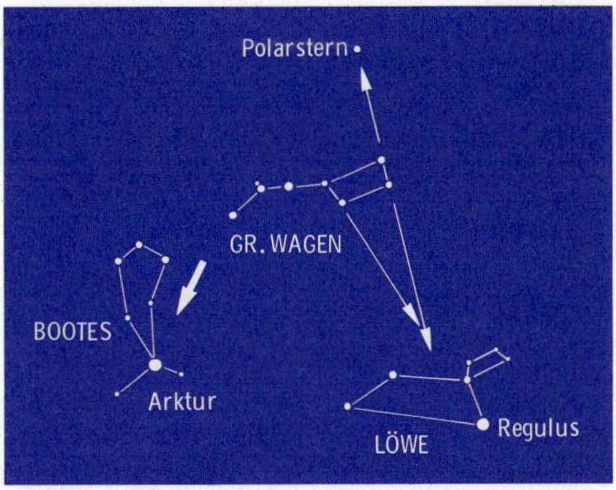

Stern im Bild des Bootes (griech., Rinderhirt). Die drachenähnliche Figur des Bootes ist leicht zu erkennen und gut einprägsam.
Den Raum im Südosten nimmt die Jungfrau (lat.: Virgo) ein. Sie gehört wie der Löwe zum Tierkreis, also zu jenen Sternbildern, durch die Sonne, Mond und Planeten ihre Bahn ziehen. Der hellste Stern in der Jungfrau heißt Spica (lat., Kornähre) und soll die Fruchtbarkeit symbolisieren. Im Gegensatz zu Arktur strahlt die Spica ein bläulich-weißes Licht aus.
Die Wintersternbilder haben das Feld geräumt. Tief im Westen kann noch der Orion und im Südwesten Sirius erspäht werden. Auch Prokyon im Kleinen Hund und die etwas höheren Zwillinge mit Kastor und Pollux erinnern noch an vergangene Wintertage. Noch recht hoch im Nordwesten ist der Fuhrmann mit der hellen Kapella, einem sonnenähnlichen Stern, was die Farbe betrifft, zu finden.
Tief im Nordosten macht sich die Wega im Sternbild der Leier bemerkbar und deutet den kommenden Sommer an. Zwischen Wega und Arktur liegen die lichtschwachen Bilder Herkules und Nördliche Krone. Während Herkules schwer zu identifizieren ist, fällt die Nördliche Krone trotz lichtschwacher Sterne auf, denn diese bilden einen einprägsamen Halbkreis. Ein Stern in diesem Halbkreis ragt wegen seiner größeren Helligkeit heraus. Er heißt Gemma, zu deutsch der Edelstein. Als Hauptstern trägt er auch die Bezeichnung α Coronae Borealis.

Monatsthema: Die Welt des Merkur

Der sonnennächste Planet trägt den Namen des geflügelten Götterboten Merkur, in der griechischen Mythologie mit Ἑρμῆς (Hermes) benannt. Sein astronomisches Zeichen ☿ stand bei den Alchimisten des Mittelalters auch für das bei Zimmertemperatur flüssige Metall Quecksilber (lat.: mercurius). Noch heute steht das englische Wort mercury sowohl für Quecksilber als auch für den sonnennächsten Planeten.
In nur 88 Tagen rast Merkur mit einer mittleren Bahngeschwindigkeit von 48 Kilometer pro Sekunde einmal um die Sonne. Er ist dabei nur ein Drittel soweit von der Sonne entfernt wie die Erde. Wegen seiner Sonnennähe ist Merkur nur schwer beobachtbar. Von der Erde aus betrachtet, befindet er sich immer in der Nachbarschaft der Sonne. Sein Winkelabstand vom gleißend hellen Tagesgestirn beträgt im günstigsten Fall 28°. Angeblich hat selbst der große Astronom Nikolaus Kopernikus (1473–1543) am Totenbett beklagt, Merkur nie in seinem Leben mit eigenen Augen gesehen zu haben. Historiker bezweifeln diese Geschichte. Ganz so schwer ist der schnelle Planet auch wieder nicht aufzufinden. Man kann ihn entweder abends in der Dämmerung tief am Westhorizont ausmachen oder tief am Osthorizont in der Morgendämmerung kurz vor Sonnenaufgang.
Wann und wo jeweils Merkur zu finden ist oder ob er unsichtbar bleibt, ist in der monatlichen Rubrik *Planetenlauf* nachzuschlagen.
Wie aus Abb. 57 deutlich wird, befindet sich der flinke Planet von der Erde aus gesehen einmal östlich

Veränderliche Sterne im April

Algol-Minima	14. 23^h39^m	17. 20^h28^m				
β-Lyrae-Minima	2. 14^h	15. 12^h	28. 11^h			
δ-Cephei-Maxima	1. 24^h	7. 9^h	12. 17^h	18. 2^h	23. 11^h	28. 20^h

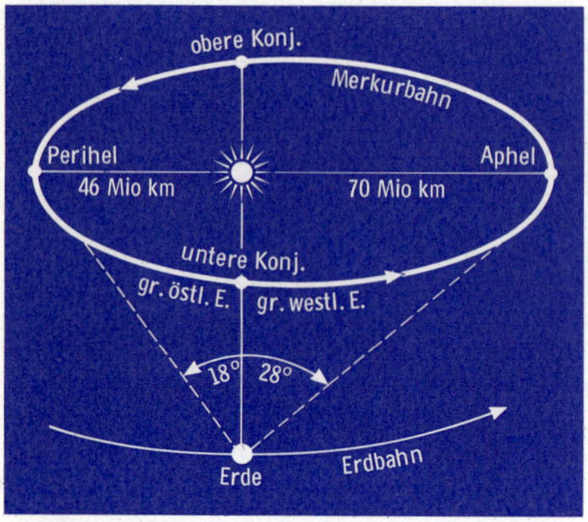

Abb. 57: Der Winkel der „größten Elongation" des Merkur von der Sonne fällt unterschiedlich aus, je nachdem, ob Merkur nahe seines Perihels oder seines Aphels steht. Weitere Erläuterungen siehe Text.

Abb. 58: Lage der morgendlichen Ekliptik zum Horizont. Am 23. September fällt bei Sonnenaufgang der Herbstpunkt mit dem Ostpunkt zusammen, die Ekliptik steht steil zum Horizont. Am 21. März fällt der Frühlingspunkt zu Sonnenaufgang mit dem Ostpunkt zusammen, die Ekliptik verläuft flach zum Horizont. Bei gleichem Winkelabstand von der Sonne (im Beispiel Elongation 20°) steht Merkur am morgendlichen Herbsthimmel viel höher (h_1) und geht entsprechend früher auf als im Frühjahr, wo er morgens am Osthorizont nur wenig hoch (h_2) steht. Analoges gilt für die Abendsichtbarkeiten über dem Westhorizont (siehe Text).

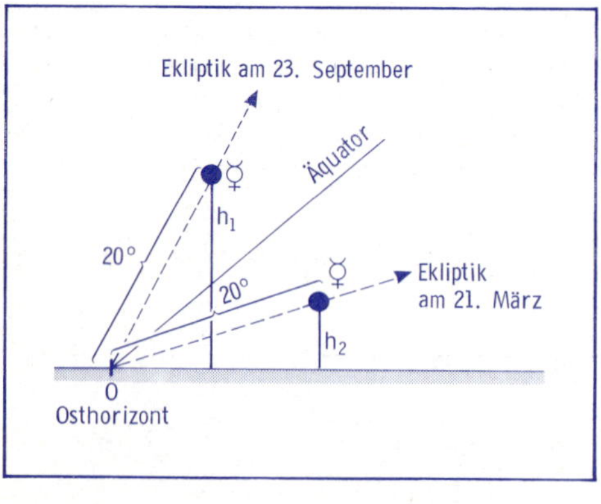

(*links,* von unseren Breiten aus betrachtet) der Sonne, dann wieder westlich (*rechts*) der Sonne. Steht er *östlich* der Sonne, in *östlicher Elongation,* wie der Astronom zu sagen pflegt, dann geht er nach der Sonne unter; man kann ihn (gegebenenfalls) am Abendhimmel knapp über dem *West*horizont sehen. In *westlicher Elongation* ist Merkur eventuell am Morgenhimmel knapp über dem *Ost*horizont zu sehen, da er dann vor der Sonne aufgeht. Steht er von uns aus betrachtet hinter der Sonne, so spricht man von *oberer Konjunktion,* steht er zwischen Sonne und Erde von *unterer Konjunktion.* In Konjunktionsstellung geht Merkur gemeinsam mit der Sonne auf und unter, bleibt also am Taghimmel und nachts unbeobachtbar. In unterer Konjunktion müßte man Merkur als dunklen Punkt vor der Sonne sehen, meint man. Dies geschieht aber nur in Ausnahmefällen, da die Merkurbahn um 7° gegen die Erdbahnebene geneigt ist (siehe auch Monatsthema: *Merkur und Venus vor der Sonnenscheibe* im HIMMELSJAHR 19**86**, Seite 137).

Kurz vor oder nach einer Konjunktion mit der Sonne ist der Winkelabstand, die Elongation, des Merkur noch zu klein, um ihn in der hellen Dämmerung sichtbar werden zu lassen. Die günstigsten Beobachtungsbedingungen ergeben sich in der Phase *größte Elongation.*

Doch nicht in jeder größten Elongation erreicht Merkur den maximal möglichen Abstand von 28° vom Tagesgestirn. Die Merkurbahn ist nämlich relativ stark elliptisch. Nach der Plutobahn hat sie die größte numerische Exzentrizität, nämlich $e = 0{,}206$. Das hat zur Folge, daß die Merkurentfernung von der Sonne stark schwankt. Im sonnennächsten Bahnpunkt (dem Perihel) ist Merkur nur 46 Millionen Kilometer, im sonnenfernsten Bahnpunkt (dem Aphel) über 70 Millionen Kilometer vom Zentralgestirn Sonne entfernt. Daher liegen die Winkelabstände bei größten Elongationen in dem weiten Bereich von 18° bis 28°.

Eine größte Elongation reicht aber nicht immer, um den bis zu $-1^{m}{,}9$ hellen Merkur sichtbar werden zu lassen. In unseren Breiten muß man die Lage der Ekliptik ebenfalls berücksichtigen (siehe Abb. 58). Im Frühling steht sie am Abendhimmel steil zum Horizont. Bereits eine bescheidene größte östliche Elongation von 18° reicht dann, um Merkur beobachten zu können. Im Herbst verläuft sie abends flach zum westlichen Horizont; selbst eine günstige größte östliche Elongation von 28° bringt es nicht zu einer Abendsichtbarkeit. Ähnlich sind die Verhältnisse am Morgenhimmel. Im Frühjahr liegt die Ekliptik am Osthorizont recht flach, es kommt kaum zu einer Morgensichtbarkeit des Merkur, während im Herbst die morgendliche Ekliptik einen steilen Verlauf zum Osthorizont nimmt. Kommt Merkur im Herbst in größte westliche Elongation, so taucht er am Morgenhimmel auf.

Betrachtet man Merkur im Fernrohr, so erkennt man Phasen wie bei der Venus: eine Sichel, Halbmerkur, dann wieder ein fast volles Scheibchen. Allerdings ist das Merkurscheibchen kleiner als das Venusscheibchen. In Halbphase (Dichotomie) mißt Merkur gut 7", die Halbvenus hingegen erscheint unter 25", also fast viermal so groß. Trotz angestrengten Beobachtens wird man auf der 4878 Kilometer großen Merkurkugel keine Einzelheiten erkennen. In Horizontnähe flimmert und tanzt das Merkurbild hin und her, so daß beispielsweise die Sichelgestalt verschwimmt. Selbst die erfahrensten Planetenbeobachter waren nicht in der Lage, die Rotationszeit des Merkur zu bestimmen. Lange war man der Ansicht, Merkur habe eine gebundene Rotation, drehe sich also im gleichen Zeitraum um sich selbst, in dem er auch einmal um die Sonne läuft, nämlich in 88 Tagen einmal. Dies hätte zur Folge, daß er der Sonne immer die gleiche Seite zukehren müßte. Dabei sollte sich die sonnenzugewandte Seite auf über 400 °C aufheizen, die Seite der ewigen Merkurnacht bis auf –200 °C abkühlen.

Die Rotationszeit konnte erst mit dem gewaltigen Radioteleskop von Arecibo – mit 300 Meter Reflektordurchmesser ist es das größte der Welt – im Jahre 1965 bestimmt werden. Merkur dreht sich in $58\frac{2}{3}$ Tagen einmal um seine Achse. Ein Sterntag dauert also 58,65 irdische Tage. Alle 58,65 Tage geht somit ein Stern durch den Meridian eines Beobachters auf Merkur. Da sich Merkur sehr rasch, in 88 Tagen, um die Sonne bewegt, dauert ein Sonnentag auf Merkur viel länger: ein Tag-Nacht-Zyklus läuft in 176 Tagen ab.

Alle 176 Tage geht auf Merkur die Sonne auf. Das führt zu der etwas paradox anmutenden Situation, daß ein Merkur*jahr* nur halb so lange dauert wie ein Merkur*tag*!

Wie es auf Merkur wirklich aussieht, wissen wir erst, seit die amerikanische Raumsonde MARINER 10 uns erstklassige Aufnahmen seiner Oberfläche lieferte. Am 29. März 1974 passierte MARINER 10 in nur 700 Kilometer Distanz den flinken Planeten. Es folgten zwei weitere Vorbeiflüge, nämlich im September 1974 und im März 1975. Die Tausende von Fotos, die die Raumsonde zur Erde sandte, zeigen uns eine kraterübersäte, pockennarbige Landschaft. Merkur sieht beim flüchtigen Betrachten dem Mond sehr ähnlich. Auch große, von erstarrter Lava ausgefüllte Becken (*Merkurmeere* in Analogie zu den *Mondmeeren*) wurden entdeckt. Das größte, Caloris-Becken getauft, hat einen Durchmesser von rund 1300 Kilometer. Die Oberfläche besteht aus dunklem, mondähnlichen Gestein, das sich am Merkurtag wegen der fehlenden Atmosphäre auf 400°C erhitzt und in der Merkurnacht auf –170°C abkühlt.

Abb. 59: Die kraterübersäte Oberfläche des sonnennahen Merkur. Das Bild setzt sich aus Aufnahmen der Raumsonde MARINER 10 zusammen, die im März 1974 gewonnen wurden (NASA).

Aus der Schwerkraftwirkung, die Merkur auf die Raumsonde ausübte, konnte seine Masse recht genau abgeleitet werden. Sie beträgt nur gut $\frac{1}{20}$ der Erdmasse. Aus Volumen und Masse wurde eine mittlere Dichte von 5,43 Gramm pro Kubikzentimeter abgeleitet. Dies ist fast genau der gleiche Wert wie bei der Erde (5,52). Damit dürfte der innere Aufbau der Merkurkugel eher der Erde als dem Mond gleichen. Vermutlich hat Merkur noch einen feurig-flüssigen Eisen-Nickel-Kern. Diese Annahme wird durch ein schwaches Magnetfeld bestärkt, das MARINER 10 registriert hat.

Merkur in Zahlen

Bahndaten

	Millionen km	AE	Lichtlaufzeit (Min.)
Mittlere Entfernung von der Sonne:	57,9	0,387	3,22
Kleinste Entfernung von der Sonne:	46	0,31	2,56
Größte Entfernung von der Sonne:	70	0,47	3,89
Kleinste Entfernung von der Erde (in unterer Konjunktion):	80	0,53	4,44
Größte Entfernung von der Erde (in oberer Konjunktion):	220	1,47	12,22

Umlaufszeit um die Sonne (siderische Periode): 87,969 Tage
Synodische Periode (von unterer Konjunktion zu unterer Konjunktion): 115,88 Tage
Bahnneigung: $i = 7°0'$ Numerische Exzentrizität: $e = 0{,}206$
Bahngeschwindigkeit: mittlere: 47,9 km/s im Perihel: 59 km/s
im Aphel: 39 km/s
Scheinbare Helligkeit: $-1\overset{m}{,}9/+3^{m}$
Scheinbarer Durchmesser des Merkurscheibchens: 4",7 bis 12"
Albedo (Rückstrahlungsvermögen): 0,096

Planetenkugel

		Merkur/Erde
Durchmesser:	4878 km	0,383
Abplattung:	0	
Masse:	$0{,}330 \times 10^{24}$ kg	0,055
Mittlere Dichte:	5,43 g/cm^3	0,985
Fallbeschleunigung an der Oberfläche:	3,70 m/s^2	0,378
Entweichgeschwindigkeit:	4,25 km/s	0,379

Siderische Rotation (Sterntag auf Merkur): 58,646 Tage
Synodische Rotation (Sonnentag ≙ Tag-Nacht-Zyklus): 176 Tage
Achsenneigung zur Bahnebene: $\approx 2°$

Raumsondenvorbeiflüge

MARINER 10 (USA)		Abstand von der Merkuroberfläche
Start:	3. Nov. 1973	
1. Vorbeiflug	29. März 1974	700 km
2. Vorbeiflug	21. Sept. 1974	48000 km
3. Vorbeiflug	16. März 1975	327 km

Am 5. Feb. 1974 passierte MARINER 10 außerdem die Venus in 5800 km Distanz von ihrer Oberfläche.

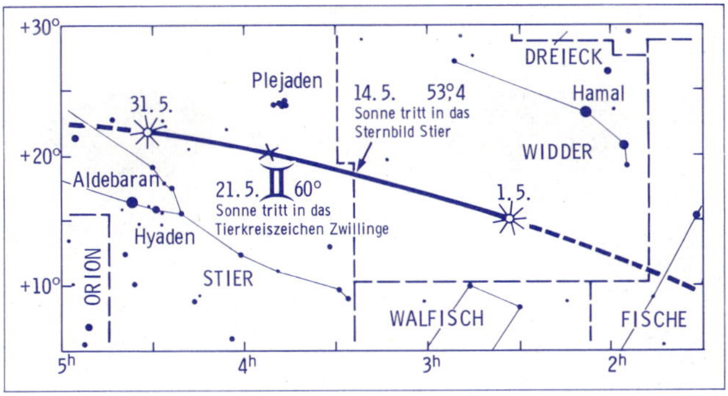

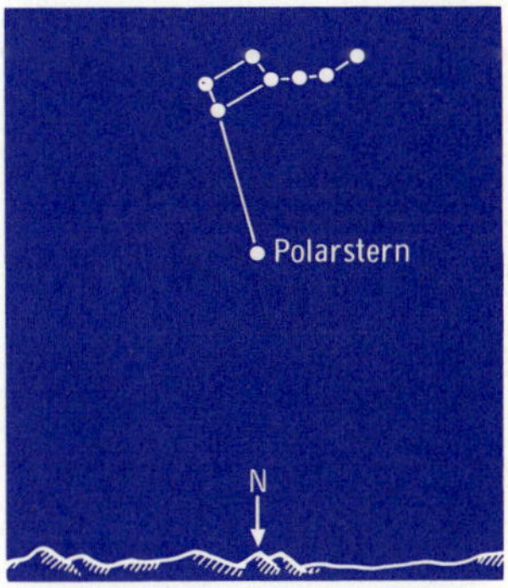

Himmelswagen
Anfang Mai 22^h MEZ

Sonnenlauf

Sonne

Datum	Aufgang	Untergang	Kulmination	Zeitgleichung	Mittagshöhe	Rektaszension	Deklination	Sternzeit 1^h MEZ
1.	4^h57^m	19^h39^m	12^h17^m	$+3^m$	55°,1	2^h33^m	+15°,0	14^h36^m
6.	4 48	19 46	12 17	+3	56,6	2 52	+16,5	14 55
11.	4 40	19 54	12 16	+4	57,9	3 11	+17,8	15 15
16.	4 33	20 01	12 16	+4	59,2	3 31	+19,0	15 35
21.	4 27	20 07	12 17	+3	60,2	3 51	+20,1	15 54
26.	4 21	20 14	12 17	+3	61,2	4 11	+21,1	16 14
31.	4 17	20 19	12 18	+2	61,9	4 31	+21,9	16 34

Julianisches Datum am 1. Mai, 1^h MEZ: 2 447 647,5

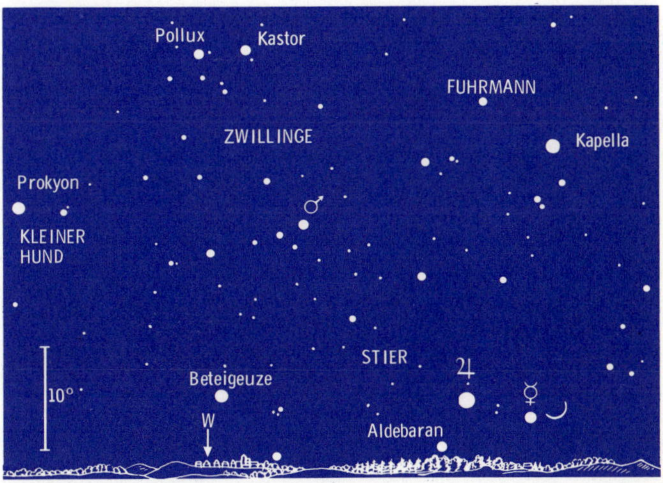

Abb. 60: Anblick des abendlichen Sternenhimmels am 6. Mai gegen 21^h MEZ (= 22^h MESZ). In nordwestlicher Richtung sind knapp über dem Horizont die Planeten Jupiter und Merkur sowie die schmale Sichel des noch jungen Mondes zu erkennen. Höher steht Mars in den Zwillingen.

Tages- und Nachtstunden im Mai

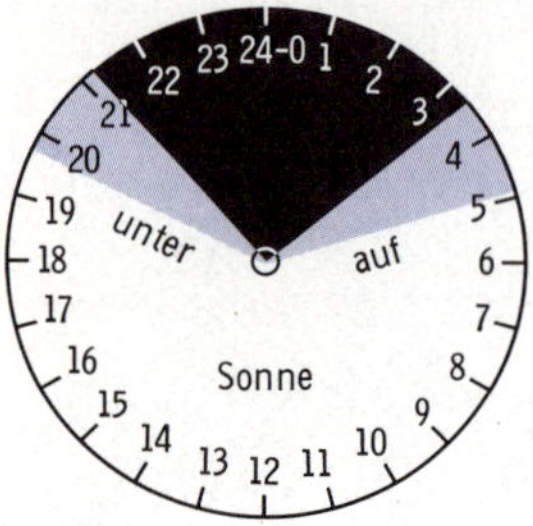

5. Mai

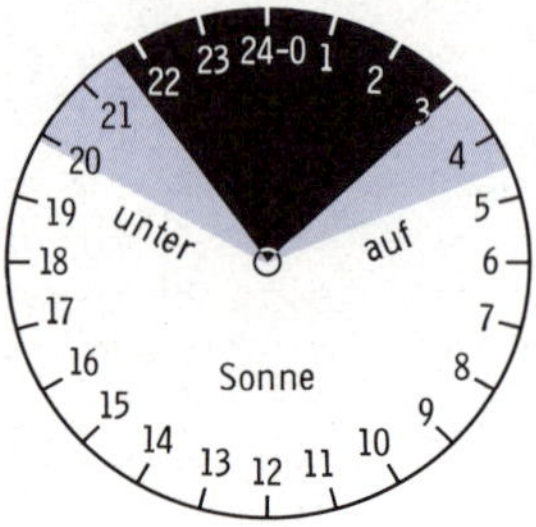

15. Mai

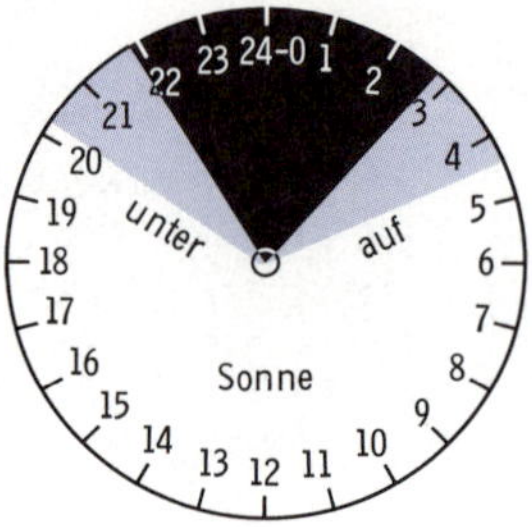

25. Mai

Mondlauf im Mai

Datum		Aufgang	Untergang	Rektaszension	Deklination	Sterne und Sternbilder	Phase	MEZ
Mo	1.	3ʰ04ᵐ	14ʰ29ᵐ	22ʰ39ᵐ	− 8°,0	Wassermann		
Di	2.	3 19	15 54	23 30	− 1,3	Fische		
Mi	3.	3 35	17 22	0 23	+ 5,7	Fische		
Do	4.	3 53	18 53	1 17	+12,4	Fische	Erdnähe	
Fr	5.	4 14	20 25	2 15	+18,4	Widder, Hamal	**Neumond**	12ʰ46ᵐ
Sa	6.	4 43	21 53	3 15	+23,2	Widder		
So	**7.**	5 23	23 09	4 18	+26,5	Aldebaran	Größte Nordbreite	
Mo	8.	6 17	–	5 22	+27,9	Stier, Al Nath		
Di	9.	7 24	0 08	6 25	+27,5	*Zwillinge		
Mi	10.	8 39	0 50	7 24	+25,5	Kastor, Pollux	Libration West	
Do	11.	9 56	1 20	8 19	+22,1	Krebs		
Fr	12.	11 11	1 41	9 10	+17,9	Krebs	**Erstes Viertel**	15ʰ19ᵐ
Sa	13.	12 22	1 57	9 56	+13,0	Regulus	Absteigender Knoten	
So	**14.**	13 31	2 11	10 40	+ 7,7	*Löwe		
Mo	15.	14 39	2 23	11 23	+ 2,2	Löwe		
Di	16.	15 46	2 34	12 05	− 3,3	Jungfrau	Erdferne	
Mi	17.	16 55	2 46	12 47	− 8,8	Spica		
Do	18.	18 06	3 00	13 31	−13,9	Jungfrau		
Fr	19.	19 18	3 17	14 17	−18,6	Jungfrau		
Sa	20.	20 31	3 38	15 06	−22,6	Waage	**Vollmond**	19ʰ16ᵐ
So	**21.**	21 40	4 08	15 58	−25,6	Skorpion	Größte Südbreite	
Mo	22.	22 40	4 48	16 53	−27,4	Schlangenträger		
Di	23.	23 28	5 42	17 51	−27,8	Schütze		
Mi	24.	–	6 50	18 48	−26,8	Schütze	Libration Ost	
Do	25.	0 05	8 07	19 45	−24,2	Schütze		
Fr	26.	0 32	9 28	20 41	−20,3	Steinbock		
Sa	27.	0 53	10 50	21 34	−15,3	Steinbock	Aufsteigender Knoten	
So	**28.**	1 10	12 12	22 25	− 9,5	Wassermann	**Letztes Viertel**	5ʰ01ᵐ
Mo	29.	1 25	13 35	23 15	− 3,0	Fische		
Di	30.	1 40	14 58	0 06	+ 3,6	Fische		
Mi	31.	1 56	16 25	0 58	+10,2	Fische		

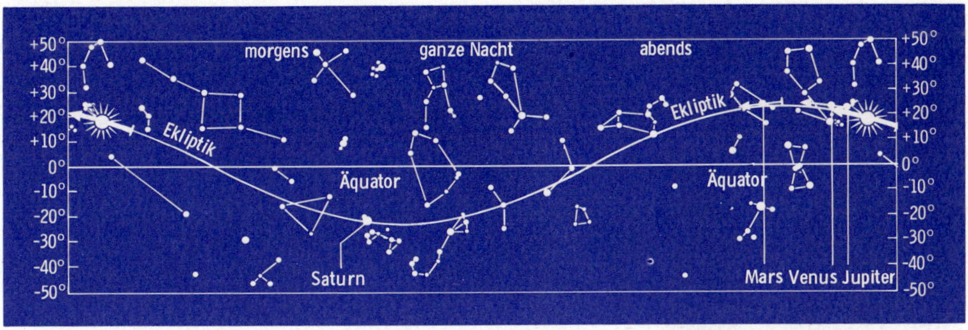

Planetenlauf im Mai

Merkur steht am 1. in größter östlicher Elongation (Winkelabstand 20°46') von der Sonne. Der $0\overset{m}{,}4$ helle Planet kann damit am Abendhimmel gesehen werden. Am 1. geht Merkur um 21^h46^m (= 22^h46^m Sommerzeit) unter. Ab etwa 20^h30^m ist es dunkel genug, um Merkur auffinden zu können. Gegen 21^h15^m verschwindet der flinke Planet im Horizontdunst. Nach dem 1. werden die Beobachtungsbedingungen schnell ungünstiger. Bereits am 5. ist Merkur nur noch $1\overset{m}{,}0$ hell, sein Untergang erfolgt um 21^h45^m. Die letzte Sichtbarkeitschance dürfte sich am 6. ergeben, wo gegen 21^h die schmale Mondsichel 3° nordwestlich von Merkur als Aufsuchhilfe dienen kann. Am 10. ist Merkur nur noch $2\overset{m}{,}0$ hell und geht um 21^h32^m unter. Drei Tage später, am 13., wird der sonnennahe Planet rückläufig und strebt schnell seiner unteren Konjunktion zu, die er am 23. erreicht. Merkur bleibt somit bis Monatsende unsichtbar. Auch die Begegnung mit Venus am 16. entgeht uns.

Am 29. wandert Merkur durch das Aphel seiner Bahn.

Venus stand im Vormonat in oberer Konjunktion mit der Sonne. Ihr östlicher Winkelabstand von der Sonne nimmt nur langsam zu, da sich beide Gestirne rechtläufig durch den Tierkreis bewegen. Im letzten Monatsdrittel taucht der $-3\overset{m}{,}9$ helle Nachbarplanet als Abendstern tief am nordwestlichen Horizont auf.

Am 20. geht die Venus um 21^h10^m unter. Kurz nach 20^h30^m (= 21^h30^m Sommerzeit) taucht sie in der Abenddämmerung auf und kann etwa eine knappe halbe Stunde lang gesehen werden. Die Venusuntergänge verspäten sich bis Monatsende auf

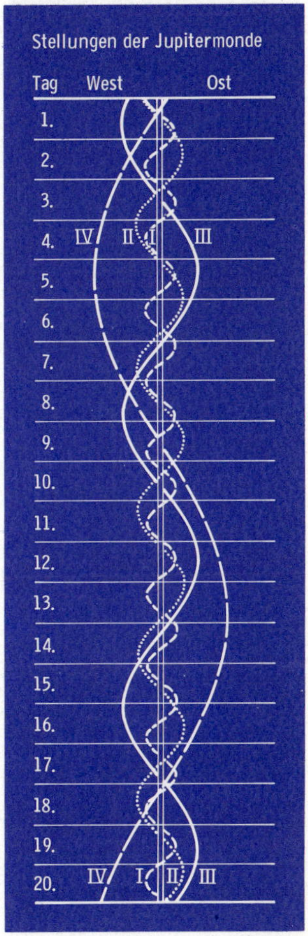

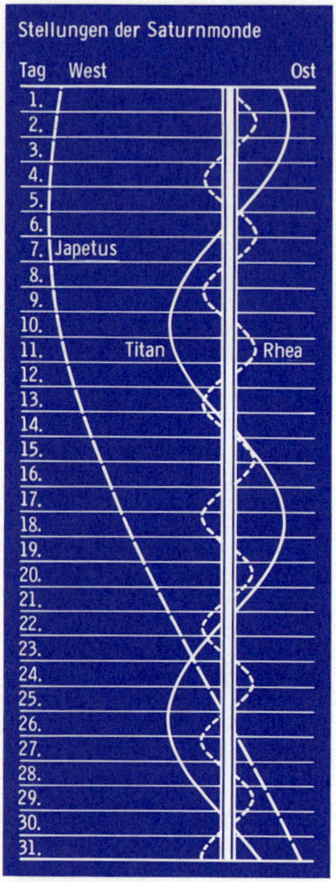

21^h36^m. Im Fernrohr erkennt man ein kleines ($9{,}''8$), fast voll beleuchtetes Planetenscheibchen.
Die enge Begegnung mit Jupiter kann in den Abendstunden des 22. nur bei sehr guten Sichtbedingungen mit Hilfe eines Fernglases beobachtet werden.

Mars, der sich rechtläufig durch die Zwillinge bewegt, ist Planet am Abendhimmel. Mit $1{,}^m7$ um die Monatsmitte ist er allerdings nicht besonders auffällig. Die Untergänge wechseln in die Zeit vor Mitternacht: Am 1. geht der rote Planet um 0^h08^m ($=1^h08^m$ Sommerzeit) unter, am 31. schon um 23^h19^m. Die Sichtbarkeit schrumpft durch die nun immer später einsetzende Dämmerung zusehends. Man merkt deutlich, die Sonne beginnt Mars einzuholen; die Konjunktion mit ihr wird allerdings erst im Herbst erreicht.

Jupiter im Stier zieht sich vom Abendhimmel zurück und wird um die Monatsmitte unsichtbar. Am 15. geht der noch $-2{,}^m0$ helle Riesenplanet um 21^h31^m unter. Erst gegen 20^h40^m macht er sich in der zunehmenden Dämmerung in tief nordwestlicher Richtung bemerkbar. Spätestens eine Viertelstunde vor Untergang wird er von den horizontnahen Luftschichten verschluckt. Spezialisten – mit Ferngläsern ausgerüstet – mögen Jupiter noch einige Tage lang aufstöbern. Am 20. erfolgt der Jupiteruntergang um 21^h17^m. Spätestens am 25., wo der inzwischen $-1{,}^m9$ helle Jupiter schon um 21^h03^m unter den Horizont sinkt, wird es aussichtslos, nach ihm Ausschau zu halten.

Konstellationen und Ereignisse im Mai

Datum	MEZ	Ereignis
1.	4^h	Merkur in größter östlicher Elongation (21°)
4.	8	Pluto in Opposition zur Sonne
6.	22	Mond bei Merkur, **Mond 3° nordwestlich**
7.	8	Mond bei Jupiter, Mond 5° nördlich
9.	2	Mond bei Mars, Mond 3° nördlich
13.	0	Merkur im Stillstand, anschließend rückläufig
16.	8	Merkur bei Venus, Merkur $0{,}^\circ6$ nördlich
23.	5	Venus bei Jupiter, Venus $0{,}^\circ8$ nördlich
23.	13	Mond bei Uranus, Mond 4° südlich
23.	23	Merkur in unterer Konjunktion mit der Sonne
24.	2	Mond bei Neptun, **Mond 6° südlich**
24.	5	Mond bei Saturn, **Mond 5° südlich**
29.	4	Merkur im Aphel

Abb. 61: Orientierungskarte zum Aufsuchkärtchen „Pluto" (Abb. 62). Die Sterne Ser 1 und 2 findet man in Abb. 62 wieder.

Am 6. ergibt sich ein beobachtenswerter Himmelsanblick, wenn sich zum Riesenplaneten die Mondsichel und Merkur einfinden.
Die Begegnung mit Venus ist am 22. abends nur unter besonders günstigen Sichtbedingungen mit einem Fernglas zu verfolgen.
Saturn, rückläufig im Schützen, verlagert seine Aufgänge in die Zeit vor Mitternacht. Seine Helligkeit nimmt deutlich zu und wächst auf $0^{m}\!,2$ an. Am 1. geht der Ringplanet um $0^{h}36^{m}$, am 15. um $23^{h}35^{m}$ und am 31. bereits um $22^{h}30^{m}$ (= $23^{h}30^{m}$ Sommerzeit) auf.
Uranus zeigt nun deutlicher seine Rückläufigkeit im Schützen. Er nähert sich seiner Oppositionsstellung, die er aber in diesem Monat noch nicht erreicht. Seine Aufgänge verfrühen sich von $0^{h}08^{m}$ am 1. auf $23^{h}08^{m}$ am 15. und auf $22^{h}03^{m}$ am 31.
Die beste Zeit, den $5^{m}\!,6$ hellen, grünlichen Planeten zu beobachten, ist die Stunde seines Meridiandurchgangs.
Die Uranuskulminationen erfolgen am 1. um $4^{h}06^{m}$, am 15. um $3^{h}10^{m}$ und am 31. schon um $2^{h}05^{m}$. Aber auch bei seiner Kulmination erreicht er nur eine bescheidene Höhe von gut 16° (für die geographische Breite 50° Nord). Kurz nach seiner Kulmination setzt die Morgendämmerung ein und läßt Uranus verblassen.
Neptun, rückläufig im Schützen, verlagert seine Aufgänge in die Zeit vor Mitternacht. Geht der $7^{m}\!,9$ lichtschwache Planet am 1. um $0^{h}28^{m}$ auf, so erfolgt sein Aufgang am 31. schon um $22^{h}24^{m}$. Um die Zeit seiner Kulmination wird er in der Morgendämmerung, die nun immer früher einsetzt, unbeobachtbar. Die Kulminationszeiten lauten: 1.: $4^{h}37^{m}$, 15.: $3^{h}41^{m}$ und 31.: $2^{h}37^{m}$.
Pluto in der Jungfrau/Waage steht am 4. in Opposition zur Sonne. Da er im September dieses Jahres sein Perihel durchläuft, ist er relativ hell: $13^{m}\!,65$. Damit kann er auch mit größeren Amateurteleskopen und mittleren Fernrohren auf Sternwarten beobachtet werden (siehe auch Abb. 62 auf Seite 84). Die Oppositionsentfernung von der Erde beträgt 4291 Millionen Kilometer. Damit ist uns Pluto näher als Neptun, dessen diesjährige Oppositionsdistanz zu uns 4368 Millionen Kilometer beträgt. Die Entfernung von der Sonne am Oppositionstag mißt 4435 Millionen Kilometer. (Weitere Einzelheiten findet man im Monatsthema: *Pluto in „Sonnennähe"* auf Seite 87 ff.)

Planetoiden

Vesta – Planetoid Nr. 4 – wird am 14. im Schützen stationär und setzt zur Oppositionsschleife an (siehe Abb. 70 auf Seite 95).
Ihre Helligkeit nimmt erheblich zu, nämlich von $6^{m}\!,6$ auf $5^{m}\!,9$ während des Monats. Damit wird sie zu einem leichten Feldstecherobjekt. Lediglich ihre extrem südliche Stellung im Schützen erschwert die Beobachtung.
Am 1. kulminiert Vesta um $4^{h}27^{m}$, am 15. um $3^{h}35^{m}$ und am 31. um $2^{h}28^{m}$.

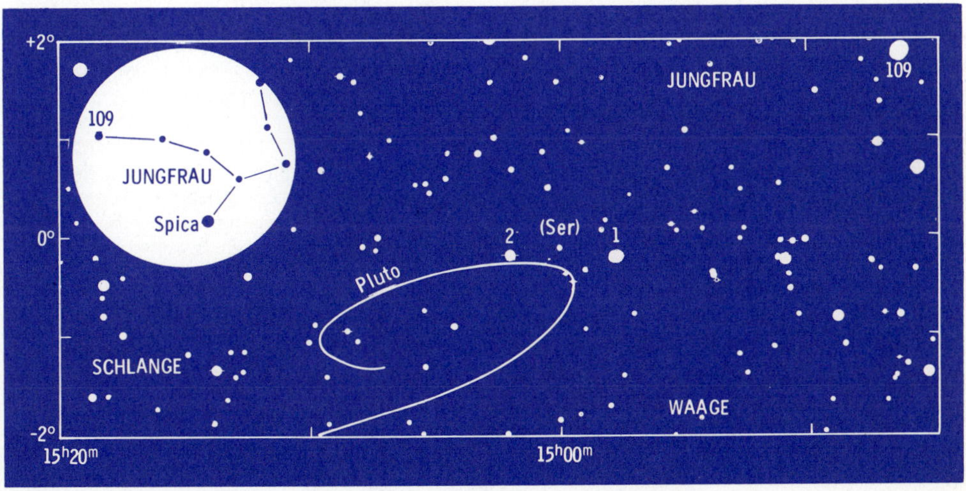

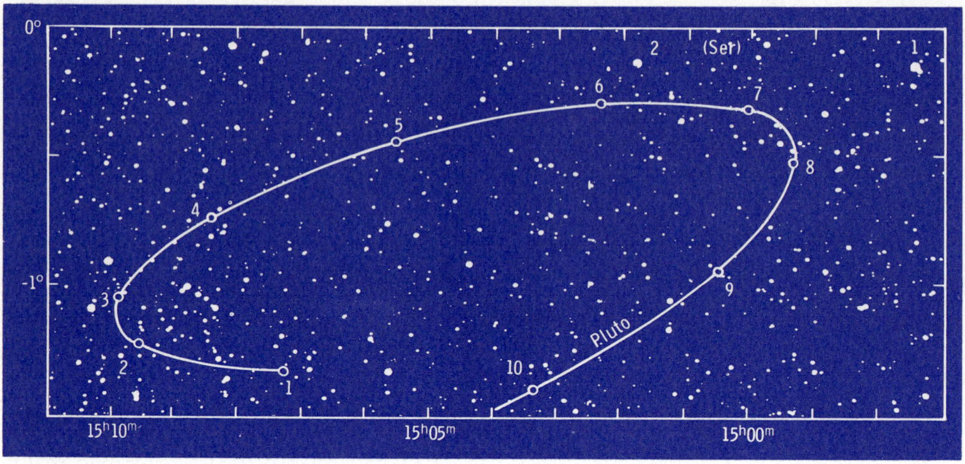

Abb. 62: Bahn des Planeten Pluto 1989. Man beachte die Sterne Ser 1 und 2 rechts oben, die in der Orientierungskarte (Abb. 61) zu finden sind. Die Zahlen geben die Position des Pluto am jeweiligen Monatsersten an.

Periodische Sternschnuppenströme im Mai

Die **Eta-Aquariden**, auch **Mai-Aquariden** genannt, tauchen vom 1. bis 8. Mai auf. Ihr Radiant liegt bei η Aquarii. Das ausgeprägte Maximum wird am 4. Mai erreicht. Im Durchschnitt sind etwa 35 Sternschnuppen pro Stunde zu registrieren, um die Zeit des Maximums sogar bis zu 60. Es handelt sich bei diesem Meteorstrom um schnelle Objekte (um 65 Kilometer pro Sekunde), die auffallend lange Leuchtspuren hinterlassen. Die beste Beobachtungszeit ist ab etwa 3^h am Morgenhimmel, wo man nach Südosten blicken sollte. Vereinzelte Aquariden-Meteore sind noch bis Ende Mai zu registrieren. Die Mai-Aquariden führen ihren Ursprung auf den Kometen HALLEY zurück.
Ferner sind noch die **Scorpius-Sagittarius**-Meteore zu erwarten, die von Mitternacht bis 4^h morgens günstig zu beobachten sind. Ihr Ausstrahlungspunkt liegt rund 1° nördlich von β Scorpii.

Der Fixsternhimmel im Mai

Die Wintersternbilder sind nun endgültig von der Himmelsbühne abgetreten. Lediglich die beiden Sternenketten der Zwillinge mit Kastor und Pollux sind tief im Westen noch zu erkennen. Im Nordwesten sieht man die auffällig helle Kapella im Fuhrmann, die ja bei uns zirkumpolar ist.

Der Himmelswagen steht im Meridian, ebenso die Jungfrau. Südlich der Jungfrau, ebenfalls im Meridian, aber recht horizontnah, entdeckt man das Sternenviereck des Raben. Zwar ist der Rabe nicht besonders auffällig; wer ihn aber einmal gefunden hat, prägt sich seine Gestalt leicht ein.
Der Himmelslöwe hat seinen Meridiandurchgang schon hinter sich und steht hoch im Südwesten. Er belebt diese an hellen Sternen sonst arme Gegend. Tief im Westen kann noch Prokyon, der Hauptstern im Kleinen Hund, erspäht werden.
Hoch im Südosten strahlt unübersehbar der rötliche Arktur im Sternbild Bootes. Arktur ist ein roter Riesenstern in 38 Lichtjahren Entfernung. Er gehört zu den Sternen mit den größten Eigenbewegungen. Unser Sonnensystem begegnet ihm sozusagen gerade. In 800 Jahren verschiebt sich seine Position am Himmel um eine Vollmondbreite.
In 500 000 Jahren wird man ihn nur noch als Sternchen 6. Größe gerade eben mit bloßen Augen erkennen können. Relativ zu unserer Sonne beträgt die Raumgeschwindigkeit von Arktur 145 Kilometer pro Sekunde.
Neben dem Bootes liegt die Nördliche Krone. Ihr einprägsamer Sternenhalbkreis ist bei genügender Dunkelheit leicht zu finden. Schwieriger wird es

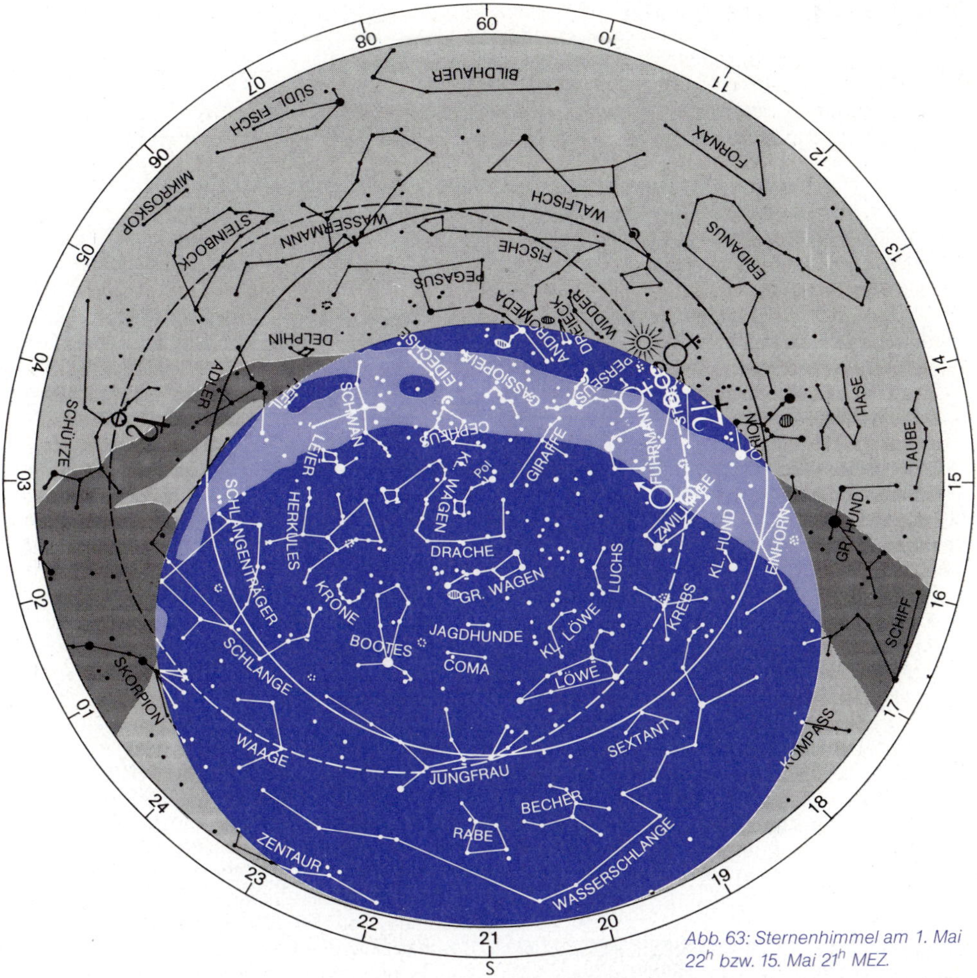

Abb. 63: Sternenhimmel am 1. Mai 22^h bzw. 15. Mai 21^h MEZ.

schon mit Herkules. Um ihn zu erkennen, gehört schon einige Übung im Auffinden von Sternbildern. Im Nordosten geht gerade das Sommerdreieck auf. Wega und Deneb sind schon über die Horizontlinie gestiegen, während Atair noch darunterliegt.
Der Osten wird vom Schlangenträger (lat.: Ophiuchus) und der Schlange eingenommen, zwei Sternbilder, die sehr ausgedehnt sind, sich aber nur aus lichtschwachen, weit verstreuten Sternen zusammensetzen und daher am Firmament unserer lichtüberfluteten Städte kaum zu finden sind.

Tief im Südosten ist die Waage aufgegangen, ebenfalls kein auffälliges Sternbild, allerdings Mitglied des Tierkreises.

Objekte für Feldstecher und Fernrohr

Ein sehr schönes Objekt für den Feldstecherbeobachter ist der berühmte Kugelsternhaufen M 13 im Herkules. Bei mondlosem, dunklen Himmel kann man ihn schon mit bloßen Augen als kleines, rundes, verwaschenes Lichtfleckchen erkennen.

Veränderliche Sterne im Mai

Algol-Minima	25. 3^h05^m					
β-Lyrae-Minima	11. 9^h	24. 8^h				
δ-Cephei-Maxima	4. 5^h	9. 13^h	14. 22^h	20. 7^h	25. 16^h	31. 1^h

M13 gehört zu den hellsten Kugelhaufen des Himmels. Macht er schon im Fernglas einen imponierenden Eindruck, so entfaltet sich seine wahre Pracht aber erst in einem leistungsfähigen Teleskop: ein helles Zentrum, umgeben von Tausenden funkelnder Lichtpünktchen. Ein Berufsastronom drückte sich unlängst so aus, als er mit einem Großteleskop M13 sah: „Ich blickte in das Auge Gottes." Obwohl sonst nicht religiös veranlagt, war er doch vom Anblick offensichtlich überwältigt. Die scheinbare Helligkeit von M13 beträgt $5^m,9$, seine Entfernung stattliche 23000 Lichtjahre.

Ebenfalls im Herkules findet man den kugelförmigen Sternhaufen M92. Ihn aufzuspüren bedeutet schon etwas mehr Mühe, als bei M13 aufzuwenden ist. Er erscheint nur halb so groß im Durchmesser wie M13. Die scheinbare Helligkeit von M92 beträgt $6^m,5$, seine Entfernung von uns rund 25000 Lichtjahre. Als weitere Kugelhaufen seien noch M3, M5 und M68 empfohlen. M3 liegt in den Jagdhunden, nahe an der Grenze zum Bootes. Man gehe am besten von Arktur (α Bootis) aus. In der Monatssternkarte ist M3 als kleiner Kringel zwischen dem J von JAGDHUNDE und dem S von BOOTES eingezeichnet. M3 ist $6^m,3$ hell und etwa 32000 Lichtjahre entfernt.

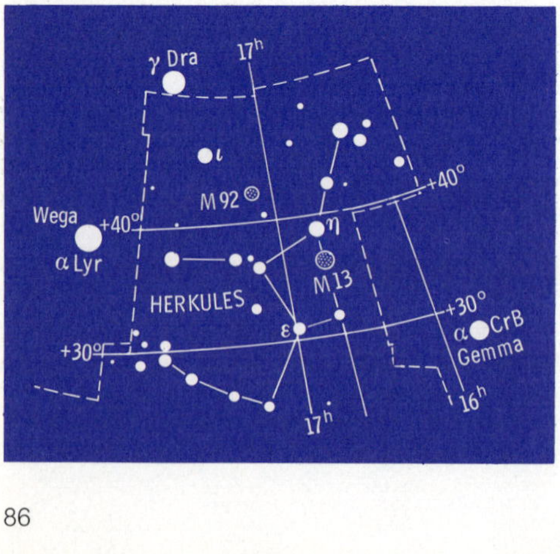

M5 im Vorderteil der Schlange (Serpens Caput) erscheint etwa gleich groß wie M3, ist aber deutlich heller ($5^m,7$). Die Entfernung von M5 mißt rund 25000 Lichtjahre. Auch dieser Kugelsternhaufen ist in der Monatskarte eingetragen, und zwar etwas rechts über dem E von SCHLANGE, knapp über dem Himmelsäquator, der als weiße Linie zu erkennen ist.

Wesentlich schwieriger zu finden als die bisher aufgezählten Kugelhaufen ist M68 in der Wasserschlange. Man gehe vom schnell zu findenden Viereck des Raben aus. Knapp südlich von β Corvi (β im Raben, der Stern unter dem A von RABE in der Monatssternkarte) stößt man auf M68, der mit 8^m nicht besonders auffällig ist. M68 liegt bereits südlich der Grenze des Raben mit der Hydra. Knapp südwestlich von M68 steht ein Stern 5. Größe (veränderlich), der als Aufsuchhilfe dienen kann. M68 ist etwa 32000 Lichtjahre entfernt.

Wer Übung im Aufsuchen kleiner, lichtschwacher Objekte hat, kann sich einmal den Planetarischen Nebel NGC 6543 im Drachen vornehmen. Das schwache Lichtfleckchen von NGC 6543 liegt im Drachen, fast genau am Nordpol der Ekliptik. Die Helligkeit beträgt $8^m,6$ die Ausdehnung 16" × 22". Man hat dennoch den Eindruck eines fast kreisrunden Scheibchens (*Planetenscheibchen*). Die Entfernung von NGC 6543 wird auf 2000 Lichtjahre geschätzt (siehe Abb. 96, Seite 133).

Wer in außergalaktische Gefilde vorstoßen will, suche den Spiralnebel M51 in den Jagdhunden. Er ist relativ einfach zu finden. Er steht jetzt fast im Zenit, in der Nähe des ersten Deichselsterns vom Großen Wagen, Benetnasch oder η UMa. Freilich erkennt man in kleinen Teleskopen nicht die wunderschöne Spirale, die man in bildmäßig gut ausgestatteten Astronomiebüchern vorfindet. Aber erahnen wird man die Spiralstruktur schon. Lord Rosse hat im Jahre 1845 erstmals auf dieses Spiralsystem aufmerksam gemacht.

Abb. 64: Die Lage der Kugelsternhaufen M13 und M92 im Sternbild Herkules.

Im hohen Norden zeigt sich auch ein Doppelstern, der schon mit einem Fernglas spielend zu trennen ist: $\nu_{1,2}$ Draconis. Er ist in der Monatssternkarte im Sternenviereck des Drachenkopfes als Doppelstern mit einem kleinen Querbalken markiert. Zwei gleich helle, weiße Sterne 5. Größe stehen hier in 62" Distanz. Das System ist 120 Lichtjahre entfernt. Beide Komponenten haben eine gegenseitige Entfernung von 2300 Astronomische Einheiten (AE).
Zu den interessanten Doppelsternen gehört Porrima, γ Virginis. Denn die Beobachtungsbedingungen werden zunehmend ungünstiger. Die beiden gleich hellen, weißlich-gelben Komponenten ($3\overset{m}{,}6$, F0 V), laufen in 172 Jahren umeinander. Noch 1975 betrug ihre Distanz $4\overset{''}{,}3$. In diesem Jahr ist sie auf $3\overset{''}{,}1$ geschrumpft und wird bis 2000 auf $1\overset{''}{,}7$ zurückgehen. Heute reicht noch ein Zweizöller, um Porrima zu trennen.
Sehr leicht aufzulösen ist Algorab, δ Corvi. Die 3^{m} helle Hauptkomponente hat in $24\overset{''}{,}2$ einen Begleiter 9. Größe.
Schwieriger schon ist Ras Algethi (α Herculis) zu meistern. Die zwischen $3\overset{m}{,}1$ und $3\overset{m}{,}9$ variable, rötliche Hauptkomponente hat in $4\overset{''}{,}6$ Distanz einen $5\overset{m}{,}4$ hellen, gelblichen Begleiter. Ein Zweizöller sollte bei ruhiger Luft die Trennung schaffen.

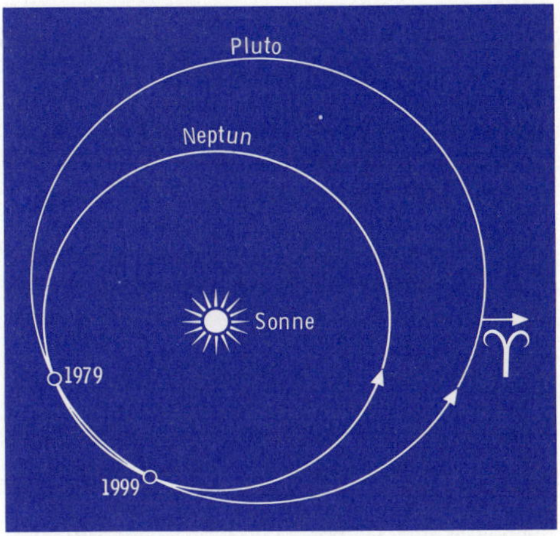

Abb. 65: Die Bahnen der sonnenfernen Planeten Neptun und Pluto. Wegen seiner exzentrischen Bahn läuft Pluto von 1979 bis 1999 innerhalb der Neptunbahn um die Sonne. In diesen Jahren ist somit Neptun der sonnenfernste Planet.

Monatsthema: Pluto in „Sonnennähe“

Am 5. September dieses Jahres läuft der Planet Pluto mit einer Geschwindigkeit von sechs Kilometer pro Sekunde durch den sonnennächsten Punkt seiner stark elliptischen Bahn. Im Astronomenjargon heißt dies: Pluto geht durch sein Perihel. Die Entfernung von der Sonne beträgt an diesem Tag 4436 Millionen Kilometer, das entspricht dem 29,6fachen der Distanz Erde-Sonne. Ein Lichtstrahl von der Sonne benötigt somit vier Stunden und sechs Minuten, um Pluto zu erreichen. Im Vergleich: Bereits nach $8^{1}/_{3}$ Minuten trifft das Sonnenlicht auf der Erde ein. Pluto ist also selbst im Perihel ein sonnenferner Planet. Trotzdem ist es gerechtfertigt, von „Sonnennähe des Pluto“ zu sprechen, denn seine Bahn weicht so stark von der Kreisbahn ab, daß sich erhebliche Unterschiede in seiner Sonnendistanz ergeben. Im sonnenfernsten Bahnpunkt, dem sogenannten Aphel, trennen 7375 Millionen Kilometer Pluto vom Zentralgestirn, das ist 49,3mal die astronomische Grundentfernung Erde-Sonne. Im Aphel erreicht ein Lichtstrahl der Sonne den Pluto erst nach sechs Stunden und fünfzig Minuten. Die numerische Exzentrizität der Plutobahnellipse mißt 0,246. Dies ist bei weitem der größte Wert von den neun Planeten unseres Sonnensystems. Auch besitzt die Plutobahn mit 17° die stärkste Neigung zur Ekliptikebene.
Im Mittel ist Pluto fast vierzigmal weiter als die Erde von der Sonne entfernt, also knapp sechs Milliarden Kilometer. Damit ist er der sonnenfernste Planet. Allerdings liegt ein Teil der stark elliptischen Plutobahn noch innerhalb der Neptunbahn (siehe Abb. 65). Vom 21. Januar 1979 bis zum 14. März 1999 ist Pluto der Sonne näher als Neptun. Zu einem Zusammenstoß mit Neptun kann es aber nicht kommen. Durch die starke Bahnneigung wandert Pluto nämlich rund 1200 Millionen Kilometer, das ist achtmal die Strecke Erde-Sonne, nördlich der Neptunbahn durch die Schnittpunkte. Die Neptunbahn fällt fast mit der Ekliptik zusammen (Neptunbahnneigung nur $1\overset{\circ}{,}8$), Pluto hingegen erreichte im Februar 1980 mit +17°09' seine größte heliozentrische Nordbreite.
Wegen seiner Sonnennähe ist Pluto sowohl für Sternfreunde als auch für professionelle Astronomen gegenwärtig ein interessantes Beobachtungsobjekt. Für Sternfreunde bietet sich die Chance, Pluto nun einmal selbst zu erjagen. Ab

30 cm Objektivöffnung sollte es möglich sein, den $13^m\!,7$ hellen Pluto zu entdecken – freilich, zu einfach sollte man sich das Aufspüren von Pluto nicht vorstellen. Im Aphel hingegen beträgt die Oppositionshelligkeit nur noch 16^m. Das letzte Mal war Pluto im Sommer 1866 im Aphel, sein nächster Apheldurchgang wird erst im Jahre 2107 erfolgen.
Für die Astronomen gibt es jedoch noch einen wichtigeren Grund als die relative Sonnennähe, sich Pluto vorzuknöpfen. Viele Jahre seit seiner Entdeckung im Jahr 1930 wußte man außer den Bahndaten kaum etwas über Pluto.
Im Jahre 1978 kam es jedoch zu einer aufsehenerregenden Entdeckung. Der amerikanische Astronom J. W. CHRISTY fand einen Mond des Pluto. Dies war eine Meisterleistung der Beobachtungskunst. Da Charon, so wurde der neuentdeckte Trabant getauft, in nur 20 000 Kilometer Entfernung den Pluto umkreist, beträgt seine maximale Elongation von der Erde aus gesehen nur 0,9 Bogensekunden! CHRISTY sah den Plutotrabanten nicht direkt. Ihm fiel lediglich eine kleine Ausbuchtung am Streuscheibchen der fotografischen Plutoaufnahmen auf, die sich periodisch wiederholte. Mit Hilfe eines speziellen Beobachtungsverfahrens (Speckle-Interferometrie) konnte dann die Entdeckung des Plutosatelliten bestätigt werden. Eine Kuriosität am Rande: Das 61-Zoll-Spiegelteleskop des US-Marine-Observatoriums in Flagstaff (Arizona), mit dem CHRISTY den Plutomond aufstöberte, liegt nur rund sieben Kilometer vom berühmten LOWELL-Observatorium entfernt, mit dessen großem Refraktor (24-Zoll-Öffnung) Clyde TOMBAUGH 1930 den Pluto entdeckte.
Die Bahnebene von Charon ist 118° zur Plutobahnebene geneigt, sie steht also fast senkrecht – ähnlich den Bahnen der Uranusmonde. In diesen Jahren blicken wir nun fast genau auf die Kante der Charonumlaufbahn (siehe Abb. 66). Dadurch kommt es zu gegenseitigen Bedeckungen von Pluto und Charon, gewissermaßen zu Sonnen- und Mondfinsternissen auf diesem fernen Planeten.
Aus der Beobachtung solcher Bedeckungen lassen sich eine Reihe interessanter Einzelheiten über das Pluto-Charon-System erfahren, vor allem die Durchmesser beider Himmelskörper besser als bisher bestimmen.
Dies ist der eigentliche Grund für das erwachte Interesse der Berufsastronomen am Pluto. Die professionellen Plutobeobachter haben sogar eine eigene kleine Zeitschrift, die *Ninth Planet News,* gegründet, um sich rasch über den Stand der Beobachtungen zu informieren. Am 29. Dezember 1986, 57 Jahre nach der Entdeckung von Pluto, konnte sein Mond Charon erstmals direkt beobachtet werden, wie er hinter Pluto verschwand. Der Astronom David THOLEN verfolgte dieses Ereignis am Okular des 2,20-Meter-Reflektors auf dem Observatorium Mauna Kea (Hawaii). Der ganze Vorgang des Verschwindens von Charon hinter Pluto und sein Wiederauftauchen dauert $4^1/_2$ Stunden. Die volle Umlaufperiode von Charon hingegen beträgt 6 Tage 9 Stunden und 18 Minuten. Die gegenseitigen Bedeckungen von Pluto und Charon ma-

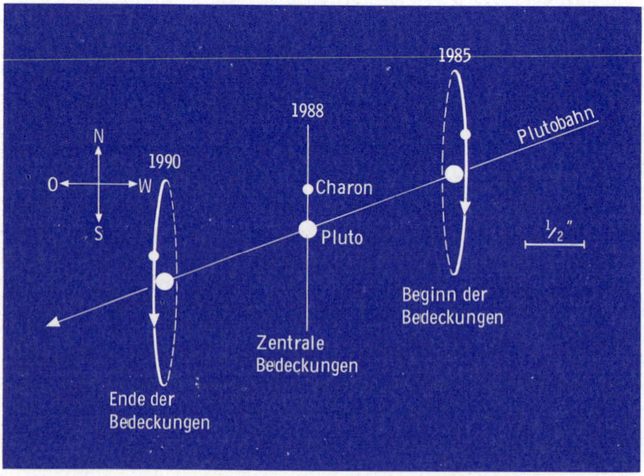

Abb. 66: Von 1985 bis 1990 blicken wir auf die Kante der Charonbahn, wodurch es zu gegenseitigen Bedeckungen von Pluto und Charon kommt.

Pluto und sein Mond Charon

PLUTO

Bahndaten

	Millionen (km)	*AE*	*Lichtlaufzeit (Min.)*
Mittlere Entfernung von der Sonne	5966	39,88	$5^h31^m\!,4$
Kleinste Entfernung von der Sonne	4425	29,58	4 05,8
Größte Entfernung von der Sonne	7375	49,30	6 49,7
Oppositionsentfernung von der Erde: Minimum	4273	28,56	3 57,4
Maximum	7228	48,32	6 41,6

Bahnneigung: i = 17°09', Numerische Exzentrizität: e = 0,246
Umlaufszeit: Siderisch: 247,7 Jahre
Synodisch (von Opposition zu Opposition): 366,72 Tage
Bahngeschwindigkeit: mittlere: 4,7 km/s im Perihel: 6,1 km/s im Aphel: 3,6 km/s
Oppositionshelligkeit: im Perihel: $13^m\!,7$ im Aphel: 16^m

CHARON

Bahndaten

Mittlere Entfernung von Pluto: 19 700 km
Umlaufszeit: 6,3872 Tage
Bahnneigung: i = 118°
Numerische Exzentrizität: e = 0

Physische Daten Pluto und Charon

	Pluto	*Charon*
Durchmesser (km)	2300 :	1200 :
Masse (kg)	$1{,}5 \times 10^{22}$	$1{,}9 \times 10^{21}$
Erde = 1	0,0025	0,00032 :
Dichte	2,1 :	2,1 :
Rotationsperiode (Tage/Stunden/Minuten)	$6^d9^h18^m$	$6^d9^h18^m$
Entweichgeschwindigkeit (km/s)	1,27	0,6 :
Oberflächentemperatur (°C)	–212 bis –220	–210 :
Entdecker/Jahr	Clyde W. TOMBAUGH/1930	James W. CHRISTY/1978

Ein Doppelpunkt (:) nach der Zahlenangabe bedeutet: Wert noch unsicher!

chen sich durch einen Helligkeitsabfall bemerkbar. Verschwindet Charon hinter Pluto, so sinkt die Gesamthelligkeit um etwa $0^m\!,2$. Zieht Charon vor der winzigen Plutoscheibe vorbei, so wird ein Helligkeitsrückgang von $0^m\!,6$ registriert. Diese relativ große Differenz zwischen beiden Vorgängen hat zwei Ursachen: Einmal wirft Charon seinen Schatten auf die Plutooberfläche, wobei außer dem von Charon bedeckten Teil des Plutoscheibchens noch ein weiterer Teil sein Licht einbüßt. Zum anderen dürfte die Charonoberfläche wesentlich dunkler als die von Pluto sein, so daß sein Verschwinden hinter Pluto einen geringeren Lichtverlust bedeutet, als wenn die gleich große Fläche auf Pluto durch Charon abgedeckt wird.
Die gegenseitigen Verfinsterungen begannen 1985, zunächst als teilweise Bedeckungen. Seit 1987 kommt es zu vollständigen Bedeckungen.

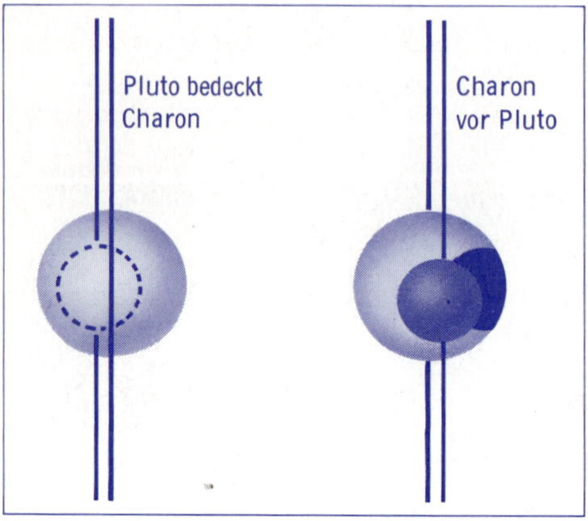

Abb. 67: Wird Charon von Pluto bedeckt, so sinkt die Gesamthelligkeit um $0^m_{,}2$. Zieht Charon vor Pluto vorbei, so fällt die Helligkeit um $0^m_{,}6$ ab. Die Charonoberfläche ist dunkler als Pluto, außerdem fällt der Charonschatten nicht immer zentral auf die Plutooberfläche, so daß für den irdischen Beobachter ein weiterer Teil von Pluto verfinstert wird.

Das Ende dieser Okkultationsphänomene erfolgt 1990. Dann muß man 124 Jahre – nämlich einen halben Plutoumlauf – warten, bis man wieder Charon- und Plutoverfinsterungen beobachten kann.

Sowohl aus den gegenseitigen Verfinsterungen und aus Sternbedeckungen als auch aus Infrarotbeobachtungen wurden neue Durchmesser abgeleitet: Die Plutokugel mißt danach etwa 2300 Kilometer, Charon hingegen 1200 Kilometer. Die Plutowerte sind somit immer kleiner geworden – ursprünglich glaubte man, er sei so groß wie Mars. Charon hingegen ist gewachsen. Die ersten Durchmesserbestimmungen lagen bei 800 Kilometer. Die nunmehr vorliegenden Durchmesserangaben sind aber höchstens auf ± 100 Kilometer genau. Manche Meßwerte sind schwer unter einen Hut zu bringen.

Zu Recht nennt man das Plutosystem einen Doppelplaneten. Denn relativ zu seinem Mutterplaneten ist Charon der weitaus größte Mond im Sonnensystem. Das Verhältnis Mond zu Planet beträgt hier fast 1:2, beim Erde-Mondsystem 1:4, beim Jupitermond Ganymed, dem absolut größten Mond im Sonnensystem, etwa 1:30.

Das Plutosystem rotiert gebunden. Plutoeigendrehung, Charonrotation und Umlauf von Charon um Pluto zeigen die gleiche Periode, nämlich 6,39 Tage. Daraus folgt, daß Pluto und Charon einander stets dieselben Seiten ihrer Oberflächen zukehren. Aus Helligkeitsvariationen und Infrarotbeobachtungen schließt man, daß Pluto an seiner Oberfläche einen hellen Fleck hat, daß ferner Methandunst stellenweise auftritt und daß die –220 °C kalte Oberfläche zu einem Teil von Wassereis bedeckt wird.

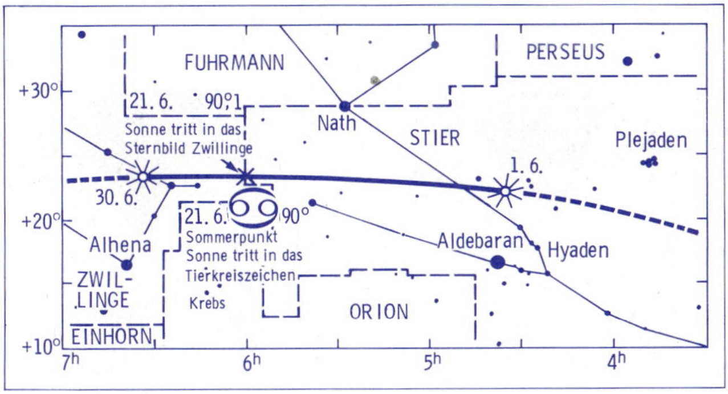

Sonnenlauf

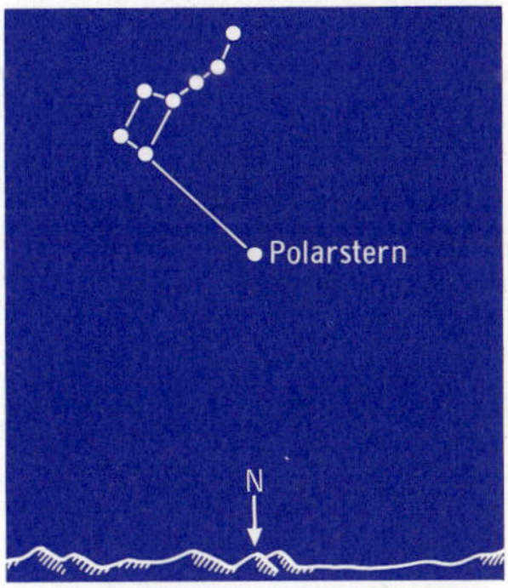

Himmelswagen
Anfang Juni 22^h MEZ

Sonne

Datum	Aufgang	Untergang	Kulmi-nation	Zeit-gleichung	Mittags-höhe	Rektas-zension	Dekli-nation	Sternzeit 1^h MEZ
5.	4^{h}13^m	20^{h}24^m	12^{h}18^m	+2^m	62°,6	4^{h}52^m	+22°,5	16^{h}54^m
10.	4 11	20 28	12 19	+1	63,0	5 13	+23,0	17 13
15.	4 10	20 31	12 20	0	63,3	5 33	+23,3	17 33
20.	4 10	20 33	12 22	−2	63,4	5 54	+23,4	17 53
25.	4 12	20 33	12 23	−3	63,4	6 15	+23,4	18 12
30.	4 14	20 33	12 24	−4	63,2	6 36	+23,2	18 32

Julianisches Datum am 1. Juni, 1^h MEZ: 2 447 678,5

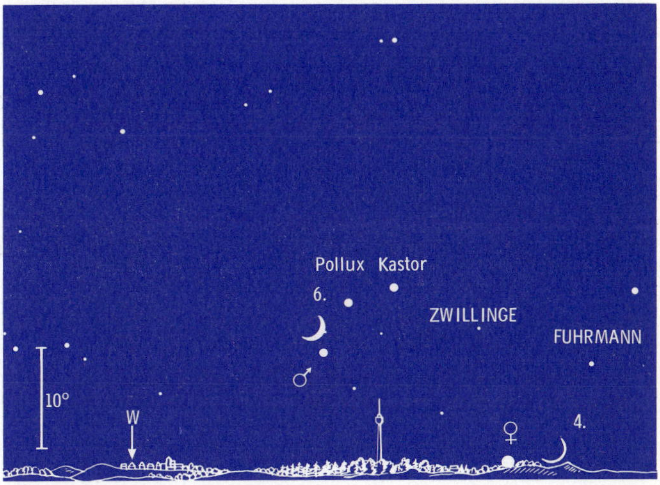

Abb. 68: Himmelsanblick am 4. und 6. Juni gegen 21^{h}30^m MEZ (=22^{h}30^m MESZ). Tief im Nordwesten zieht am 4. die schmale Sichel des zunehmenden Mondes an Venus vorbei, am 6. passiert sie den roten Planeten Mars.

Tages- und Nachtstunden im Juni

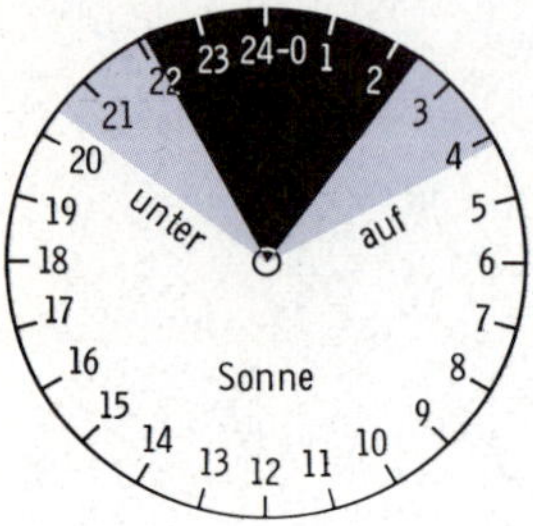

5. Juni

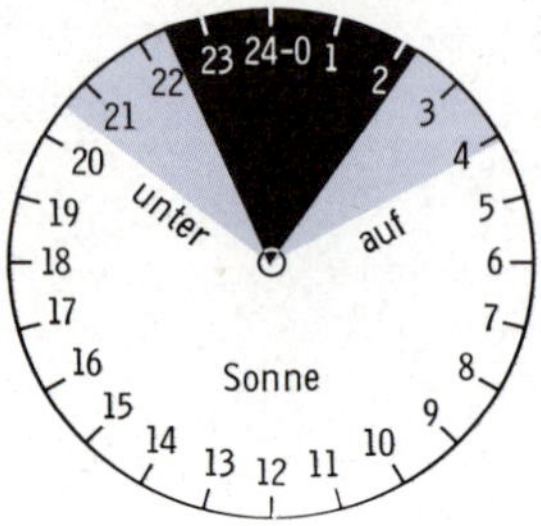

15. Juni

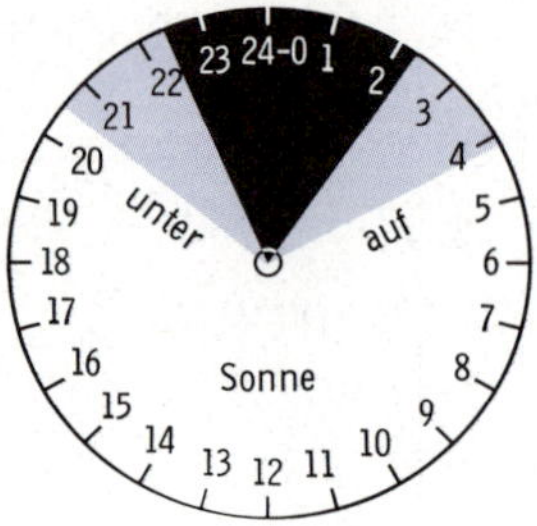

25. Juni

Mondlauf im Juni

Datum		Aufgang	Untergang	Rektaszension	Deklination	Sterne und Sternbilder	Phase	MEZ
Do	1.	2^h15^m	17^h54^m	1^h52^m	+16°,3	Hamal	Erdnähe	
Fr	2.	2 40	19 23	2 50	+21,5	Widder		
Sa	3.	3 14	20 45	3 52	+25,3	Plejaden	**Neumond** Größte Nordbreite	20^h53^m
So	**4.**	4 01	21 52	4 55	+27,4	Stier		
Mo	5.	5 03	22 43	5 59	+27,7	Zwillinge		
Di	6.	6 16	23 18	7 01	+26,3	*Kastor, Pollux	Libration West	
Mi	7.	7 35	23 43	7 58	+23,3	*Zwillinge		
Do	8.	8 52	–	8 51	+19,3	Krebs, Krippe		
Fr	9.	10 06	0 01	9 40	+14,5	Regulus	Absteigender Knoten	
Sa	10.	11 17	0 16	10 26	+ 9,2	Löwe		
So	**11.**	12 26	0 29	11 09	+ 3,7	Löwe	**Erstes Viertel**	7^h59^m
Mo	12.	13 33	0 41	11 51	– 1,9	Jungfrau		
Di	13.	14 41	0 53	12 34	– 7,3	Jungfrau	Erdferne	
Mi	14.	15 51	1 06	13 17	–12,5	Spica		
Do	15.	17 03	1 21	14 02	–17,3	Jungfrau		
Fr	16.	18 16	1 41	14 50	–21,5	Waage		
Sa	17.	19 27	2 07	15 42	–24,8	Waage	Größte Südbreite	
So	**18.**	20 32	2 44	16 36	–27,0	Antares		
Mo	19.	21 25	3 34	17 34	–27,8	Schlangenträger	**Vollmond**	7^h57^m
Di	20.	22 05	4 38	18 33	–27,1	Schütze	Libration Ost	
Mi	21.	22 35	5 54	19 31	–24,9	Schütze		
Do	22.	22 58	7 16	20 27	–21,2	Steinbock		
Fr	23.	23 16	8 39	21 21	–16,4	Wassermann	Aufsteigender Knoten	
Sa	24.	23 32	10 01	22 13	–10,6	Wassermann		
So	**25.**	23 46	11 23	23 03	– 4,3	Fische		
Mo	26.	–	12 45	23 53	+ 2,2	Fische	**Letztes Viertel**	10^h09^m
Di	27.	0 02	14 08	0 44	+ 8,8	Fische		
Mi	28.	0 19	15 34	1 36	+14,8	Fische	Erdnähe	
Do	29.	0 41	17 01	2 32	+20,2	Widder		
Fr	30.	1 10	18 24	3 31	+24,3	Plejaden	Größte Nordbreite	

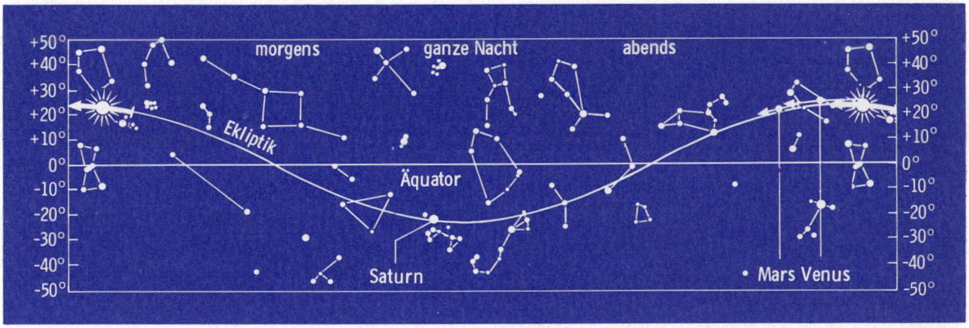

Konstellationen und Ereignisse im Juni

Datum	MEZ	Ereignis
5.	2^h	Mond bei Venus, Mond 3° nördlich
5.	3	Merkur im Stillstand, anschließend rechtläufig
6.	21	Mond bei Mars, **Mond 0°,7 nordwestlich**
9.	10	Jupiter in Konjunktion mit der Sonne
16.	8	Venus im Perihel
18.	13	Merkur in größter westlicher Elongation (23°)
19.	18	Mond bei Uranus, Mond 4° südlich
20.	8	Mond bei Neptun, Mond 5° südlich
20.	8	Mond bei Saturn, Mond 4° südlich
21.	10^h53^m	Sonne im Sommerpunkt, Sonnenwende
24.	17	Saturn bei Neptun, Saturn 0°,3 südlich
24.	23	Uranus in Opposition zur Sonne

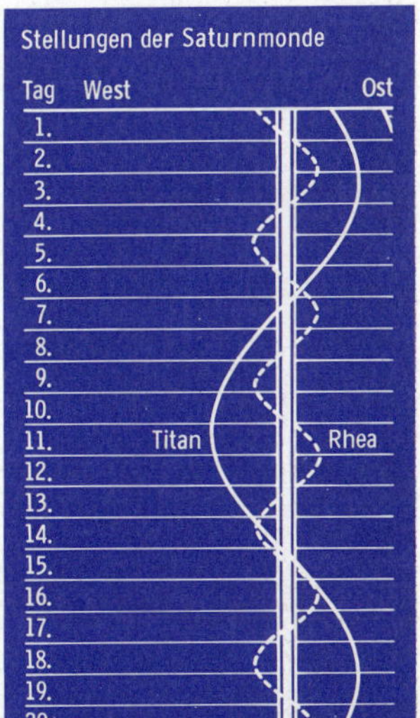

Planetenlauf im Juni

Merkur stand im letzten Drittel des Vormonats in unterer Konjunktion mit der Sonne und entfernt sich nun rückläufig von der Sonne. Am 5. wird Merkur stationär und kehrt seine Laufrichtung um. Seine rechtläufige Bewegung erfolgt zunächst langsamer als der Sonnenlauf entlang der Ekliptik, so daß die Abstände von der Sonne noch wachsen. Am 18. ist die größte westliche Elongation erreicht. Trotz eines beachtlichen Elongationswinkels von 22°59' kommt es nicht zu einer Morgensichtbarkeit. Am 18. geht der $0^m,6$ helle Merkur um 3^h14^m auf. Bevor er sich hoch genug über den Horizontdunst erhoben hat, ist die Morgendämmerung schon so weit fort-

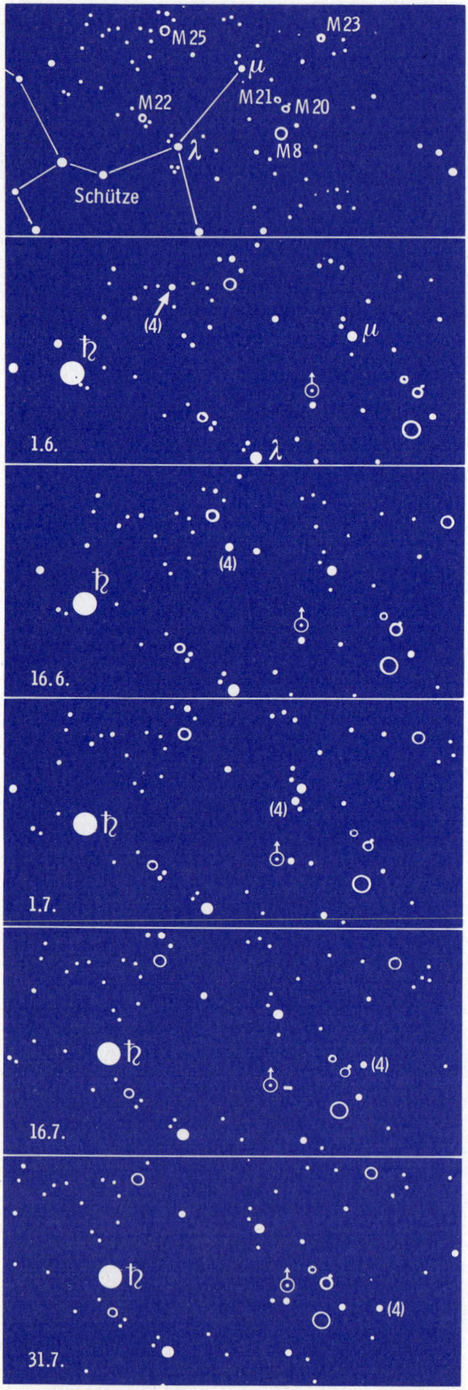

geschritten, daß er sich nicht mehr bemerkbar machen kann. Merkur bleibt somit den ganzen Monat über unbeobachtbar.

Venus setzt sich allmählich als Abendstern durch. Ihre Untergänge verlagern sich von 21^h37^m zu Monatsbeginn auf 21^h57^m am Monatsende. Damit baut der $-3^m{,}9$ helle innere Nachbarplanet seine Abendsichtbarkeit auf rund eine Stunde aus. Im Fernrohr sieht man nach wie vor ein mit nur 10" bis 11" Durchmesser recht kleines Venusscheibchen, das fast voll beleuchtet erscheint.

Am 4. ergibt sich ein netter Himmelsanblick, wenn die schmale Sichel des zunehmenden Mondes etwa 3° nordwestlich der Venus steht.

Am 16. wandert die Venus durch ihr Perihel. An diesem Tag beträgt ihre Sonnendistanz 107,5 Millionen Kilometer. Da die Venus eine fast kreisförmige Bahn um die Sonne beschreibt, ändert sich ihre Sonnenentfernung nur wenig: Im Aphel trennen sie dann 108,9 Millionen Kilometer vom Tagesgestirn.

Mars zieht sich vom Abendhimmel zurück und wird unbeobachtbar. Er wandert aus den Zwillingen in den Krebs und steuert auf die Krippe zu. Am 1. geht der nur mehr $1^m{,}8$ helle Mars um 23^h17^m (= 0^h17^m Sommerzeit) unter. Erst gegen 21^h30^m macht er sich in der nun spät einsetzenden Dunkelheit bemerkbar. Am 15. geht der rote Planet schon um 22^h48^m unter, wird aber erst gegen 22^h sichtbar. Bald darauf verschluckt ihn der Horizontdunst. Am 30. erfolgt der Marsuntergang bereits um 22^h13^m.

Am 6. steht die zunehmende Mondsichel nur $0^\circ{,}7$ nordwestlich des roten Planeten und kann als Aufsuchhilfe dienen.

Jupiter wird am 9. von der Sonne eingeholt. Er steht an diesem Tag in Konjunktion mit ihr und bleibt deshalb den ganzen Monat hindurch unsichtbar.

Saturn, der sich rückläufig im Schützen bewegt, steigert seine Helligkeit von $0^m{,}2$ auf $0^m{,}0$ – die Opposition ist nicht mehr fern, wird aber in diesem Monat noch nicht erreicht. Saturn wird aber bereits im Juni zum Planeten der ganzen Nacht.

Geht der Ringplanet am 1. um 22^h26^m (= 23^h26^m Sommerzeit) auf und am 15. um 21^h27^m, so erscheint er am 30. bereits um 20^h24^m über der Horizontlinie. Am 30. kulminiert er eine halbe Stunde nach Mitternacht (genau: 0^h35^m) und geht morgens

Abb. 69: Die Bewegungen der Planeten Saturn und Uranus sowie des Kleinplaneten Vesta (4) im Juni und Juli 1989 im Sternbild Schütze.

um 4^h41^m unter, wenn die aufkommende Morgendämmerung ohnehin ihn schon eine Stunde vorher verblassen läßt, wenn er tief im Südwesten die horizontnahen Dunstschichten erreicht hat.

Am 24. begegnet Saturn zum zweiten Mal in diesem Jahr Neptun. An diesem Tag steht Saturn 18' südlich von Neptun. Außer Saturn und Neptun sind noch zwei weitere Gestirne gegenwärtig im Schützen zu finden: Uranus und Vesta, beide wesentlich heller als Neptun.

Die Bewegungsabfolge von Saturn, Uranus und Vesta vom 1. 6. bis 31. 7. veranschaulicht die Abb. 69 auf Seite 94.

Uranus im Schützen erreicht am 24. seine Opposition zur Sonne. Am Tag der Opposition geht der $5\overset{m}{,}6$ helle, grünliche Planet um 20^h21^m auf, kulminiert um 0^h23^m und geht um 4^h20^m wieder unter.

Mit −23°40' Deklination hat Uranus eine extrem südliche Stellung erreicht und ist von unseren Breiten aus recht ungünstig zu beobachten. Dies wird sich in den nächsten Jahren kaum ändern. Aber in der diesjährigen Opposition nimmt Uranus seine extremste Südstellung bei einer Opposition ein. Bis zum Jahre 2000 schraubt er sich ganz langsam bis −16° Deklination hoch.

Im Fernrohr zeigt Uranus ein winziges, grünliches Scheibchen von $3\overset{''}{,}8$ Durchmesser.

Die Oppositionsentfernung des Uranus von der Erde mißt 2742 Millionen Kilometer. Uranus ist damit 18,33 Astronomische Einheiten (AE) entfernt.

Wer Uranus mit seinem Fernglas aufsuchen möchte, gehe von μ und λ Sagittarii aus. Der Schütze ist leicht zu entdecken, glänzt doch der helle Ringplanet Saturn gerade in ihm (siehe auch Abb. 70 auf Seite 95 und Abb. 69 auf Seite 94).

Neptun, der sich rückläufig im Schützen bewegt, nähert sich seiner Oppositionsstellung, die er aber in diesem Monat noch nicht ganz erreicht. Die Aufgänge des $7\overset{m}{,}9$ hellen Neptun verfrühen sich von 22^h20^m zu Monatsbeginn auf 20^h24^m zu Monatsende. Die Kulminationszeiten lauten: 1.: 2^h33^m, 15.: 1^h36^m und 30.: 0^h36^m.

Am 24. trifft Neptun zum zweiten Mal in diesem Jahr mit Saturn zusammen. Neptun steht dabei 18' nördlich von Saturn. Der Ringplanet kann somit als Aufsuchhilfe für Neptun gute Dienste leisten.

Abb. 70: Die Bahnen der Planeten Saturn, Uranus und Neptun im Jahre 1989 sowie die Bahn des Kleinplaneten Vesta von Mitte März bis Mitte Oktober 1989 im Sternbild Schütze. Die Zahlen bei den Planetenbahnen geben die Position der Planeten am jeweiligen Monatsersten an. Die Neptunbahn ist in Abb. 71 vergrößert dargestellt.

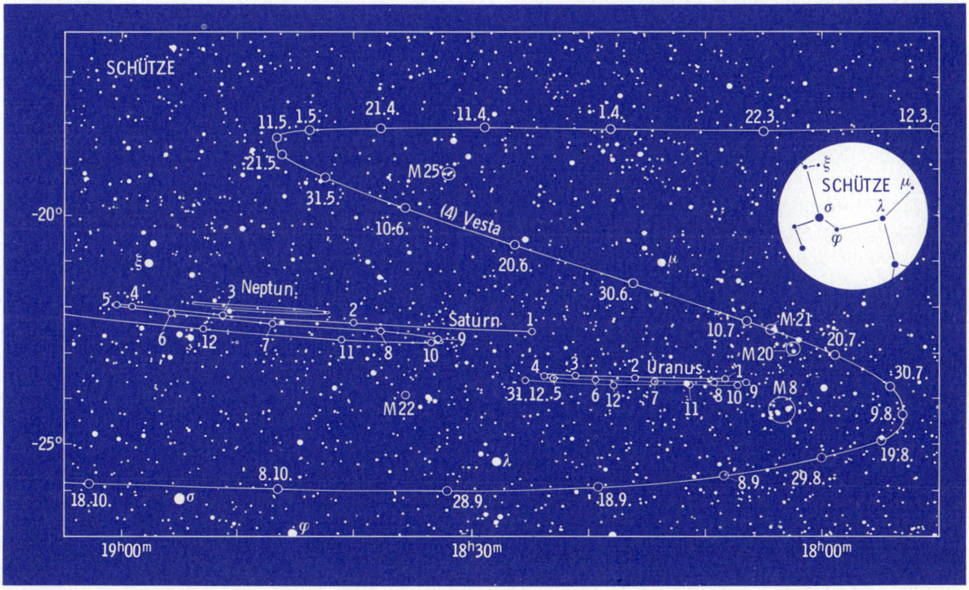

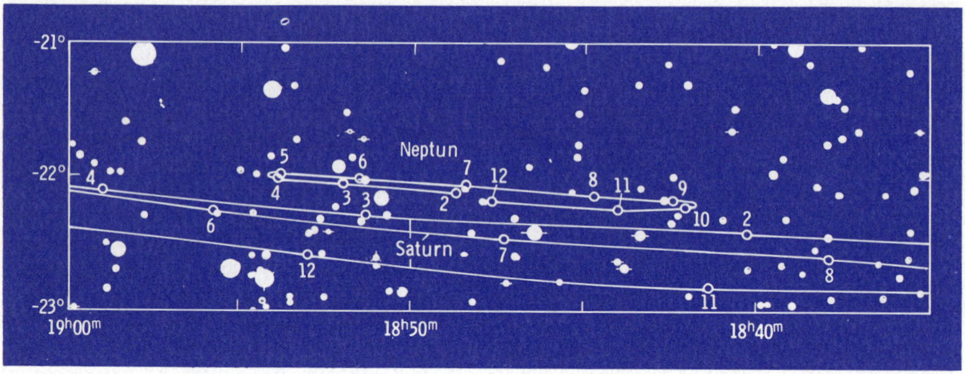

Abb. 71: Die Bahn des Planeten Neptun im Jahre 1989 sowie Teile der Saturnbahn. Die Zahlen geben die Position des Neptun am jeweiligen Monatsersten an.

Planetoiden

Vesta – Planetoid Nr. 4 – kommt am 26. in Opposition zur Sonne. Sie wandert rückläufig durch den Schützen, ein „planetenreiches" Sternbild in diesem Jahr, denn auch Saturn, Uranus und Neptun halten sich hier auf.
Vesta übertrifft noch Uranus und Neptun an Helligkeit, denn ihre Oppositionshelligkeit beträgt $5^{m},2$. Damit ist sie prinzipiell mit bloßen Augen erkennbar. Wegen der südlichen Position im Tierkreis und des Sternengewimmels empfiehlt sich jedoch unbedingt ein Fernglas, wenn man Vesta sehen will. Am Tag der Opposition geht Vesta um $0^{h}23^{m}$ durch den Meridian. Auf Seite 95 findet man die Vesta-Bahn im Schützen (Abb. 70). Die Entfernung von der Erde beträgt am Tag der Opposition 171 Millionen Kilometer, das sind 1,14 AE, ihre Sonnendistanz 323 Millionen Kilometer (2,16 AE).

Periodische Sternschnuppenströme im Juni

Das schwache Maximum des **Scorpius-Sagittarius**-Stromes ist um den 14. Juni zu erwarten. Der Ausstrahlungspunkt oder Radiant liegt bei γ Sagittarii. Der Strom ist während des ganzen Monats aktiv. Wegen der geringen Höhe des Radianten sind Beobachtungen in unseren Breiten schwierig. Die beste Beobachtungszeit sind die Stunden um Mitternacht. Bei diesem Strom sind langsam fliegende Meteore (um 26 Kilometer pro Sekunde) zu registrieren.
Am 3. Juni erreichen die **Tau-Herkuliden** ihr Maximum. Dieser wenig bekannte und unauffällige Strom ist vom 19. Mai bis 14. Juni aktiv. Es handelt sich um langsame Sternschnuppen (im Mittel 15 Kilometer pro Sekunde).
Am 8. und 9. Juni kann man nach den **Libriden** Ausschau halten. Der Radiant dieses Stromes liegt in der Waage.
Seit etwa 20 Jahren werden die **Juni-Lyriden** in der Zeit vom 10. bis 20. Juni beobachtet. Ihr Ausstrahlungspunkt liegt in der Leier. Ein Ursprungskomet ist noch nicht bekannt.
Zwischen dem 25. Juni und dem 2. Juli tauchen die **Corviden** auf, deren Radiant im Sternbild Rabe liegt. Am 27. Juni erreicht die Corvidenaktivität ihr Maximum.
Um den 28. Juni sind die **Juni-Draconiden** zu erwarten. Der Radiant liegt im Sternbild des Drachen. Die Draconiden sind ein kometarischer Strom, der seinen Ursprung auf den Kometen PONS-WINNECKE zurückführt.

Der Fixsternhimmel im Juni

Nicht so ideal zur Beobachtung des gestirnten Himmels ist die Zeit der langen Tage und kurzen Nächte. Berücksichtigt man noch die Sommerzeit, so wird es erst gegen 23^{h} dunkel genug, um mit dem Aufsuchen der Sternbilder zu beginnen. Andererseits begünstigen die lauen Sommernächte

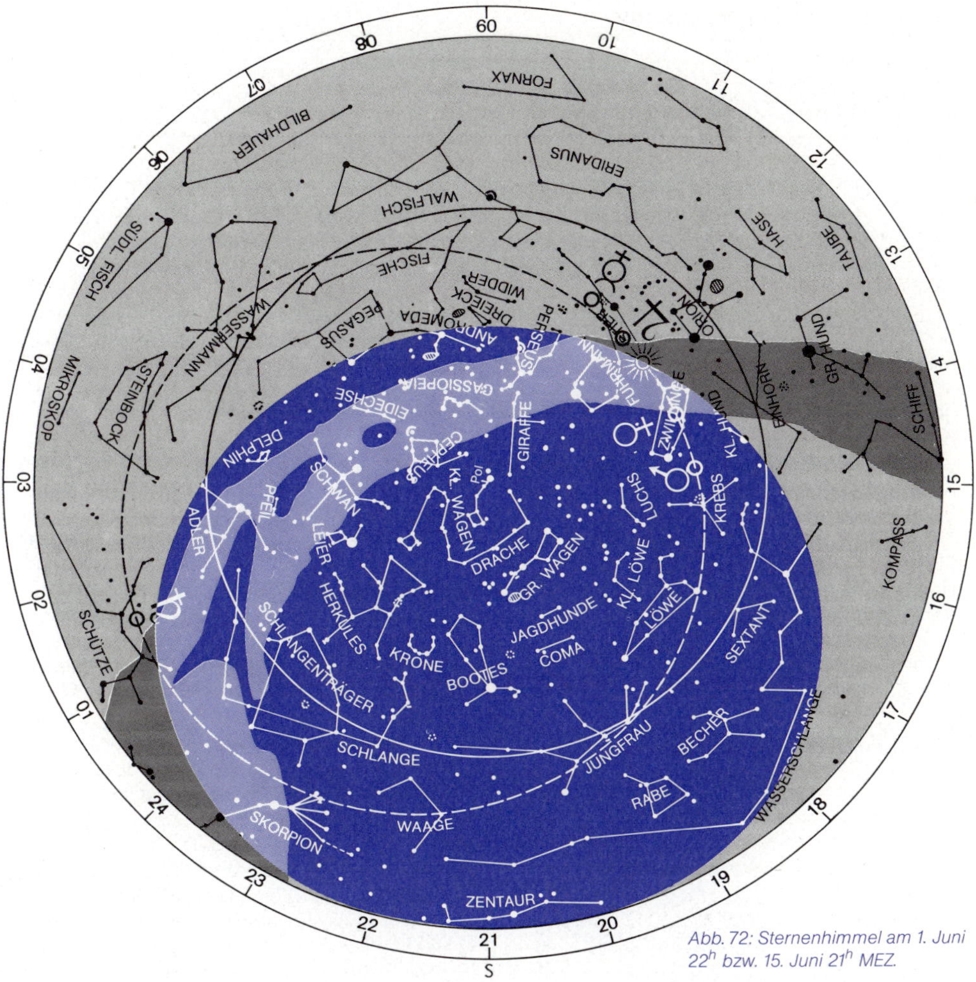

Abb. 72: Sternenhimmel am 1. Juni 22^h bzw. 15. Juni 21^h MEZ.

die Beobachtung allein schon wegen des angenehmen Klimas, im Vergleich zu den klirrend kalten Winternächten.

Beginnen wir unsere Beobachtung zur Standardzeit um 22^h, das entspricht 23^h Sommerzeit, so belehrt uns ein Blick zum Himmel, daß sich die Umstellung zum Sommerhimmel noch nicht vollständig vollzogen hat. Bootes mit dem kräftig leuchtenden Arktur zieht die Blicke auf sich: Er steht hoch im Süden, in der Mittagslinie. Der *Ochsentreiber* oder *Rinderhirt* beherrscht die Himmelsszene.

Der Himmelswagen hat den Meridian durchschritten und befindet sich schon in der westlichen Hemisphäre. Dem Großen Wagen gegenüber, wenn man den Polarstern als Zentrum nimmt, findet man das Himmels-W, auch unter dem Namen Kassiopeia bekannt, nahe dem Horizont. Kassiopeia und Himmelswagen sind in unseren Breiten zirkumpolare Sternbilder, d.h., sie gehen niemals unter.

Der westliche Teil des Firmaments wird noch von den Frühlingssternbildern geprägt, vor allem vom Löwen. Sein großes Sternentrapez steht schräg

Veränderliche Sterne im Juni

Algol-Minima	17. 1^h36^m				
β-Lyrae-Minima	6. 6^h	19. 4^h			
δ-Cephei-Maxima	5. 9^h	10. 18^h	16. 3^h	21. 12^h	26. 20^h

zum Westhorizont, gerade so, als ob der Löwe im Sprung auf eine Beute wäre.

Im Südwesten trifft man auf die Jungfrau mit der hellen Spica, deren Licht 275 Jahre durch den Weltraum zu uns unterwegs ist. In der östlichen Himmelshälfte kündigt sich der Sommer an, das Sommerdreieck ist voll aufgegangen. Drei Sterne markieren es: Wega in der Leier, Deneb im Schwan und Atair im Adler. Auf der Linie Arktur – Wega liegen die Sternbilder Nördliche Krone (lat.: Corona Borealis) und Herkules mit seinem schönen Kugelsternhaufen M13. Südlich des Herkules nimmt der Schlangenträger mit der Schlange ein ausgedehntes Himmelsareal ein.

Tief im Süden entdeckt man die Waage, der im Südosten der Skorpion folgt, der gerade über die Horizontlinie gekrabbelt ist. Drohend scheint sein tiefroter Hauptstern Antares (der Marsähnliche) zu funkeln.

Abb. 73: Nergal, der starke König des Krieges, war nach Vorstellung der Sumerer im Sternenareal des Schützen zu erkennen.

Aus der Sagenwelt der Sternbilder: Der Schütze (Sagittarius)

Der Schütze ist Mitglied des Tierkreises, denn durch ihn zieht die Ekliptik. Gegenwärtig halten sich mit Ausnahme von Pluto die sonnenfernsten Planeten, nämlich Saturn, Uranus und Neptun, im Schützen auf. Die Sonne wandert vom 18. Dezember bis 19. Januar* durch den Schützen, wo sie auch ihren jährlichen Tiefststand (Wintersolstitium) erreicht. Der Winterpunkt der scheinbaren Sonnenbahn liegt ziemlich genau zwischen den beiden Gasnebeln M8 (Lagunen-Nebel) und M20 (Trifid-Nebel). Der Winterpunkt lag nicht immer im Schützen. Durch die Präzessionsbewegung der Erdachse ist er 120 v. Chr. in den Schützen eingedrungen und wird ihn im Jahre 2270 wieder verlassen. Nach dem Jahre 2270 erfolgt die Wintersonnenwende dann im Schlangenträger.

Durch seine südliche Position und das Fehlen von Sternen 1. Größe ist der Schütze bei uns kein auffälliges Sternbild. Die helleren Sterne sind 2. und 3. Größe, die zentralen Partien des Schützen sind durchaus markant und einprägsam, vor allem in südlicheren Gebieten wie in Mesopotamien, wo der Ursprung des Fabelwesens „Schütze" zu suchen ist.

Bei den Sumerern sah man hier Nergal (oder Nerigal), den starken König des Krieges (rund 2000 v. Chr.). Nergal war ein seltsames Wesen mit einem pferdeähnlichen Unterleib, vier Füßen und zwei Schwänzen. Der Oberkörper hatte menschenähnliche Gestalt, besaß allerdings zwei Köpfe: einen, dessen Blick nach vorne gerichtet war, der andere sah nach hinten. Außerdem hatte Nergal zwei Flügel sowie einen gespannten Bogen samt Pfeil als drohende Waffe. Die Babylonier, die nach den Sumerern das Gebiet zwischen Euphrat und Tigris bewohnten, übernahmen dieses bogenschießende Wesen, wobei es sogar eine Zeitlang die Stadtgottheit von Babylon, Marduk, repräsentiert haben

* Die Daten können sich um einen Tag verschieben, je nach Lage des letzten Schaltjahres.

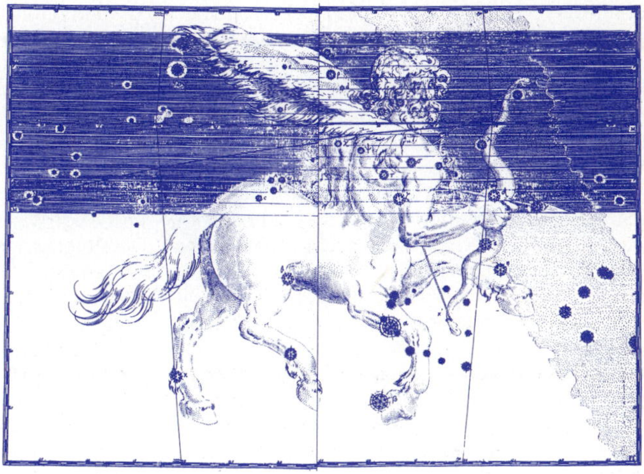

Abb. 74: Figürliche Darstellung des Sternbildes Schütze in dem Sternatlas URANOMETRIA von Johannes BAYER *aus dem Jahre 1603.*

soll. Die Gottheit Marduk wurde zumindest in späterer Zeit aber eindeutig Jupiter zugeschrieben. Auch bei den Hindus sah man vor rund 3000 Jahren in diesem Sternbild einen Reiter mit einem Pferd; die Gestalt hieß Acvini. Später wurde in Indien ein Elefant mit Stoßzähnen daraus.
Auch die Ägypter übernahmen das babylonische Wesen, halb Mensch, halb Roß. Die ursprüngliche ägyptische Vorstellung war jedoch die eines Ibis oder Sperber. Die Doppelköpfigkeit von Nergal hat sich aber lange erhalten. So findet man im Tierkreis von Denderah den Schützen mit zwei Häuptern, einem Löwenkopf und einem menschlichen Kopf.
Die babylonische Version vom Bogenschützen war weit verbreitet und wurde auch von den Griechen übernommen. Sie nannten dieses Bild Τοξευτής, eben der Bogenschütze. Bei Aratos findet man Τόξον, der Bogen, Arcus bei Cicero, Kaman in Persien, türkisch Yai, syrisch Keshta, hebräisch Kesheth, alles Bezeichnungen für Bogenwaffe. Novidius spricht von Joash, König von Israel, der „Pfeile aus dem Fenster ostwärts schießt".
Bei den Römern findet sich auch die Bezeichnung Semivir, der halbe Mann, als Hinweis auf den Minotaurus. Die griechische Benennung mit Βελοχράτωρ ist nicht gesichert; sie bedeutet soviel wie Pfeileherrscher.
Die klassische Mythologie erkennt im Schützen den Zentauren Χείρων (griech.: Cheiron bzw. römisch: Chiron). Die Zentauren waren Fabelwesen, halb Mensch, halb Stier, später Pferd. Die Zentauren stammen ursprünglich vom wilden, ungebärdigen Helden Ixion, der die Liebe der Hera erringen will. Der eifersüchtige Götterboß Zeus sendet jedoch eine Wolke namens Nephele. Ixion, in höchster Erregung und ungebremster Gier, stürzt sich auf Nephele, die Wolkengöttin. Aus ihrer Verbindung entsteht ein Wesen, halb Mensch, halb Pferd, der erste Zentaur. Dieser Urzentaur war ein wildes Wesen, das alle Stuten im Peliongebirge schwängerte und so das Geschlecht der Zentauren hervorbrachte. Der Sage nach waren die Zentauren gewalttätige, grimmige, ungezügelte und gierige Gesellen, die ihre Triebe voll auslebten und doch nie zu befriedigen waren.
Eine große Ausnahme bildete lediglich der besagte Cheiron, der im Gegensatz zu seinen Spießgesellen ein gebildetes, weises und hilfsbereites Wesen war und ebenfalls in der Bergwildnis des Pelion-Gebirges hauste. Cheiron gilt als der Erfinder von Bogen und Pfeil. Er war somit der erste Schütze. Meist findet man ihn dargestellt mit gespanntem Bogen, wie er mit seinem Pfeil auf das Herz des Skorpions zielt, der ihm im Tierkreis vorangeht. Damit kommt Cheiron dem Himmelsjäger Orion zur Hilfe, der vom Skorpion bedrängt wird.
Cheiron verstand es auch, meisterlich auf seiner goldenen Leier zu spielen, wobei er dazu Lieder von der Entstehung der Mutter Erde und von den unsterblichen Göttern sang. Er kannte auch viele Heilkräuter und galt gewissermaßen als Urvater der Pharmazie und Heilkunst. Viele Helden, selbst die

Söhne des Zeus, wurden von dem weisen und gebildeten Cheiron erzogen. Asklepios (Äskulap) gehörte ebenso zu seinen Schülern wie Herakles, Peleus und Orpheus. Seine sprichwörtliche Gastfreundschaft bewies Cheiron einmal mehr, als er Iason, der die Fahrt der Argonauten zum Goldenen Vlies organisierte, bewirtete. Auf dem Weg nach Kolchis besuchte Iason mit seiner Argonautenmannschaft seinen ehemaligen Lehrer Cheiron im Pelion-Gebirge. Cheiron war hochbeglückt über den Besuch seiner einstigen Schüler und richtete eine reiche Tafel an, sorgte für Schläuche, gefüllt mit edlem Wein. Bald erhob sich Orpheus und begann zur Freude der versammelten Tafelrunde zu spielen. Weithin im Pelion-Gebirge waren die Klänge seiner Leier und der Schall seiner Lieder zu vernehmen. Frohgemut machten sich die Argonauten schließlich auf den Weg, um das Goldene Vlies zu holen.

Als Cheiron einmal für seinen Schüler Herakles vergiftete Pfeile vorbereitete, passierte ein Mißgeschick. Ein Pfeil drang in Cheirons Huf und erzeugte eine Wunde, die nicht heilen wollte. Cheiron litt fortan ständig unter Schmerzen. Um von seinen Qualen befreit zu werden, verzichtete er auf seine Unsterblichkeit, wobei er für Prometheus den Tod auf sich nahm. Aus Dankbarkeit und zur ewigen Erinnerung an seinen Großmut und seine edle Gesinnung wurde Cheiron schließlich nach seinem Tod unter die Sterne versetzt. Unter den Vorderhufen des Schützen findet man die Südliche Krone.

Bei den Arabern sah man in den Sternen γ, δ, ε und η Sgr Al Naam al Warid, den weggehenden Strauß, und in den weiter östlichen Sternen σ, ζ, φ, χ und τ Sgr den zurückkehrenden Strauß, Al Naam al Sadirah, der die Milchstraße durchwatet, wobei λ Sgr einen Wärter markiert.

Im chinesischen Tierkreis sah man hier einen Tiger. Der christliche Sternbilderhimmel wieder hat den Schützen durch den Apostel Matthäus ersetzt.

Sehr alt ist auch die Bezeichnung milkdipper, also Milchschöpfer bzw. Sahnelöffel, für die Figur ζ, τ, σ, φ und λ Sgr, was man sich recht gut vorstellen kann. Die Amerikaner sprechen von teapot (Teekessel) für das Areal, das von den Sternen γ, ε, ζ, τ, σ, φ, λ und δ Sgr umrissen wird.

F. W. ARGELANDER gibt 54 Sterne an, die mit bloßen Augen sichtbar sind und zum Schützen gehören. LACAILLE hat η Sgr für sein neues Sternbild Telescopium verwendet. η Sgr wäre damit β Telescopii. Nach der IAU-Sternbildereinteilung bleibt η Sgr, während β Tel nicht existiert.

Um die Jahreswende 1011/1012 n. Chr. wurde von den Chinesen im Schützen eine außergewöhnlich helle Nova registriert, die drei Monate lang zu sehen war.

Im Schützen liegt auch das Zentrum unserer Milchstraße, ein wenig westlich von γ Sgr und knapp südlich von X Sgr. Im Optischen unsichtbar, macht sich der Kern der Milchstraße als die starke Radioquelle Sagittarius A bemerkbar. Hier liegt auch der Nullpunkt des galaktischen Koordinatensystems.

Der hellste Stern im Schützen mit $1\overset{\mathrm{m}}{,}9$ ist ε Sgr mit Eigenname Kaus Australis, der „südliche Teil des Bogens". λ Sgr ($2\overset{\mathrm{m}}{,}8$) heißt Kaus Borealis, und δ Sgr ($2\overset{\mathrm{m}}{,}7$) ist Kaus Medialis, also nördlicher und mittlerer Teil des Bogens. γ Sgr ($3\overset{\mathrm{m}}{,}0$) markiert die Spitze des Pfeiles und führt die arabische Bezeichnung Alnasl. α Sagittarii ist mit $4\overset{\mathrm{m}}{,}0$ vergleichsweise recht lichtschwach und wird Rukbat genannt, was arabisch „das Knie" (des Schützen) bedeutet. Der zweithellste Stern, σ Sgr ($2\overset{\mathrm{m}}{,}0$), heißt Nunki, ein nicht übersetzbarer Eigenname.

Der Schütze ist reich an Sternhaufen und Gasnebeln und bietet somit ein reiches Betätigungsfeld für den mit Fernglas oder Fernrohr beobachtenden Sternfreund. Offene Sternhaufen sind M18, M21, M23, M24 und M25, Kugelhaufen M22, M28, M54, M55, M69, M70 und M75. An Gasnebeln sind zu nennen: M8 (Lagunen-Nebel), M17 (Omega-Nebel) und M20 (Trifid-Nebel).

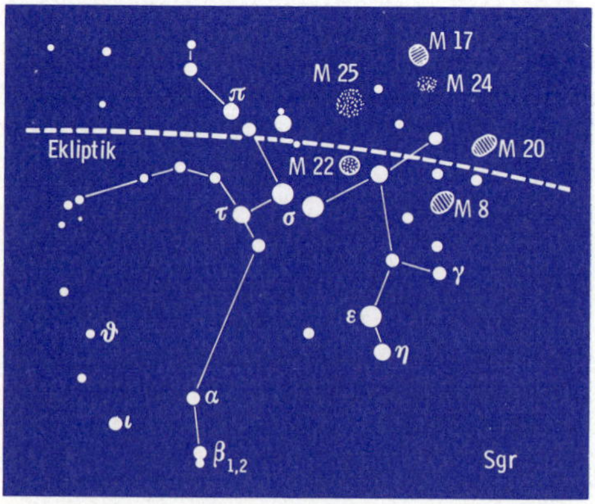

Abb. 75: Das Sternbild Schütze (Sagittarius) mit seinen zahlreichen MESSIER-Objekten.

Monatsthema: Die Monde des Uranus

Um Uranus, den fernen, grünlichen Planeten, zu beobachten, benötigt man schon ein gutes Fernglas, eine verläßliche Sternkarte und einige Übung. Mit $5^{\mathrm{m}}\!.5$ maximaler Oppositionshelligkeit ist er zwar theoretisch unter ausgezeichneten Sichtbedingungen für das bloße Auge erkennbar, bei unserer heutigen Licht- und Luftverschmutzung über bewohnten Gebieten bleibt es aber aussichtslos, Uranus ohne optische Hilfsmittel sehen zu wollen.

Für den Sternfreund aber stets unsichtbar und Amateurfernrohren unzugänglich bleiben die Monde des Uranus. Selbst die beiden hellsten Satelliten sind Sternchen von nur 14. Größenklasse, die stets näher als eine Bogenminute am Uranusscheibchen kleben und somit in kleineren Teleskopen von ihm überstrahlt werden, ist doch Uranus selbst etwa 4000mal heller.

Die beiden größten Uranustrabanten wurden am 11. Januar 1787 von Friedrich Wilhelm HERSCHEL (1738–1822) entdeckt, also nur knapp sechs Jahre, nachdem er Uranus selbst in den Zwillingen gefunden hatte. Die beiden Monde wurden Titania und Oberon getauft. Zur Überraschung HERSCHELs kreisen die Monde in Bahnen, die senkrecht auf der Ekliptikebene stehen – ein erster Hinweis, daß auch die Rotationsachse des Uranus quasi umgekippt ist und in der Erdbahnebene liegt (siehe auch HIMMELSJAHR 19**87**, Seite 74, Abb. 49).

Der Amateurastronom William LASSELL (1799–1880), der in England eine Privatsternwarte besaß, fand am 24. Oktober 1851 von der Insel Malta aus zwei weitere Uranusmonde, die lichtschwächer und der Planetenkugel noch näher sind als die von HERSCHEL zuerst gefundenen beiden Monde. Die neuentdeckten Trabanten wurden Ariel und Umbriel benannt. Nach einer systematischen Suche konnte der Planetenforscher Gerard P. KUIPER (1905–1973) den fünften Uranusmond, die Miranda, am 15. Februar 1948 aufspüren. Miranda zeigte sich als winziges Sternpünktchen von nur $16^{\mathrm{m}}\!.5$ Helligkeit auf einer Fotoplatte, die KUIPER mit dem 203-cm-Reflektor des McDonald-Observatoriums in Texas belichtet hatte. Damit waren nun fünf Uranusmonde von der Erde aus entdeckt worden. Im März 1977 wurden bei einer Sternbedeckung durch

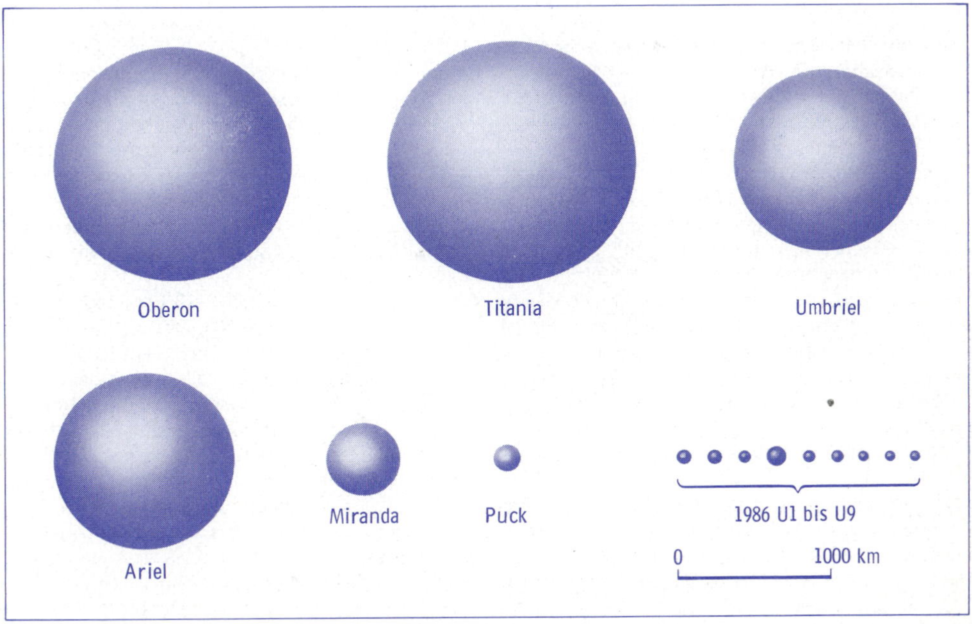

Abb. 76: Größenverhältnisse der Uranusmonde.

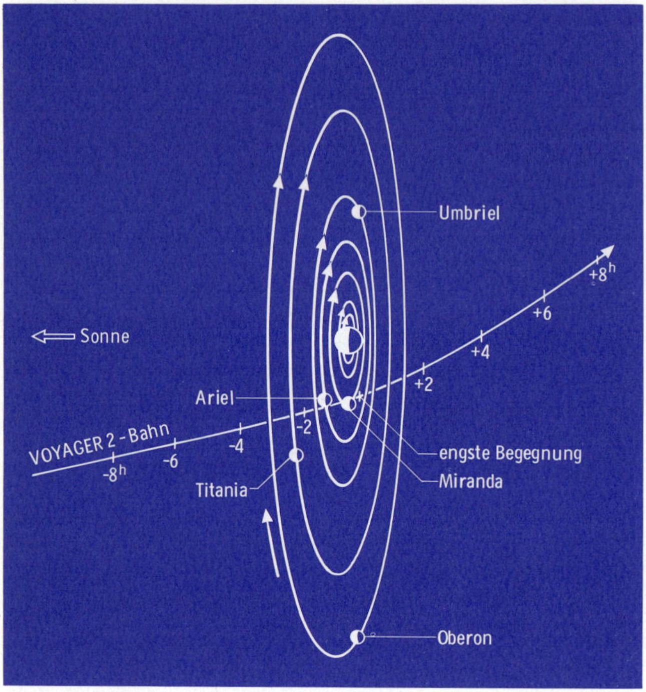

Abb. 77: VOYAGER 2-Bahn durch das Uranus-System. Die Bahnen der Uranusmonde stehen fast senkrecht zur Bahnebene des Uranus.

Abb. 78: Die bizarre Oberfläche des Uranusmondes Miranda. Hochauflösende Aufnahme der Raumsonde VOYAGER 2 aus einer Distanz von 31000 km (JPL/NASA).

das Uranusscheibchen indirekt Ringe nachgewiesen. Zwischen den Uranusringen und dem innersten Mond, Miranda, der in 130000 Kilometer Abstand den Uranus umkreist, klafft eine Lücke, in der man schon bald Minimonde vermutete.

Interessant ist, daß die vier großen Uranusmonde, deren Durchmesser zwischen 1100 und 1700 Kilometer liegen, exakt in der Ebene des Uranusäquators um ihren Mutterplaneten kreisen. Das Kreisen ist wörtlich zu nehmen: Die numerische Exzentrizität ihrer Bahnen ist bei allen vier kleiner als 0,005 – ihre Bahnen sind damit praktisch kreisförmig. In dieser Beziehung verhalten sie sich ähnlich wie die vier Galileischen Jupitermonde. Auch Miranda, mit 480 Kilometer Durchmesser der kleinste der fünf Monde, hat nur eine Bahnneigung von 4° zum Uranusäquator und ebenfalls eine kreisförmige Umlaufbahn.

Gewaltig erweitert wurde unser Wissen über Uranus und sein Mondsystem durch den Vorbeiflug der äußerst erfolgreichen Raumsonde VOYAGER 2 am 24. Januar 1986. VOYAGER 2, der bereits vorher die Riesenplaneten Jupiter und Saturn passiert hatte und im August dieses Jahres an Neptun vorbeirasen wird, entdeckte unter anderem zehn weitere Uranusmonde, so daß wir heute insgesamt 15 Satelliten des Uranus kennen. Allerdings sind die neugefundenen zehn Monde allesamt Minitrabanten mit Durchmessern weit unter 200 Kilometer, die innerhalb der Mirandabahn kreisen.

Die Übertragung von Bildern und Meßdaten aus dem fernen Uranussystem war eine grandiose technische und wissenschaftliche Leistung. Aus knapp drei Milliarden, also 3000 Millionen Kilometer Distanz waren die Funksignale von VOYAGER 2 etwa $2\frac{3}{4}$ Stunden zur Erde unterwegs. Die Raumsonde begegnete Uranus und seinen Monden mit der enormen Geschwindigkeit von 72000 Kilometer pro Stunde. Nur kurze Zeit war daher für scharfe Nahaufnahmen gegeben, wobei die nutzbare Zeitspanne noch durch den Umstand verkürzt wurde, daß die Umlaufbahnen der Uranusmonde fast senkrecht zur Ekliptikebene stehen. VOYAGER 2 schoß daher durch das Uranussystem wie durch eine Zielscheibe (siehe Abb. 77).

Eine Fülle von Informationen erreichte die Erde. Von

der enormen Datenmenge haben die Astronomen und Wissenschaftler verwandter Gebiete, wie Geologen und Mineralogen, erst einen kleinen Teil ausgewertet.
Zunächst einmal erbrachte die Ausbeute der Daten genaue (bis auf ±10 Kilometer) Werte für die Größe der Uranusmonde, die bis dato nur grob geschätzt wurden. Die einzelnen Beobachtungswerte wichen deshalb erheblich voneinander ab. Dann erhielt man Bilder von den Mondoberflächen, die erstaunlich scharf und detailreich waren. Immerhin muß man berücksichtigen: Von der Erde aus sind die Uranusmonde gerade als winzige Lichtpünktchen in Großteleskopen auszumachen. Allein diese Fotos zu gewinnen erforderte besondere technische Raffinesse, ist doch das Sonnenlicht im Uranusbereich 360mal schwächer als auf der Erde, was Belichtungszeiten von ein bis zwei Sekunden erforderte. Bei der enormen Geschwindigkeit der Raumsonde mußten die Kameras exakt nachgeführt werden, sonst hätte man kaum ein scharfes Bild erhalten. Fast alle Aufnahmen wurden an Bord von VOYAGER 2 zwischengespeichert und erst einen Tag nach der engsten Begegnung zur Erde gefunkt. (Siehe Abb. 26–29, Seite 35.)
Während Uranus selbst eine fast strukturlose Wolkenhülle zeigt, sind auf den eisigen Oberflächen der fünf großen Uranusmonde jede Menge Strukturen und Einzelheiten zu erkennen. Selbst auf 1985U1, dem mit 190 Kilometer Durchmesser größten der zehn Zwergmonde des Uranus ist ein 40 Kilometer großer Einschlagkrater zu sehen.
Oberon, der äußerste Uranusmond, kam als erster ins Blickfeld der VOYAGER 2-Kameras. Er zeigt Einschlagkrater, von denen helle Strahlen ausgeschleuderten Materials ausgehen. Die Kraterböden

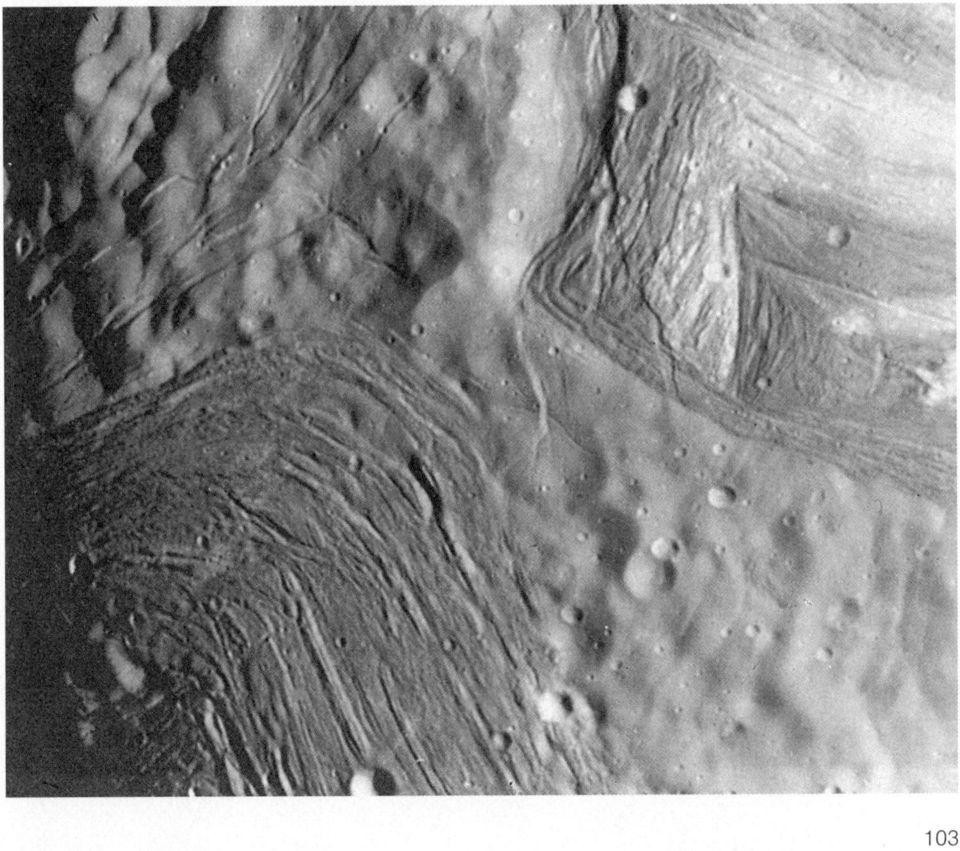

erscheinen häufig als dunkle Flecke. Wahrscheinlich handelt es sich um verschmutztes Wassereis, das nach dem Einschlag austrat und den Kraterboden füllte. Durch die Aufsturzenergie schmolz kurzfristig das Eis.
Titania, der größte Uranusmond, weist zahlreiche Einschlagkrater auf. Zusätzlich wird seine Oberfläche von gewaltigen, breiten Grabenbrüchen durchschnitten, die sich Hunderte von Kilometern dahinziehen. Sie sind vermutlich entstanden, als der Wassermantel um den felsigen Titaniakern gefror und die äußerste, bereits erkaltete Hülle sprengte. Das Photopolarimeter deutete auf eine poröse Eisoberfläche hin.
Umbriel läßt weit weniger spektakuläre Einzelheiten erkennen. Zunächst waren überhaupt keine Strukturen auf dieser dunklen und mysteriösen Welt auszumachen. Mit nur 0,16 Albedo (Rückstrahlungskraft) ist Umbriel der dunkelste der fünf großen Monde des Uranus. Erst weitere Nahaufnahmen ließen eine kraternarbige Oberfläche mit zwei rätselhaften hellen Flecken erkennen. Möglicherweise trat hier Eis aus dem Inneren aus. Im Gegensatz zu Oberon zeigen die Krater auf Umbriel keine hellen Strahlen. Spektrometermessungen deuten auf eine Wassereisoberfläche hin, wobei auch gefrorenes Methan (CH_4) beigemischt ist. Die dunkle Farbe rührt möglicherweise von abgelagertem Kohlenstoffstaub her.
Ariel ist fast genauso groß wie Umbriel, zeigt jedoch eine völlig andere Oberfläche. Einmal ist Ariel mit 0,38 Albedo der weitaus hellste der großen Uranusmonde, zum anderen ist er von einem Netzwerk sich verzweigender, breiter Täler mit ebenen Böden sowie langen, schmalen Gräben überzogen. Die Gräben dürften von Eismassen, nicht von flüssigem Wasser, gebildet worden sein. Bis –200 °C ist allerdings Kohlenmonoxid noch flüssig, das vielleicht als „Schmiermittel" für die Eisblöcke gedient haben mag.
Miranda, der Benjamin unter den Großen, besitzt wohl die bizarrste Oberfläche. Helle und dunkle Furchen, Gräben, Kämme und Grate ziehen über weite Teile der Oberfläche. Am auffälligsten ist ein riesiges, V-förmiges Talsystem mit vielen parallelen Gräben. Es erinnert an ein Rangabzeichen auf einer Uniform oder an Rennbahnen, weshalb es auch (vorläufig inoffiziell) Circus Maximus genannt wird. Die Entstehung der Oberflächenstrukturen von Miranda erscheint bisher kaum erklärbar. Manche vermuten, daß Miranda vor Milliarden Jahren einmal zerbrach und anschließend wieder zusammengebacken wurde.
Die zehn Minimonde, die von VOYAGER 2 entdeckt wurden, sind kohlrabenschwarz, etwa wie der Kern des Halleyschen Kometen. Nur vier bis neun Prozent des Sonnenlichtes werden von ihnen reflektiert. Der größte und äußerste der Minimonde mit der Bezeichnung 1985U1 erhielt den inoffiziellen Spitznamen Puck (Kobold). Die Monde 1986 U7 und 1986 U8 betätigen sich dabei als *Schafhirten* oder *Schäferhunde,* indem sie den Epsilon-Ring der elf Uranusringe durch ihre Gravitationswirkung gleichsam fokussieren, also zusammenhalten wie Hirten und Hunde ihre Schafherde.

Die Monde des Uranus

Nr.	Name	Entfernung (km)	Umlaufzeit (Tage)	Bahnneigung	Exzentrizität (numerische)	Durchmesser (km)	Masse (Uranus=1)	Helligkeit (m)	Entdecker/Jahr
V	Miranda	129 800	1,413	4°,2	0,003	480	$0{,}2 \times 10^{-5}$	16,5	Kuiper 1948
I	Ariel	191 200	2,520	0,3	0,0034	1168	$1{,}8 \times 10^{-5}$	14,4	Lassell 1851
II	Umbriel	266 000	4,144	0,4	0,0058	1190	$1{,}2 \times 10^{-5}$	15,3	Lassell 1851
III	Titania	435 800	8,706	0,1	0,002	1610	$6{,}8 \times 10^{-5}$	14,0	Herschel 1787
IV	Oberon	583 000	13,463	0,1	0,001	1550	$6{,}9 \times 10^{-5}$	14,2	Herschel 1787
1985 U1	(Puck)	86 000	0,762			190			VOYAGER 2 1985
1986 U1		66 100	0,513			80			VOYAGER 2 1986
1986 U2		64 600	0,490			80			VOYAGER 2 1986
1986 U3		61 800	0,464			60			VOYAGER 2 1986
1986 U4		69 900	0,558			120			VOYAGER 2 1986
1986 U5		75 300	0,624			60			VOYAGER 2 1986
1986 U6		62 700	0,474			60			VOYAGER 2 1986
1986 U7		49 700	0,335			50			VOYAGER 2 1986
1986 U8		53 800	0,377			50			VOYAGER 2 1986
1986 U9		59 200	0,435			50			VOYAGER 2 1986

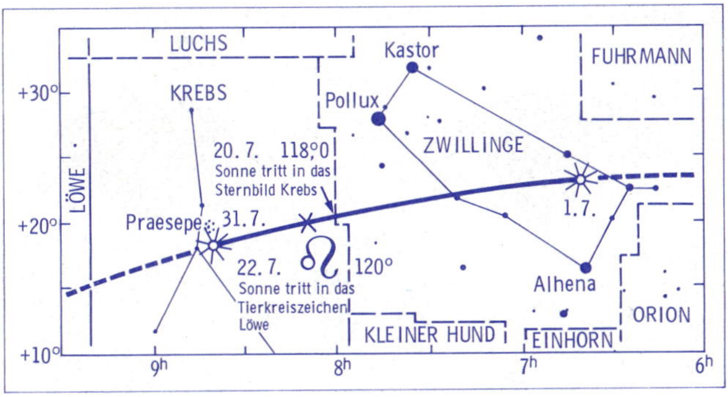

Sonnenlauf

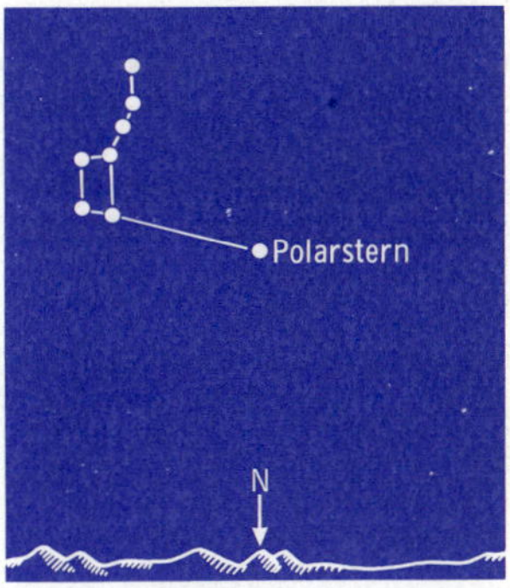

Himmelswagen
Anfang Juli 22h MEZ

Sonne

Datum	Aufgang	Untergang	Kulmination	Zeitgleichung	Mittagshöhe	Rektaszension	Deklination	Sternzeit 1h MEZ
5.	4h18m	20h31m	12h25m	–5m	62°,8	6h56m	+22°,8	18h52m
10.	4 22	20 28	12 25	–5	62,2	7 17	+22,3	19 12
15.	4 27	20 24	12 26	–6	61,5	7 37	+21,6	19 31
20.	4 33	20 19	12 26	–6	60,6	7 57	+20,7	19 51
25.	4 39	20 13	12 26	–6	59,6	8 17	+19,7	20 11
30.	4 46	20 06	12 26	–6	58,5	8 37	+18,6	20 30

Julianisches Datum am 1. Juli, 1h MEZ: 2 447 708,5

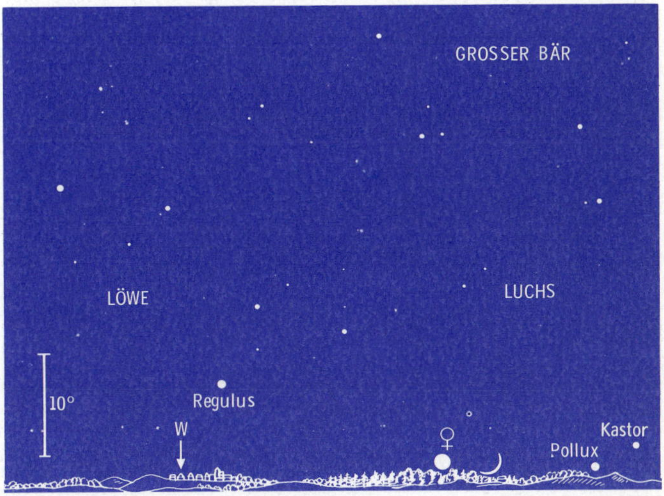

Abb. 79: Anblick des abendlichen Westhimmels am 4. Juli gegen 21h30m MEZ (= 22h30m MESZ). Die helle Venus wird von der schmalen Sichel des zunehmenden Mondes besucht. Beide Gestirne sind tief am Nordwesthorizont auszumachen.

Tages- und Nachtstunden im Juli

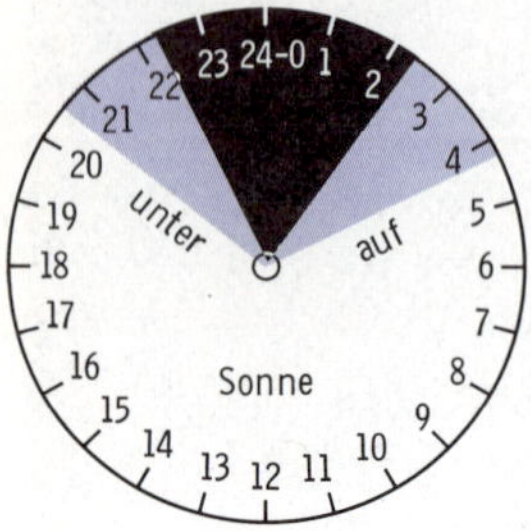

5. Juli

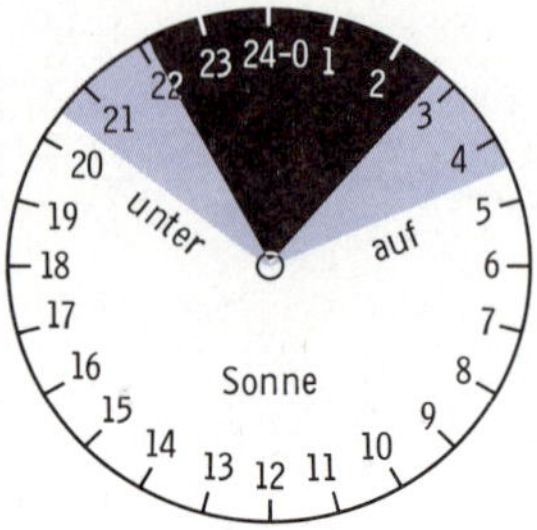

15. Juli

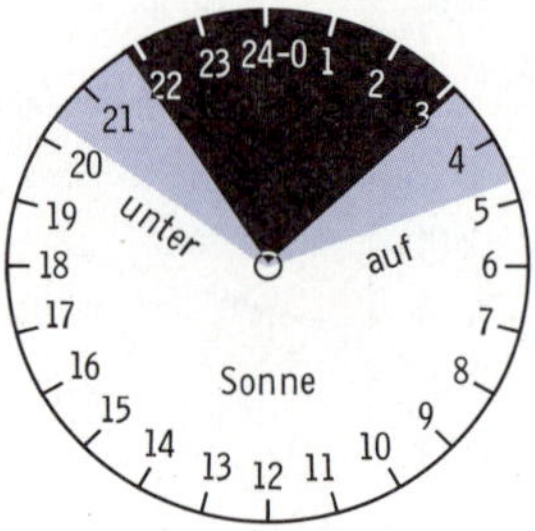

25. Juli

Mondlauf im Juli

Datum		Aufgang	Untergang	Rektaszension	Deklination	Sterne und Sternbilder	Phase	MEZ
Sa	1.	1^h50^m	19^h37^m	4^h33^m	+27°,0	Aldebaran		
So	**2.**	2 45	20 34	5 36	+27,9	Stier, Al Nath		
Mo	3.	3 54	21 15	6 38	+27,0	Zwillinge	**Neumond**	5^h59^m
Di	4.	5 11	21 44	7 37	+24,5	Kastor, Pollux	Libration West	
Mi	5.	6 30	22 05	8 32	+20,8	Krebs, Krippe		
Do	6.	7 47	22 21	9 23	+16,2	Krebs	Absteigender Knoten	
Fr	7.	9 00	22 35	10 10	+11,0	Regulus		
Sa	8.	10 10	22 47	10 54	+ 5,4	Löwe		
So	**9.**	11 19	22 59	11 37	− 0,2	Jungfrau		
Mo	10.	12 27	23 11	12 19	− 5,7	Jungfrau	Erdferne	
Di	11.	13 36	23 26	13 02	−11,1	*Spica	**Erstes Viertel**	1^h19^m
Mi	12.	14 46	23 43	13 46	−16,0	Jungfrau		
Do	13.	15 59	–	14 33	−20,4	Waage		
Fr	14.	17 11	0 06	15 23	−23,9	Waage	Größte Südbreite	
Sa	15.	18 18	0 38	16 17	−26,5	Antares		
So	**16.**	19 17	1 22	17 14	−27,8	*Schlangenträger		
Mo	17.	20 02	2 21	18 12	−27,6	Schütze	Libration Ost	
Di	18.	20 37	3 34	19 11	−25,8	Schütze	**Vollmond**	18^h42^m
Mi	19.	21 02	4 56	20 09	−22,5	Steinbock		
Do	20.	21 22	6 21	21 05	−17,8	Steinbock	Aufsteigender Knoten	
Fr	21.	21 38	7 46	21 59	−12,2	Wassermann		
Sa	22.	21 53	9 10	22 51	− 5,8	Wassermann		
So	**23.**	22 09	10 33	23 41	+ 0,8	Fische	Erdnähe	
Mo	24.	22 25	11 56	0 32	+ 7,4	Fische		
Di	25.	22 45	13 22	1 24	+13,7	Fische	**Letztes Viertel**	14^h31^m
Mi	26.	23 11	14 47	2 19	+19,2	Hamal		
Do	27.	23 47	16 11	3 16	+23,5	Widder	Größte Nordbreite	
Fr	28.	–	17 26	4 16	+26,5	Stier, Hyaden		
Sa	29.	0 35	18 27	5 18	+27,9	Stier, Al Nath		
So	**30.**	1 38	19 13	6 19	+27,5	Zwillinge		
Mo	31.	2 52	19 45	7 18	+25,5	Kastor, Pollux	Libration West	

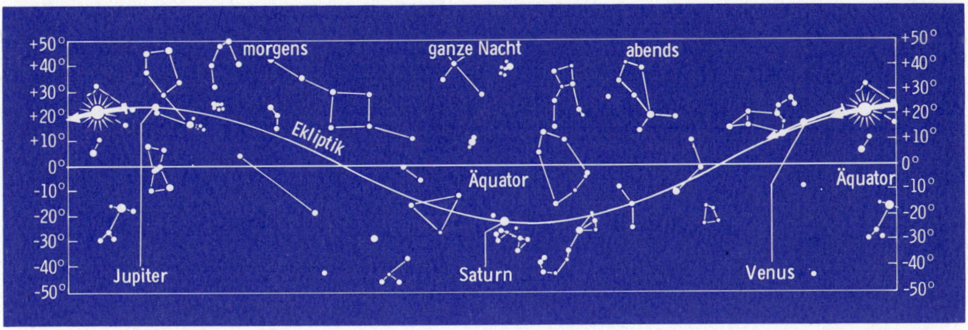

Planetenlauf im Juli

Merkur bietet auch in diesem Monat keine Sichtbarkeitschance. Er eilt rechtläufig der Sonne nach, wobei er die nördlichsten Partien der Ekliptik passiert. Am 18. hat er die Sonne eingeholt und steht in oberer Konjunktion mit ihr. Die Begegnung mit Jupiter zu Monatsanfang (2.) bleibt unbeobachtbar. Am 12. geht der flinke Planet durch das Perihel seiner Bahn.

Venus ist Planet am Abendhimmel. Obwohl ihr Winkelabstand von der Sonne während des Monats um 8° auf knapp 31° anwächst, verlängern sich ihre abendlichen Sichtbarkeitszeiten nicht und bleiben bei etwa einer Stunde. Dies liegt daran, daß sie der Sonne im Tierkreis voranläuft und ihre Deklina-

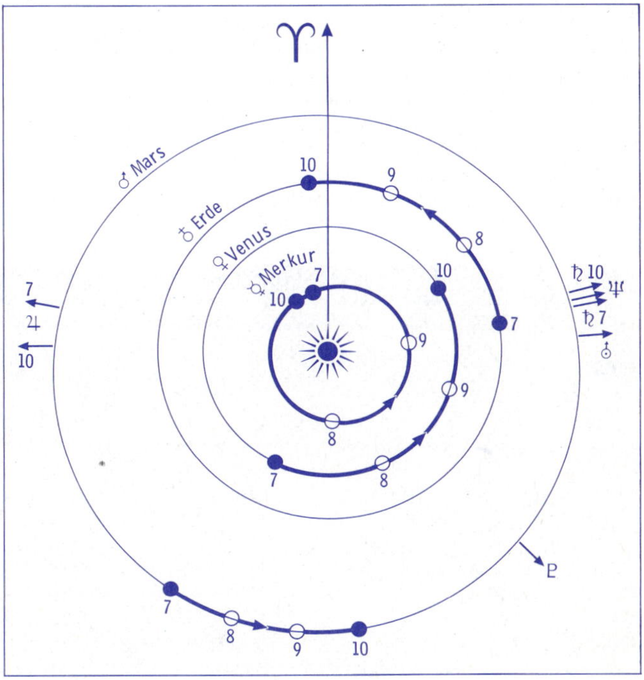

Abb. 80: Das innere Planetensystem im dritten Jahresviertel 1989. Eingezeichnet sind die Positionen der Planeten für den 1. Juli (7), 1. August (8) sowie 1. (9) und 30. September (10). Die Pfeile deuten die Richtungen zu den ferneren Planeten sowie zum Frühlingspunkt an.

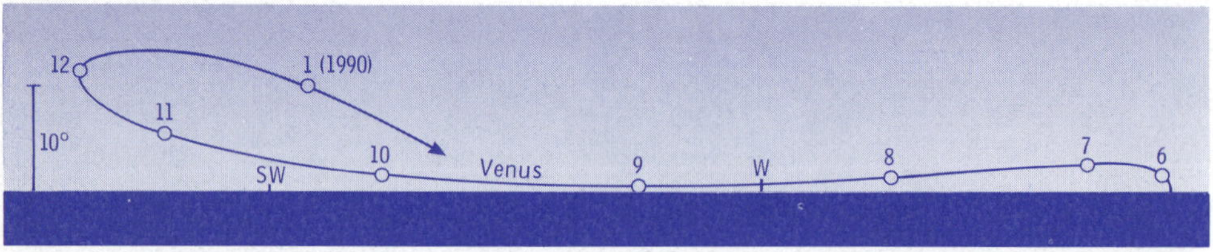

Abb. 81: Stellung der Venus über dem Westhorizont, jeweils eine Stunde nach Sonnenuntergang von Juni 1989 bis Januar 1990. Die Zahlen geben die Venusposition jeweils zum Monatsersten an.

tionen abnehmen. Sie wandert aus dem Krebs in den Löwen und passiert am 22. Regulus (α Leonis). Allerdings kann man Regulus nur im Fernglas etwa 1,°5 südlich der Venus erkennen.

Die Venusuntergänge verfrühen sich von 21^h57^m (= 22^h57^m Sommerzeit) am 1. auf 21^h43^m zur Monatsmitte (15.) und auf 21^h17^m am Monatsletzten (31.) – eine Folge der abnehmenden Deklination und des damit kleiner werdenden Tagbogens.

Das Planetenscheibchen der $-3^m\!,9$ hellen Venus nimmt während des Monats nur unwesentlich auf 12,"2 zu. Am 20. sind $^7/_8$ des Venusscheibchens beleuchtet. Die Konjunktion mit Mars am 12. bleibt unbeobachtbar. Dafür kann man am 4. die schmale Sichel des zunehmenden Mondes gegen 21^h30^m rund 4° westlich der Venus sehen. Bald darauf gehen beide Gestirne unter.

Mars hat seine Beobachtungsperiode beendet und bleibt unsichtbar. Die Sonne, die ihm nachläuft, erreicht ihn aber noch nicht.

Am 22. passiert Mars das Aphel seiner Bahn. An diesem Tag ist er 249,2 Millionen Kilometer von der Sonne entfernt. Seinen sonnennächsten Bahnpunkt (Perihel) erreicht er erst wieder am 30. Juni 1990, wo ihn dann nur 206,6 Millionen Kilometer vom Tagesgestirn trennen werden.

Jupiter stand im Vormonat in Konjunktion mit der Sonne. Um die Monatsmitte taucht der Riesenplanet wieder am Morgenhimmel tief im Nordosten auf. Er wandert rechtläufig durch den Stier und wechselt zum Monatsende in die Zwillinge.

Am 10. geht der $-1^m\!,9$ helle Jupiter um 2^h43^m auf. Etwa eine Viertelstunde später wird er sichtbar. Gegen 3^h45^m (= 4^h45^m Sommerzeit) verblaßt er in der zunehmenden Morgenhelligkeit.

Am 15. steigt der inzwischen $-2^m\!,0$ helle Riesenplanet um 2^h27^m über die Horizontlinie, am 31. bereits um 1^h39^m. Damit erreicht er zu Monatsende schon gut zwei Stunden Sichtbarkeitszeit am Morgenhimmel.

Die enge Begegnung mit Merkur am 2. bleibt allerdings unbeobachtbar.

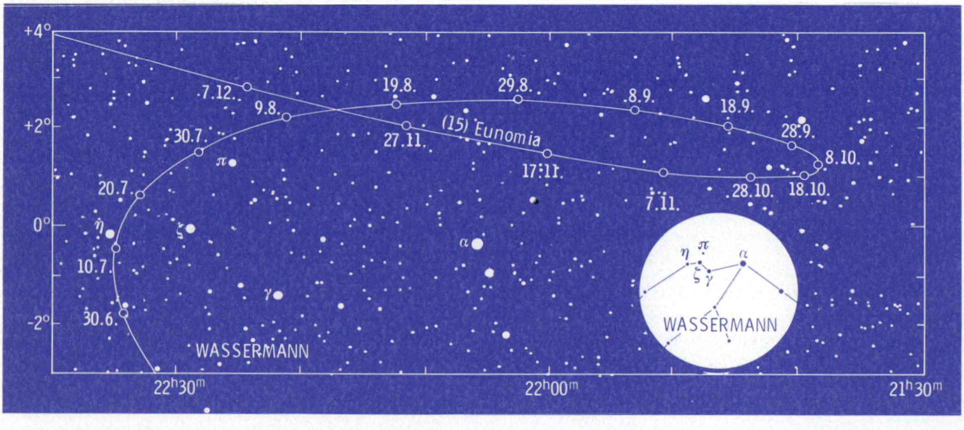

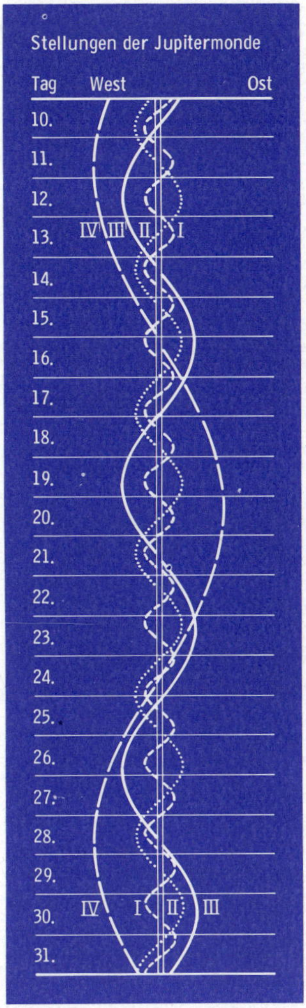

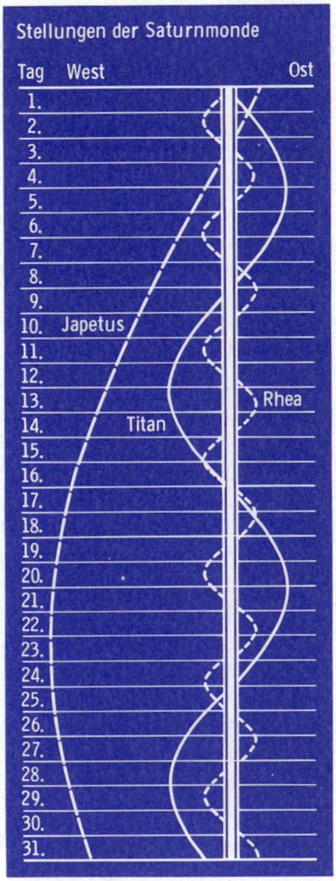

Abb. 82: Die Bahn des Kleinplaneten Eunomia (15) von Ende Juni bis Anfang Dezember 1989 im Sternbild Wassermann.

Konstellationen und Ereignisse im Juli

Datum	MEZ	Ereignis
1.	22^h	Mond bei Merkur, Mond 6° nördlich
2.	0	Mond bei Jupiter, Mond 5° nördlich
2.	14	Saturn in Opposition zur Sonne
2.	18	Merkur bei Jupiter, Merkur 0,°6 südlich
3.	0	Neptun in Opposition zur Sonne
4.	13	Erde im Aphel (Sonnenferne) Abstand Erde–Sonne 152,1 Millionen Kilometer
5.	5	Mond bei Venus, Mond 0,°1 nördlich
5.	13	Mond bei Mars, Mond 0,°09 nördlich
12.	4	Merkur im Perihel
12.	13	Venus bei Mars, Venus 0,°5 nördlich
17.	0	Mond bei Uranus, **Mond 5° südlich**
17.	13	Mond bei Saturn, Mond 4° südlich
17.	15	Mond bei Neptun, Mond 5° südlich
18.	9	Merkur in oberer Konjunktion mit der Sonne
22.	2	Mars im Aphel
28.	12	Pluto im Stillstand, anschließend rechtläufig
29.	17	Mond bei Jupiter, Mond 5° nördlich

Saturn kommt zu Monatsbeginn in Opposition: Am 2. steht er der Sonne genau gegenüber und ist die ganze Nacht über beobachtbar. Am Tag der Opposition erfolgt der Saturnaufgang um 20^h16^m (= 21^h16^m Sommerzeit), die Kulmination um 0^h26^m und der Saturnuntergang um 4^h32^m.
Leider steht Saturn im Schützen extrem weit südlich, so daß er selbst im Meridian nur eine bescheidene Höhe von knapp 18° erreicht.
Am Tag der Opposition erreicht Saturn seine geringste Entfernung von der Erde in diesem Jahr. Am 2. trennen ihn 1350 Millionen Kilometer von uns, das sind 9,02 Astronomische Einheiten (AE, mittlere Entfernung Erde–Sonne). Im Fernrohr erkennt man die abgeplattete Saturnkugel (1:10), deren scheinbarer Äquatordurchmesser $18''{,}3$, der Poldurchmesser jedoch nur $16''{,}7$ beträgt. Der $25^\circ{,}4$ geöffnete Ring hat eine scheinbare Längsausdehnung von $41''{,}6$ und einen Querdurchmesser von $17''{,}9$.
Am 18. erfolgt die heliozentrische Konjunktion von Saturn mit Neptun bei 281°05' ekliptikaler Länge, d.h., von der Sonne aus gesehen stehen Saturn und Neptun an diesem Tag in gleicher Richtung. Erst im Dezember 2025 wird Saturn wieder den Neptun im Tierkreis eingeholt haben.
Bis zum Monatsende ist die Saturnhelligkeit wieder auf $0^m{,}2$ abgesunken. Am 31. geht der Ringplanet bereits um 2^h28^m unter.

Uranus, rückläufig im Schützen, hat seine Opposition gerade hinter sich. Der $5^m{,}6$ helle, grünliche Planet zieht sich vom Morgenhimmel allmählich zurück. Erfolgt der Uranusuntergang am 1. um 3^h55^m, so geht Uranus am 15. um 2^h58^m und am 31. schon um 1^h53^m unter. Wenn es dunkel genug geworden ist, um Uranus beobachten zu können, steht er bereits in Meridianhöhe.

Neptun befindet sich in der Nacht vom 2. auf 3. um Mitternacht in Opposition zur Sonne. Der zur Zeit sonnenfernste Planet kommt damit fast gleichzeitig mit dem Ringplaneten in Gegenschein zur Sonne. Saturn steht nur zehn Stunden früher in Opposition. Die sehr südliche Position von Neptun im Schützen erschwert das Auffinden dieses mit $7^m{,}9$ doch recht lichtschwachen Planeten. Da er sich in der Nähe des Ringplaneten befindet, kann man von Saturn ausgehen, um Neptun aufzuspüren (siehe auch Abb. 70 auf Seite 95). Die Kulminationshöhe von Neptun beträgt zur Zeit nur 18°.
Im Fernrohr erkennt man nur bei starker Vergrößerung Neptun als Scheibchen, dessen scheinbarer Durchmesser nur $2''{,}3$ beträgt.
Am Tag der Opposition geht Neptun um 20^h11^m auf, kulminiert um 0^h23^m und geht um 4^h32^m unter.
Die Oppositionsentfernung von der Erde mißt 4368 Millionen Kilometer. Am Tag der Opposition ist Neptun von der Sonne 4520 Millionen Kilometer entfernt, während die Oppositionsdistanz von Pluto in diesem Jahr 4436 Millionen Kilometer beträgt. Neptun ist somit gegenwärtig der sonnenfernste Planet.

Planetoiden

Vesta – Planetoid Nr. 4 – hat ihre Opposition gerade hinter sich. Sie verlangsamt ihre rückläufige Bewegung im Schützen und passiert zur Monatsmitte M21 und M20 (siehe Abb. 70 auf Seite 95). Die Helligkeit sinkt von $5^m{,}4$ zu Monatsbeginn auf $6^m{,}2$ zu Monatsende. Die Kulminationszeiten lauten: am 1.: 23^h54^m, am 15.: 22^h46^m und am 31.: 21^h35^m. Vesta geht am 31. um 1^h36^m unter. Am 5. ist Vesta etwa gleich hell wie Uranus.

Eunomia – Planetoid Nr. 15 – wird im Laufe des Monats heller als 9. Größe und sei darum erwähnt. Eunomia wandert in steiler Kurve nordwärts an η Aquarii vorbei (siehe Abb. 82 auf Seite 108). Am Monatsende, wo sie $8^m{,}7$ hell ist, nähert sie sich rückläufig η im Wassermann. Am 1. kulminiert sie um 4^h17^m, am 15. um 3^h22^m und am 31. um 2^h13^m.

Periodische Sternschnuppenströme im Juli

Vom 20. bis 30. Juli leuchten die **Delta-Aquariden** auf, die zwischen 3^m und 5^m hell sind, also nicht besonders auffällig. Sie heißen auch **Juli-Aquariden.** Ihr Radiant liegt etwa 3° westlich von δ Aquarii. Das Maximum tritt nicht in jedem Jahr am selben Tag auf. Für 1989 ist das Maximum am 29./30. Juli zu erwarten. Im Maximum sind etwa 30 Sternschnuppen pro Stunde zu registrieren.
Vom 15. Juli bis 10. August treten die **Alpha-Capricorniden** (Radiant im Steinbock) auf. Sie sind die ganze Nacht über beobachtbar. Der Ursprungskomet ist 1948 XII HONDA-MRKOŠ-PAJDUSÁKOVÁ. Um das Maximum am 30. Juli sind nur etwa zwölf Objekte pro Stunde zu erwarten. Es handelt sich um recht langsame Meteore (im Mittel 23 Kilometer pro Sekunde).

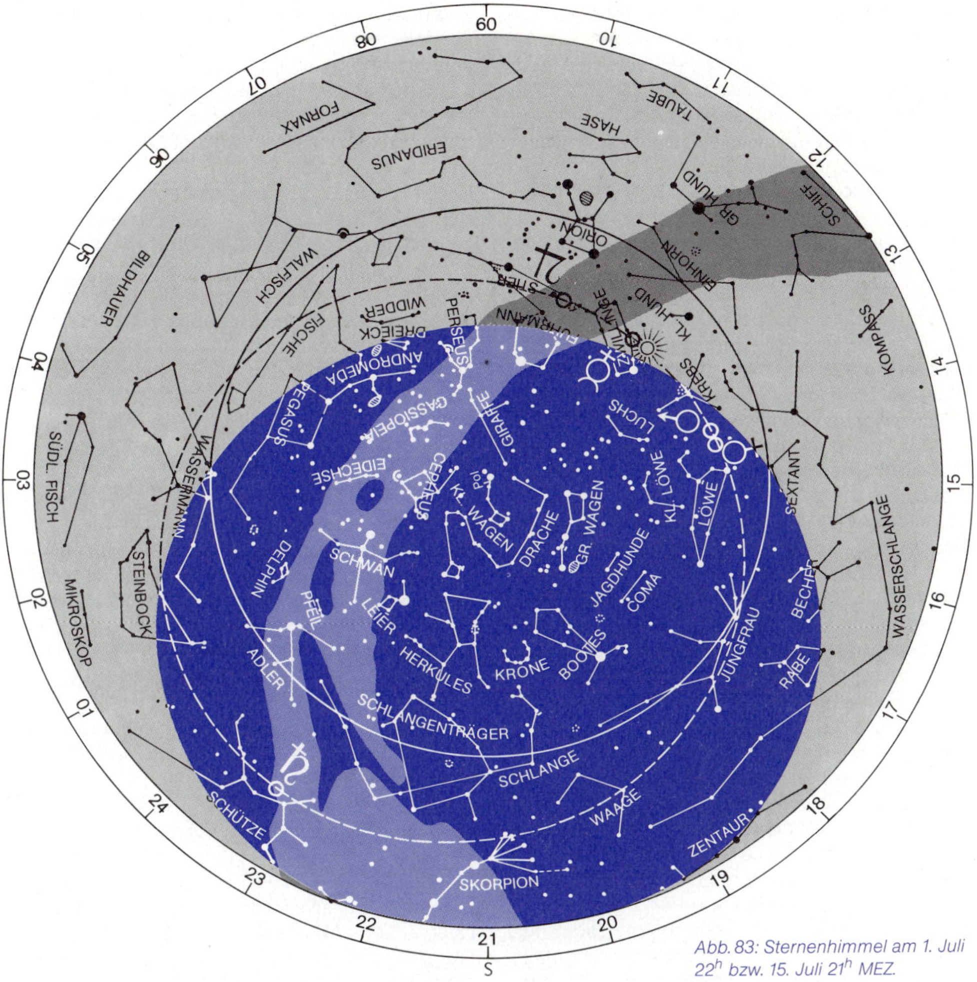

Abb. 83: Sternenhimmel am 1. Juli 22^h bzw. 15. Juli 21^h MEZ.

Der Fixsternhimmel im Juli

Der abendliche Sternenhimmel hat nun eindeutig sommerliche Charakterzüge angenommen. Das auffällige Sternendreieck Wega-Deneb-Atair ist nach Einbruch der Dunkelheit schon hoch im Osten zu erkennen. Es trägt daher auch die Bezeichnung Sommerdreieck. Das Sternbild Bootes mit dem hellen Arktur ist bereits in die westliche Himmelshälfte gerückt. Seinen Platz im Meridian nimmt nun der Herkules ein, der weit weniger auffällig ist. Trotzdem ist die Gelegenheit nun günstig, auch einmal nach diesem lichtschwachen Sternbild Ausschau zu halten, steht es doch recht hoch, nahe dem Scheitelpunkt. Zwischen Arktur und dem Herkules liegt der Sternenhalbkreis der Nördlichen Krone mit dem Hauptstern Gemma. Ein wenig südlich der Krone stößt man auf den Kopf der Schlange (lat.: Serpens Caput). Die Sternenkette der Schlange knickt dann nach Osten ab, wo südlich des Herkules der Schlangenträger (lat.: Ophiuchus) seinen Platz hat. Der östliche Teil der Schlange heißt Serpens Cauda (lat.), das bedeutet „Schwanz der Schlange". Der Schwanz ist auf den hellen Stern Atair im Adler gerichtet. Das Sternbild Schlange wird somit durch den Schlangenträger in zwei Felder getrennt. International genormt gibt es 88 Sternbilder, die die gesamte Himmelskugel nahtlos überdecken und sie in 89 Areale aufteilen, eben weil das Sternbild Serpens aus zwei Teilen besteht.

Tief im Westen ist noch der Löwe kurz vor seinem Untergang auszumachen. Auf seinen Hauptstern Regulus steuert geradewegs die Venus zu, die zu Monatsende an ihm vorbeizieht. Im Südwesten nimmt die Jungfrau mit der hellen Spica ihren Platz ein. Ihr folgt im Tierkreis die Waage, deren Sterne nicht besonders hell sind. Wegen ihrer südlichen Position ist sie auch in unseren Breiten nicht leicht zu erkennen.

Folgen wir weiter der Sonnenbahn, so treffen wir auf den Skorpion, eines der markantesten Tierkreisbilder, das trotz seiner Südlage verhältnismäßig einprägsam und daher schnell zu finden ist. Auffallend ist allein schon sein Hauptstern Antares, ein Stern 1. Größenklasse. Wegen seiner roten Farbe und der Nähe zur scheinbaren Sonnenbahn (Ekliptik) kann man ihn eventuell mit dem Mars verwechseln. Antares (griech.) bedeutet soviel wie *marsähnlicher* Stern. Das Sternbild Skorpion ist bei uns gar nicht komplett zu sehen: Der lange Schwanz mit dem Giftstachel bleibt stets unter dem Horizont. Der bei uns sichtbare Teil des Skorpions sieht eher einer Hand ähnlich; die Sterne ν, β, δ, π, ρ Scorpii bilden die Fingerspitzen, σ Scorpii die Mittelhand und α Scorpii (Antares) die Handwurzel.

Tief im Südosten ist der Schütze (lat.: Sagittarius) aufgegangen. In ihm glänzt gerade der Ringplanet Saturn. (Siehe auch *Aus der Sagenwelt der Sternbilder,* Seite 98.) Auch die lichtschwachen, weil sonnenfernen Planeten Uranus und Neptun halten sich gegenwärtig im Schützen auf.

Der Große Wagen ist hoch im Westen zu finden, er bewegt sich nun wieder horizontwärts. Man sollte auch einmal versuchen, den Kleinen Wagen zu erkennen, dessen Sterne wesentlich lichtschwächer sind als die des Großen Wagens. Der Polarstern bildet das Deichselende des Kleinen Wagens, der als Stern 2. Größe noch relativ hell ist. Da er meist zu Beginn einer Sternenbeobachtung aufgesucht wird, ist er recht bekannt.

Ist der Kleine Wagen einmal identifiziert, so kann man noch versuchen, auch den Drachen (lat.: Draco) aufzuspüren. Er schlängelt sich zwischen Großem und Kleinem Wagen hindurch.

Der Kopf des Drachens liegt nördlich des Herkules. Er ist als kleines Sternenviereck verhältnismäßig leicht zu entdecken. Im Drachen liegt auch der Nordpol der Ekliptik und der Himmelsnordpol des Mondes.

Monatsthema: Projekt CASSINI – Flug zum Saturn

Bereits dreimal erhielt der berühmte Ringplanet Besuch von irdischen Spähern: Am 1. September 1979 passierte PIONEER 11 in nur 20 930 Kilometer Distanz die gewaltige Saturnkugel. Am 12. November 1980 folgte VOYAGER 1 und am 25. August 1981 schließlich VOYAGER 2. Alle drei vollautomatischen Raumsonden lieferten phantastische Bilder von der Welt des Saturns, entdeckten über ein Dutzend neuer Monde, ließen die bizarren Oberflächenformen der größeren Saturnmonde erkennen und erweiterten unser Wissen über das Saturnsystem gewaltig. Sie hatten nur einen gemeinsamen Nachteil: Sie passierten Saturn in nur wenigen Stunden, erbrachten also nur Momentaufnahmen und machten keine Beobachtungen von längerer Dauer. (Siehe Abb. 30/31, Seite 36.)

Deshalb entschloß man sich bei der amerikanischen Raumfahrtbehörde NASA, eine unbemannte Saturnexpedition zu starten, die den Ringplaneten eine längere Zeitspanne und ausgiebiger beobachten soll. Man gab dem ehrgeizigen Projekt die Bezeichnung CASSINI nach dem langjährigen Direktor der Pariser Sternwarte, Giovanni Domenico

Veränderliche Sterne im Juli

Algol-Minima	7. 3^h16^m	10. 0^h05^m	27. 4^h57^m	30. 1^h45^m		
β-Lyrae-Minima	2. 3^h	15. 1^h	27. 24^h			
δ-Cephei-Maxima	2. 5^h	7. 14^h	12. 23^h	18. 8^h	23. 16^h	29. 1^h
Mira-Helligkeit	ca. 10^m, kurz nach dem Minimum					

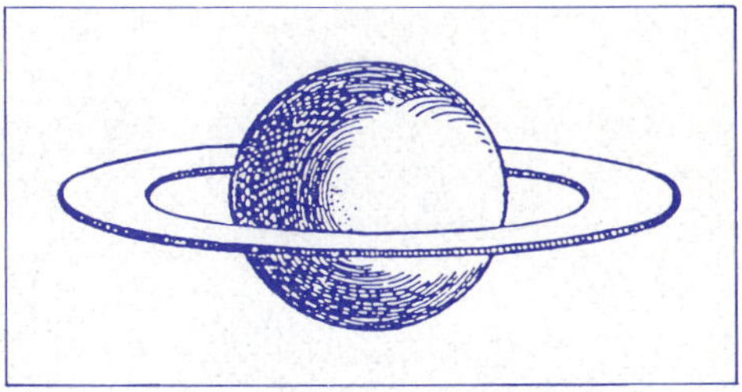

Abb. 84: Saturn mit Ring nach einer Zeichnung von Christian HUYGENS, dem Entdecker des Saturnrings.

CASSINI, der im Jahre 1675 als erster die Teilung des Saturnrings entdeckte.
Die Planungen der NASA sehen vor, die CASSINI-Raumsonde spätestens 1995, möglichst aber schon 1991, mit einer Titan IV-Centaur-Rakete auf ihre lange Reise zu bringen. Um möglichst viel Energie und damit Treibstoffgewicht zu sparen – die Einsparung kommt der Nutzlast an wissenschaftlichen Instrumenten zugute –, ist eine relativ komplizierte Bahn für CASSINI ausgetüftelt worden. Im Fachjargon spricht man von einer Delta-V-trajectory. Der Planungsstab beim Jet Propulsion Laboratory in Pasadena (Kalifornien) hat folgende Flugbahn kalkuliert: Zunächst wird CASSINI in eine Ellipsenbahn geschossen, deren Aphel (sonnenfernster Bahnpunkt) bei 330 Millionen Kilometer, also etwa beim inneren Rand des Planetoidengürtels liegt. Hat die Raumsonde diesen Punkt passiert, so nähert sie sich wieder der Sonne und kreuzt dabei die Erdbahn. Das Perihel der CASSINI-Bahn hat eine Sonnendistanz von 135 Millionen Kilometer, dies sind 90 Prozent des Erdabstandes von der Sonne (= 0,9 AE). Nach Durchlaufen des Perihels kreuzt die Raumsonde ein zweites Mal die Erdbahn, wobei die Startzeit so gewählt werden soll, daß nun die Sonde hinter der Erde herfliegt. Dadurch wird sie von der Erde beschleunigt und auf eine Bahn zum Jupiter katapultiert. Sie passiert dann recht knapp den Riesenplaneten und wird durch seine gewaltige Schwerkraft auf ihre endgültige Bahn zum Saturn katapultiert (sogenanntes Fly-by-Manöver). Die Reisezeit von der Erde zum Ringplaneten wird allerdings knapp sieben Jahre betragen. Sollte CASSINI erst 1995 gestartet werden, so wird sie nicht mehr in unserem Jahrtausend ihr Ziel erreichen, sondern erst 2002 in das Saturnsystem eindringen.
Wegen der langen Missionsdauer versucht man, ein möglichst umfangreiches „Wissenschafts-Paket" zu schnüren. So kommt es bei der ersten Annäherung an den Planetoidengürtel zu 13 Begegnungen mit Kleinplaneten, beim Durchflug zum Jupiter zu weiteren sechs nahen Vorübergängen an Planetoiden.
Kurz nach Eintritt in das Saturnsystem wird eine Titan-Sonde abgetrennt, die den zweitgrößten Mond im Sonnensystem erforschen soll. Das Mutterschiff hingegen schwenkt in eine Ellipsenbahn um den Ringplaneten ein und wird als Saturn-Orbiter die Oberfläche der Saturnkugel, die Ringe und einzelne Monde permanent beobachten.
Eines der wichtigsten Geräte an Bord von CASSINI wird eine elektronische Kamera (CCD – charge coupled device-Detektor) sein, die eine zehnmal höhere Auflösung gestattet als die Fernsehkameras der VOYAGER-Sonden. Trotz dieser verbesserten Auflösung wird man aber einzelne Partikel des Saturnringes noch nicht erkennen. Doch einzelne, durch die Ringe hindurchscheinende Sterne werden Aufschluß über die Struktur der Ringe und Partikelgröße geben (Star-light-filtering Experiment). Ein Ultraviolett- und ein Infrarot-Spektrometer sollen die chemische Zusammensetzung der oberen Saturnatmosphäre untersuchen sowie die gewaltigen Gewitterstürme erforschen. Schon die VOYAGER-Missionen haben enorme elektrische Entladungen in Form von Blitzen registriert. Weitere Instrumente an Bord des Saturn-Orbiters dienen der Plasma- und Staubanalyse (Ionen-Massenspektrometer und Low-energy-plasma-instrument).
Ein Magnetometer soll den Aufbau der Saturnmagnetosphäre registrieren. Ein vielversprechendes Experiment ist die Radar-Abtastung der Titanoberfläche, die durch eine dichte Dunst- und Nebelhülle verschleiert ist. Dabei wird die 3-Meter-Parabolantenne alternativ für Radar und für die Datenübertragung zur Erde benutzt. Immer wenn der Orbiter bei seinen Saturnumläufen dem Mond Titan begegnet, wird er einen starken Radarstrahl auf ihn richten und seine Oberfläche abtasten. Dabei soll sowohl die Rotationszeit von Titan bestimmt als auch seine Bodenstrukturen erfaßt werden. Aus 1000 Kilometer Entfernung beträgt die Auflösung etwa fünf Kilometer, wobei Höhenunterschiede von drei Kilometer und mehr registriert werden können. Ein spezielles Verfahren, „Synthetic Apertur Radar (SAR)", erlaubt ein sehr viel höheres Auflösungsvermögen zu erreichen. Die SAR-Technik basiert auf

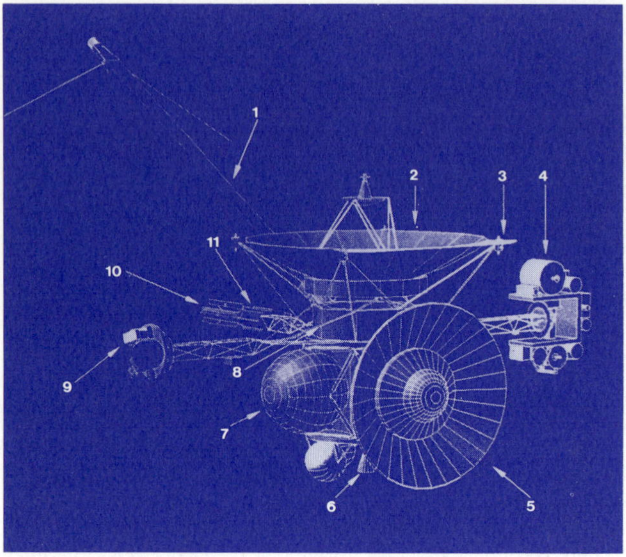

Abb. 85: Entwurfszeichnung der geplanten Raumsonde CASSINI zum Saturn. 1: Magnetometer-Ausleger, 2: Parabol-Antenne zur Kommunikation mit den irdischen Empfängern, 3: Schubdüsen zur Lageregelung, 4: Präzisions-Abtastplattform mit Kameras und Sensoren, 5: Titan-Sonde, 6: Hauptantriebsdüse, 7: Treibstofftank, 8: Zentrales Versorgungssystem, Datenspeicherung, Rechner etc., 9. Drehbare Plattform mit Meßgeräten für Teilchenströme, elektrische und magnetische Felder usw., 10., 11: Radioisotopen-Generatoren zur Stromversorgung für die Bordinstrumente.

der Umlaufsbewegung der Sonde. Durch die rasche Lageveränderung der Parabolantenne im Raum wird die Öffnung (Apertur) des Reflektors „synthetisch" (besser: virtuell) vergrößert, dem Empfänger wird eine riesige schüsselförmige Radioantenne vorgetäuscht. Allerdings wird mit dem SAR-Verfahren nur knapp ein Prozent der Titanoberfläche erfaßt werden. Der Grund für diesen relativ geringen Anteil liegt in einem Datenstau. Es fallen so viele Informationseinheiten (bits) an, die zwischengespeichert werden müssen, um anschließend mit dem wieder auf die Erde gerichteten Reflektor zu unseren Bodenstationen gefunkt zu werden, so daß ein Engpaß bei der Speicherung und Übertragung entsteht.

Besonders spannend wird das Eindringen der Titan-Sonde in die undurchsichtige Atmosphäre dieses Riesenmondes werden. Sie soll zunächst die chemische Zusammensetzung der Titanluft analysieren. Schon 1944 hat Gerald KUIPER Methan in ihr nachgewiesen. Dann soll die Sonde die eigentliche Titanoberfläche erforschen, von der wir heute noch nichts wissen – nicht einmal, ob sie fest oder flüssig ist. Einige Forscher vermuten, daß Titan bei −180 °C Oberflächentemperatur von einem riesigen Methanozean umschlossen wird, auf dem Kontinente aus Wassereis schwimmen. Aus Methanwolken fällt Methanregen hernieder, die Gegend glimmt in einem düsteren rötlichen Licht, wobei die rötliche Farbe vom Stickstoff herrührt, der mit 80 Prozent der Hauptbestandteil der Atmosphäre ist (siehe auch Monatsthema: *Titan – ein Riesenmond mit Atmosphäre,* HIMMELSJAHR 19**85**, Seite 80).

Die Titansonde wird mit 7,1 Kilometer pro Sekunde, also relativ langsam, in die obersten Atmosphärenschichten eindringen. Ein kegelförmiges Hitzeschild bremst dann die Sonde bis in 200 Kilometer Höhe auf Unterschallgeschwindigkeit ab. Das Hitzeschild wird abgesprengt, eine weitere Minisprengladung entfaltet einen Bremsfallschirm. Danach beginnen die Apparaturen nahe der Nebelobergrenze mit ihren Messungen.

Nach etwa einer Stunde wird der Fallschirm gelöst, ein weiterer, kleinerer Fallschirm läßt die Sonde zur Oberfläche gleiten, wo sie landet bzw. „wassert", je nachdem. Eine echte weiche Landung ist eigentlich nicht vorgesehen. Sollte die Sonde den Aufprall aber heil überstehen, so wird sie, zur Freude der Projektwissenschaftler, weitere Daten funken. Trotz der recht hohen Kosten der CASSINI-Mission: Im Vergleich zu bemannten Raumexkursionen halten sie sich in einem bescheidenen Rahmen, aber die wissenschaftliche Ausbeute wird enorm groß sein.

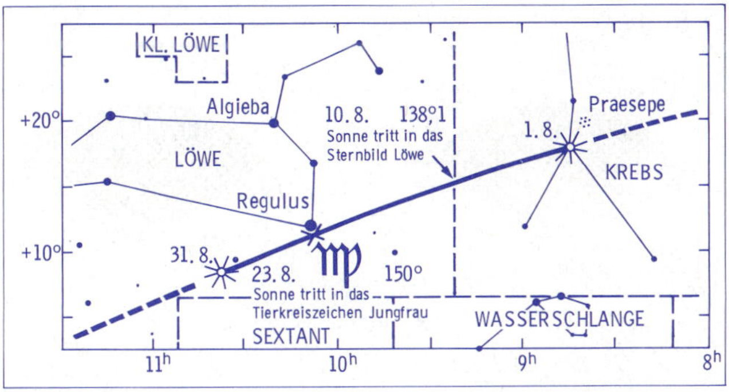

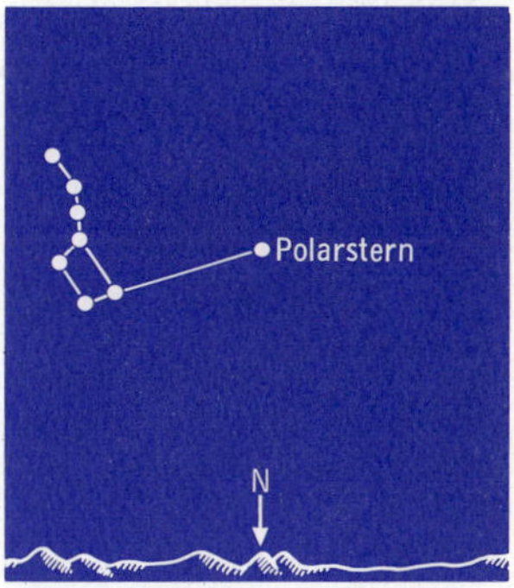

Himmelswagen
Anfang August 22^h MEZ

Sonnenlauf

Sonne

Datum	Aufgang	Untergang	Kulmination	Zeitgleichung	Mittagshöhe	Rektaszension	Deklination	Sternzeit 1^h MEZ
4.	4^h53^m	19^h58^m	12^h26^m	-6^m	57°2	8^h56^m	+17°3	20^h50^m
9.	5 01	19 49	12 25	−5	55,8	9 15	+15,9	21 10
14.	5 08	19 40	12 25	−5	54,3	9 34	+14,4	21 30
19.	5 15	19 31	12 24	−4	52,7	9 53	+12,9	21 49
24.	5 23	19 21	12 22	−2	51,0	10 11	+11,2	22 09
29.	5 30	19 11	12 21	−1	49,3	10 30	+ 9,4	22 29

Julianisches Datum am 1. August, 1^h MEZ: 2 447 739,5

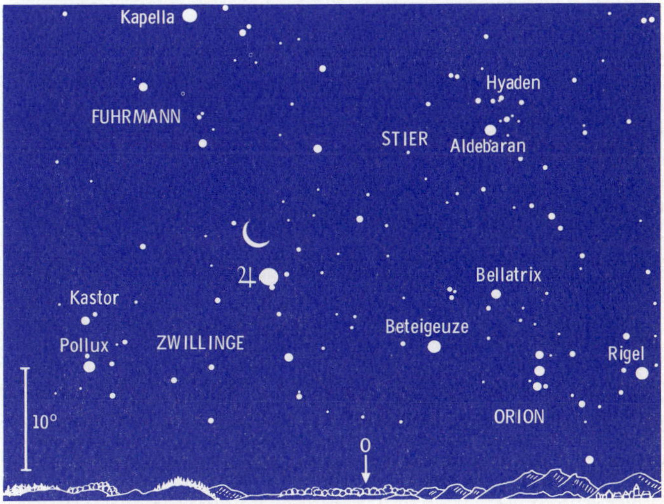

Abb. 86: Anblick des morgendlichen Sternenhimmels am 26. August gegen 3^h MEZ (= 4^h MESZ). In östlicher Richtung steht der Riesenplanet Jupiter in den Zwillingen. Zu ihm gesellt sich die Sichel des abnehmenden Mondes.

Tages- und Nachtstunden im August

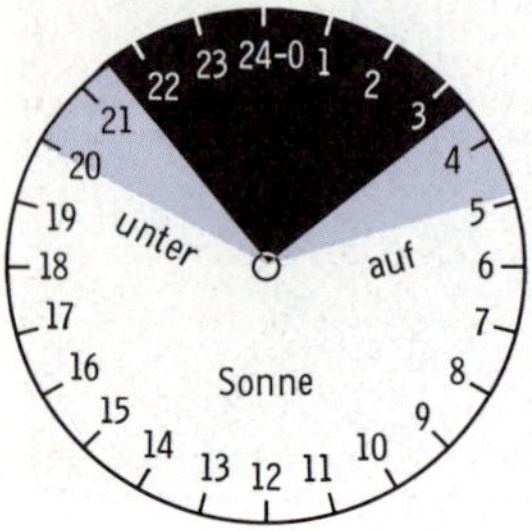

5. August

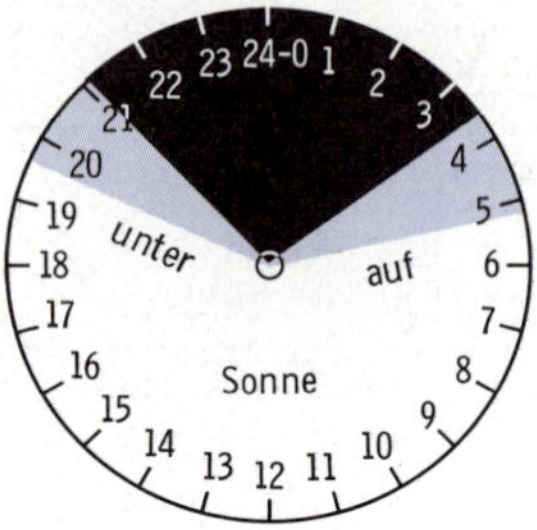

15. August

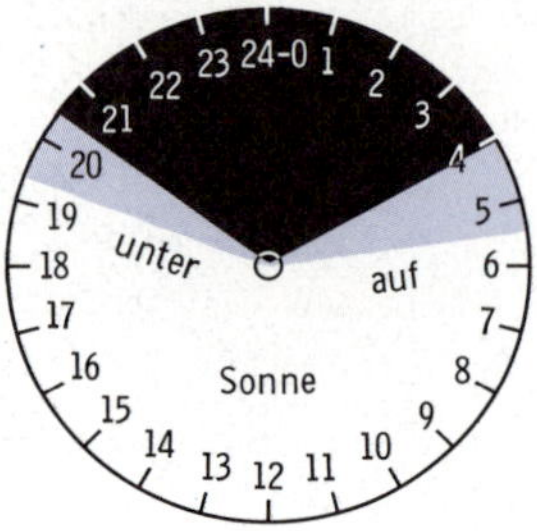

25. August

Mondlauf im August

Datum		Aufgang	Untergang	Rektaszension	Deklination	Sterne und Sternbilder	Phase	MEZ
Di	1.	4h10m	20h09m	8h14m	+22°,2	Krebs	**Neumond**	17h06m
Mi	2.	5 28	20 26	9 06	+17,8	Krebs	Absteigender Knoten	
Do	3.	6 42	20 41	9 54	+12,7	Regulus		
Fr	4.	7 54	20 53	10 39	+ 7,3	Löwe		
Sa	5.	9 03	21 05	11 23	+ 1,6	Löwe		
So	**6.**	10 12	21 17	12 05	− 4,0	Jungfrau		
Mo	7.	11 20	21 31	12 48	− 9,4	Jungfrau	Erdferne	
Di	8.	12 30	21 47	13 31	−14,5	Spica		
Mi	9.	13 41	22 07	14 17	−19,1	Jungfrau	**Erstes Viertel**	18h28m
Do	10.	14 53	22 35	15 06	−22,9	Waage	Größte Südbreite	
Fr	11.	16 02	23 12	15 57	−25,8	*Skorpion		
Sa	12.	17 04	–	16 52	−27,5	Skorpion		
So	**13.**	17 55	0 04	17 50	−27,9	Schütze	Libration Ost	
Mo	14.	18 34	1 11	18 48	−26,7	Schütze		
Di	15.	19 03	2 29	19 47	−24,0	Schütze		
Mi	16.	19 26	3 54	20 44	−19,8	Steinbock		
Do	17.	19 44	5 20	21 39	−14,4	Steinbock	**Vollmond** Aufsteigender Knoten	4h07m
Fr	18.	20 00	6 47	22 33	− 8,1	Wassermann		
Sa	19.	20 15	8 13	23 25	− 1,3	Fische	Erdnähe	
So	**20.**	20 31	9 39	0 17	+ 5,6	Fische		
Mo	21.	20 51	11 06	1 10	+12,1	Fische		
Di	22.	21 15	12 34	2 05	+18,0	*Hamal		
Mi	23.	21 47	13 59	3 03	+22,7	Widder	**Letztes Viertel** Größte Nordbreite	19h40m
Do	24.	22 31	15 18	4 02	+26,0	Plejaden, Hyaden		
Fr	25.	23 29	16 23	5 03	+27,7	Stier, Al Nath		
Sa	26.	–	17 12	6 04	+27,8	Zwillinge	Libration West	
So	**27.**	0 39	17 48	7 03	+26,2	Zwillinge		
Mo	28.	1 55	18 14	7 59	+23,2	Kastor, Pollux		
Di	29.	3 12	18 33	8 51	+19,1	Krebs, Krippe		
Mi	30.	4 27	18 48	9 40	+14,3	Löwe	Absteigender Knoten	
Do	31.	5 40	19 01	10 26	+ 9,0	Regulus	**Neumond**	6h44m

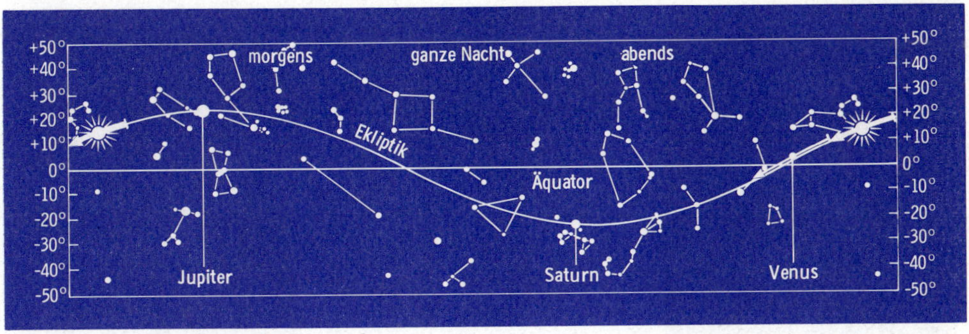

Planetenlauf im August

Merkur entfernt sich nur langsam rechtläufig von der Sonne, die ihm folgt. Am 29. erreicht er schließlich mit 27°16' Winkelabstand seine größte östliche Elongation. Der Abstand ist fast der maximal mögliche, da Merkur nur vier Tage vorher (25.) sein Aphel passiert. Leider kommt es nicht zu einer Abendsichtbarkeit, da Merkur erheblich südlicher als die Sonne steht und somit in unseren Breiten einen viel kleineren Tagbogen beschreibt. Am 28. geht der knapp 0ᵐ,2 helle Merkur um 19^h47^m (= 20^h47^m Sommerzeit) unter. Erst um diese Zeit wäre es dunkel genug, um Merkur am Abendhimmel sehen zu können. Auch die enge Begegnung mit Mars am 5. bleibt unsichtbar.

Venus kann ihre Rolle als Abendstern trotz wachsender Elongationen von der Sonne nicht weiter ausbauen. Im Gegenteil: Die Sichtbarkeitszeiten am Abend schrumpfen von einer Stunde auf eine Dreiviertelstunde am Monatsende, denn Venus eilt den Tierkreis hinab aus dem Löwen in die Jungfrau. Nach der Monatsmitte überschreitet sie den Himmelsäquator, ihre Deklinationen werden negativ, die Tagbögen kleiner. Deshalb geht sie nun immer früher unter. Am 1. sinkt die Venus um 21^h15^m, am 15. um 20^h47^m und am 31. schon um 20^h13^m (= 21^h13^m Sommerzeit) unter die Horizontlinie. Nur die immer früher einsetzenden Sonnenuntergänge lassen der Venus noch einen Sichtbarkeitsspielraum am Abendhimmel. Ihre Helligkeit steigt leicht auf –4ᵐ,0 an.

Mars im Löwen nähert sich seiner Konjunktion mit der Sonne und bleibt unbeobachtbar. Auch die sehr enge Konjunktion mit Merkur am 5., bei der der rote Planet nur 0°,01 südlich von Merkur steht, entgeht uns.

Jupiter in den Zwillingen baut seine Morgensichtbarkeit aus. Geht der Riesenplanet am 1. um 1^h36^m auf und am 15. um 0^h53^m, so erscheint er am 31. bereits um 0^h02^m (= 1^h02^m Sommerzeit) über der Horizontlinie. Die Helligkeit nimmt auf –2ᵐ,1 etwas zu. Da Venus am Morgenhimmel nicht vertreten ist, spielt Jupiter unbestritten seine Rolle als weitaus hellstes Gestirn.

Am 26. zieht die abnehmende Mondsichel etwa 4° nördlich in den Morgenstunden an Jupiter vorbei. Der scheinbare Äquatordurchmesser des Planetenscheibchens erreicht 36".

Saturn stand im Vormonat in Opposition zur Sonne und ist noch rückläufig im Schützen. Mit Einbruch der Dunkelheit ist der 0ᵐ,2 helle Ringplanet bereits im Süden zu erkennen. Die Helligkeit nimmt leicht auf 0ᵐ,3 ab. Vom Morgenhimmel zieht sich Saturn zurück und wird zum Planeten der ersten Nachthälfte: Am 1. sinkt der Ringplanet um 2^h24^m unter den Horizont, am 15. um 1^h26^m und am 31. bereits um 0^h20^m (= 1^h20^m Sommerzeit).

Uranus, immer noch rückläufig im Schützen, verlegt seine Untergänge in die Zeit vor Mitternacht. Geht der 5ᵐ,6 helle grünliche Planet am 1. um 1^h48^m unter und am 15. um 0^h52^m, so sinkt er am 31. bereits um 23^h44^m unter den Horizont.

Am letzten Tag des Monats passiert er schon um 19^h46^m den Meridian. Erst danach ist die Dunkelheit so weit fortgeschritten, daß Uranus beobachtbar

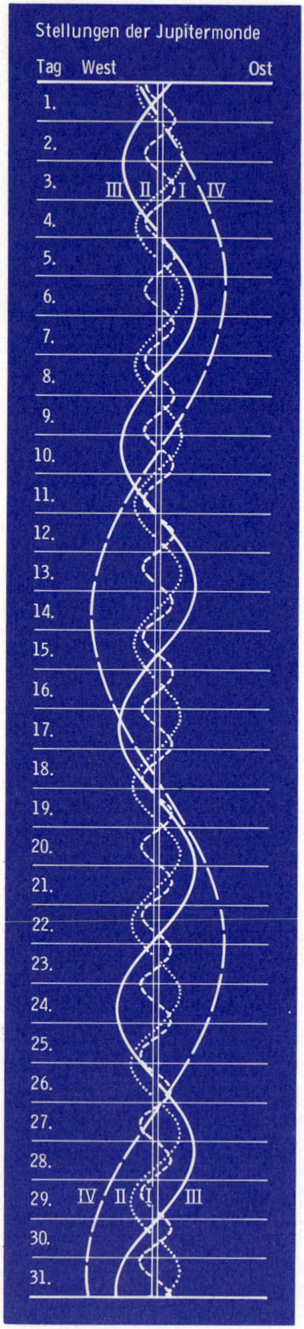

Jupitermond-Erscheinungen

Datum	MEZ	Vorgang	
1.	3h48m	III	SA
2.	2 52	II	BE
4.	2 12	I	SA
	3 04	I	DA
	4 23	I	SE
5.	2 26	I	BE
11.	4 06	I	SA
12.	1 40	III	BA
	4 25	I	BE
	4 29	III	BE
13.	1 45	I	DE
16.	3 47	II	VA
18.	2 39	II	DE
19.	1 42	III	VA
	3 07	I	VA
	4 25	III	VE
20.	1 31	I	DA
	2 40	I	SE
	3 43	I	DE
25.	2 49	II	DA
	3 06	II	SE
27.	2 22	I	SA
	3 29	I	DA
	4 33	I	SE
28.	2 52	I	BE
30.	3 14	III	DE

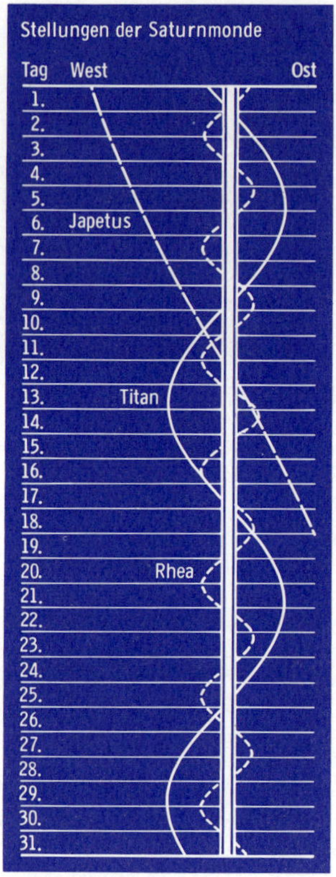

Konstellationen und Ereignisse im August

Datum	MEZ	Ereignis
3.	3h	Mond bei Merkur, Mond 1,°6 südlich
3.	9	Mond bei Mars, Mond 1,°6 südlich
4.	14	Mond bei Venus, Mond 3° südlich
5.	23	Merkur bei Mars, Merkur 0,°01 (!) nördlich
13.	8	Mond bei Uranus, Mond 4° südlich
13.	19	Mond bei Saturn, Mond 4° südlich
13.	23	Mond bei Neptun, **Mond 6° südlich**
17.	4	**Totale Mondfinsternis** (siehe Seite 30)
25.	3	Merkur im Aphel
26.	4	Mond bei Jupiter, **Mond 4° nördlich**
29.	11	Merkur in größter östlicher Elongation (27°)
31.	7	Partielle Sonnenfinsternis – in Deutschland unbeobachtbar (siehe Seite 30)

wird. Gegen Monatsende bemerkt man deutlich, daß Uranus immer langsamer wird – der Stillstand ist nicht mehr fern.

Neptun, rückläufig im Schützen, stand zu Beginn des Vormonats in Opposition zur Sonne. Die beste Zeit, den mit $7^{m}_{,}9$ recht lichtschwachen, sonnenfernen Planeten aufzusuchen, ist die Stunde um die Kulmination. Am 1. geht Neptun um 22^h22^m, am 15. um 21^h26^m und am 31. schon um 20^h22^m durch den Meridian. Um diese Zeit ist es gerade erst so dunkel geworden, daß Neptun aufgesucht werden kann. Seine Untergänge verlagert Neptun in die Zeit vor Mitternacht. Verschwindet er am 1. um 2^h34^m und am 15. um 1^h38^m unter dem Horizont, erfolgt der Neptununtergang am 31. bereits um 0^h34^m.

Planetoiden

Ceres – Planetoid Nr. 1 – kann gegen Monatsende im Sternbild Zwillinge aufgesucht werden. Ihre Helligkeit erreicht $8^{m}_{,}9$. Am 31. steht sie knapp südlich von ζ Tau (siehe Aufsuchkarte Abb. 103 auf Seite 144). Ihre Kulmination erfolgt am 25. um 7^h5^m, ihr Aufgang um 23^h45^m. Allerdings stört noch Mondlicht. Am Monatsletzten geht Ceres um 23^h28^m auf und kulminiert um 7^h19^m.

Pallas - Planetoid Nr. 2 – wird laut Ephemeride am 18. stationär und anschließend rückläufig. Dies bezieht sich lediglich auf ihre Bewegung in Rektaszension. In Deklination wandert sie schnell südwärts durch den Walfisch (siehe Abb. 87 auf Seite 119). Ihre Helligkeit steigt im Laufe des Monats von $9^{m}_{,}4$ auf $8^{m}_{,}8$ an. Am 20. kulminiert Pallas um 3^h35^m, am 31. schon um 2^h50^m.

Vesta – Planetoid Nr. 4 – vollendet ihre Oppositionsschleife im Schützen. Am 7. kehrt sie ihre Bewegungsrichtung in Rektaszension um und wird wieder rechtläufig. Während ihrer Oppositionsperiode hat sie immer südlichere Gegenden im Schützen aufgesucht (siehe Abb. 70 auf Seite 95). Die Helligkeit geht auf $6^{m}_{,}9$ zurück. Mit Einbruch der Dunkelheit hat Vesta ihren Meridiandurchgang schon hinter sich. Am 1. kulminiert sie um 21^h31^m, am 15. um 20^h36^m und am 31. bereits um 19^h42^m. Am letzten Tag des Monats erfolgt der Vestauntergang um 23^h28^m.

Eunomia – Planetoid Nr. 15 – kommt am 27. in Opposition zur Sonne. Sie bewegt sich rückläufig im Wassermann, nördlich von α Aquarii (siehe Abb. 82 auf Seite 108). Ihre Oppositionshelligkeit beträgt $8^{m}_{,}1$. Die Kulminationszeiten lauten: am 1.: 2^h08^m, am 15.: 1^h02^m und am 31.: 23^h39^m.

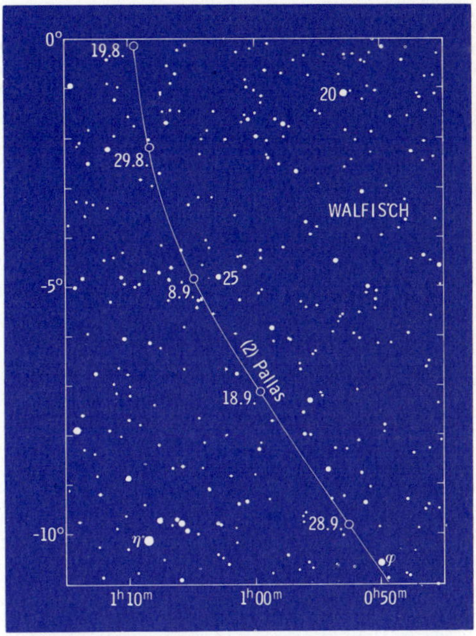

Abb. 87: Die Bahn des Kleinplaneten Pallas (2) von Mitte August 1989 bis Jahresbeginn 1990 durch das Sternbild Walfisch.

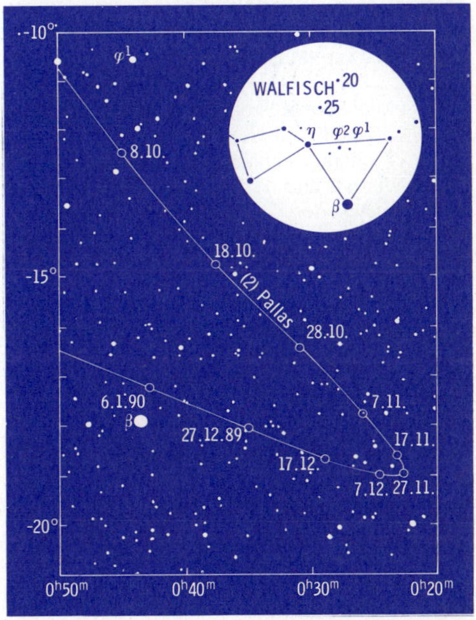

Periodische Sternschnuppenströme im August

Der wohl aktivste Sternschnuppenmonat ist der August. In seinen langen Sommernächten sind besonders viele Meteore zu sehen. Die Ursache liegt in den **Perseïden,** deren maximale Tätigkeit zwischen dem 10. und 14. August liegt. Als Maximums-Tag wird meist der 12. angegeben. Helle Objekte (um 0^m und heller, sogenannte Feuerkugeln oder Boliden) sind keine Seltenheit. Als schönster und reichster Strom des Jahres bescheren die Perseïden bis zu 70 Sternschnuppen pro Stunde. Ihren Ursprung führen die Perseïden auf den Kometen SWIFT-TUTTLE (1862 III) zurück. Die beste Beobachtungszeit liegt zwischen 22^h und 4^h morgens. Die Perseïden-Sternschnuppen sind mit 60 Kilometer pro Sekunde recht schnelle Objekte. Im Volksmund heißen sie auch Laurentius-Tränen nach dem Märtyrer LAURENTIUS (gest. 258 n. Chr.).

Zu erwähnen sind noch die **Kappa-Cygniden,** deren Radiant im Sternbild Schwan liegt. Sie sind vom 9. August bis 6. Oktober aktiv, allerdings sind sie kein besonders reicher Strom. Zur Zeit des Maximums um den 18. August ist nur mit etwa fünf bis zehn Meteoren pro Stunde zu rechnen. Mit 25 Kilometer pro Sekunde mittlerer Geschwindigkeit zählen die Cygniden zu den langsamen Sternschnuppen. Die Umlaufszeit dieses Stromes beträgt sieben Jahre; der Ursprungskomet dürfte sich aufgelöst haben.

Der wenig bekannte Strom der **Cepheïden** macht sich um den 18. August herum bemerkbar. Die Frequenz ist gering, nämlich nur zehn Objekte pro Stunde. Vermutlich sind die Cepheïden ein Zweigstrom der Cygniden. Die Cepheïden-Sternschnuppen sind nicht zu verwechseln mit den Veränderlichen vom Typ δ-Cepheï, die manchmal auch als Cepheïden bezeichnet werden.

Der Fixsternhimmel im August

Das Sommerdreieck steht nun hoch im Süden. Steil über unseren Köpfen, fast im Zenit, erblicken wir die 26 Lichtjahre entfernte Wega in der Leier. Leicht zu erkennen ist der kleine Sternenrhombus der Leier sowie $\varepsilon_{1,2}$ Lyrae, der berühmte Vierfachstern. Gute Augen sollten $\varepsilon_{1,2}$ Lyr doppelt, zumindest länglich sehen.

Daneben findet man das Sternenkreuz des Schwans, das mitten in der sommerlichen Milchstraße liegt. Man hat sich hier einen Schwan im Flug vorzustellen, wobei Deneb, der hellste Stern, den Schwanz darstellt. Deneb (arab.) bedeutet auch *Schwanzstern*. Der Kopfstern am anderen Ende heißt Albireo. Er liegt etwa im Schwerpunkt des Sommerdreiecks.

Atair, der dritte Stern des Sommerdreiecks, bildet den Hauptstern des Adlers (lat.: Aquila), der sich auf seine Beute stürzt. Mit etwas Phantasie kann man sich in dieser Sternengruppierung einen Raubvogel vorstellen. Ein wenig östlich vom Adler stößt man auf das kleine, aber markante Bild des Delphin.

Etwas nördlich von Atair, befindet sich das unscheinbare Bildchen des Pfeiles (lat.: Sagitta). Der Pfeil liegt auf der Linie Deneb – Atair, etwas näher bei Atair.

Herkules, Krone und Schlangenträger samt der Schlange sind bereits in die westliche Hemisphäre gerückt. Auch der helle Arktur im Bootes ist nur noch halbhoch über dem westlichen Horizont zu erblicken. Der Skorpion mit dem hellen, roten Antares hält die Position tief im Südwesten besetzt. Im Süden kulminiert gerade der Schütze (kulminieren = höchste Stellung im Süden einnehmen). Der Schütze (lat.: Sagittarius), der bei uns nie große Höhen über dem Horizont erreicht, beherbergt gerade die drei Planeten Saturn, Uranus und Neptun.

Im Südosten ist der Steinbock über den Horizont geklettert. Er ist ein lichtschwaches Sternbild. Dem Steinbock folgt der Wassermann im Tierkreis, der gerade im Aufgehen begriffen ist.

Im Osten ist das Pegasusquadrat erschienen, das auch Herbstviereck genannt wird. Es deutet somit die kommende Jahreszeit an. Tief im Norden blinkt ein heller Stern: die Kapella im Fuhrmann, die in unseren Breiten zirkumpolar ist.

Objekte für Feldstecher und Fernrohr

Wer mit einem lichtstarken Nachtglas die Gegend um den hellen Stern Wega „abgrast", entdeckt zwischen β und γ Lyrae ein Objekt, das etwas diffus erscheint und nicht punktförmig wie die Sterne. Im Teleskop verstärkt sich noch der Eindruck eines diffusen, rundlichen Objektes. Wüßte man nicht, daß in der Leier kein Planet stehen kann, könnte man an ein Planetenscheibchen denken. Deshalb spricht man bei solchen Objekten von „Planetarischen Nebeln". Die Katalogbezeichnung für den Planetarischen Nebel zwischen β und γ in der Leier lautet

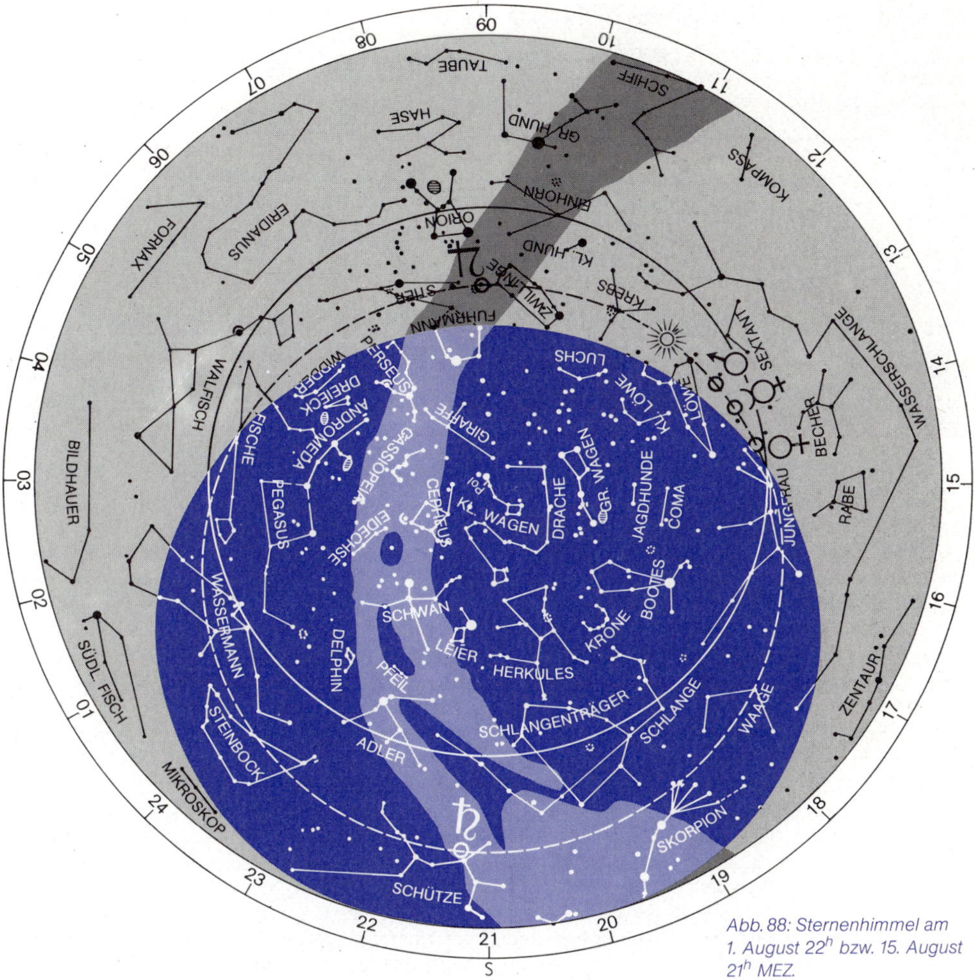

Abb. 88: Sternenhimmel am 1. August 22^h bzw. 15. August 21^h MEZ.

M 57. In größeren Fernrohren – ab etwa 10 cm Öffnung – hat man bei M 57 den Eindruck, ein kleines Ringlein zu sehen. M 57 wird daher als Ringnebel in der Leier bezeichnet. Der heiße Zentralstern, der den Ringnebel zum Leuchten anregt, bleibt allerdings in Amateurfernrohren unsichtbar. Man schätzt, daß M57 etwa 1400 Lichtjahre entfernt ist.
Wer schon mit seinem Fernglas das Sternbild der Leier absucht, stößt schnell auf $\varepsilon_{1,2}$ Lyrae, den berühmten Vierfachstern in der Leier. $\varepsilon_{1,2}$ steht knapp neben der Wega, dem einen Eckstern des Sommerdreiecks. ε_1 und ε_2 stehen in 208" Distanz, sind also theoretisch schon mit bloßen Augen zu trennen. Im Feldstecher erkennt man auf alle Fälle zwei etwa gleich helle Lichtpunkte. Im Fernrohr ab etwa 8 cm Öffnung aufwärts erscheinen ε_1 und ε_2 je doppelt. Die Distanzen betragen 2,"7 und 2,"3.
Auch ζ Lyrae erscheint schon im Fernglas doppelt. Der Abstand beider Komponenten von 47" macht ihn zu einem leichten Objekt. Interessant ist auch das Paar $\delta_{1,2}$ Lyrae, ein optischer Doppelstern. Beide Sterne sind voneinander 10' getrennt. Somit

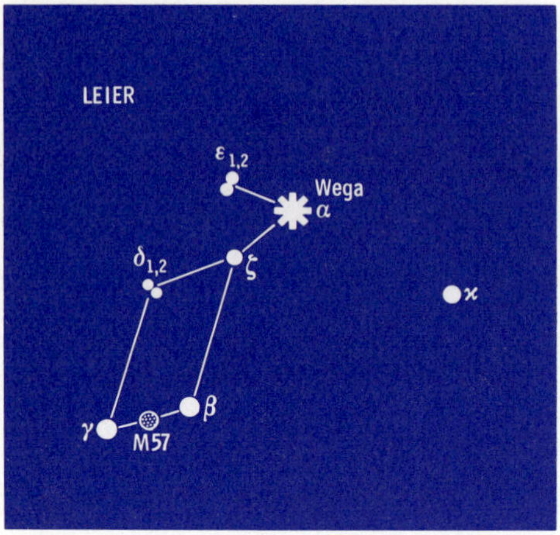

Abb. 89: Das Sternbild Leier mit $\delta_{1,2}$ Lyr und $\varepsilon_{1,2}$ Lyr sowie dem planetarischen Nebel M57, bekannt als Ringnebel in der Leier.

kann man $\delta_{1,2}$ Lyrae als Augenprüfer benutzen, ähnlich wie Mizar und Alkor. Trotz der großen Distanz macht das Paar Mühe, nämlich wegen der Lichtschwäche seiner Komponenten. δ_1 ist 5^m,6 hell und somit ziemlich an der Grenze der Sichtbarkeit für das freie Auge. δ_2 ist ein tiefroter M4-Stern und leicht variabel (4^m,2–4^m,3). Im Fernglas ist $\delta_{1,2}$ ein schönes Paar, das man ohne Schwierigkeiten erkennen kann. Vor allem der Farbkontrast beeindruckt, da δ_1 als B3-Stern intensiv bläulich leuchtet.

Ein weiterer „Paradedoppelstern" im Sommerdreieck ist Albireo, β Cygni, der Kopfstern des Schwans. Er liegt etwa im Schwerpunkt des Sommerdreiecks. Ein rötlich-gelber, 3^m,2 heller Stern wird von einem schwächeren (5^m,4) blauweißen Stern in 34",6 Abstand begleitet.

Im Schwan sollte man sich ferner den Dreifachstern o_1 Cygni nicht entgehen lassen. Ein orangener und zwei bläuliche Sterne bilden ein stumpfwinkeliges Dreieck. Der orangefarbene Hauptstern ist 3^m,8 hell und hat zwei Begleiter: in 107" einen bläulichen Stern 7. Größe und in 338" den Stern 30 Cygni, der ebenfalls bläulich erscheint und 5. Größe ist.

Weniger bekannt, aber bereits in kleinen Fernrohren zu trennen, ist β Cephei. Der 3^m,5 helle Hauptstern hat in 13",6 Entfernung einen Begleiter mit 8^m. Die Distanz ist also ähnlich wie bei Mizar im Großen Wagen, nur der Helligkeitskontrast ist wesentlich größer.

Auch η in der Kassiopeia ist ein empfehlenswerter Doppelstern. Schon Wilhelm HERSCHEL hat η Cassiopeiae im Jahre 1779 als Doppelstern erkannt. Als besonderer Reiz sei die tiefrote Farbe des Begleiters erwähnt. Der gelbliche, 3^m,5 helle Hauptstern besitzt in 12" einen 7^m,2 hellen Kompagnon des Spektraltyps M0. Die Umlaufszeit dieses Systems liegt bei 500 Jahren.

Im westlichen Teil der Kassiopeia liegt der offene Sternhaufen M 52. Er liegt in einer sternreichen Gegend mitten in der Milchstraße und an der Grenze zum Kepheus. Etwa 200 Sterne bilden einen relativ dichtgedrängten Haufen, der sich gut von der Umgebung abhebt. Die hellsten Sterne sind zwischen 8^m und 9^m. M 52 ist rund 3000 Lichtjahre entfernt.

Ein selten beobachteter und darum relativ wenig bekannter Vierfachstern ist $\alpha_{1,2}$ im Steinbock. α_1 ist mit 4^m,5 deutlich lichtschwächer als α_2 Capricorni mit 3^m,8. Beide gelben Sterne (Spektraltyp G) sind 376" voneinander entfernt, so daß jedes normalsichtige Auge sie trennt. Das Paar ist optisch, das bedeutet, daß die Komponenten nicht um einen gemeinsamen Schwerpunkt kreisen, wie das bei einem physischen Doppelstern der Fall ist. α_1 ist nämlich 1600 Lichtjahre, α_2 jedoch nur 120 Lichtjahre von uns entfernt. α_1 Cap hat in 46" noch einen 9^m schwachen Begleiter, der ebenfalls nur optisch dazugehört. Auch α_2 hat einen weiteren Kompagnon, der allerdings sehr lichtschwach ist: 11^m. Er steht in 6",6 Abstand.

α_2 ist ein physisches Paar, wobei der 11^m schwache Begleiter wiederum ein echter Doppelstern ist. Genaugenommen ist also α_2 ein Dreifachstern. In der

Veränderliche Sterne im August

Algol-Minima	1. 22^{h}34^m	19. 3^{h}26^m	22. 0^{h}14^m	24. 21^{h}02^m		
β-Lyrae-Minima	9. 22^h	22. 21^h				
δ-Cephei-Maxima	3. 10^h	8. 19^h	14. 4^h	19. 12^h	24. 21^h	30. 6^h
Mira-Helligkeit	ca. 9^m, steigend					

Monatssternkarte ist $\alpha_{1,2}$ Cap der nördlichste Stern im Steinbock und mit einem kleinen Balken als Doppelstern gekennzeichnet.
An Kugelhaufen bieten sich an M15 im Pegasus und M10 im Schlangenträger. M15 ist in der Monatssternkarte unterhalb des DE von DELPHIN mit einem Kringel angedeutet. Er steht wesentlich westlicher als das eigentliche Pegasusquadrat, etwa 4° nordwestlich des Kopfsternes Enif. Obwohl bei M15 als scheinbarer Durchmesser in den Katalogen 12' angegeben wird, so sind doch die zentralen, helleren Partien, die bei der visuellen Beobachtung auffallen, nur etwa 4' im Durchmesser groß. Die Helligkeit von M15 beträgt $6^m,4$, seine Entfernung rund 31000 Lichtjahre.
M10 im Ophiuchus ist ebenfalls in der Monatssternkarte eingezeichnet, ziemlich im Zentrum des Schlangenträgers, knapp südlich des Äquators, unterhalb des TR von SCHLANGENTRÄGER. M10 hat einen scheinbaren Durchmesser von 15' und eine Helligkeit von $6^m,6$. Er ist mit 14000 Lichtjahren nur halb soweit wie M15 von uns entfernt.
Nicht ganz einfach ist der offene Sternhaufen M11 im Sternbild Scutum (Schild) auszumachen, da er mitten in einer sternreichen Gegend der Milchstraße liegt. Im Fernglas erscheint er als schwaches Lichtfleckchen von etwa einem Drittel Vollmonddurchmesser. Seine Entfernung beträgt 5600 Lichtjahre.
Wenig bekannt ist der offene Haufen Cr. 399 im Sternbild Vulpecula an der Grenze zum Sternbild Sagitta. Er wird manchmal als *Kleiderbügel-Haufen* (engl.: coathanger-cluster) bezeichnet – wegen seiner äußeren Form. Es handelt sich hier um einige verstreute Sterne, zu denen auch 4, 5 und 7 Vulpeculae gehören. Die Katalogbezeichnung Cr. 399 geht auf den Astronomen P. COLLINDER zurück. Gelegentlich wird auch die Abkürzung Col. 399 benutzt. Der *Kleiderbügel-Haufen* hat weder eine MESSIER- noch eine NGC-Nummer. Etwa 40 Sterne besetzen hier ein Gebiet von rund einem Grad Durchmesser. Cr. 399 ist rund 400 Lichtjahre entfernt.

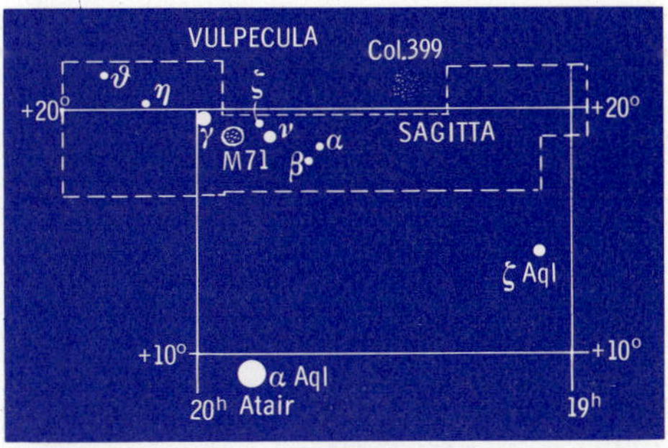

Abb. 90: Der offene Sternhaufen Col. 399 im Sternbild Vulpecula (Füchschen) an der Grenze zum Sternbild Sagitta (Pfeil).

Monatsthema: Das aschgraue Licht des Mondes

Wer die schmale Sichel des zunehmenden Mondes kurz nach Neumond am Abend oder die des abnehmenden Mondes kurz vor Neumond am Morgen bei ausreichend dunklem Himmelshintergrund betrachtet, bemerkt, daß nicht nur die Sichel hell im Sonnenlicht glänzt, sondern die gesamte Mondscheibe zu erkennen ist. Der nicht von der Sonne beleuchtete Teil der Mondscheibe scheint ein schwaches, farbloses Licht abzustrahlen. Dieses *aschgraue* Mondlicht läßt sogar Mondformationen (helle und dunkle Gebiete – Terrae und Maria), vor allem im Fernglas, deutlich sehen. Das aschgraue Mondlicht, auch Sekundärlicht oder lateinisch lumen cinereum genannt, ist keineswegs eine optische Täuschung, wie mancher Beobachter vermuten mag. Tatsächlich leuchtet um die Neumondphase auch der nicht von der Sonne beschienene Teil der Mondkugel in einem schwachen, fahlen Licht. Die richtige Erklärung für das Phänomen des aschgrauen Mondlichts gab erstmals das Universalgenie Leonardo DA VINCI (1452–1519). Auch von Johannes KEPLER (1571–1630) wissen wir, daß er über die Ursache des Sekundärlichtes Bescheid wußte. Das aschgraue Mondlicht ist nichts anderes als reflektiertes Erdlicht, das auf der dunklen, von der Sonne unbeleuchteten Mondhälfte beobachtbar wird. Das aschgraue Mondlicht ist somit Sonnenlicht aus zweiter Hand, daher auch die Bezeichnung Sekundärlicht.
Denn die Erde leuchtet nicht selbst, sondern wird ihrerseits von unserer Sonne beschienen. Wenn das aschgraue Mondlicht von unseren Augen registriert wird, dann ist es Sonnenlicht, das bereits zweimal reflektiert wurde, zuerst von der Erde und dann vom Mond. Die geometrischen Verhältnisse werden in Abb. 91 verdeutlicht: Erde und Mond werden von der Sonne beschienen, deren Lichtstrah-

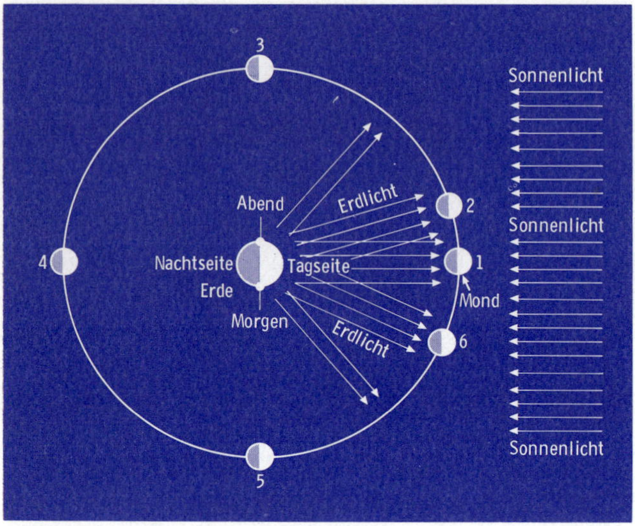

Abb. 91: Zur Entstehung des aschgrauen Mondlichtes. Nähere Erläuterungen siehe Text.

len parallel einfallen. In Neumondstellung (1) ist uns Erdbewohnern die unbeleuchtete Mondhälfte zugekehrt, der Mond ist deshalb nicht zu sehen (außer als Schatten vor der Sonnenscheibe in den seltenen Fällen einer Sonnenfinsternis). In der Neumondstellung sieht aber ein Astronaut auf der der Erde zugekehrten (dunklen) Mondseite die Erde als voll beleuchtete Scheibe; er erlebt gewissermaßen die Phase *Vollerde.* Bei Vollmond (4) hingegen zeigt die unbeleuchtete Erdhälfte zum Mond; für unseren Astronauten ist die Phase *Neuerde* eingetreten.

Bei Neumond wird also die dunkle Mondhalbkugel vom Schein der Vollerde beleuchtet. Die Vollerde strahlt wesentlich heller, vom Mond aus betrachtet, als der Vollmond in einer irdischen Nacht. Zum einen hat die Erdscheibe einen viermal größeren Durchmesser als die Mondscheibe, die leuchtende Fläche ist somit sechzehnmal größer, zum anderen ist das Reflexionsvermögen (die Albedo) der Erde höher als das des doch recht dunklen Mondes, so daß die Vollerde rund hundertmal (also fünf Größenklassen) heller leuchtet als der Vollmond. Bei Neumond kann man allerdings das vom Mond reflektierte Erdlicht nicht sehen, da der Mond mit der Sonne am Taghimmel steht.

In Stellung (2) haben wir auf dem Mond noch fast Vollerde. Ähnlich sind die Verhältnisse kurz vor Neumond: In Stellung (6) sieht man am nächtlichen Morgenhimmel, bevor die Dämmerung den Himmel zu sehr aufgehellt hat, das aschgraue Mondlicht neben der schmalen Sichel des abnehmenden Mondes.

Das aschgraue Mondlicht kann nur kurze Zeit vor und nach Neumond beobachtet werden. Der Effekt des zarten Sekundärlichtschimmers nimmt mit zunehmender Mondsichel rasch ab. Einmal nimmt die Erdphase immer mehr ab. In Stellung (3), bei zunehmendem Halbmond also, ist *Halberde* erreicht, der Mond wird nur noch von der halben Erdscheibe beleuchtet. Zum anderen wird die Mondsichel immer breiter und damit heller, während der unbeleuchtete Teil der Mondscheibe entsprechend abnimmt. Bald überstrahlt somit die Mondsichel den immer schwächer werdenden Schimmer des aschgrauen Mondlichtes.

Die Beobachtung des aschgrauen Mondlichtes bietet nicht nur den ästhetischen Reiz eines schönen Naturphänomens, sondern dient auch einem wissenschaftlichen Zweck. Aus der Intensität des Sekundärlichtes kann auf das Rückstrahlungsvermögen (Albedo) der Erde geschlossen werden. Während der Mond nur 7 Prozent des einfallenden Sonnenlichtes reflektiert, also ein sehr dunkler, grauer Körper ist, beträgt die mittlere Albedo der Erde immerhin 39 Prozent, was vor allem auf die hellen Wasserdampfwolken in unserer Lufthülle zurückzuführen ist. (Siehe Abb. 116, Seite 165.)

Noch ein weiteres Phänomen läßt sich im Zusammenhang mit dem aschgrauen Mondlicht beobachten: Blicken wir zur schmalen Mondsichel empor und sehen gleichzeitig die restliche Mondscheibe im fahlen Sekundärlicht zart schimmern, dann gewinnen wir den Eindruck, als habe die Sichel einen größeren äußeren Umfang als die schwach leuchtende Scheibe. Dieser Eindruck beruht in der Tat auf einer optischen Täuschung. Der Astronom spricht von einer *Irradiation.* Der Begriff stammt aus dem Lateinischen und bedeutet soviel wie *Überstrahlung.* Es handelt sich um einen psychologischen Effekt, bedingt durch die Physiologie der Netzhaut (Retina) und der Verarbeitung der Lichtreize in unserem Gehirn. Helle Areale erscheinen immer größer, als es ihren geometrischen Abmessungen entspricht. Ein heller Fleck auf dunklem Hintergrund erscheint uns stets größer als ein gleich großer, aber dunkler Fleck auf hellem Hintergrund. Ein ähnlicher Effekt tritt auf, wenn man das aschgraue Mondlicht fotografiert. Es muß dabei länger belichtet werden, als wenn nur die Mondsichel auf den Film gebannt werden soll. Durch die längere Belichtungszeit wird allerdings die Mondsichel überbelichtet, so daß sie Teil einer größeren Kugel zu sein scheint als die im aschgrauen Licht erhellte Mondkugel. Für Sternfreunde kann es eine reizvolle Aufgabe sein, mit bloßen Augen und mit Fernglas zu testen, bis zu welchem Mondalter man das aschgraue Mondlicht noch beobachten kann und welche Formationen im Sekundärlicht erkannt werden können. Ist der hellste Punkt auf dem Mond, der Krater Aristarch, im aschgrauen Licht zu sehen? Wenn ja, wann? Besser bei zunehmendem oder abnehmendem Mond? Die Ergebnisse sollte man wie alle astronomischen Beobachtungen in einem Protokoll festhalten.

Abb. 92: Das aschgraue Licht des Mondes – schematische Darstellung des Phänomens der Irradiation.

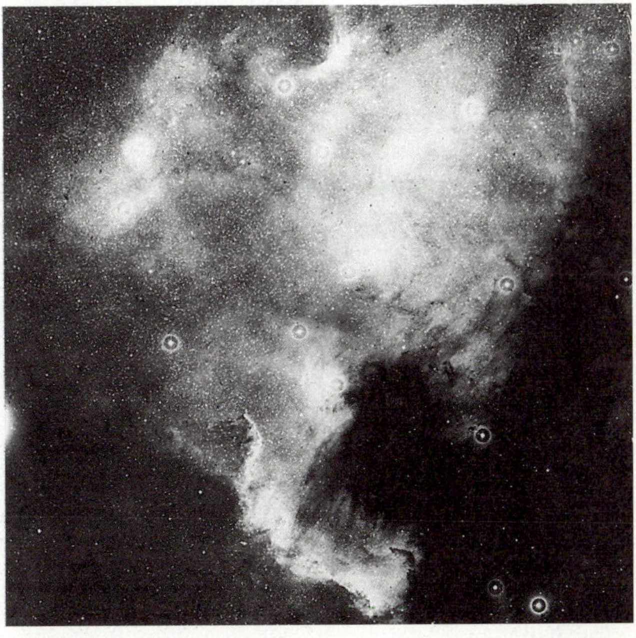

Abb. 93: Der Nordamerikanebel im Sternbild Schwan (Aufnahme Hale-Observatories).

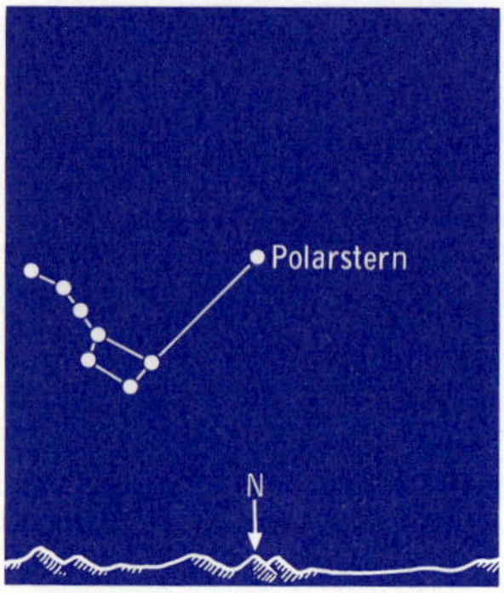

Himmelswagen
Anfang September 22^h MEZ

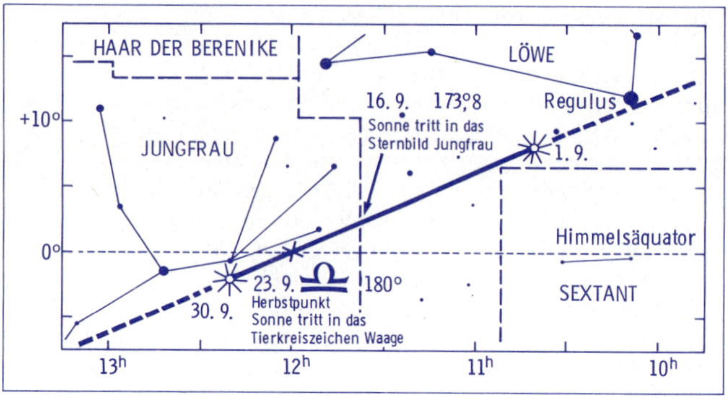

Sonnenlauf

Sonne

Datum	Aufgang	Untergang	Kulmination	Zeitgleichung	Mittagshöhe	Rektaszension	Deklination	Sternzeit 1^h MEZ
3.	5^{h}38^m	19^{h}00^m	12^{h}19^m	+1^m	47°,5	10^{h}48^m	+7°,6	22^{h}48^m
8.	5 45	18 49	12 18	+2	45,6	11 06	+5,8	23 08
13.	5 53	18 38	12 16	+4	43,7	11 24	+3,9	23 28
18.	6 00	18 27	12 14	+6	41,8	11 42	+2,0	23 48
23.	6 08	18 16	12 12	+8	39,8	12 00	0,0	0 07
28.	6 15	18 05	12 11	+9	37,9	12 18	–1,9	0 27

Julianisches Datum am 1. September, 1^h MEZ: 2 447 770,5

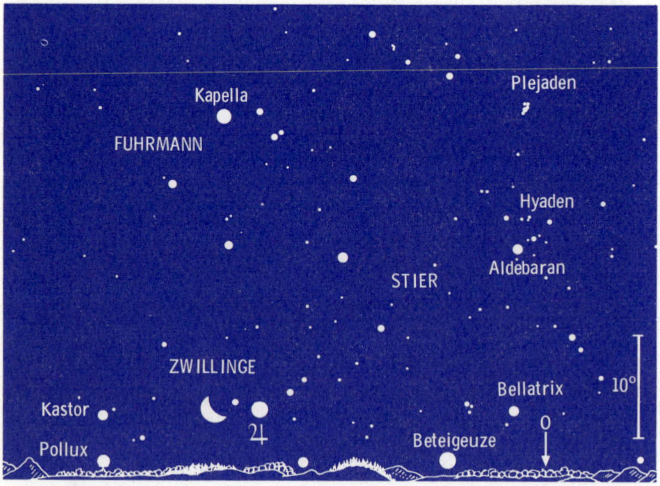

Abb. 94: Himmelsanblick am 22. September gegen 24^h MEZ, dies entspricht dem 23. September 1^h MESZ. Jupiter und der abnehmende Mond sind knapp über dem Nordosthorizont im Sternbild Zwillinge zu erkennen.

Tages- und Nachtstunden im September

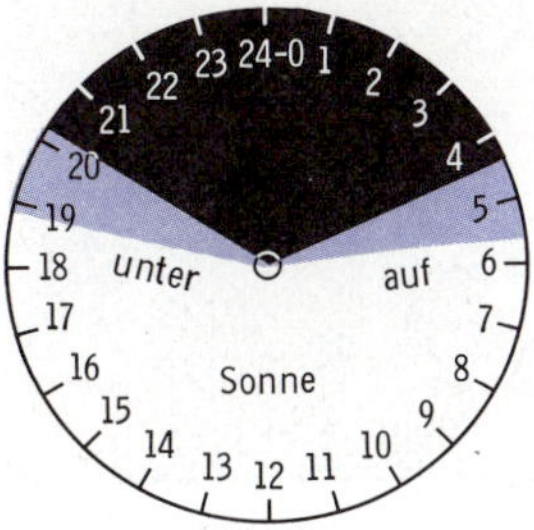

5. September

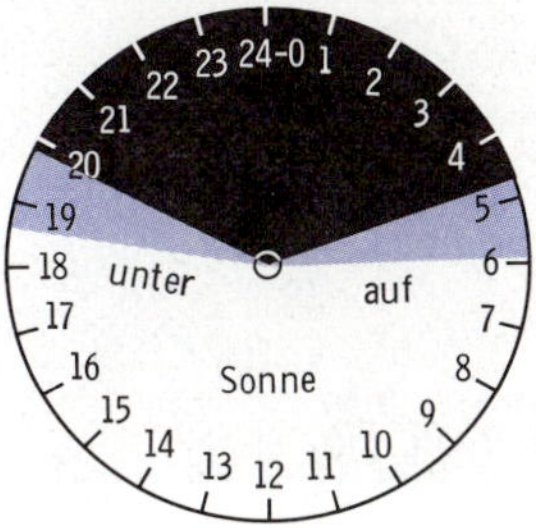

15. September

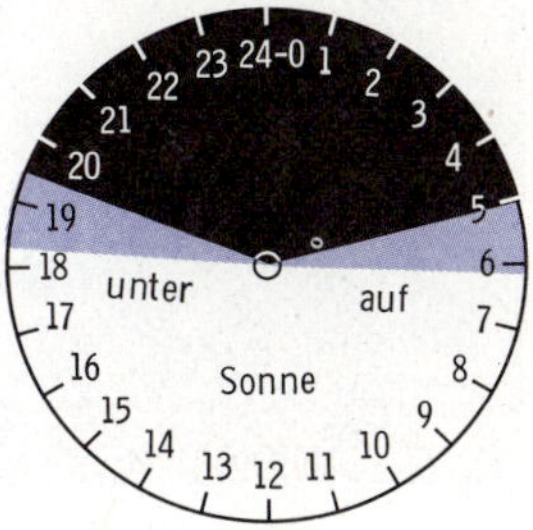

25. September

Mondlauf im September

Datum		Aufgang	Untergang	Rektaszension	Deklination	Sterne und Sternbilder	Phase	MEZ
Fr	1.	6^h50^m	19^h13^m	11^h09^m	+ 3°,3	Löwe		
Sa	2.	7 58	19 25	11 52	− 2,3	Jungfrau		
So	**3.**	9 07	19 38	12 35	− 7,8	Jungfrau		
Mo	4.	10 16	19 53	13 18	−13,0	Spica	Erdferne	
Di	5.	11 26	20 11	14 03	−17,7	Jungfrau		
Mi	6.	12 37	20 35	14 50	−21,8	Waage		
Do	7.	13 46	21 08	15 40	−25,0	Waage	Größte Südbreite	
Fr	8.	14 51	21 52	16 33	−27,1	Antares	**Erstes Viertel**	10^h49^m
Sa	9.	15 45	22 51	17 29	−27,9	Schlangenträger		
So	**10.**	16 29	–	18 26	−27,3	Schütze	Libration Ost	
Mo	11.	17 02	0 03	19 23	−25,2	Schütze		
Di	12.	17 27	1 23	20 20	−21,7	Steinbock		
Mi	13.	17 47	2 48	21 16	−16,8	*Steinbock	Aufsteigender Knoten	
Do	14.	18 04	4 15	22 10	−10,9	*Wassermann		
Fr	15.	18 20	5 42	23 03	− 4,2	Wassermann	**Vollmond**	12^h51^m
Sa	16.	18 36	7 10	23 56	+ 2,8	Fische	Erdnähe	
So	**17.**	18 55	8 40	0 50	+ 9,7	Fische		
Mo	18.	19 17	10 10	1 46	+16,0	*Hamal		
Di	19.	19 48	11 40	2 45	+21,3	*Widder		
Mi	20.	20 28	13 04	3 46	+25,2	*Plejaden	Größte Nordbreite	
Do	21.	21 23	14 16	4 48	+27,4	Aldebaran		
Fr	22.	22 30	15 11	5 50	+27,8	*Stier	**Letztes Viertel**	3^h10^m
Sa	23.	23 45	15 50	6 50	+26,6	*Zwillinge	Libration West	
So	**24.**	–	16 19	7 47	+23,9	Kastor, Pollux		
Mo	25.	1 02	16 40	8 39	+20,1	Krebs, Krippe		
Di	26.	2 16	16 56	9 28	+15,5	*Löwe	Absteigender Knoten	
Mi	27.	3 29	17 10	10 14	+10,3	*Regulus		
Do	28.	4 39	17 22	10 58	+ 4,8	Löwe		
Fr	29.	5 47	17 34	11 41	− 0,8	Jungfrau	**Neumond**	22^h47^m
Sa	30.	6 55	17 46	12 23	− 6,3	Jungfrau		

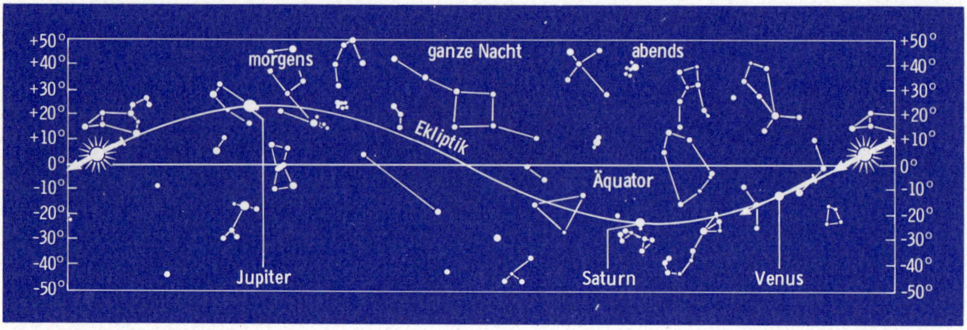

Planetenlauf im September

Merkur wird am 11. stationär und nähert sich anschließend rückläufig rasch der Sonne. Zwei Wochen später, am 24., steht er in unterer Konjunktion mit der Sonne. Den ganzen Monat über bleibt der sonnennahe Planet unbeobachtbar. Erst Mitte nächsten Monats wird man ihn am Morgenhimmel sehen können.

Venus strebt weiterhin südlicheren Gefilden zu, was für ihre Abendsichtbarkeit nicht förderlich ist. Ihre Untergänge verlagern sich von 20^h11^m zu Monatsbeginn auf 19^h17^m zu Monatsende. Sie wandert aus der Jungfrau in die Waage. Am 5. passiert sie die Spica (α Virginis), die allerdings nur in einem sehr guten Fernglas 2° südlich der Venus gesehen werden kann.

Wer regelmäßig die Venus beobachtet, bemerkt, wie sie ihre Untergangspunkte verlagert: Ging sie im Juni noch im Nordwesten, im August im Westen unter, so rutschen die Untergangspunkte nun immer mehr nach Südwesten (siehe auch Abb. 81 auf Seite 108).

Die Helligkeit der Venus nimmt leicht auf $-4\overset{m}{.}1$ zu. Im Fernrohr bemerkt man nun deutlich ein Anwachsen des Venusscheibchens, dessen Durchmesser auf $17\overset{''}{.}5$ zunimmt. Am 4. sind genau $^3/_4$ des Scheibchens beleuchtet; in den folgenden Monaten nimmt die Venusphase weiter ab. Halbvenus wird Anfang November erreicht.

Mars wird von der Sonne eingeholt: Am 29. steht er in Konjunktion mit ihr und bleibt unbeobachtbar.

Am Tag der Konjunktion ist der rote Planet 395,5 Millionen Kilometer von der Erde entfernt.

Am 3. hat die Marsnordhalbkugel Sommerbeginn.

Jupiter, zu Monatsbeginn Planet der zweiten Nachthälfte, verlagert seine Aufgänge in die Zeit weit vor Mitternacht. Er wandert rechtläufig durch die Zwillinge, wobei seine Geschwindigkeit merkbar abnimmt – der Stillstand ist nicht mehr ferne. Auch die Helligkeit nimmt nun deutlich auf $-2\overset{m}{.}3$ zu. Am 1. erfolgt der Aufgang des Riesenplaneten um 23^h56^m, am 15. um 23^h10^m und am 30. schon um 22^h19^m.

Der abnehmende Mond passiert am 22. gegen Mitternacht etwa 4° nordöstlich den Jupiter.

Der Äquatordurchmesser des Jupiterscheibchens erreicht 39".

Saturn beendet seine Rückläufigkeit im Schützen, die Oppositionsperiode ist vorbei. Am 11. wird der Ringplanet stationär und kehrt seine Bewegungsrichtung um; er wird wieder rechtläufig, was man zunächst kaum bemerkt, da er sich kaum von der Stelle bewegt.

Die Helligkeit geht merkbar von $0\overset{m}{.}3$ auf $0\overset{m}{.}5$ zurück. Die Untergangszeiten verlagern sich in die Zeit weit vor Mitternacht: Am 1. erfolgt der Saturnuntergang um 0^h16^m und am 15. bereits um 23^h17^m. Am letzten Tag des Monats verschwindet der Ringplanet schon um 22^h19^m unter dem Horizont. Nach Einbruch der Dunkelheit hat Saturn seinen Meridiandurchgang schon hinter sich und steht tief im Südwesten.

Uranus im Schützen wird am 10. stationär und beendet damit seine Oppositionsperiode. Von nun an ist er wieder rechtläufig. Die Helligkeit des grünlichen Planeten geht leicht um $0\overset{m}{.}1$ auf $5\overset{m}{.}7$ zurück. Die Sichtbarkeitszeiten schrumpfen drastisch. Nach Einbruch der Dunkelheit hat Uranus seinen Meridiandurchgang bereits hinter sich und ist tief im Südwesten in Horizontnähe aufzusuchen.

Am 1. geht Uranus um 19^h42^m durch den Meridian,

Jupitermond-Erscheinungen

Datum	MEZ	Vorgang	
1.	3^h11^m	II	SA
3.	3 11	II	BE
	4 15	I	SA
4.	1 23	I	VA
	4 50	I	BE
5.	0 55	I	SE
	2 07	I	DE
6.	2 27	III	SE
	4 38	III	DA
10.	0 46	II	VA
11.	3 17	I	VA
12.	0 14	II	DE
	0 37	I	SA
	1 52	I	DA
	2 49	I	SE
	4 04	I	DE
13.	1 16	I	BE
	3 42	III	SA
17.	1 45	III	BE
	3 20	II	VA
18.	5 11	I	VA
19.	0 14	II	SE
19.	0^h18^m	II	DA
	2 31	I	SA
	2 55	II	DE
	3 47	I	DA
	4 42	I	SE
20.	3 12	I	BE
21.	0 28	I	DE
24.	0 25	III	VE
	2 57	III	BA
26.	0 18	II	SA
	2 51	II	SE
	2 57	II	DA
	4 24	I	SA
	5 34	II	DE
	5 42	I	DA
27.	1 33	I	VA
	5 08	I	BE
28.	0 10	I	DA
	0 24	II	BE
	1 04	I	SE
	2 22	I	DE
	23 36	I	BE

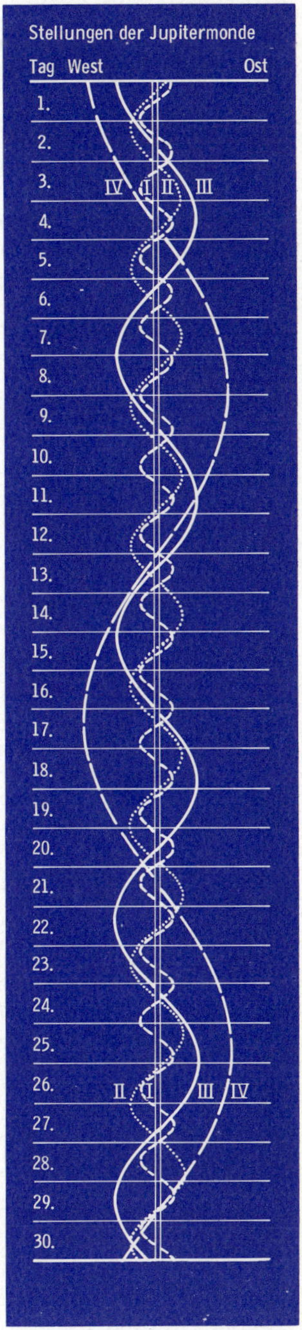

Konstellationen und Ereignisse im September

Datum	MEZ	Ereignis
2.	17^h	Mond bei Merkur, Mond 0°6 südlich
3.	22	Mond bei Venus. Mond 5° südlich
5.	–	Pluto im Perihel
9.	17	Mond bei Uranus, Mond 4° südlich
10.	2	Uranus im Stillstand, anschließend rechtläufig
10.	3	Mond bei Saturn. Mond 4° südlich
10.	8	Mond bei Neptun, Mond 5° südlich
11.	6	Saturn im Stillstand, anschließend rechtläufig
11.	15	Merkur im Stillstand, anschließend rückläufig
21.	6	Neptun im Stillstand, anschließend rechtläufig
22.	23	Mond bei Jupiter. **Mond 4° nördlich**
23.	2^h20^m	Sonne im Herbstpunkt, Tagundnachtgleiche
24.	23	Merkur in unterer Konjunktion mit der Sonne
29.	20	Mars in Konjunktion mit der Sonne

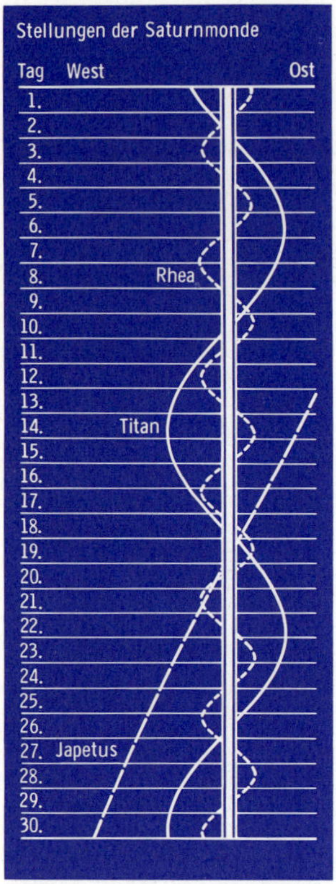

am 15. kulminiert er um 18^h47^m und am 30. schon um 17^h49^m. Am letzten Tag des Monats erfolgt sein Untergang bereits um 21^h47^m.

Neptun tritt im Schützen fast auf der Stelle. Am 21. wird er stationär und beendet damit seine Rückläufigkeit. Von nun an zieht er wieder rechtläufig seine Bahn unter den Sternen, die Oppositionsperiode ist vorüber. Die Beobachtungschancen des $7^m,9$ hellen Planeten werden zunehmend ungünstiger. Nur die immer früher einsetzende Dunkelheit läßt noch einen Spielraum, Neptun mit lichtstarkem Fernglas oder Fernrohr aufzusuchen.

Am 15. kulminiert Neptun um 19^h23^m und geht um 23^h30^m unter; für den 30. lauten diese beiden Zeiten: 18^h24^m und 22^h31^m. Jeweils bis etwa zwei Stunden vor Untergang kann Neptun mit Aussicht auf Erfolg gesucht werden. Um die Monatsmitte kommt Mondlicht störend hinzu.

Pluto in der Jungfrau durchläuft am 5. das Perihel seiner Bahn. An diesem Tag trennen ihn 4436 Millionen Kilometer von der Sonne. Er ist damit näher der Sonne als Neptun, der zur Zeit der fernste Planet ist (siehe auch Monatsthema: *Pluto in „Sonnennähe"*, Seite 87).

Planetoiden

Ceres – Planetoid Nr. 1 –, rechtläufig in den Zwillingen, nimmt um $0^m,3$ an Helligkeit zu und erreicht $8^m,6$. Ihre Kulminationszeiten lauten: am 1.: 7^h16^m, am 15.: 6^h37^m und am 30.: 5^h52^m.

Pallas – Planetoid Nr. 2 – wandert rasch südlich durch den Walfisch auf φ_2 Ceti zu (siehe Abb. 87 auf Seite 119). Ihre Helligkeit nimmt um $0^m,5$ auf $8^m,2$ zu. Am 1. geht sie um 2^h46^m, am 15. um 1^h45^m und am 30. um 0^h36^m durch den Meridian. Am letzten Tag des Monats erreicht sie ihre Oppositionsstellung zur Sonne.

Vesta – Planetoid Nr. 4 –, wieder rechtläufig im Schützen, wandert im letzten Monatsdrittel an λ Sagittarii vorbei. Die Vestahelligkeit geht weiter zurück und beträgt am Monatsende nur noch $7^m,4$. Geht Vesta am 1. um 23^h25^m und am 15. um 22^h40^m unter, so erfolgt ihr Untergang am 30. bereits um 21^h59^m. Die Kulminationszeiten lauten: am 1.: 19^h39^m, am 15.: 18^h57^m und am 30.: 18^h18^m.

Eunomia – Planetoid Nr. 15 –, rückläufig im Wassermann, wird deutlich langsamer; das Ende der Oppositionsschleife wird Anfang nächsten Monats erreicht. Die Helligkeit sinkt von $8^m,2$ zu Monatsbeginn auf $8^m,7$ zu Monatsende ab.

Am 1. geht Eunomia um 23^h34^m durch den Meridian, am 15. um 22^h27^m und am 30. bereits um 21^h21^m.

Periodische Sternschnuppenströme im September

Die **Pisciden** sind in der ersten Septemberhälfte zu erwarten. Ihr Ausstrahlungspunkt liegt in den Fischen. Die Beobachtungszeit liegt zwischen 21^h und 4^h morgens. Das Maximum tritt um den 12. September auf, wobei etwa 15 Meteore pro Stunde auftauchen. Die Geschwindigkeit der Meteorite liegt um 30 Kilometer pro Sekunde. In den letzten Jahren hatte man den Eindruck, daß die Pisciden in mehrere Teilströme zerfallen, von denen einer bis Mitte Oktober tätig ist.

Die **Tauriden** tauchen ab 19. September bis Anfang

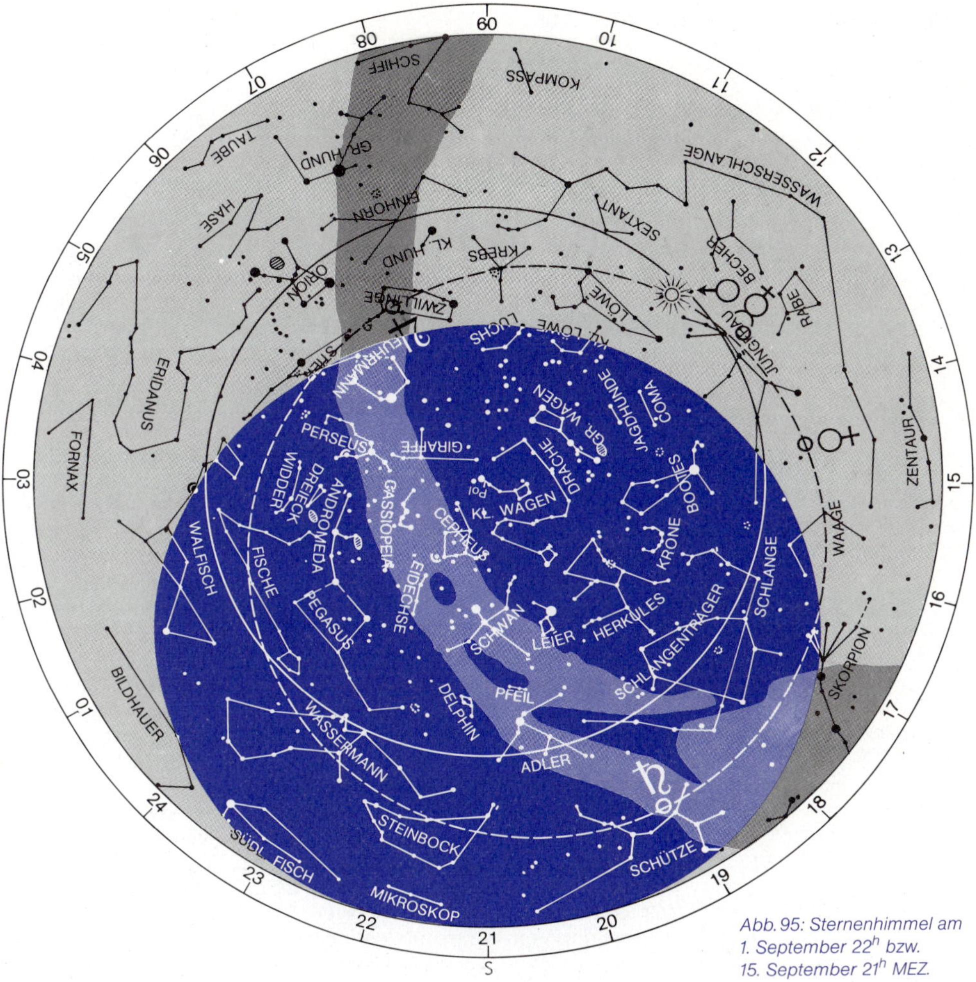

Abb. 95: Sternenhimmel am 1. September 22^h bzw. 15. September 21^h MEZ.

Dezember auf. Ihr Radiant liegt im Stier. Der Tauriden-Strom geht wahrscheinlich auf den Kometen ENCKE zurück. Das wenig ausgeprägte Maximum fällt auf den 13. November. Die Objekte sind im Mittel 29 Kilometer pro Sekunde schnell, haben also mittlere Geschwindigkeiten.

Ein relativ neuer Strom sind die **Delta-Aurigiden**, dessen Radiant im Fuhrmann nahe δ Aurigae zu finden ist. Es sind schnelle, aber seltene Objekte. Ihre Geschwindigkeit liegt bei 60 Kilometer pro Sekunde. Nur zwei bis drei Meteore sind pro Stunde zu erwarten.

Der Fixsternhimmel im September

Im wesentlichen hat sich der Anblick des Sommerhimmels noch erhalten. Die Kulissen, sprich Sternbilder, haben sich jedoch schon ein wenig nach Westen verschoben. Der Skorpion mit dem roten Antares ist allerdings schon von der Himmelsbühne abgetreten. Im Osten hingegen beginnt der Aufmarsch der Herbststernbilder.

Der Himmelswagen ist nach Nordwesten herabge-

Veränderliche Sterne im September

Algol-Minima	8. 5^h06^m	11. 1^h54^m	13. 22^h43^m	16. 19^h32^m	28. 6^h46^m
β-Lyrae-Minima	4. 19^h	17. 18^h	30. 16^h		
δ-Cephei-Maxima	4. 15^h	9. 24^h	15. 8^h	20. 17^h	26. 2^h
Mira-Helligkeit	ca. 7^m, steigend				

sunken, das Himmels-W, die Kassiopeia, dafür im Nordosten emporgestiegen.
Nach wie vor zieht das Sommerdreieck mit Wega, Deneb und Atair die Blicke auf sich und bestimmt maßgeblich den Charakter des Sternenhimmels.
Die Leier mit der hellen Wega ist aus dem Meridian herausgewandert. Ihren Platz nimmt nun der Schwan ein. Tief im Süden hat der Steinbock nun die Mittagslinie erreicht und damit den Schützen nach Südwesten verdrängt, der sich noch im Vormonat behauptet hat. Im Schützen fällt nach wie vor der Saturn als helles Gestirn auf.
Sehr günstige Beobachtungsbedingungen vorausgesetzt, kann man südlich des Steinbocks sogar in unseren Breiten das Sternbild Mikroskop (lat.: Microscopium) entdecken. Das Mikroskop ist ein neuzeitliches Sternbild und wurde von dem französischen Astronomen Nicolas Louis De Lacaille (1713–1762) eingeführt.
Im Westen behauptet sich der Herkules, südlich von ihm ist der Schlangenträger zu finden. Der Kopf der Schlange erreicht fast den Westhorizont, während der Schwanz der Schlange noch recht hoch im Südwesten auf Atair deutet. Tief im Westen macht sich noch der Arktur durch seine Helligkeit bemerkbar.
Das Pegasusquadrat hat im Osten den Himmel erobert. Die eine Spitze zeigt zum Horizont, der Pegasus sieht gegenwärtig wie eine überdimensionale Vorfahrtstafel aus. Auch Andromeda, Perseus, die Fische und der Widder sind in den östlichen und nordöstlichen Bereichen des Firmaments aufgetaucht und weisen auf den kommenden Herbst hin.

Aus der Sagenwelt der Sternbilder: Der Drache (Draco)

Der Drache ist ein sehr ausgedehntes (fast zwölf Rektaszensionsstunden), aber lichtschwaches Sternbild in der Nähe des Himmelsnordpols. Nur Eltanin, γ Draconis, im Kopf des Drachen ist 2. Größe, alle übrigen Sterne sind 3. und 4. Größenklasse oder noch schwächer. Der Kopf des Drachens wird durch ein etwa 4° großes Sternenviereck markiert, das nördlich vom Herkules liegt. Der gewundene Leib ist schwer auszumachen, der lange Schwanz des Drachens geht zwischen den Sternbildern Großer und Kleiner Bär hindurch. Er bildet gewissermaßen eine Trennungslinie zwischen beiden Bärinnen. Bei den älteren griechischen Astronomen wurde von einer *Schlange zwischen den Bärinnen* gesprochen. Der Drache ist ein zirkumpolares Sternbild, das somit bei uns in jeder klaren Nacht des Jahres zu sehen ist. Er gehört zu den ältesten Sternbildern, das meistens mit Unheil oder Gefahr in Verbindung gebracht wurde.
Bei den Babyloniern war der Drache allerdings eine positive Figur: Er war ein wachsamer Drache, der unablässig den Himmelspol umrundet und scharfäugig in jede Richtung blickt, damit ihm ja nichts entgehe. Deshalb ist der Drache stets über dem Horizont zu sehen, er begibt sich niemals zur Ruhe. Später wurde daraus jedoch der bösartige babylonische Drache Tiamat, den der Sonnengott Izhdubar überwältigte.
Diese Version übernahmen die Ägypter, bei denen der Drache Tanem hieß. Ursprünglich sahen sie in diesem Sternenareal ein Flußpferd (Hippopotamos), ein Symbol für die Gottheit Athor bzw. Isis Hathor, die ägyptische Venus. Bei den Arabern findet man die Bezeichnung Al Tinnin für den Drachen. Der Name ist auf den hellsten Stern im Drachen, γ Draconis, übergegangen: Eltanin oder auch Etamin genannt. Die korrekte und vollständige arabische Bezeichnung für γ Dra lautet: Al Ras al Tinnin, das Haupt des Drachens.
Bei den Babyloniern findet sich auch die Darstellung einer Schnecke mit einem Drachenschwanz. Die babylonische Bezeichnung Sir für Schlange ist aber nicht sicher diesem Sternbild zuzuordnen. Bei den Persern hingegen sah man hier Azhdeha oder Haschtehar, die menschenfressende Schlange, während die Hindus das Sternbild Shi-shu-mara, der Alligator, nannten. Die Griechen übernahmen die babylonische Vorstellung von einem Drachen. Claudios Ptolemaios (100–178 n.Chr.) spricht von

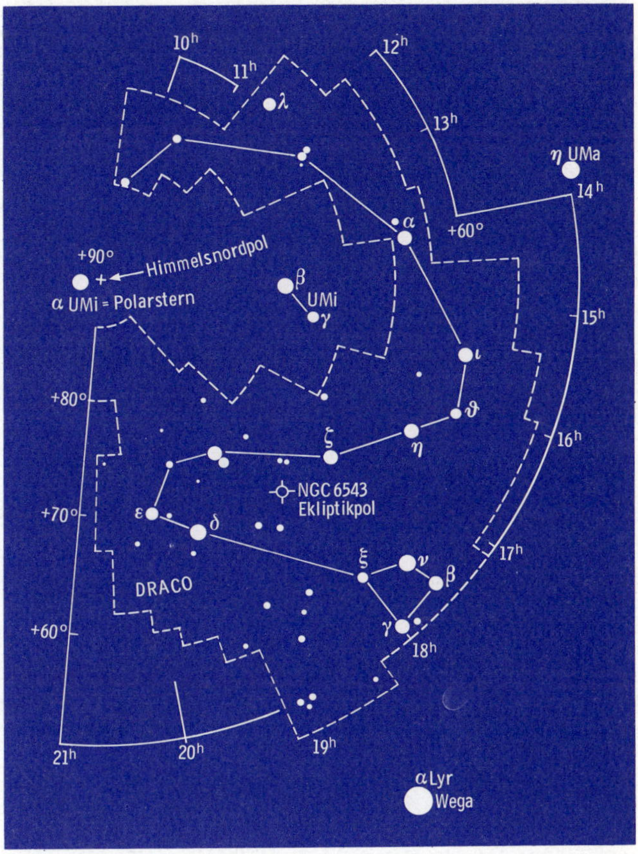

Abb. 96: Das sich über viele Rektaszensionsstunden ausdehnende Sternbild Drache (Draco). In ihm liegt auch der Nordpol der Ekliptik, an dessen Stelle zufällig der planetarische Nebel NGC 6543 zu finden ist.

Δράκων (griech., Drache), wobei verschiedene Namen auftauchen: Ὄφις (Ophis), Python, Ladon (in der Argonautensage). In der römischen Welt findet man gelegentlich Aesculapius (Äskulap) und Serpens (lat., Schlange) für dieses Sternbild.
In der klassischen Mythologie ranken sich zwei Sagen um das Sternbild Drache. Die bekanntere Geschichte sieht im Drachen den Bewacher der goldenen Hesperidenäpfel, der von Herakles (Sternbild Herkules) bezwungen wird: Hera, strahlend schöne Gemahlin des Göttervaters Zeus, erhielt von Gaia, Göttin der Erde, als Hochzeitsgeschenk einen wunderbaren Baum, der jedes Jahr drei goldene Äpfel trug.
Hera pflanzte den herrlichen Baum, Symbol ewiger Jugend und Fruchtbarkeit, im Göttergarten, weit jenseits des Okeanos am westlichen Rande der Erde. Dort wohnten auch die Hesperiden, die Töchter des Atlas und der Hesperis, die von den goldenen Früchten zu naschen begannen. Daraufhin schickte Hera den Drachen Ladon, der die Äpfel bewachen sollte. Ladon schlängelte seinen gewaltigen Leib um den Baumstamm. Aus seinen nie schlafenden Augen sprühten Funken, aus seinem mit spitzen, dolchscharfen Zähnen bestückten Maul spie er Feuer in alle Richtungen. Sein Körper war mit Schuppen, hart wie Eisen, bedeckt.
König Eurystheus von Mykene hatte Herakles als zwölfte Aufgabe aufgetragen, die goldenen Äpfel von besagtem Baume zu holen. Nach mancherlei Irrfahrten und gefährlichen Abenteuern erreichte Herakles schließlich das westliche Ende des Erd-

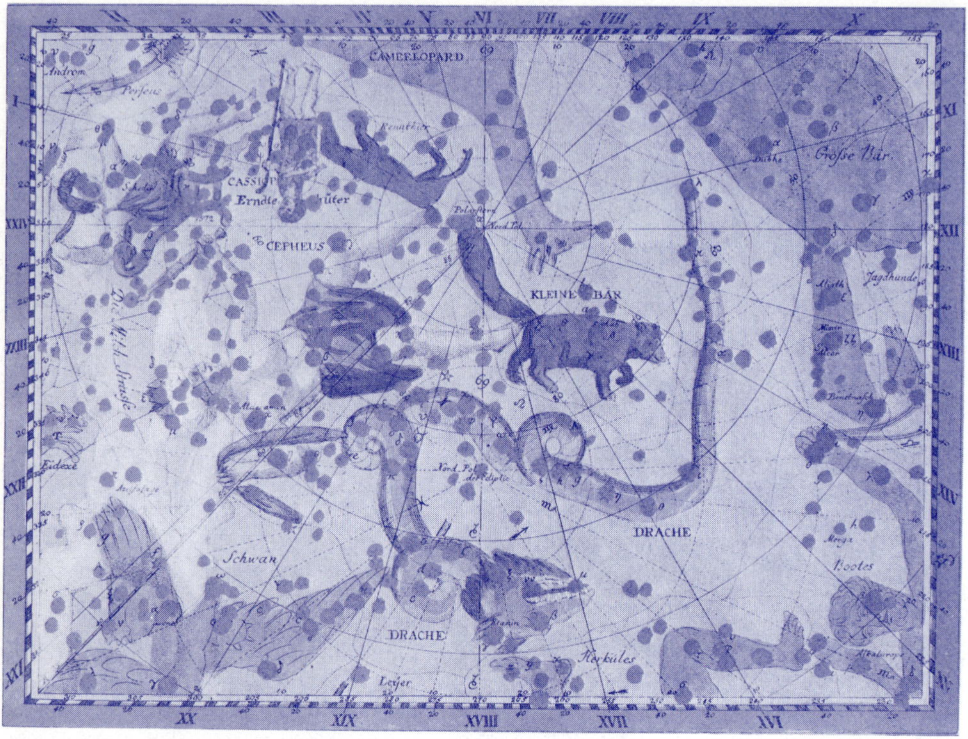

Abb. 97: Figürliche Darstellung des Sternbildes Drache in dem Sternatlas von Johann Elert BODE *aus dem Jahre 1782.*

kreises, wo er Atlas, den Träger des Himmelsgewölbes traf. Er setzte seinen Weg fort und drang in den Garten der Hesperiden ein. Von ferne erkannte er die goldenen, glänzenden Äpfel im Lichte der sinkenden Sonne. Doch kaum hatte er sich dem Baum genähert, fiel der feuerspeiende Drache über ihn her. Herakles holte weit aus, und seine Keule landete krachend auf dem Schädel des Ladons, der betäubt zu Boden sank. Wie besinnungslos drosch Herakles weiter auf den Drachen ein, bis dessen letzte Zuckungen aufhörten und das Monster regungslos und tot vor ihm lag. Herakles schnappte sich drei goldene Äpfel und verließ den Ort seiner Tat. Hera aber versetzte den Drachen zur ewigen Erinnerung an diese Tat unter die Sterne. Am Himmel sieht man, wie Herakles seinen Fuß auf den Drachenkopf setzt.

In einer anderen griechischen Sage handelt es sich bei dem Drachen um das Ungetüm Python, einer mehr schlangenähnlichen Gestalt. Python wohnte in der Gegend um Delphi und bewachte das Heiligtum der Themis. Sie brachte viel Unheil über das Land. Die Drachenschlange verwüstete die Felder, erwürgte Menschen und Tiere und soff die Bäche und Flüsse leer, so daß eine schreckliche Dürre die Bewohner heimsuchte. Python wurde durch Apollon, der es meisterhaft verstand, mit Pfeil und Bogen umzugehen, durch einen einzigen Schuß erlegt. An der Stelle, die von Python bewacht wurde, errichtete Apollon sein berühmtes Orakel von Delphi. Die Götter versetzten Python unter die Sterne, wo er nun den Ekliptikpol bewacht.

Bei den Chinesen, wo sonst Drachen eine große Rolle spielten, hieß aber das Sternbild Drache Tsi Kung, was Palast des Himmlischen Herrschers bedeutete, wohl, weil sich alles im fernen Altertum um α Draconis drehte. Denn 2800 v. Chr. war Thuban, so heißt α Dra, Polarstern. Seine Distanz zum Pol betrug nur $^1/_3$ Monddurchmesser. Damit war α Dra etwa fünfmal näher dem Himmelsnordpol als unser heutiger Polarstern (α UMa). Allerdings ist α Dra nur $3^m_,6$ hell und somit nicht besonders auffällig.

Der christliche Sternbilderhimmel erkennt im Sternbild Drache die Schlange, die Eva im Garten Eden (Paradies) in Versuchung führt. Als Kuriosum sei erwähnt, daß man um 1700 n. Chr. in Schweden im Drachen das Symbol für das Baltische Meer sah.

An γ Draconis entdeckte James BRADLEY im Jahre 1728 die Aberration des Sternenlichtes. Nahe bei γ Dra liegt der Radiant des Sternschnuppenstromes der Drakoniden (siehe *Sternschnuppenströme im Oktober,* Seite 144).

Ein schöner Doppelstern für das Fernglas ist $\nu_{1,2}$ Draconis. Zwei weiße, 5^m helle Sterne stehen hier in 62" Distanz.

Der Nordpol der Ekliptik liegt ebenfalls im Drachen, zwischen δ und ζ Draconis bei $\alpha = 18^h00^m_,0$ und $\delta =$ 66°34' (für jedes Äquinoktium!). Fast genau am Ekliptikpol findet man den planetarischen Nebel NGC 6543, ein kleines grünliches Scheibchen von 0',3 Durchmesser und $8^m_,8$ Helligkeit. Seine Entfernung beträgt 3600 Lichtjahre.

Etwa 1°,5 nördlich vom Ekliptikpol liegt gegenwärtig der Himmelsnordpol des Mondes im Drachen.

Monatsthema: Astronomie und Computer

Wer die Himmelskunde zu seinem Hobby erkoren hat, kann sich auf sehr verschiedene Weise der Astronomie widmen. Der eine ist ein Bücherwurm und „verschlingt" ein Astronomiewerk nach dem anderen, der andere pflegt jeden klaren Abend zu nutzen, um mit seinem Fernglas am Sternenhimmel spazieren zu sehen, wieder ein anderer beobachtet auf einer Sternwarte systematisch veränderliche Sterne oder baut ein Spiegelteleskop nach dem anderen.

In den letzten Jahren ist ein neuer Betätigungszweig für Sternfreunde hinzugekommen: Sterne im Computer. Die rasante technische Entwicklung hat uns die Mikroelektronik beschert und mit ihr programmierbare Rechenmaschinen, die oft nur die Größe einer Schokoladentafel haben und nur wenige hundert Mark kosten, dafür aber Leistungen erbringen, die noch vor zwanzig Jahren Computern vorbehalten waren, die ganze Büroetagen füllten und Millionen Mark teuer waren.

Heute kann sich jeder Sternfreund der rechnenden Astronomie zuwenden, ohne großen finanziellen Aufwand treiben zu müssen. Oft kommt die Anschaffung eines Taschenrechners, der sich programmieren läßt, wesentlich billiger als der Kauf eines Teleskops oder eines guten Fernglases. Mit preisgünstigen Kleincomputern – das „Klein" bezieht sich auf Preis- und Platzbedarf – kann der Sternfreund schnell und bequem Positionen von Sonne, Mond und Planeten bestimmen, Auf- und Untergangszeiten berechnen, Koordinaten-Transformationen vornehmen, Bürgerliches in Julianisches Datum umwandeln, Mondphasen und Osterdatum kalkulieren und vieles mehr. Hier kann keine ausführliche Anleitung gegeben werden, wie und mit welchen Computern der Sternfreund seine Berechnungen durchführen kann. Aber einige Tips und Hinweise sollen helfen, sich ein etwas klareres Bild von den Möglichkeiten zu verschaffen, was man mit den kleinen Rechenwunderwerken wie anstellen und vielleicht manche Fehlinvestition verhindern kann.

Es gibt unzählige Beschreibungen von Computern in Prospekten und Fachzeitschriften, die meist des Lobes voll sind von den tollen Leistungen der angepriesenen elektronischen Rechenknechte. Allein, dies nützt nicht viel, wenn man keine konkreten Vorstellungen hat, wie man einen Rechner einsetzen kann und einem auch sonst etliche Kenntnisse fehlen, um ein astronomisches Rechenprogramm zu erstellen.

Zunächst einmal hat man die Qual der Wahl: Was soll man für einen Rechner anschaffen? Welche Leistung braucht man? Für die Ephemeridenberechnung eines Kometen beispielsweise ist der Speicherbedarf lächerlich gering, hier hat jeder Taschenrechner genügend davon. Rechengeschwindigkeit: auch die ist nicht immer gefragt. Bei einer simplen Koordinaten-Transformation ist es völlig egal, ob das Ergebnis in einer Mikrosekunde oder „erst" in einer halben Sekunde vorliegt. So schnell kann man das Ergebnis gar nicht ablesen. Selbst wenn man viele gleiche Operationen ablaufen und ausdrucken läßt, die Druckergeschwindigkeit hinkt meist dem fixen Rechner hinterher. Zudem, was macht es schon, wenn der Drucker eine längere Tabelle in einer halben Stunde ausdruckt statt in fünf Minuten ausspuckt?

Beim Kauf hat man sich zu entscheiden zwischen einem programmierbaren Taschenrechner (sogenannte Pocket Computer) oder einem Home- beziehungsweise Personal-Computer (üblicherweise als **PC** bezeichnet). Die Pocket Computer sind klein,

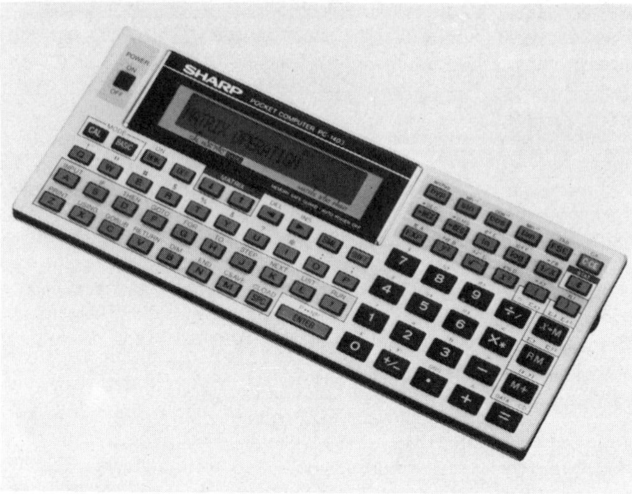

Abb. 98: Ein Pocket-Computer, wegen Größe, Form und Farbe manchmal scherzhaft „Schokoladenrechner" genannt, ist für viele Sternfreunde und Berufsastronomen ein willkommenes, leistungsfähiges und recht preiswertes Hilfsmittel mit erstaunlichen Fähigkeiten.

handlich, lassen sich in jede Rock- oder Handtasche stecken, sind immer griffbereit und netzunabhängig, weil mit Batterien betrieben. Personal-Computer bestehen aus dem zentralen Rechenwerk mit Hauptspeicher und Tastatur (Keyboard) sowie ein oder zwei Diskettenlaufwerken (Floppy Disks) als Speichermedium, oft auch einer (Winchester-)Festplatte sowie einem Monitor (Bildschirm) für die Anzeige und einem Drucker. Die ganze Anlage braucht einen gewissen Platz und ist auch nicht so leicht zu transportieren. Einen Zwischenplatz nehmen die „Handheld" – oder „Laptop"-Computer ein, die meist die Größe einer Reiseschreibmaschine haben und ihre Ergebnisse auf einem Flüssigkeitskristall-Bildschirm (LC-Display) mitteilen.

Für die Taschencomputer wieder gibt es kleine Minidrucker sowie Kassettenrekorder zur externen Speicherung von Programmen und Daten. Diese, wegen ihrer Größe, Form und Farbe gerne als „Schokoladenrechner" bezeichneten Minicomputer, haben in den letzten Jahren große Fortschritte gemacht. Die Speicherkapazitäten sind immer größer geworden, auch verstehen sie inzwischen die Programmiersprache BASIC, während ihre Vorgänger noch Schritt für Schritt (step by step) programmiert werden mußten. In der Ausgabe erschienen nur Zahlen, man konnte keine Kommentare und Benennungen mit Text erscheinen lassen, was das Programmieren recht mühsam machte. Die „Schokoladenrechner" haben gegenüber den PCs noch einige gravierende Vorteile: Schaltet man sie aus, bleiben der Speicherinhalt und das Programm erhalten, während man bei PCs möglichst häufig auf Diskette oder Festplatte Programmteile abspeichern sollte. Dann gibt es bei den „Schokoladenrechnern" eine Reihe von fest eingebauten Funktionen, die auf einen einzigen Tastendruck hin verfügbar sind. Meist entfällt viel Tipperei durch „definierbare" Tasten. Ganze Befehle (z.B. INPUT, PRINT etc.) lassen sich durch eine oder zwei Tastenbetätigungen eingeben. Die einfache Programmiersprache BASIC ist bei den „Schokoladenrechnern" viel komfortabler. Beispielsweise sind alle Co-Funktionen verfügbar, bei den Argumenten kann häufig auf die Klammerei verzichtet werden usw. Bei vielen PCs ist das BASIC für mathematische Berechnungen nicht ideal, manche Ausdrücke lassen sich nur umständlich darstellen und die Genauigkeit des Rechenergebnisses ist oft schlechter als bei einem kleinen Taschencomputer.

Selbstverständlich haben auch die PCs ihre Vorteile. So läßt sich ein ganzes Programm auf einem Bildschirm viel übersichtlicher auflisten, die Speicherung größerer Datenmengen ist schnell und problemlos auf Disketten möglich, es lassen sich unglaublich viele Programme auf einer einzigen

Diskette ablegen. Auf einem Bildschirm wird es möglich, graphische Darstellungen zu bringen. Heute werden für PCs zahlreiche fertige Progamme angeboten, die Gestirnskonstellationen zu einem vorgegebenen Zeitpunkt und für einen bestimmten geographischen Ort auf den Bildschirm zaubern – in oft affenartiger Schnelle. Allerdings, nach kurzer Zeit wird ein solch fertiges Programm Langeweile auslösen. Auch sind die Ergebnisse am Bildschirm nicht immer berauschend. So manches „Sternbild" erscheint arg verzerrt und hat keine Ähnlichkeit mehr mit dem echten Vorbild am Firmament. Spaß und Freude bereitet eigentlich das Entwerfen eines Programmes und es schließlich im eigenen Rechner „zum Laufen" zu bringen. Ein fertiges Programm von einer Diskette zu starten, kann jeder gut dressierte Schimpanse – das Erfolgserlebnis bleibt aus.

Ein astronomisches Rechenprogramm zu erstellen ist nicht allzu schwer, aber einige Voraussetzungen sind schon zu erfüllen. Zunächst einmal muß man den erforderlichen Algorithmus beherrschen, also die mathematischen Formeln kennen und anwenden können, um aus vorgegebenen Daten, beispielsweise Bahnelementen, ein gewünschtes Ergebnis, also Ephemeriden, berechnen zu können. Dies ist die erste Hürde und für die meisten auch die höchste. Hinzu kommt auch die Erfordernis, eine gewisse Routine in numerischer Mathematik zu besitzen oder zu entwickeln. Wie rundet man, welche Genauigkeit ist erforderlich, welche erreichbar?

Sodann muß man den Formelapparat in die Programmiersprache, die der Rechner versteht, übersetzen. Die bei PCs und Taschenrechnern weitverbreitetste Sprache ist BASIC (Abkürzung für **B**eginners **A**llpurpose **S**ymbolic **I**nstruction **C**ode). Häufig findet man auch PASCAL, eine Sprache, die vor allem für strukturiertes Programmieren gegenüber BASIC viele Vorteile aufweist. Bei BASIC gibt es verschiedene Versionen (Dialekte), so daß man häufig nicht einfach Programme von einem zum anderen Rechner übertragen kann. BASIC lernt man am besten aus einem guten Handbuch in Verbindung mit der Anleitung zu dem Computer, den man programmiert. Zudem muß man sein spezifisches Computersystem genau kennenlernen: Welche Befehle versteht der Drucker? Welche dienen zum Aufrufen von Programmteilen von der Diskette?

Ist das Programm fertig geschrieben, so kann es eingetastet werden – möglichst nachher auch sofort abspeichern. Dann erfolgt der Probestart, meist mit dem Befehl RUN. Nun kommen die ersten Überraschungen. Bleibt der Rechner stehen, so gibt er fast immer einen freundlichen Hinweis, die Fehlermeldung. Im Handbuch steht dann, was man falsch gemacht hat. Schwieriger wird es, wenn das Programm einwandfrei abläuft und ein Ergebnis liefert. Dies muß nicht richtig sein – und ist es oft beim ersten Durchgang auch nicht. Deshalb sollte man jedes Programm ausführlich testen.

Bei einem Ephemeridenprogramm bedeutet dies: Man vergleiche mit den Daten in den Jahrbüchern! Über wieviel Jahre liefert mein Programm mit welcher Genauigkeit die Koordinaten des Planeten X? Worin liegen die Ursachen der Abweichungen? Meist ist die Genauigkeit schon von den Eingabedaten her begrenzt (Bahnelemente). Vielleicht wurde auch ein Fehler bei der Anwendung des Algorithmus gemacht. Oft sind es nur Kleinigkeiten, die zu scheinbar völlig unsinnigen Ausgaben führen: Erhält man als Rektaszensionswert 32^h21^m, so lautet der korrekte Wert 8^h21^m – warum wohl? Eine einzige Programmzeile eingefügt, garantiert für die korrekte Anzeige; die Rektaszension ist eine zyklische Funktion mit Werten von 0 bis 24. Eine häufige Fehlerursache bei astronomischen Berechnungen sind Vorzeichenfehler bei Winkelfunktionen, da man Ergebnisse in der Regel in vier verschiedenen Quadranten erhält. Beim Testen muß man auch Extremwerte wählen: Welches Azimut erhalte ich für einen Stern im Zenit? Wie reagiert der Rechner darauf? Erst wenn ein Programm gut durchgetestet ist, kann man sich getrost auf die Ergebnisse verlassen. Häufig wird es dann uninteressant, und man wendet sich voll Eifer und Elan neuen Aufgabenstellungen zu. Der Vorteil der Computerastronomie: Man ist unabhängig von Wetter und Sichtbedingungen, und Platz ist in der kleinsten Hütte. Deshalb werden die Astro-Computer-Freaks oft von den beobachtenden Sternfreunden beneidet. So mancher hat schon sein Fernrohr verkauft und sich für den Erlös einen PC angeschafft.

Aus mehreren Gründen sollen an dieser Stelle keine Firmen und Produktnamen genannt werden. Man erkundige sich ausgiebig im Fachhandel, studiere einschlägige Zeitschriften, und vor allem: Man lasse sich von Astro-Computer-Freaks beraten, die schon eigene Erfahrungen gesammelt haben.

Für die astronomisch-mathematischen Grundlagen ist hingegen folgendes Buch zu empfehlen, das auf dem deutschsprachigen Markt noch konkurrenzlos ist: „Grundlagen der Ephemeridenrechnung" von Oliver MONTENBRUCK, erschienen bereits in der 3. Auflage im Verlag Sterne und Weltraum, München, 1984.

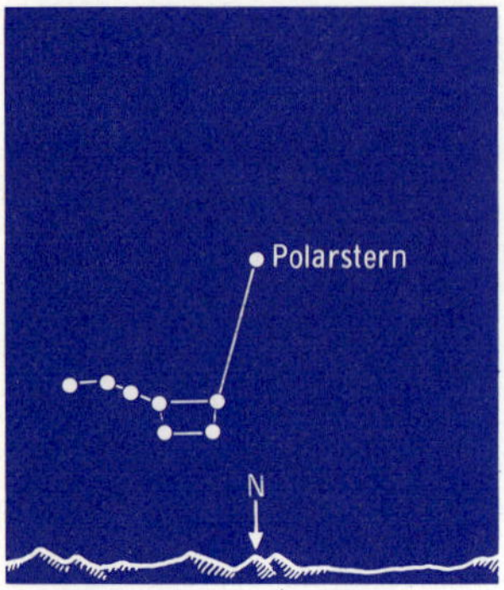

Himmelswagen
Anfang Oktober 22^h MEZ

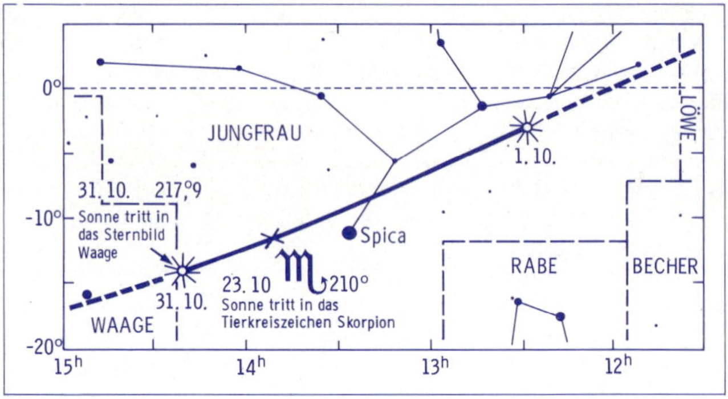

Sonnenlauf

Sonne

Datum	Aufgang	Untergang	Kulmination	Zeitgleichung	Mittagshöhe	Rektaszension	Deklination	Sternzeit 1^h MEZ
3.	6^h23^m	17^h54^m	12^h09^m	$+11^m$	36,°0	12^h36^m	− 3,°9	0^h47^m
8.	6 31	17 44	12 08	+12	34,0	12 54	− 5,8	1 06
13.	6 38	17 33	12 06	+14	32,1	13 12	− 7,7	1 26
18.	6 46	17 23	12 05	+15	30,3	13 31	− 9,5	1 46
23.	6 55	17 13	12 04	+16	28,5	13 50	−11,3	2 06
28.	7 03	17 04	12 04	+16	26,8	14 09	−13,0	2 25

Julianisches Datum am 1. Oktober, 1^h MEZ: 2 447 800,5

Sonntag, 1.10.: Ende der Sommerzeit!

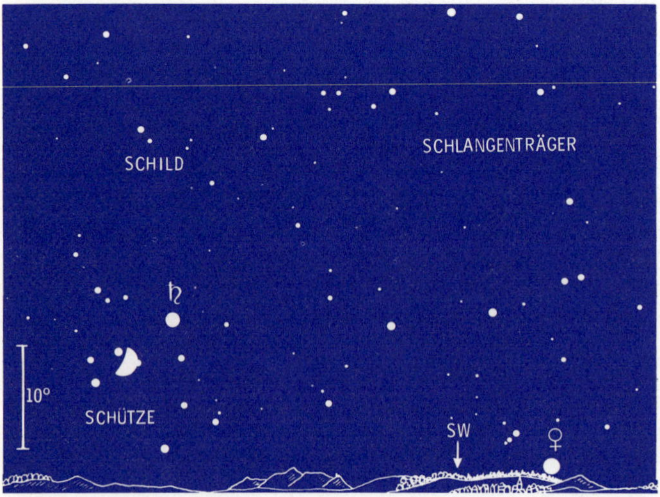

Abb. 99: Anblick des abendlichen Sternenhimmels am 7. Oktober gegen 19^h MEZ. Über dem Südwesthorizont sind die Planeten Venus und Saturn zu finden. An Saturn zieht gerade ein wenig südlicher der zunehmende Mond vorbei.

Tages- und Nachtstunden im Oktober

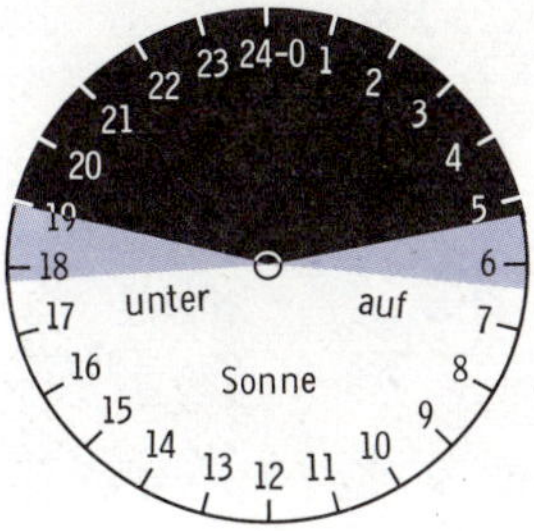

5. Oktober

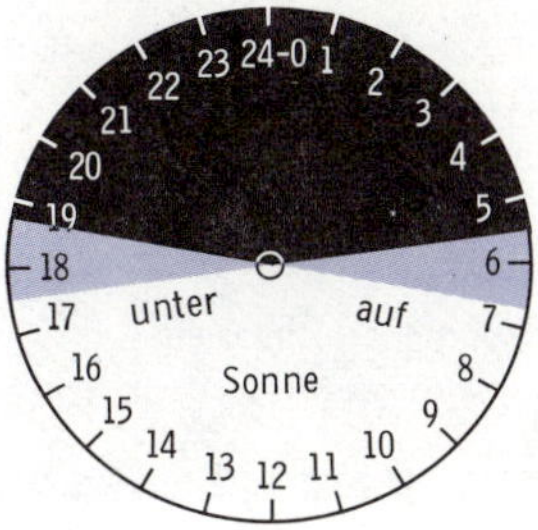

15. Oktober

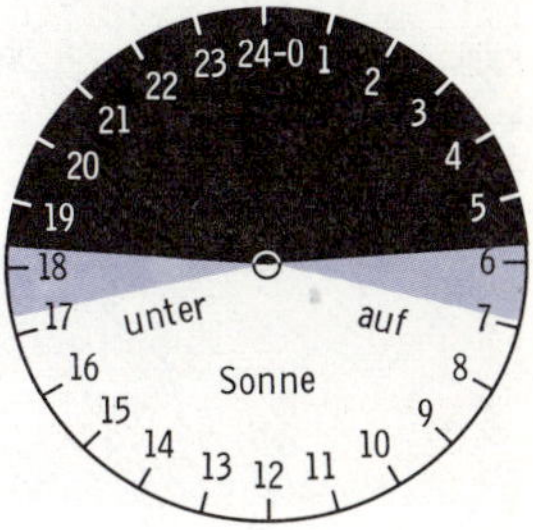

25. Oktober

Mondlauf im Oktober

Datum		Aufgang	Untergang	Rektaszension	Deklination	Sterne und Sternbilder	Phase	MEZ
So	**1.**	8^h04^m	18^h00^m	13^h06^m	−11°6	Spica	Erdferne	
Mo	2.	9 14	18 18	13 51	−16,4	Jungfrau		
Di	3.	10 24	18 40	14 37	−20,6	Waage		
Mi	4.	11 34	19 09	15 26	−24,1	Waage	Größte Südbreite	
Do	5.	12 39	19 48	16 18	−26,5	Antares		
Fr	6.	13 37	20 40	17 12	−27,7	Schlangenträger		
Sa	7.	14 23	21 45	18 08	−27,5	Schütze		
So	**8.**	14 59	23 00	19 04	−26,0	Schütze	**Erstes Viertel**	1^h52^m
Mo	9.	15 27	–	19 59	−23,0	Schütze	Libration Ost	
Di	10.	15 48	0 20	20 53	−18,8	*Steinbock		
Mi	11.	16 06	1 44	21 47	−13,4	Steinbock	Aufsteigender Knoten	
Do	12.	16 23	3 08	22 39	− 7,2	*Wassermann		
Fr	13.	16 39	4 35	23 32	− 0,4	Fische		
Sa	14.	16 57	6 03	0 25	+ 6,6	Fische	**Vollmond**	21^h32^m
So	**15.**	17 18	7 35	1 21	+13,2	Fische	Erdnähe	
Mo	16.	17 45	9 08	2 20	+19,1	Hamal		
Di	17.	18 22	10 38	3 22	+23,7	*Widder	Größte Nordbreite	
Mi	18.	19 13	11 59	4 26	+26,6	Stier, Hyaden		
Do	19.	20 18	13 03	5 30	+27,7	Stier, Al Nath		
Fr	20.	21 33	13 49	6 33	+26,9	Zwillinge		
Sa	21.	22 51	14 22	7 32	+24,5	Kastor, Pollux	**Letztes Viertel** Libration West	14^h19^m
So	**22.**	–	14 45	8 26	+21,0	Krebs, Krippe		
Mo	23.	0 07	15 03	9 17	+16,5	*Krebs	Absteigender Knoten	
Di	24.	1 20	15 17	10 03	+11,4	Regulus		
Mi	25.	2 30	15 30	10 47	+ 6,0	Löwe		
Do	26.	3 38	15 42	11 30	+ 0,5	Löwe		
Fr	27.	4 46	15 55	12 13	− 5,0	Jungfrau		
Sa	28.	5 54	16 08	12 55	−10,3	Jungfrau	Erdferne	
So	**29.**	7 03	16 25	13 39	−15,2	Spica	**Neumond**	16^h27^m
Mo	30.	8 14	16 45	14 26	−19,6	Waage		
Di	31.	9 24	17 12	15 14	−23,2	Waage	Größte Südbreite	

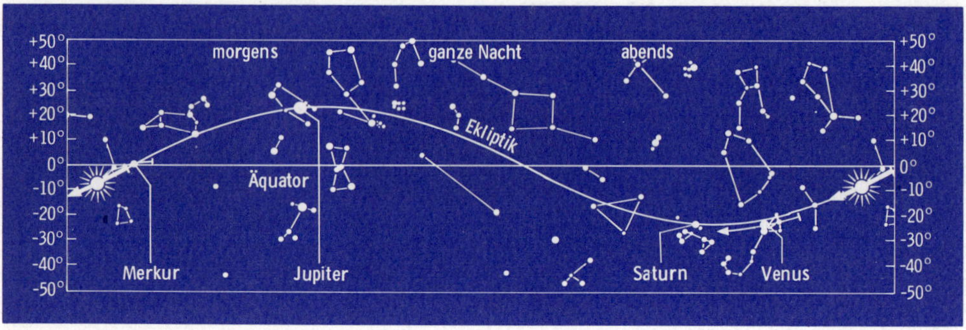

Planetenlauf im Oktober

Merkur stand Ende des Vormonats in unterer Konjunktion und gewinnt nun westlichen Abstand von der Sonne. Am 3. wird er stationär und ist von da an wieder rechtläufig. Am 10. erreicht der flinke Planet mit 18°01' seine größte westliche Elongation von der Sonne. Der Abstand fällt klein aus, da Merkur sich nahe seinem Perihel aufhält, in dem er am 8. stand. Dennoch kommt es zu einer Morgensichtbarkeit, denn die morgendliche Ekliptik steht nun steil zum Osthorizont. Ab dem 5. lohnt es sich, nach Merkur Ausschau zu halten. Am 5. geht der $0^{m}\!\!,5$ helle Planet um $4^{h}57^{m}$ auf. Eine halbe Stunde später sollte man

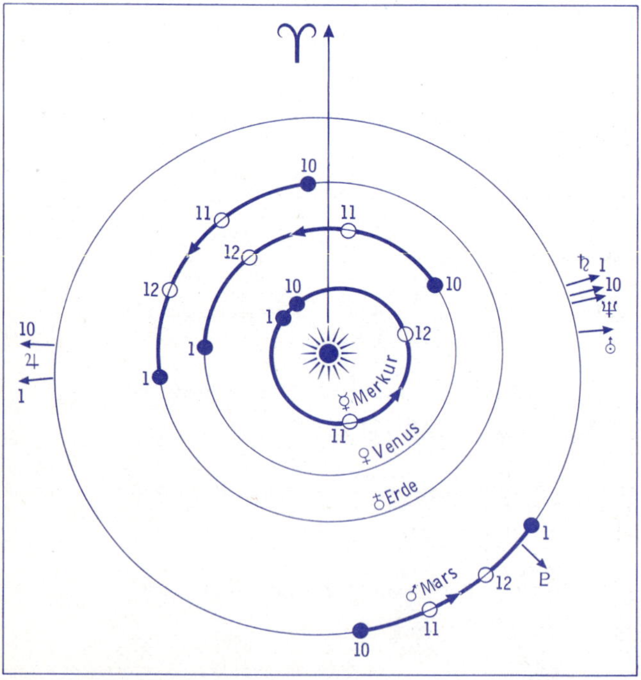

Abb. 100: Das innere Planetensystem im letzten Jahresviertel 1989. Eingezeichnet sind die Positionen der Planeten für den 1. Oktober (10), 1. November (11) sowie 1. (12) und 31. Dezember (1). Die Pfeile deuten die Richtungen zu den ferneren Planeten sowie zum Frühlingspunkt an.

Merkur erkennen können. Gegen 5ʰ45ᵐ verblaßt er wieder in der zunehmenden Morgenhelle. Nur fünf Tage später (10.) taucht der inzwischen eine ganze Größenklasse hellere Planet (–0ᵐ,5) um 4ʰ51ᵐ über dem Horizont auf. Eine Viertelstunde später macht er sich knapp über dem Ostpunkt am Horizont bemerkbar. Im Fernrohr erkennt man am Tag der größten westlichen Elongation das 7",1 große Merkurscheibchen halb beleuchtet.

Am 20. beendet Merkur seine Morgensichtbarkeit. Inzwischen –1ᵐ,0 hell, steigt er an diesem Tag um 5ʰ27ᵐ über die Horizontlinie. Nach dem 20. wird man Merkur vergeblich am Morgenhimmel suchen.

Venus ist Abendstern. Leider erreicht sie jetzt die tiefsten Zonen des Tierkreises. Sie läuft aus der Waage, durch Skorpion und Schlangenträger in den Schützen. Obwohl ihre Helligkeit auf – 4ᵐ,3 ansteigt und ihr Winkelabstand fast 47° erreicht (den Wert der größten Elongation, die sie allerdings im Oktober noch nicht ganz erreicht), so ist ihre Abendsichtbarkeit immer noch nicht berauschend. Venus bietet uns eine ihrer ungünstigsten Abendsichtbarkeitsperioden. Ihre Untergänge verfrühen sich ein wenig von 19ʰ16ᵐ am 1. auf 18ʰ56ᵐ am 31., wo sie weit im Südwesten unter dem Horizont verschwindet.

Der Scheibchendurchmesser wächst kräftig auf knapp 23", die Phase Halbvenus wird fast erreicht.

Mars stand Ende des Vormonats in Konjunktion mit der Sonne und bleibt weiterhin unsichtbar. Bis Monatsende hat der 1ᵐ,7 helle, rötliche Planet erst 10° westlichen Winkelabstand von der Sonne – das reicht bei weitem nicht für eine Morgensichtbarkeit.

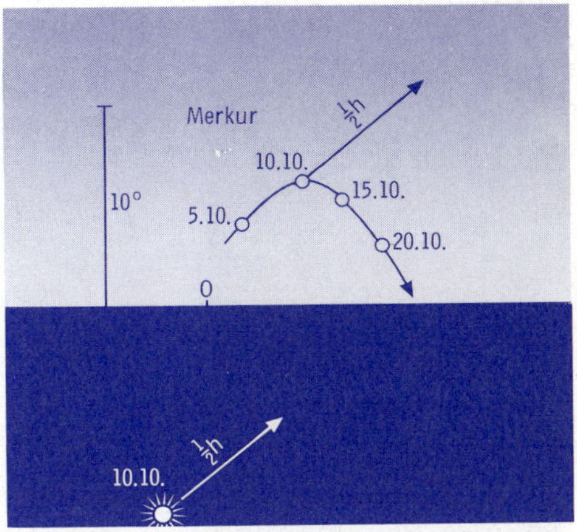

Abb. 101: Stellung von Merkur über dem Osthorizont zu den angegebenen Daten jeweils eine Stunde vor Sonnenaufgang. Die Pfeile geben die Bewegung von Merkur und Sonne in der folgenden halben Stunde an.

Jupiter wird am 29. in den Zwillingen stationär und setzt zu seiner Oppositionsschleife an. Von da ab wandert er rückläufig durch den Tierkreis. Der versierte Sternfreund weiß: Die Opposition ist nicht mehr fern. Seine Helligkeit steigt von –2ᵐ,3 auf –2ᵐ,5 an. Jupiter wird fast zum Planeten der ganzen Nacht. Geht der Riesenplanet am 1. noch um 22ʰ15ᵐ auf, so taucht er am 15. um 21ʰ24ᵐ und am 31. gar schon um 20ʰ22ᵐ am Horizont auf. Jeweils eine Viertelstunde später macht er sich am Nordosthorizont als heller Lichtpunkt bemerkbar. Der scheinba-

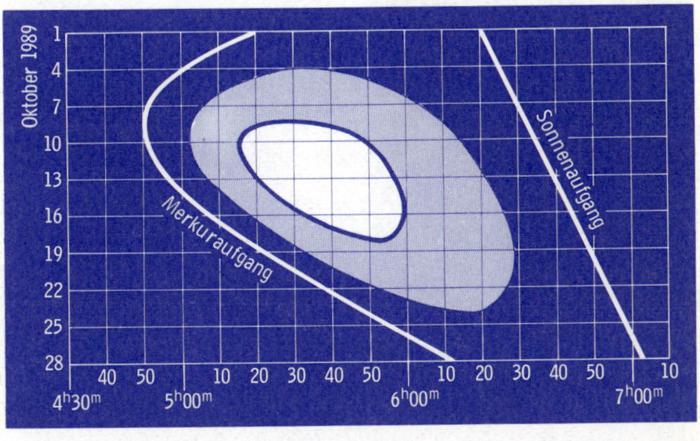

Abb. 102: Sichtbarkeitsdiagramm für Merkur (Erklärung siehe Seite 38, Abb. 34).

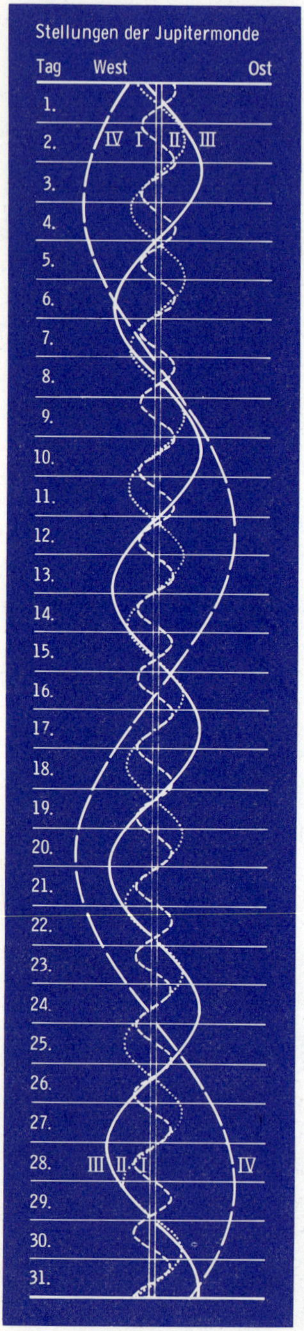

Jupitermond-Erscheinungen

Datum	MEZ	Vorgang	
1.	1^h37^m	III	VA
	4 26	III	VE
3.	2 54	II	SA
	5 28	II	SE
	5 33	II	DA
4.	3 27	I	VA
	23 48	III	DE
5.	0 18	II	VE
	0 20	II	BA
	0 46	I	SA
	2 03	I	DA
	2 57	I	SE
	2 58	II	BE
	4 15	I	DE
6.	1 30	I	BE
	22 44	I	DE
8.	3 49	IV	BA
	4 36	IV	BE
	5 36	III	VA
10.	5 30	II	SA
11.	5 21	I	VA
	22 24	III	SE
12.	0 18	II	VA
	0 50	III	DA
	2 39	I	SA
	3 44	III	DE
	3 56	I	DA
	4 51	I	SE
	5 29	II	BE
	23 49	I	VA
13.	3 23	I	BE
	22 23	I	DA
	23 19	I	SE
14.	0 03	II	DE
	0 36	I	DE
18.	23 35	III	SA
19.	2^h24^m	III	SE
	2 51	II	VA
	4 32	I	SA
	4 40	III	DA
	5 47	I	DA
20.	1 43	I	VA
	5 15	I	BE
	23 01	I	SA
	23 56	II	DA
	23 59	II	SE
21.	0 14	I	DA
	1 12	I	SE
	2 27	I	DE
	2 35	II	DE
	23 42	I	BE
24.	22 04	IV	BE
26.	3 34	III	SA
	5 25	II	VA
	6 24	III	SE
	6 25	I	SA
27.	3 37	I	VA
28.	0 00	II	SA
	0 54	I	SA
	2 04	I	DA
	2 26	II	DA
	2 36	II	SE
	3 06	I	SE
	4 17	I	DE
	5 04	II	DE
	22 06	I	VA
29.	1 33	I	BE
	21 34	I	SE
	22 19	III	BA
	22 44	I	DE
	23 39	II	BE
30.	1 17	III	BE

Konstellationen und Ereignisse im Oktober

Datum	MEZ	Ereignis
3.	7^h	Merkur im Stillstand, anschließend rechtläufig
4.	2	Mond bei Venus, Mond 3° südlich
6.	17	Venus im Aphel
7.	1	Mond bei Uranus, Mond 4° südlich
7.	12	Mond bei Saturn, Mond 4° südlich
7.	16	Mond bei Neptun, Mond 5° südlich
8.	3	Merkur im Perihel
10.	13	Merkur in größter westlicher Elongation (18°)
20.	5	Mond bei Jupiter, **Mond 4° nördlich**
29.	2	Jupiter im Stillstand, anschließend rückläufig

re Äquatordurchmesser erreicht knapp 43". Fernrohrbeobachter kommen voll auf ihre Kosten, zumal Jupiter gegenwärtig die nördlichen Bezirke des Tierkreises durchwandert.

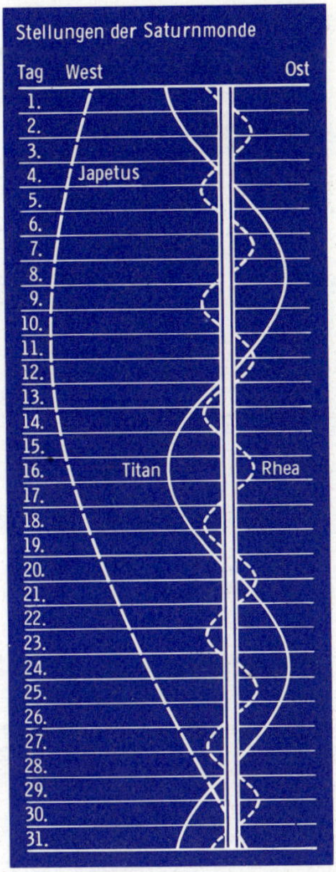

Saturn kann am Abendhimmel nach Einbruch der Dunkelheit tief im Südwesten gesehen werden. Er wandert rechtläufig durch den Schützen, wobei die Bewegung nun deutlich wahrnehmbar ist.
Am 1. geht der $0^{m},5$ helle Ringplanet um $22^{h}15^{m}$ unter, am 15. um $21^{h}23^{m}$ und am 31. schon um $20^{h}25^{m}$. Am 7. wandert der zunehmende Mond an Saturn vorbei. Zu Monatsbeginn (2.) erreicht Saturn seine südlichste Deklination mit −22°47'. Von nun an beginnt der Aufstieg zum Himmelsäquator, den er 1996 überschreitet und damit auf die Nordhalbkugel wechselt. Im April 2004 wird er dann seine nördlichste Position erreichen.

Uranus, wieder rechtläufig im Stier, beginnt sich vom Abendhimmel zurückzuziehen. Die Beobachtungsmöglichkeiten werden schnell ungünstiger. Nur die jetzt immer früher einsetzende Dunkelheit verleiht ihm noch eine Chance, aufgefunden zu werden. Am 1. kulminiert der $5^{m},7$ helle Planet um $17^{h}45^{m}$ und geht um $21^{h}43^{m}$ unter. Am 15. steht Uranus schon um $16^{h}52^{m}$ im Meridian, sein Untergang erfolgt um $20^{h}49^{m}$. Am 31. lauten die Zeiten: Meridiandurchgang um $15^{h}51^{m}$ und Untergang um $19^{h}49^{m}$. Erst gegen $18^{h}15^{m}$ kann man ihn mit Aussicht auf Erfolg aufsuchen, etwa 20 Minuten später verblaßt er in den horizontnahen Dunstschichten.

Neptun, der sich wieder rechtläufig im Schützen bewegt, wird im Laufe des Monats unsichtbar. Am 1. kulminiert der sonnenferne Planet um $18^{h}20^{m}$ und geht um $22^{h}27^{m}$ unter. Ab dem 10. stört Mondlicht. Bis 20. ist seine Helligkeit um $0^{m},1$ leicht auf $8^{m},0$ zurückgegangen. Am 20. erfolgt der Meridiandurchgang um $17^{h}06^{m}$.
Frühestens gegen $18^{h}40^{m}$ wird Neptun beobachtbar. Gegen 19^{h} verschluckt ihn der Horizontdunst, um $21^{h}13^{m}$ geht er dann unter. Nach dem 20. gelingt es kaum noch, Neptun zu finden. Am 31. geht er bereits um $16^{h}24^{m}$ durch den Meridian und um $20^{h}31^{m}$ unter.

Planetoiden

Ceres – Planetoid Nr. 1 – in den Zwillingen bremst deutlich ihre rechtläufige Bewegung und setzt zur Oppositionsschleife an. Ihre Helligkeit steigt kräftig von $8^{m},5$ auf $8^{m},0$. Am 1. kulminiert sie um $5^{h}49^{m}$, am 15. um $5^{h}03^{m}$ und am 31. um $4^{h}05^{m}$.

Pallas – Planetoid Nr. 2 – stand am letzten Tag des Vormonats in Opposition zur Sonne. Sie erreicht schnell südlichere Deklinationen im Walfisch. Ihre Helligkeit geht während des Monats von $8^{m},2$ auf $8^{m},6$ zurück. Am 1. kulminiert sie um $0^{h}31^{m}$, am 15. um $23^{h}21^{m}$ und am 31. um $22^{h}08^{m}$.

Juno – Planetoid Nr. 3 – kommt am 9. in Konjunktion mit der Sonne.

Eunomia – Planetoid Nr. 15 – wird im ersten Monatsdrittel wieder rechtläufig im Wassermann. Ihre Oppositionsperiode ist damit beendet, was man auch an der unter 9. Größe absinkenden Helligkeit merkt. Sie geht von $8^{m},7$ auf $9^{m},3$ während des Monats zurück: Am 1. passiert Eunomia um $21^{h}17^{m}$ den Meridian, am 15. um $20^{h}21^{m}$ und am 31. bereits um $19^{h}25^{m}$ (siehe auch Abb. 82 auf Seite 108).

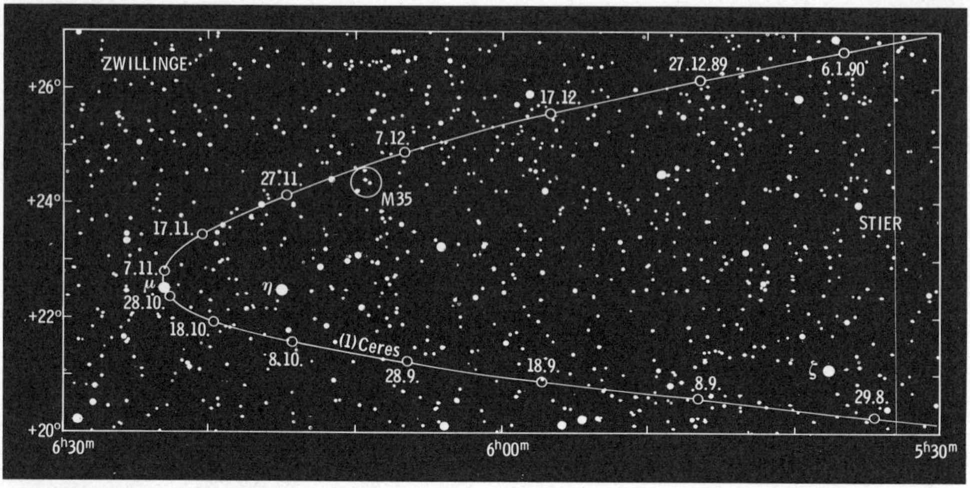

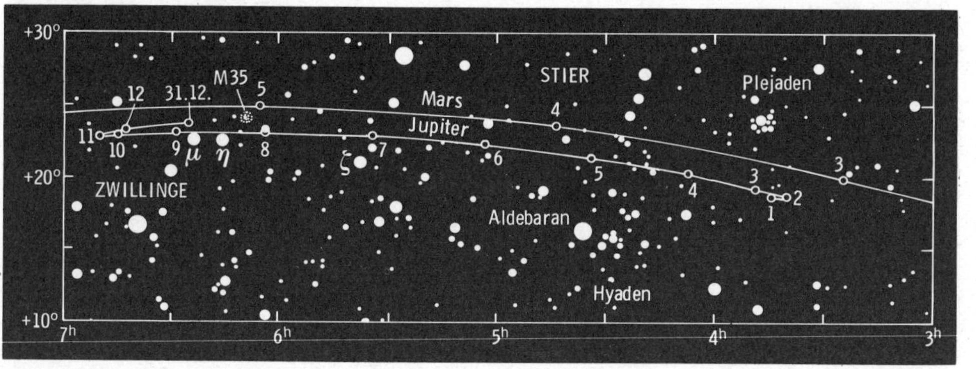

Abb. 103: Die Bahn des Kleinplaneten Ceres (1) von Ende August 1988 bis Jahresbeginn 1990 durch das Sternbild Zwillinge (oben).

Abb. 104: Bahn des Planeten Jupiter 1989 (unten).

Periodische Sternschnuppenströme im Oktober

Vom 7. bis 11. Oktober sind die **Delta-Draconiden,** auch **Oktober-Draconiden** genannt, zu erwarten. Ihr Radiant liegt im Sternbild des Drachen, etwa 3° östlich von γ Draconis. Die günstigste Beobachtungszeit liegt in den Stunden vor Mitternacht. Die Oktober-Draconiden führen ihren Ursprung auf den Kometen 1900 III GIACOBINI-ZINNER zurück, weshalb dieser Meteorstrom auch **Giacobiniden** heißt.

Vom 14. bis 28. Oktober sind die **Orioniden** aktiv, deren Ursprung auf den HALLEYschen Kometen deutet. Mit dem Maximum ist am 21. Oktober zu rechnen, wobei etwa 30 bis 40 Meteore pro Stunde zu erwarten sind. Die Frequenz ist von Jahr zu Jahr verschieden.

Die beste Beobachtungszeit: Mitternacht bis 5^h morgens. Der Radiant liegt etwa 10° nordöstlich von Beteigeuze. Es handelt sich bei den Orioniden um sehr schnelle Objekte (über 60 Kilometer pro Sekunde).

Der Fixsternhimmel im Oktober

Nun macht sich auch am abendlichen Sternenhimmel der Herbst bemerkbar. Zwar steht das Sommerdreieck noch hoch im Südwesten, Deneb selbst ist gar zenitnah, allein im Meridian und in der östlichen Himmelshälfte nehmen die Herbststernbilder nun ihre Plätze ein.
Allen voran ist der Pegasus zu nennen, dessen Sternenviereck fast den Meridian erreicht hat. Auch der Anfänger kann dieses markante Sternbild leicht entdecken. So wie das Wintersechseck oder das Sommerdreieck gehört das Pegasusquadrat zu den Figuren, die die Jahreszeit am gestirnten Firmament charakterisieren. Der Sage nach ist der Pegasus ein geflügeltes Pferd, das den Dichtern zu ihren phantasiereichen Gedankenflügen verhilft. In der christlichen Sternbilderkunde wurde der Pegasus als Erzengel Gabriel angesehen.
Die vier Sterne des Pegasusquadrates heißen Markab (α Pegasi), Scheat (β Pegasi), Algenib (γ Pegasi) und Sirrah, wobei Sirrah selbst nicht mehr direkt zum Pegasus gehört, sondern schon der erste Stern der Andromedakette (α And) ist. Scheat ist übrigens einer der größten Sterne, die wir kennen. Diese tiefrote Riesensonne, die von uns über 200 Lichtjahre entfernt ist, übertrifft unsere Sonne 160mal an Durchmesser. Stünde Scheat anstelle unserer Sonne, so würde die Oberfläche dieses Sternes bis zur Marsbahn reichen.
Wer gute Augen hat, erkennt im Sternbild der Andromeda ein wenig nördlich des Sternes Mirach (β Andromedae) ein kleines, nebeliges Lichtfleckchen – den berühmten Andromedanebel (Katalogbezeichnung: M 31). Der Andromedanebel ist das fernste Himmelsobjekt, das man mit bloßen Augen erkennen kann: Dieses Milchstraßensystem ist rund 2,5 Millionen Lichtjahre von uns entfernt. Trotz dieser enormen Distanz, bei der unser menschliches Vorstellungsvermögen völlig versagt – wenn man den Versuch unternimmt, sich eine solche Entfernung anschaulich vorzustellen – bleibt zu bemerken, daß der Andromedanebel unsere Nachbarmilchstraße ist. Die anderen großen Sternsysteme sind nämlich noch viel weiter von uns entfernt.
Südlich der Andromeda stoßen wir auf das kleine Bild des Widders, der zum Tierkreis gehört. Im wesentlichen sind es nur drei Sterne in einem stumpfwinkeligen Dreieck, die den Widder markieren. Der hellste Stern (α Arietis) heißt Hamal, was *Kopf des Widders* bedeutet. Hamal ist ein Stern 2. Größenklasse. Seine Distanz wurde trigonometrisch zu 75 Lichtjahren gemessen. Im Fernglas erscheint er orangefarben.
Zwischen Widder und Andromeda hat das kleine Sternbild Dreieck seinen Platz. Östlich der Andromeda finden wir den Perseus, der der Sage nach bekanntlich die Andromeda vor dem Meeresungeheuer (Cetus) rettet. Der Stern β Persei oder Algol, das Teufelshaupt genannt, ist ein sehr bekannter Bedeckungsveränderlicher, der für Sternfreunde, die mit der Beobachtung von veränderlichen Sternen beginnen wollen, ein ideales Übungsobjekt darstellt.
Im Südosten fallen kaum Sterne auf. Hier nimmt gerade der Walfisch (lat.: Cetus) seinen Platz ein. Cetus ist kein Walfisch im Sinne der Zoologie, sondern das phantastische Meeresungeheuer, das die Andromeda bedroht und von Perseus bezwungen wird. Im Walfisch befindet sich der berühmte Veränderliche Mira (ο Ceti).
Als kulminierendes Tierkreisbild ist der Wassermann (lat.: Aquarius) zu nennen. Südlich des Wassermanns blinkt ein heller Stern: Fomalhaut, der Hauptstern des Bildes Südlicher Fisch (lat.: Piscis Austrinus). *Fomalhaut* kommt aus dem Arabischen und bedeutet soviel wie *Maul des Fisches*. Vom Südlichen Fisch ist praktisch nur Fomalhaut zu sehen, die anderen Sterne verschwinden im Horizontdunst.
In Zenitnähe finden wir das Elternpaar der Andromeda, die Königin Kassiopeia und den König Kepheus. Während die Kassiopeia als *Himmels-W* jedem Sternfreund geläufig ist, macht die Identifi-

Veränderliche Sterne im Oktober

Algol-Minima	1. 3^h35^m	4. 0^h24^m	6. 21^h12^m	9. 18^h01^m	21. 5^h16^m	24. 2^h05^m
	26. 22^h54^m	29. 19^h42^m				
β-Lyrae-Minima	13. 14^h	26. 13^h				
δ-Cephei-Maxima	1. 11^h	6. 19^h	12. 4^h	17. 13^h	22. 22^h	28. 7^h
Mira-Helligkeit	ca. 4^m, kurz vor dem Maximum					

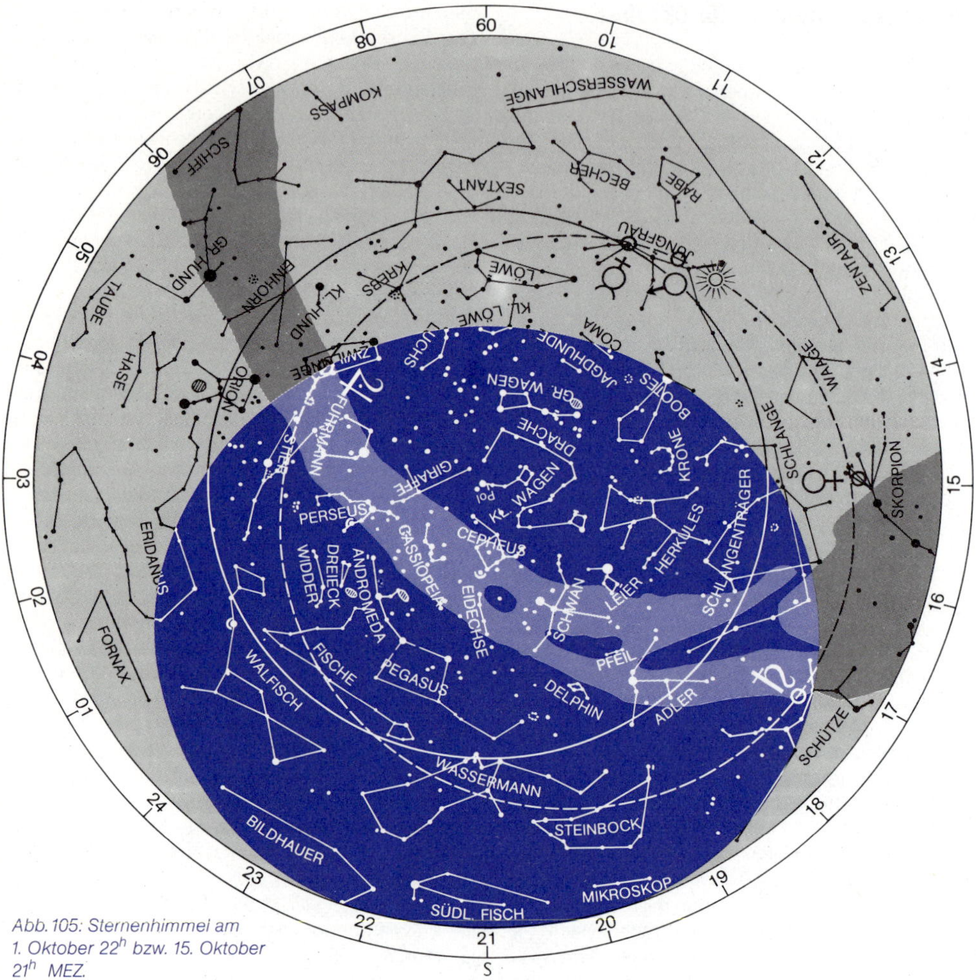

Abb. 105: Sternenhimmel am 1. Oktober 22^h bzw. 15. Oktober 21^h MEZ.

zierung des Kepheus Schwierigkeiten. Die Sterne sind lichtschwächer und ein wenig verstreut. Im Kepheus befindet sich der berühmte Stern δ Cephei, Prototyp einer ganzen Klasse von Veränderlichen.

Der Große Wagen steht kurz vor seiner unteren Kulmination zwischen Polarstern und Nordhorizont. Im Nordosten hat sich der Fuhrmann wieder emporgeschwungen. Auffallend ist sein Sternensechseck mit der hellen Kapella an der nördlichen Spitze. Der südlichste Stern dieses Sechsecks gehört nicht mehr zum Fuhrmann, sondern bereits zum Stier (β Tauri), der nun schon im Osten aufgegangen ist. Auffallend im Stier sind sein roter Hauptstern Aldebaran und der offene Sternhaufen der Plejaden, auch Siebengestirn genannt.

Der Stier gilt als der erste Vorbote des kommenden Winters. Mit Aldebaran und Kapella sind bereits zwei Sterne des Wintersechsecks über dem Horizont.

Monatsthema: Astronomische Zahlen

Wer in einem Lexikon oder Handbuch der Himmelskunde nachschlägt, wird vergeblich den Begriff „Astronomische Zahl" suchen. Ihn gibt es in der Wissenschaft von den Sternen nicht, er ist nicht definiert, wie man zu sagen pflegt. Aber in unserer täglichen Umgangssprache weiß jeder, was unter einer „astronomischen Zahl" zu verstehen ist. Man spricht von „astronomischen Summen", die für dieses oder jenes Projekt ausgegeben worden sind. Das Eigenschaftswort „astronomisch" wird hier synonym für riesenhaft, ungeheuer, sehr hoch, gewaltig gebraucht. Meist verbindet sich damit auch der Begriff „unvorstellbar groß". Es ist leicht einzusehen, wie sich diese Bedeutung für „astronomisch" entwickelt hat. Gibt man die Entfernungen im Weltall mit den auf der Erde geläufigen Maßeinheiten an, so erhält man die bekannten Zahlenungetüme, angesichts derer jede Vorstellung kläglich versagt. Drückt man die Distanzen der Planeten unseres Sonnensystems in Kilometer aus, so erhält man Millionen und Milliarden. Die nächsten Sterne sind schon Dutzende Billionen Kilometer entfernt, andere Milchstraßensysteme gar -zig Trillionen, ja Trilliarden von Kilometern.

Ähnlich verhält es sich mit Massenangaben. Die Erde hat knapp sechs Quadrillionen Kilogramm, Jupiter zwei Quadrilliarden und die Sonne gar zwei Quintillionen. Quadrillion – Quadrilliarde – Quintillion – dies vermittelt uns zwar den Eindruck „enorm viel", aber mehr auch nicht. Der oft zitierte Normalbürger gewinnt keinen anschaulichen Vergleich, wieviel Masse nun die Sonne mehr als die Erde hat. Der Wissenschaftler übrigens auch nicht, denn er verwendet lieber die sogenannte Zehnerpotenzen-Schreibweise. Doch davon gleich mehr.

Zunächst aber: Wozu dienen eigentlich diese Zahlenangaben? Sie sollen uns in erster Linie Vergleiche ermöglichen, um eine rechte Vorstellung von den Größenordnungen zu gewinnen. Wenn ich er-

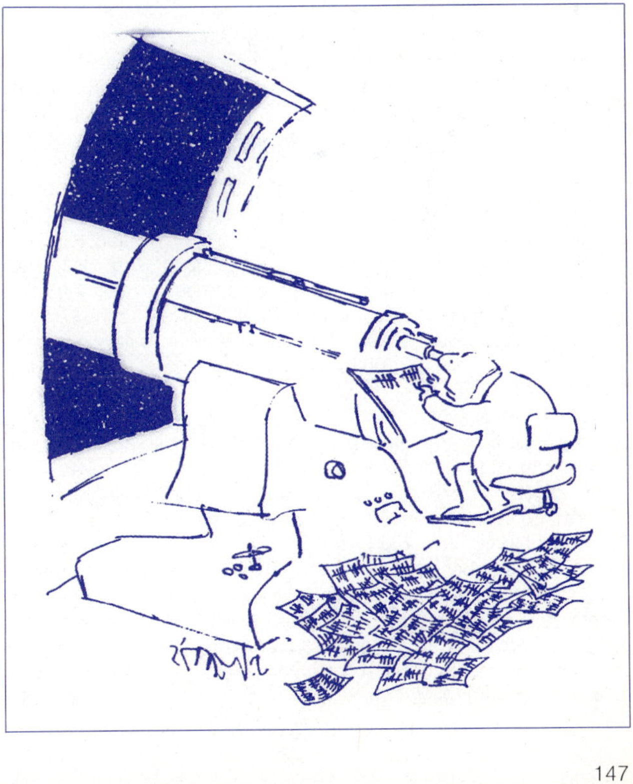

Abb. 106: „Astronomische Zahlen"

fahre, daß Stadt A rund 30 Kilometer von Dorf B entfernt ist, die Stadt C aber 700 Kilometer von A, dann kann ich die Relationen sofort begreifen. Erfahre ich, daß der Mond im Mittel 384 400 Kilometer weit weg ist, so wird diese Strecke sofort anschaulicher, wenn man sie mit dem Erddurchmesser vergleicht: Die mittlere Monddistanz entspricht 30 Erddurchmessern. 30 Erdgloben aneinandergereiht ergeben die Strecke Erde – Mond. Das kann man sich leicht vorstellen. Und 109 Erdkugeln muß man zu einer kosmischen Perlenschnur aneinanderreihen, um einmal den Sonnendurchmesser mit seinen 1 392 000 Kilometer darzustellen.

In der Himmelskunde wählt man daher zweckmäßigerweise die Einheiten so, daß es eben keiner „astronomischen Zahlen" bedarf, um Größen anzugeben. Im Sonnensystem verwendet man die Astronomische Einheit (abgekürzt A.E., AE und AU vom Englischen astronomical unit). Sie entspricht der mittleren Entfernung Erde – Sonne, das sind 149,59 Millionen Kilometer. Mars ist dann 1,5 AE, Jupiter 5,2 AE und Pluto im Mittel 39,9 AE von der Sonne entfernt, während Merkur in nur 0,39 AE um sie kreist.

In der Stellarastronomie ist das Parsec als Längenmaß in Gebrauch. Parsec ist die Kurzform für Parallaxensekunde. Ein Parsec (abgekürzt pc) ist die Distanz, aus der man die Astronomische Einheit, also den Erdbahnhalbmesser, unter dem Winkel von einer Bogensekunde (1") sieht. Ein Parsec entspricht somit 206 265 AE, das sind 30,8 Billionen Kilometer. Sirius im Großen Hund ist beispielsweise 2,7 pc von uns entfernt.

Ein Parsec entspricht 3,26 Lichtjahren. Ein Lichtjahr ist ein sehr anschauliches und populäres Entfernungsmaß. Es gibt die Strecke an, die das Licht in einem Jahr zurücklegt. Da ein Lichtstrahl bereits in nur einer Sekunde 300 000 Kilometer schafft, so ergibt dies in einem Jahr die Strecke von 9,46 Billionen Kilometer.

Auch für die Massen verwendet man in der Himmelskunde geeignete Einheiten, um „astronomische Zahlen" zu vermeiden. Im Planetensystem nimmt man üblicherweise die Erde als Maßstab. So hat unser Mond nur $\frac{1}{81}$ der Erdmasse, der Riesenplanet Jupiter aber 318fache und die Sonne gar 333 000fache Erdmasse. In der Welt der Sterne nimmt man unsere Sonne als Masseneinheit. Man sagt, ein Stern mit zwanzigfacher Sonnenmasse sei massereich, einer mit nur 0,4 Sonnenmassen aber ausgesprochen massearm.

Trotz der großen Einheiten: Bei großen Distanzen treten wiederum beachtliche Zahlen auf. So ist die Andromedagalaxie 2,5 Millionen Lichtjahre oder 770 000 pc von uns entfernt. Hier hilft man sich mit Vorsilben, die vor die Einheiten gesetzt werden. Sie sind uns aus dem täglichen Leben bekannt und stammen aus dem Griechischen: Ein Kilogramm sind 1000 Gramm, Kilo bedeutet das Tausendfache. Ein Kiloparsec (kpc) sind 1000 pc, ein Megaparsec (Mpc) eine Million Parsec. Bei kleinen und kleinsten Einheiten verwendet man ebenfalls entsprechende Vorsilben. Milli heißt ein Tausendstel, ein Millimeter ist also ein Tausendstel eines Meters, Mikro steht für den Millionstel Teil einer Einheit. Die Vorsilben sind in der Tabelle auf Seite 149 verzeichnet. In ihr findet man auch die Zehnerpotenzen angegeben. Wenn die Astronomen nämlich rechnen, und das müssen sie häufig, dann ist die Wahl einer „anschaulichen" Einheit nicht zweckmäßig. Oft müssen sehr große und sehr kleine Größen miteinander verarbeitet werden. Die Zahl der Atome und Elementarteilchen in einem Stern oder im gesamten Universum kommt in solchen Kalkulationen durchaus vor und muß bequem zu handhaben sein. Dazu benutzt man die Potenzen von zehn. Eine Million schreibt sich 10^6. Die hochgestellte Zahl heißt Exponent oder schlicht Hochzahl. Sie gibt an, wie oft man die 10 (Grundzahl oder Basis) mit sich selbst multiplizieren muß – und damit auch die Zahl der Nullen! 10^6 bedeutet also $10 \times 10 \times 10 \times 10 \times 10 \times 10 = 1\,000\,000$. Eine negative Hochzahl gibt den Kehrwert an: 10^{-6} steht für $\frac{1}{1\,000\,000}$, also für ein Millionstel. Damit lassen sich auch sehr kleine Größen darstellen. 10^0 bedeutet definitionsgemäß 1. In der Zehnerpotenzform schreibt man die Astronomische Einheit folgendermaßen: $1{,}4959 \times 10^8$ Kilometer oder, da ein Kilometer 1000 Meter sind: $1{,}4959 \times 10^{11}$ m, da 10^8 mal 1000, also 10^8 mal 10^3 gleich 10^{11} sind. Nach einer einfachen Regel der Mathematik werden Potenzen (gleicher Basis) miteinander multipliziert, indem man die Exponenten (Hochzahlen) addiert.

Noch ein Wort zur Verwendung von Einheiten. Im amtlichen und geschäftlichen Verkehr dürfen seit 1. Januar 1978 nur noch die SI-Einheiten (SI = Systeme International) verwendet werden; für die Länge das Meter, für die Masse das Kilogramm beispielsweise. Die häufig konservativen Astronomen benützen aber weiterhin munter die geläufigen cgs-Einheiten (Zentimeter – Gramm – Sekunde), vor allem in den großen Fachzeitschriften.

Darstellung großer Zahlen

Name	Vorsilbe	Abk.	Zehnerpotenzen	Zahlen
1 Trillion	Exa	E	10^{18} =	1 000 000 000 000 000 000
1 Billiarde	Peta	P	10^{15} =	1 000 000 000 000 000
1 Billion	Tera	T	10^{12} =	1 000 000 000 000
1 Milliarde	Giga	G	10^{9} =	1 000 000 000
1 Million	Mega	M	10^{6} =	1 000 000
1 Tausend	Kilo	k	10^{3} =	1 000
1 Hundert	Hekto	h	10^{2} =	100
1 Deka	Deka	D	10^{1} =	10
Eins	–	–	10^{0} =	1
1 Zehntel	Dezi	d	10^{-1} =	0,1
1 Hundertstel	Zenti	c	10^{-2} =	0,01
1 Tausendstel	Milli	m	10^{-3} =	0,001
1 Millionstel	Mikro	µ	10^{-6} =	0,000 001
1 Milliardstel	Nano	n	10^{-9} =	0,000 000 001
1 Billionstel	Piko	p	10^{-12} =	0,000 000 000 001
1 Billiardstel	Femto	f	10^{-15} =	0,000 000 000 000 001
1 Trillionstel	Atto	a	10^{-18} =	0,000 000 000 000 000 001

10^{18} Trillion	10^{42} Septillion
10^{21} Trilliarde	10^{45} Septilliarde
10^{24} Quadrillion	10^{48} Oktillion
10^{27} Quadrilliarde	10^{51} Oktilliarde
10^{30} Quintillion	10^{54} Nonillion
10^{33} Quintilliarde	10^{57} Nonilliarde
10^{36} Sextillion	10^{60} Dezillion
10^{39} Sextilliarde	10^{63} Dezilliarde

Im Englischen ist 1 billion = 10^9, 1 trillion = 10^{12}, 1 quadrillion = 10^{15} usw.

Abb. 107: Aufsuchkärtchen der veränderlichen Sterne Algol (β Per), β Lyrae und δ Cephei.

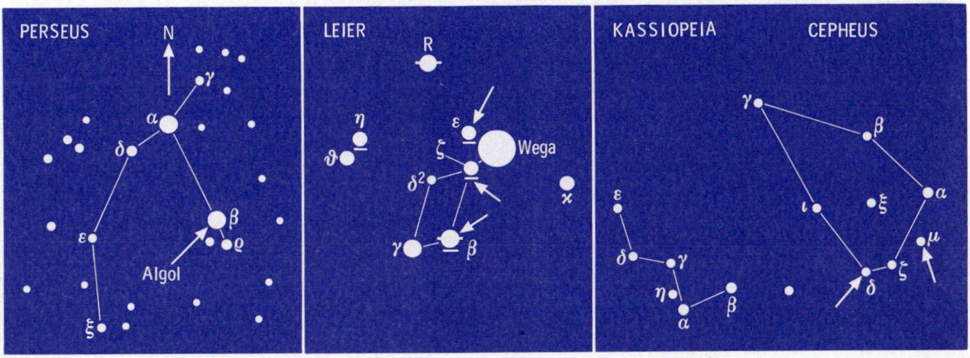

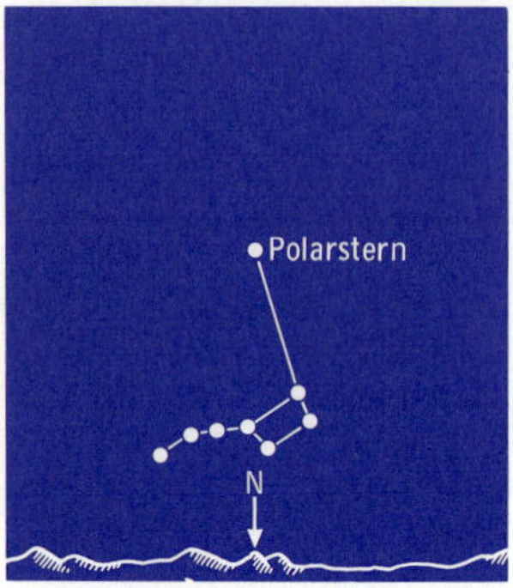

Himmelswagen
Anfang November 22^h *MEZ.*

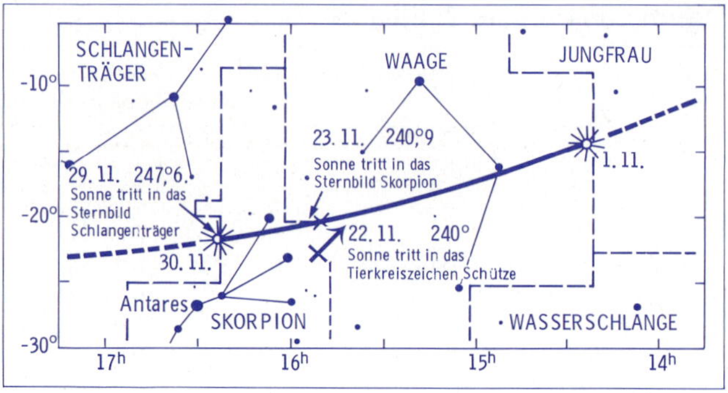

Sonnenlauf

Sonne

Datum	Aufgang	Untergang	Kulmination	Zeitgleichung	Mittagshöhe	Rektaszension	Deklination	Sternzeit 1^h MEZ
2.	7^h11^m	16^h55^m	12^h04^m	$+16^m$	25°2	14^h29^m	–14°7	2^h45^m
7.	7 20	16 47	12 04	+16	23,7	14 48	–16,2	3 05
12.	7 28	16 40	12 04	+16	22,2	15 09	–17,6	3 24
17.	7 36	16 34	12 05	+15	21,0	15 29	–18,9	3 44
22.	7 44	16 28	12 06	+14	19,8	15 50	–20,1	4 04
27.	7 51	16 24	12 08	+12	18,8	16 11	–21,1	4 24

Julianisches Datum am 1. November, 1^h MEZ: 2 447 831,5

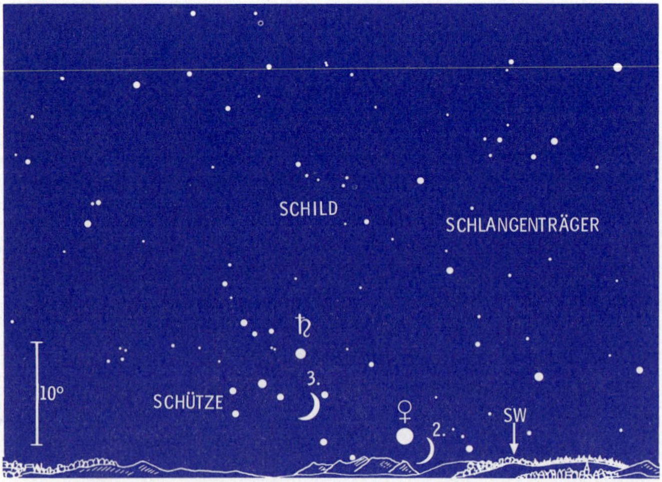

Abb. 108: Anblick des südwestlichen Sternenhimmels am 2. und 3. November gegen 18^h *MEZ. An den Planeten Venus (2.) und Saturn (3.) zieht die schmale Sichel des zunehmenden Mondes vorbei.*

Tages- und Nachtstunden im November

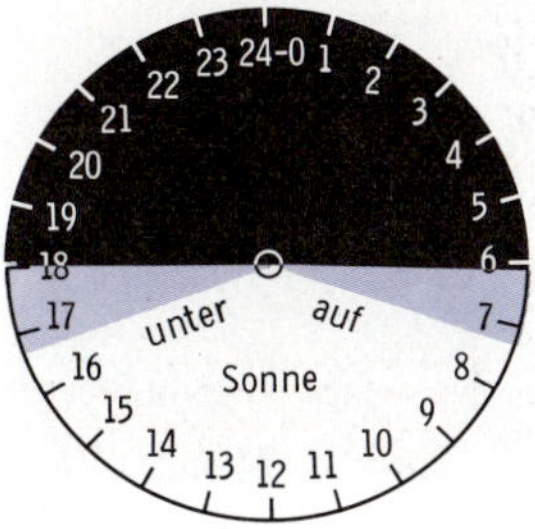

5. November

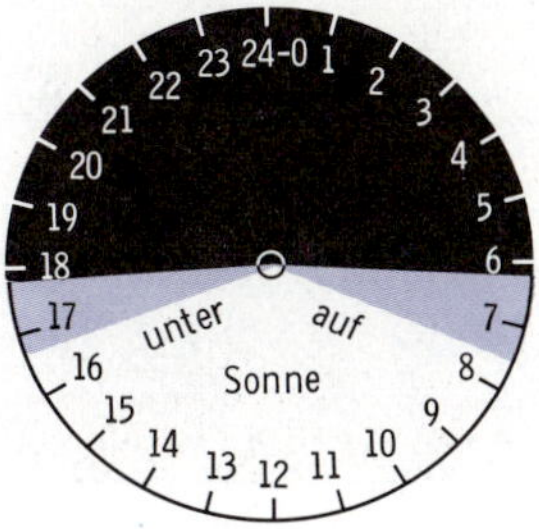

15. November

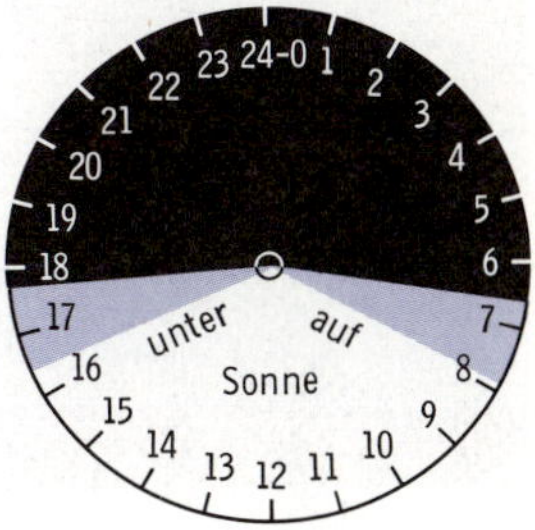

25. November

Mondlauf im November

Datum		Aufgang	Untergang	Rektaszension	Deklination	Sterne und Sternbilder	Phase	MEZ
Mi	1.	10^h31^m	17^h49^m	16^h05^m	–25°,8	Skorpion		
Do	2.	11 30	18 36	16 59	–27,3	Schlangenträger		
Fr	3.	12 20	19 36	17 54	–27,5	Schütze		
Sa	4.	12 58	20 47	18 49	–26,3	Schütze		
So	**5.**	13 28	22 03	19 43	–23,7	Schütze		
Mo	6.	13 51	23 22	20 36	–20,0	*Steinbock	**Erstes Viertel** Libration Ost	15^h11^m
Di	7.	14 09	–	21 28	–15,1	*Steinbock	Aufsteigender Knoten	
Mi	8.	14 26	0 43	22 19	– 9,4	*Wassermann		
Do	9.	14 41	2 05	23 10	– 3,0	Fische		
Fr	10.	14 58	3 30	0 01	+ 3,7	Fische		
Sa	11.	15 17	4 57	0 55	+10,3	Fische		
So	**12.**	15 41	6 29	1 52	+16,5	Hamal	Erdnähe	
Mo	13.	16 13	8 01	2 52	+21,7	*Widder	**Vollmond** Größte Nordbreite	5^h52^m
Di	14.	16 59	9 29	3 57	+25,4	Plejaden, Hyaden		
Mi	15.	17 59	10 44	5 03	+27,3	Stier		
Do	16.	19 13	11 40	6 08	+27,2	Zwillinge		
Fr	17.	20 32	12 19	7 11	+25,3	*Kastor, Pollux		
Sa	18.	21 51	12 47	8 09	+22,0	*Krebs	Libration West	
So	**19.**	23 07	13 07	9 01	+17,7	Krebs	Absteigender Knoten	
Mo	20.	–	13 23	9 50	+12,7	Regulus	**Letztes Viertel**	5^h44^m
Di	21.	0 19	13 37	10 35	+ 7,3	Löwe		
Mi	22.	1 28	13 49	11 19	+ 1,8	Löwe		
Do	23.	2 36	14 02	12 01	– 3,8	Jungfrau		
Fr	24.	3 44	14 15	12 44	– 9,1	Jungfrau		
Sa	25.	4 53	14 31	13 28	–14,1	Spica	Erdferne	
So	**26.**	6 03	14 50	14 13	–18,6	Jungfrau		
Mo	27.	7 13	15 15	15 01	–22,3	Waage	Größte Südbreite	
Di	28.	8 22	15 49	15 52	–25,2	Skorpion	**Neumond**	10^h41^m
Mi	29.	9 24	16 34	16 45	–26,9	Skorpion		
Do	30.	10 17	17 31	17 40	–27,4	Schlangenträger		

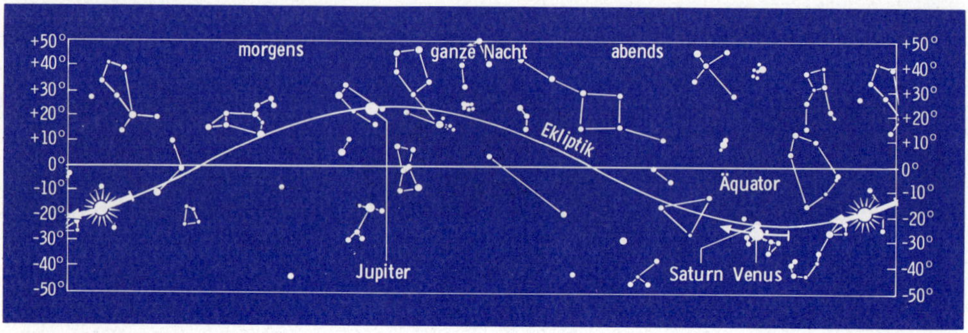

Planetenlauf im November

Merkur steht am 10. in oberer Konjunktion mit der Sonne und bleibt den ganzen Monat über unbeobachtbar. Am 21. passiert der sonnennahe Planet das Aphel seiner Bahn.

Venus erreicht am 8. ihre größte östliche Elongation von der Sonne. Ihr Winkelabstand von der Sonne beträgt dabei 47°09'. Leider steht sie am tiefsten Punkt im Tierkreis. Am 7. hat sie mit –26°57' ihre extreme Süddeklination erreicht. Erst am 6. November 1997 wird sie wieder so weit südlich stehen. Während des Monats wachsen die Deklinationen wieder leicht an, so daß sich ihre Untergangszeiten von 18^h56^m am 1. auf 19^h19^m am 30. etwas verspäten. Auch nimmt die Helligkeit auf $-4^m{,}6$ zu – Venus wird zum strahlenden Abendstern. Die Sonnenuntergänge verfrühen sich. Fazit: am Monatsende ist Venus für rund zweieinhalb Stunden am Abendhimmel in südwestlicher Richtung zu sehen.

Am 2. passiert die schmale Mondsichel die Venus – ein reizvoller Anblick. Am 15. geht Venus 4° südlich am Ringplaneten vorbei. Ihre Konjunktion mit Uranus am 8. bleibt unbeobachtbar.

Im Fernrohr zeigt das 25" große Venusscheibchen am 7. die Dichotomie (Halbphase). Der Durchmesser wächst kräftig bis auf 33" am Monatsende.

Mars bleibt auch im November unsichtbar.

Zwar steigt die Helligkeit leicht auf $1^m{,}6$ an, die Sonnenaufgänge verspäten sich, während die Marsaufgänge ziemlich konstant bleiben – am 1. um 6^h09^m, am 30. um 6^h05^m –, aber dies genügt nicht, um Mars sichtbar werden zu lassen. Allenfalls am Monatsende können Spezialisten den roten Planeten mit Ferngläsern erjagen.

Jupiter, rückläufig in den Zwillingen, nähert sich seiner Oppositionsstellung, die er kurz vor Jahresende erreicht. Er kann fast die ganze Nacht über als auffällig hell glänzendes Gestirn hoch am Himmel gesehen werden. Wenn er kulminiert, so steht er bei uns (genau für 50° Nord) knapp 63° hoch. Nach Untergang der Venus ist Jupiter das bei weitem hellste Himmelsobjekt. Während des Monats nimmt die Jupiterhelligkeit um $0^m{,}2$ auf $-2^m{,}7$ zu.

Die Rückläufigkeit ist wenig ausgeprägt, der Riesenplanet kommt kaum von der Stelle. Als Anhaltspunkt für die Jupiterbewegung kann ε Geminorum dienen, der nördlich steht und an dem Jupiter am Monatsende gemählich vorbeizieht.

Die Jupiteraufgänge verlagern sich von 20^h18^m am 1. auf 19^h21^m am 15. und 18^h16^m am 30.

Das Jupiterscheibchen mißt zur Monatsmitte 45" am Äquator.

Saturn im Schützen verkürzt erheblich seine Abendsichtbarkeit. Nur durch die jetzt immer früher einsetzende Dunkelheit kann er sich noch eine Zeitlang am Abendhimmel halten. Am 1. geht der ringgeschmückte Planet um 20^h21^m unter, am 15. um 19^h32^m und am 30. um 18^h40^m. Die Helligkeit geht leicht auf $0^m{,}6$ zurück.

In den Abendstunden des 2. und 3. gesellt sich noch die zunehmende Mondsichel zu Saturn und Venus, die sich immer mehr an den Ringplaneten heranpirscht und ihn am 15. in 4° südlichem Abstand überholt.

Am 12. steht Saturn zum dritten Mal in diesem Jahr in Konjunktion mit Neptun, wobei Saturn 30' südlich steht. Diese dritte Begegnung bleibt allerdings unbeobachtbar.

Uranus im Schützen hat sich vom Abendhimmel zurückgezogen und bleibt unsichtbar. Allenfalls zu

Jupitermond-Erscheinungen

Datum	MEZ	Vorgang	
2.	6^h47^m	IV	DA
3.	5 31	I	VA
4.	2 37	II	SA
	2 47	I	SA
	3 53	I	DA
	4 53	II	DA
	4 59	I	SE
	5 13	II	SE
	6 05	I	DE
5.	0 00	I	VA
	3 22	I	BE
	21 15	II	VA
	21 15	I	SA
	21 32	III	VA
	22 20	I	DA
	23 27	I	SE
6.	0 25	III	VE
	0 33	I	DE
	1 58	III	BA
	2 03	II	BE
	4 57	III	BE
	21 49	I	BE
7.	20 45	II	DE
11.	4 40	I	SA
	5 13	II	SA
	5 40	I	DA
	6 53	I	SE
12.	1 54	I	VA
	5 10	I	BE
	23 09	I	SA
	23 48	II	VA
13.	0 07	I	DA
	1 21	I	SE
	1 31	III	VA
	2 20	I	DE
	4 24	II	BE
	4 25	III	VE
	5 32	III	BA
	20 22	I	VA
	23 37	I	BE
14.	20 29	II	DA
	20 47	I	DE
	21 09	II	SE
	23 08	II	DE
16.	22 09	III	DE
18.	6 33	I	SA
	22 28	IV	DA
	23 51	IV	DE
19.	3^h48^m	I	VA
	6 57	I	BE
20.	1 02	I	SA
	1 53	I	DA
	2 22	II	VA
	3 15	I	SE
	4 06	I	DE
	5 30	III	VA
	6 43	II	BE
	22 16	I	VA
21.	1 23	I	BE
	19 30	I	SA
	20 20	I	DA
	21 08	II	SA
	21 43	I	SE
	22 33	I	DE
	22 50	II	DA
	23 46	II	SE
22.	1 30	II	DE
	19 50	I	BE
23.	19 27	III	SA
	19 52	II	BE
	22 21	III	SE
	22 40	III	DA
24.	1 36	III	DE
26.	5 42	I	VA
	21 38	IV	VA
	22 13	IV	VE
27.	2 55	I	SA
	3 39	I	DA
	4 16	IV	BA
	4 56	II	VA
	5 08	I	SE
	5 40	IV	BE
	5 52	I	DE
28.	0 11	I	VA
	3 09	I	BE
	21 24	I	SA
	22 05	I	DA
	23 37	I	SE
	23 45	II	SA
29.	0 18	I	DE
	1 09	II	DA
	2 23	II	SE
	3 49	II	DE
	21 35	I	BE
30.	22 09	II	BE
	23 26	III	SA

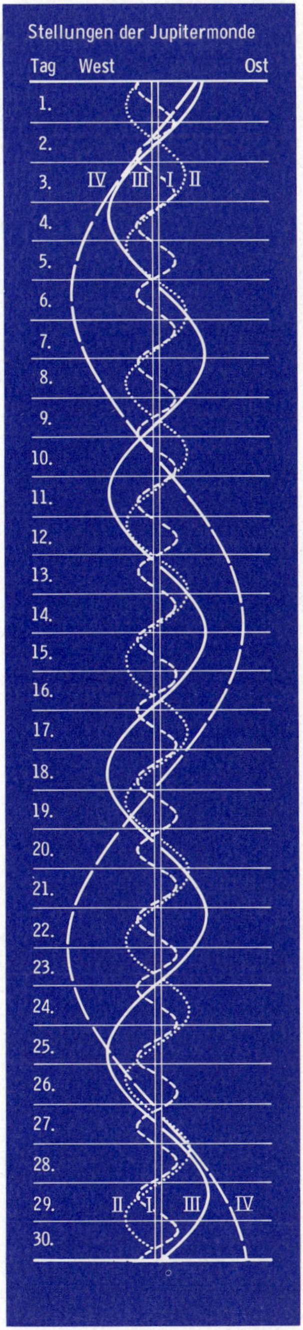

Monatsbeginn ist er noch für erfahrene Beobachter mit lichtstarker Optik zu erjagen.
Am 5. geht er um 19^h30^m unter. Frühestens gegen 18^h05^m ist es dunkel genug, den $5^m,8$ hellen Uranus aufzustöbern. Bald darauf verschlucken ihn die Dunstschichten in Horizontnähe. Die Konjunktion mit Venus am 8. bleibt unbeobachtbar.

Konstellationen und Ereignisse im November

Datum	MEZ	Ereignis
2.	18^h	Mond bei Venus, **Mond 3° südwestlich**
3.	9	Mond bei Uranus, Mond 4° südlich
3.	22	Mond bei Saturn, Mond 4° südlich
3.	23	Mond bei Neptun, Mond 4° südlich
7.	14	Pluto in Konjunktion mit der Sonne
8.	3	Venus bei Uranus, Venus 3° südlich
8.	18	Venus in größter östlicher Elongation (47°)
10.	20	Merkur in oberer Konjunktion mit der Sonne
12.	22	Saturn bei Neptun, Saturn $0{,}^{\circ}5$ südlich
15.	16	Venus bei Neptun, Venus 4° südlich
15.	20	Venus bei Saturn, Venus 4° südlich
16.	15	Mond bei Jupiter, Mond 3° nördlich
21.	2	Merkur im Aphel
26.	20	Mond bei Mars, Mond 6° südlich
30.	17	Mond bei Uranus, Mond 3° südlich

Neptun, rechtläufig im Schützen, kann nicht mehr aufgefunden werden und ist vom Beobachtungsprogramm zu streichen. Am 12. kommt es zur dritten Begegnung mit Saturn in diesem Jahr, wobei der Ringplanet 30' südlich an Neptun vorbeizieht. Diese Konjunktion bleibt ebenso unbeobachtbar wie das Zusammentreffen mit Venus am 15., wobei Venus 4° südlich steht.
Pluto sei in diesem Monat erwähnt. Er steht am 7. mit der Sonne in Konjunktion.

Planetoiden

Ceres – Planetoid Nr. 1 – steigert ihre Helligkeit während des Monats auf $7{,}^{m}3$ und wird damit für lichtstarke Ferngläser leicht erreichbar. Am 3. wird Ceres stationär und bewegt sich von da an mit wachsender Geschwindigkeit rückläufig durch die Zwillinge auf den offenen Sternhaufen M 35 zu. Zu Monatsbeginn wandert sie knapp an μ Geminorum vorbei, der als Aufsuchstern hervorragend geeignet ist (siehe auch Abb. 103 auf Seite 144). Die Kulminationszeiten von Ceres lauten: am 1.: 4^h01^m, am 15.: 3^h04^m und am 30.: 1^h56^m.
Pallas – Planetoid Nr. 2 – im Walfisch kann um die Monatsmitte vom Beobachtungsprogramm gestrichen werden. Ihre Helligkeit sinkt von $8{,}^{m}6$ auf $9{,}^{m}1$ ab, ihre Deklination geht auf $-19{,}^{\circ}2$ zurück, sie erreicht immer südlichere Gefilde im Cetus. Am 23. wird sie stationär und bewegt sich anschließend rechtläufig auf β Ceti zu. Am 1. kulminiert sie um 22^h03^m, am 10. um 21^h24^m, wobei Mondlicht störend hinzukommt. Durch den Meridian geht sie am 20. um 20^h43^m und am 30. um 20^h04^m.

Periodische Sternschnuppenströme im November

Die **Leoniden** treten Mitte November am Morgenhimmel in Aktion. Ihr Radiant liegt im Löwen rund 10° nordöstlich von Regulus. Das spitze Maximum ist in der Nacht vom 17. auf 18. November zu erwarten. Die Sternschnuppen sind außerordentlich schnell (um 75 Kilometer pro Sekunde). Einst waren die Leoniden wesentlich aktiver als heute die Perseïden im August. Im vergangenen Jahrhundert galt daher der November als „der Sternschnuppenmonat" schlechthin. Das Erscheinen der Leoniden geht auf den Kometen 1866 I Tempel-Tuttle zurück.
Auf die **Tauriden**, deren Maximum auf den 13. November fällt, wurde schon im September hingewiesen. Zwischen 20^h und 4^h morgens ist mit etwa zehn bis zwanzig Meteoren pro Stunde zu rechnen.

Der Fixsternhimmel im November

Das Sommerdreieck ist zwar im Westen noch zu sehen, dennoch ist der Charakter des Himmels eindeutig herbstlich. Im Osten sind gar schon die Wintersternbilder im Anmarsch.
Beginnen wir diesmal mit unseren Beobachtungen im Zenit: Blickt man steil nach oben, so erkennt man leicht das Himmels-W, die Kassiopeia. Vom Himmels-W ausgehend stößt man schnell zum Polarstern vor. Läßt man den Blick vom Polarstern zum Nordhorizont hinunterschweifen, so entdeckt man den Großen Wagen, der als zirkumpolares Stern-

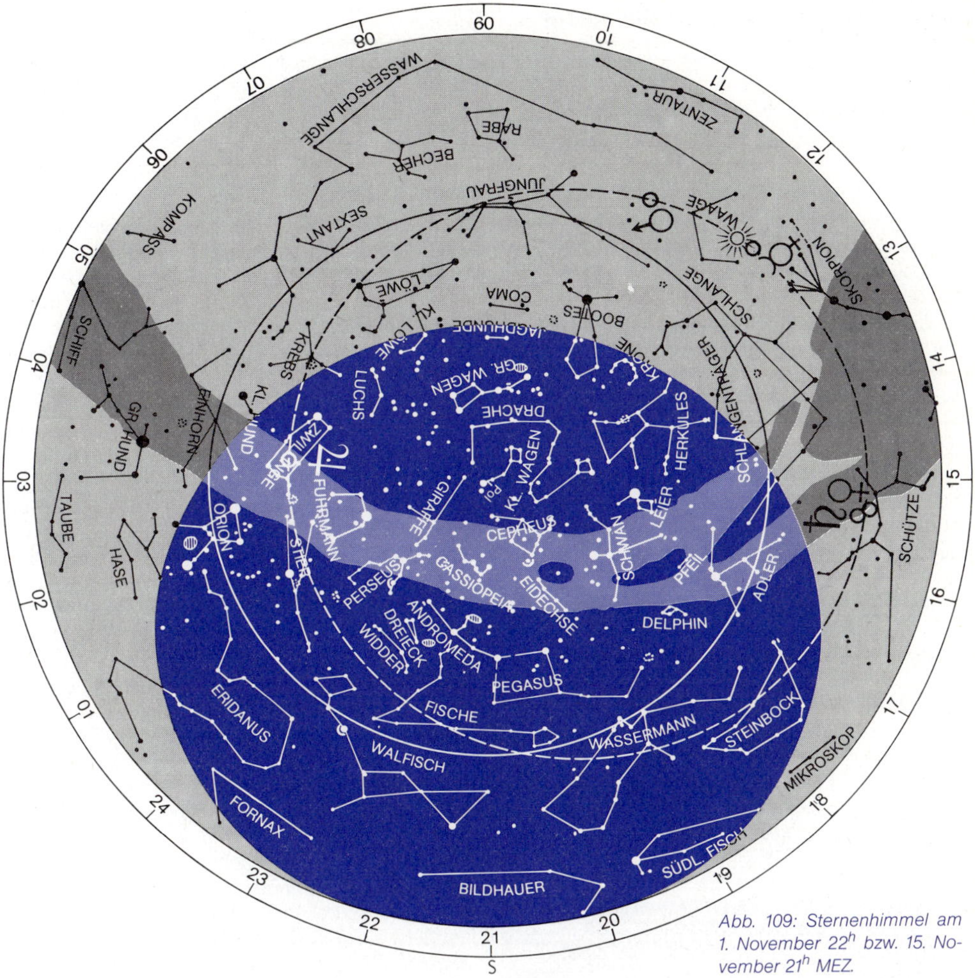

Abb. 109: Sternenhimmel am 1. November 22^h bzw. 15. November 21^h MEZ.

bild gerade seine untere Kulmination durchläuft, d. h., er hat seine tiefste Stellung erreicht.

Ebenfalls in Zenitnähe entdeckt man die Sternenkette der Andromeda. Fast genau im Meridian steht der Andromedanebel, unserer Nachbarmilchstraße. Das Pegasusquadrat, gemeinhin Herbstviereck genannt, hat seinen Meridiandurchgang bereits hinter sich und ist ein wenig nach Westen gerückt. Hoch im Osten ist der Perseus mit seinen Flügelschuhen herangeflogen. Seine Gestalt ist nun recht einprägsam. Zwischen dem Polarstern und dem Perseus liegt ein Feld aus weniger hellen Sternen. Sie gehören zu dem unscheinbaren und darum wenig bekannten Sternbild Giraffe (lat.: Camelopardalis).

Das Feld in der Nähe des Meridians halten außer Andromeda und Kassiopeia noch die Sternbilder Widder, Fische und Walfisch besetzt. Im Südwesten dehnt sich der Wassermann aus, darunter ist gerade noch Fomalhaut im Südlichen Fisch zu erkennen, der eben untergeht. Ebenfalls im Untergang begriffen ist der Steinbock, der ohnehin nicht be-

Veränderliche Sterne im November

Algol-Minima	1. 16^h31^m	10. 6^h58^m	13. 3^h47^m	16. 0^h36^m	18. 21^h25^m	21. 18^h14^m
β-Lyrae-Minima	8. 11^h	21. 10^h				
δ-Cephei-Maxima	2. 15^h	8. 0^h	13. 9^h	18. 18^h	24. 3^h	29. 11^h
Mira-Helligkeit	ca. 3^m, im Maximum					

sonders auffällig ist. Im Osten glänzt es an hellen Sternen, die Wintersternbilder drängen auf die Himmelsbühne. Das hellste Gestirn allerdings ist kein Stern sondern ein Planet, nämlich Jupiter in den Zwillingen. Die beiden Sternenketten der Zwillinge mit Kastor und Pollux als Sterne erster Größe an den Enden sind leicht zu erkennen.
Weiter ziehen die Blicke auf sich der Fuhrmann mit der hellen Kapella, der Stier mit Aldebaran und den beiden offenen Sternhaufen Hyaden und Plejaden sowie Orion mit der rötlichen Beteigeuze und dem bläulich weißen Rigel.
Von den Wintersternbildern fehlen eigentlich nur noch der Große und der Kleine Hund. Auch sie werden bald über dem Horizont erscheinen, denn in wenigen Wochen ist Wintersonnenwende.

Objekte für Feldstecher und Fernrohr

Am herbstlichen Himmel tauchen wieder die berühmten offenen Sternhaufen Hyaden und Plejaden (M 45) im Stier auf, die dem Beobachter auch schon ohne Fernrohr oder Fernglas „ins Auge springen". Durch ein Fernglas betrachtet sind diese Sterngruppierungen echte Leckerbissen.

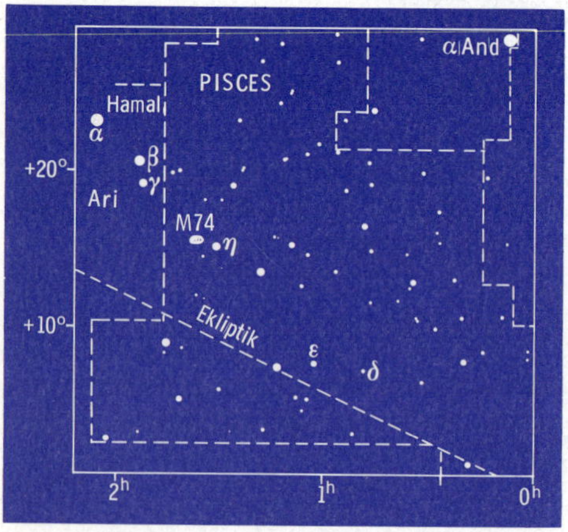

Abb. 110: Aufsuchkarte für den Spiralnebel M 74 (= NGC 628). Die Galaxie M 74 liegt knapp nordöstlich von η in den Fischen (Pisces).

Zwei weitere, empfehlenswerte offene Sternhaufen sind h und χ im Perseus. Da sie wesentlich weiter entfernt sind als Plejaden und Hyaden stehen ihre Sterne dichter gedrängt, und man kann h und χ auch nur als schwache Lichtfleckchen erkennen. Auch im kleineren Fernglas hat man den Eindruck von einem eher nebeligen Gebilde als von lauter Einzelsternen. Erst im Teleskop zeigt sich die wahre Pracht dieser beiden nahe benachbarten Haufen im Perseus. Wegen ihrer Nähe spricht man auch vom Doppelhaufen h und χ im Perseus. h und χ liegen zwischen dem Himmels-W und der Gestalt des Perseus, am Ort des C von CASSIOPEIA in der Monatssternkarte.
Wer seinen Blick aus unserem Sternensystem, aus unserer Milchstraße, in kosmische Tiefen richten möchte, dem seien einige extragalaktische Objekte empfohlen.
Zunächst ist da unsere Nachbarmilchstraße, der große Andromedanebel, zu nennen, M 31 mit der Katalogbezeichnung. Zur abendlichen Beobachtungsstunde steht M 31 hoch über unseren Köpfen, fast im Zenit. Theoretisch ist der Andromedanebel schon mit bloßen Augen erkennbar: Bei klarer Luft sieht man, wenn man genau weiß, wohin man zu blicken hat, ein schwaches Lichtfleckchen. Im Fernglas erkennt man M 31 ohne weitere Mühen.
Nicht ganz so bekannt wie der große Andromedanebel ist die Galaxie M 33 im Dreieck. Der Spiralnebel M 33 ist aber leicht zu finden und jedem Fernglas zugänglich. In der Monatssternkarte ist er unter dem RO von ANDROMEDA eingezeichnet. Ein leichter Schwenk mit dem Fernglas, und man gelangt von M 31 zu M 33, wobei man berücksichtigt, daß Mirach etwa zwischen beiden Spiralnebeln steht.
Nicht ganz so einfach zu finden ist M 74 (NGC 628), ein wesentlich lichtschwächerer Spiralnebel, der schon schwerere optische Kaliber erfordert – und auch eine gewisse Beobachtungserfahrung. M 74

liegt knapp nordöstlich von η in den Fischen. Man gehe am besten vom Widder aus – α, β, γ Arietis sind leicht auszumachen. Von γ Ari in Richtung Südwest gehend, stößt man auf η Psc. Kurz davor liegt die Spirale von M 74, auf die wir fast senkrecht draufsehen. Die scheinbare Helligkeit liegt bei 10^m, die Ausdehnung mißt 8' x 8'. Die Entfernung dieser Galaxie wurde zu 36 Millionen Lichtjahren bestimmt.

Wesentlich kleiner im Durchmesser (2',5 x 1',7), aber mit 9^m deutlich heller als M 74 ist die Galaxie M 77 im Walfisch. Sie liegt nahe bei δ Ceti, dem Stern knapp südlich des Himmelsäquators in der Monatssternkarte. Dieser Spiralnebel ist rund 70 Millionen Lichtjahre von uns entfernt.

An Kugelhaufen sei M 2 im Wassermann genannt. M 2 liegt nördlich von β Aquarii und ist in der Helligkeit etwa mit M 92 im Herkules vergleichbar, nämlich $6^m,5$. Sein scheinbarer Durchmesser weist 13' auf, die Entfernung beträgt rund 37 000 Lichtjahre.

Wenig bekannt, aber in einem lichtstarken Fernglas recht reizvoll ist der offene Sternhaufen NGC 1647 im Stier. Er liegt etwa 4° nordöstlich von Aldebaran in einer sternreichen Gegend, fällt aber sofort als relativ dichter Haufen auf, der etwa 30 Sterne zeigt. Die Entfernung von NGC 1647 liegt bei rund 3500 Lichtjahren.

Zu den bekannten und weithin populären Doppelsternen, die bei keiner Sternführung auf einer öffentlichen Sternwarte fehlen sollten, gehören γ in der Andromeda und γ im Widder.

Alamak (γ Andromedae) ist mit 10" leicht zu trennen. Die Komponenten sind $2^m,3$ und $5^m,1$ hell. Der hellere Stern leuchtet orange, der schwächere weiß.

Mesarthim (γ Arietis) ist mit 8" etwas enger als γ And, aber immer noch leicht aufzulösen. Beide Komponenten sind gleich hell, nämlich $4^m,8$, und strahlen weiß.

Weniger bekannt und auch schwieriger aufzufinden ist ε Arietis. Zwei weiße, fast gleich helle Sterne ($5^m,3$ A2 und $5^m,5$ A2) stehen in 1",4 Distanz – ein Fall für einen Vierzöller.

Noch etwas enger ist α in den Fischen. Die Distanz der beiden weiß leuchtenden, $4^m,3$ und $5^m,3$ hellen Komponenten beträgt gegenwärtig 1",7, der Positionswinkel 280°.

Als letzter sei ζ Aquarii genannt, der ab 8 cm Öffnung zu schaffen ist. Die beiden weißlich-gelben Komponenten sind $4^m,4$ und $4^m,6$ hell und 1",8 voneinander getrennt. Die Entfernung liegt bei knapp 100 Lichtjahren. ζ Aqr gehört zu den Sternen, die den Krug des Wassermanns bilden.

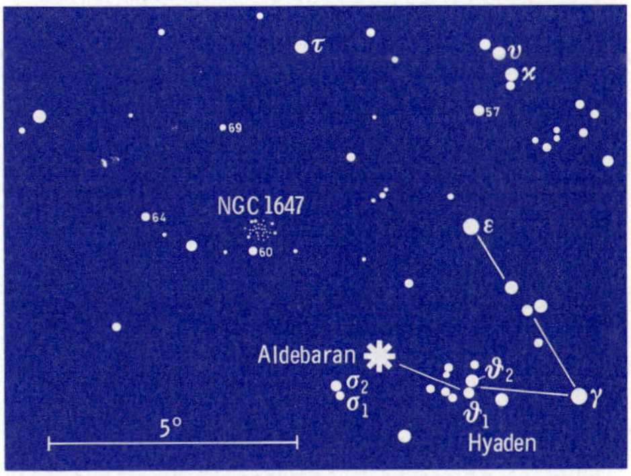

Abb. 111: Lage des offenen Sternhaufens NGC 1647 im Sternbild Stier (siehe auch Foto von NGC 1647 auf Seite 13, Abb. 6).

Monatsthema: Entstand das Universum aus dem Nichts?

„Von nichts kommt nichts", sagt der Volksmund. Schon der römische Dichter und Naturphilosoph LUKREZ (um 95–55 v. Chr.) lehrte: „Nichts kann aus dem Nichts entstehen." Im Gegensatz dazu kennt die christliche Schöpfungslehre die creatio ex nihilo – die Schöpfung aus dem Nichts. Danach hat ein allmächtiger Gott das Universum aus dem Nichts geschaffen und damit das größte denkbare Wunder vollbracht. Gleichzeitig hat er mit dem Schöpfungsakt aus dem Nichts auch seine Existenz bewiesen.

Was wissen die Astronomen von der Herkunft des Universums? Zunächst ist ihnen bekannt, daß sich das Universum vor etwa 15 bis 20 Milliarden Jahren in einem außerordentlich dichten und heißen Zustand befand. Die Temperaturen waren so extrem hoch, oder gleichbedeutend: Die Teilchenenergien waren so enorm, daß keine der uns heute bekannten Strukturen existieren konnte. Das Universum war deshalb auch in einem Stadium extrem hoher Symmetrie.

Kinder bauen an einem kalten Wintertag einen prächtigen Schneemann. Am folgenden Tag bringt eine Warmfront den Schneemann zum Schmelzen, eine Wasserpfütze bildet sich. Die Struktur des Schneemanns ist zerstört. Aus dem Schmelzwasser ist nicht mehr ersichtlich, woher es kam. Es kann ebensogut aus einem quaderförmigen Eisblock stammen wie aus dem erwähnten Schneemann. Das Wasser hat eine höhere Symmetrie als der

Abb. 112: Quantenfluktuation des Vakuums im n-dimensionalen Raum, wobei die Zahl der Dimensionen (n) ebenfalls fluktuiert und daher unbestimmt ist. Dieser Zustand ist mit maximaler Symmetrie verbunden.

Schneemann. Steigt die Temperatur weiter an, so verdampft das Wasser. Doch auch Wasserdampf hat eine, physikalisch gesehen, noch recht komplizierte Struktur. Diese wird ebenfalls zerstört, wenn die Temperatur, also die mittlere Teilchenenergie, zunimmt: Die Moleküle lösen sich in einzelne Wasserstoff- und Sauerstoffatome auf. Lassen wir die Teilchenenergie weiter wachsen, so verlieren die Atomkerne ihre Elektronen. Schließlich lösen sich die Sauerstoffatomkerne in ihre Bestandteile, Protonen und Neutronen auf. Auch diese Kernbausteine (Baryonen) zerfallen in Quarks und Gluonen, wenn die Energiedichte weiterhin erhöht wird. Das Universum ging den umgekehrten Weg. Aus Gluonen, Photonen, Elektronen und Neutrinos nahm das Weltall in Form einer gewaltigen Explosion, des sogenannten Urknalls, seinen Ausgang (siehe auch HIMMELSJAHR 19**85**, Seite 126 f.). Seit dieser Zeit dehnt sich das Universum ständig aus, wobei die Temperatur permanent sinkt und die Entstehung aller Strukturen wie Galaxien, Sterne, Planeten, Lebewesen etc. ermöglicht.

So interessant und aufschlußreich die physikalische Beschreibung des Urknalls ist – eine wesentliche Frage bleibt offen: Woher kam der Urknall? Genauer: Gab es vorher etwas, oder entstand der Kosmos etwa aus dem Nichts?

Der Urknall war keine gewöhnliche Explosion. Mit dem Urknall wurden auch Raum und Zeit erst erschaffen. Schon der Kirchenlehrer AUGUSTINUS (354–430 n. Chr.) sagte: Die Welt entstand nicht **in** der Zeit, sondern **mit** der Zeit. Damit gibt es auch kein „Vorher". Die Frage, was vor dem Urknall war, wird sinnlos, vor allem unbeantwortbar.

Nun freilich: Für den Leser ist eine solche Antwort nicht sehr befriedigend; er empfindet sie als ein Ausweichen, eine Ausflucht gewissermaßen.

Man kann diese Frage auch anders formulieren: Welche Ursache hatte das Universum, warum gab es den Urknall? Kann man darauf eine wissenschaftliche Antwort geben oder bleibt nur der Glaube an eine übernatürliche Macht? Kann das Nichts ein Weltall schaffen?

Physikalisch gesehen ist das Nichts gleichzusetzen mit dem Vakuum, dem absolut leeren Raum. Überraschenderweise gibt es dieses absolute Nichts aber überhaupt nicht, ja hat es nie gegeben. Einst glaubte Isaac NEWTON, eine Fernkraft wirke von der Erde durch den leeren Raum auf den Mond und zwinge ihn in seine Ellipsenbahn. Dann führte die Physik den Feldbegriff ein. Jeder Punkt des Raumes besitzt eine bestimmte Feldstärke. Es gibt Gravitationsfelder, elektrische Felder, magnetische Felder usw. Das elektrische Feld des Atomkerns beispielsweise hält die Elektronen in ihren Bahnen.

Befindet sich ein Körper in einem Feld, so wirkt eine Kraft auf ihn ein entsprechend seiner Ladung. Gravitationsfelder wirken auf die Masse eines Körpers, elektrische Felder auf die elektrische Ladung. Jeder Punkt des Universums ist Teil vieler Felder, die durch die vorhandene Materie hervorgerufen werden. Im Grunde gibt es nur vier verschiedene Feldarten gemäß den vier Grundkräften der Natur, der Gravitation, der elektromagnetischen Kraft, der elektroschwachen Kraft, die für den radioaktiven Zerfall verantwortlich ist, und der starken Kraft, die die Atomkerne zusammenhält. In jedem Punkt eines Feldes herrscht eine von Null verschiedene Energiedichte. Die Felder sind dabei nicht kontinuierlich, sondern gemäß der Quantenmechanik diskontinuierlich, also in einzelne, wenn auch sehr winzige Energieportionen gequantelt. Gemäß der Beziehung aus der Relativitätstheorie, Masse ist gleich Energie durch das Lichtgeschwindigkeitsquadrat, kommt jedem Feldquant eine bestimmte Masse zu. Das Weltraumvakuum ist also nicht völlig leer, sondern gefüllt mit zahllosen virtuellen Partikel. „Virtuell" heißen die Teilchen deshalb, weil sie nur unter ganz bestimmten Bedingungen in Erscheinung treten oder besser: beobachtbar werden. In der modernen Physik stellt man sich tatsächlich die Übertragung von Kräften, also ihre Wirkungen, durch den Austausch von solchen virtuellen Feldquanten vor. Man spricht deshalb lieber von „Wechselwirkungen" als von Kräften.

So werden die Gravitationswirkungen durch den Austausch von Gravitonen, die elektromagnetische Wechselwirkung durch Photonen, die schwache Wechselwirkung durch intermediäre Vektorbosonen (W- und Z-Teilchen) und die starke Wechselwirkung durch π-Mesonen zwischen Baryonen und durch Gluonen zwischen den Quarks hervorgerufen. Diese Aufzählung mag genügen, um anzudeuten, daß auch das Vakuum Struktur und Inhalt (Energiedichte) aufweist und daß man zwischen verschiedenen Vakua unterscheiden muß, je nach Energiedichte und Sorte der virtuellen Teilchen. Ein Vakuum kann auch zerfallen. Virtuelle Photonen bilden ständig Elektron-Positron-Paare, die aber unbeobachtbar bleiben und daher als nichtexistent anzusehen sind, solange sie innerhalb der von der HEISENBERGschen Unschärferelation gesteckten Zeit- und Energiegrenzen sich wieder zu Photonen vereinigen. Ein starkes elektrisches Feld kann aber bewirken, daß diese Grenzen überschritten werden mit der Folge, daß ein Elektron und ein Positron plötzlich „aus dem Nichts" auftauchen. Man spricht in einem solchen Fall von einer spontanen Paarerzeugung. Das Vakuum hat interessante Eigenschaften. Kurz nach dem Urknall (10^{-43} Sekunden!) war die Temperatur so extrem hoch, daß es keinen Unterschied zwischen den vier Grundkräften der Natur gab, in jenem winzigen Augenblick waren sie noch in einer Superkraft vereinigt, deren Feldquanten X-Teilchen waren, auch HIGGS-Bosonen (nach Peter W. HIGGS von der University of Edinburgh) genannt.

Zum Zeitpunkt Null jedoch müßte nach der naiven Urknall-Beschreibung das Universum punktförmig, mit unendlich hoher Temperatur und Energiedichte gewesen sein. Ein solch einzigartiger Zustand (Singularität) läßt sich physikalisch nicht verstehen. Nach neueren Erkenntnissen hat es diese Urknall-Singularität nicht gegeben. Vielmehr ist das Weltall durch einen plötzlichen Phasenübergang eines Vakuums mit höherer Energiedichte („falsches" Vakuum oder primordiales Vakuum) in eines mit niedrigerer Energiedichte ins Dasein getreten. Dieser Phasenübergang geschah durch ein exponentielles Aufblähen „unseres" Universums ganz zu Anfang. Diese Hypothese vom inflationären Weltall wurde zuerst von Alan GUTH formuliert. Die Geburt des Kosmos aus einem primordialen Quantenvakuum mit anschließender inflationärer Epoche erklärt eine Reihe bisher unverstandener Eigenschaften des Weltalls recht gut. Das Weltall scheint tatsächlich aus dem Nichts entstanden zu sein, wobei dieses „Nichts" allerdings nichts mehr mit der simplen Vorstellung vom absolut leeren Raum zu tun hat. Vielmehr ist es eine Quanteneigenschaft der Supergravitation, also jener Kraft, die die vier bekannten Naturkräfte vereinigt, spontan submikroskopische Raum-Zeit-Strukturen auftreten zu lassen, ähnlich wie die Paarbildung Elektron – Positron. Solche winzigen Strukturen, Geonen nach John A. WHEELER genannt, die nur eine Größenordnung von 10^{-33} cm (!) aufweisen, verschwinden in der Regel ebenso plötzlich wieder, wie sie aufgetreten sind. Doch ebenso kann ein solches Geon sich plötzlich aufzublähen beginnen wie ein Luftballon. Bei der ungeheuren Energiedichte zu Beginn aller Zeiten entstanden dabei auch schlagartig Teilchen – neben Raum und Zeit wurde somit auch die Materie aus einer Vakuumfluktuation geboren, die im übrigen gemäß den gesicherten Erkenntnissen der Quantenmechanik selbst keiner Ursache bedarf.

Hier wird der geneigte Leser wohl fragen: Und woher kam die Quantenfluktuation des Vakuums, woher die physikalischen Gesetze? Selbst wenn man darauf eine Antwort fände, man wäre nicht befriedigt, denn dann würde man wieder nach der Ursache der Ursache der Quantenfluktuation fragen – eine Kette von Rekursivfragen ohne Ende. Es ist aber ein zutiefst menschliches Bedürfnis auf eine letzte Ursache zu stoßen, die keiner weiteren Ursache mehr bedarf. Dies ist eine Aufgabe, die die Physik nicht meistern kann. Hier stößt man an die Grenzen der wissenschaftlichen Forschungsmethode. Zu Unrecht wurde der Physik deshalb der Reduktionismus zum Vorwurf gemacht. Im Gegenteil: Die physikalische Erforschung des Universums vermag uns erstaunliche Erkenntnisse zu vermitteln, auch wenn man sich stets der Beschränktheit unserer Erkenntnismöglichkeiten bewußt sein muß. Wo das Wissen endet, beginnt der Glaube.

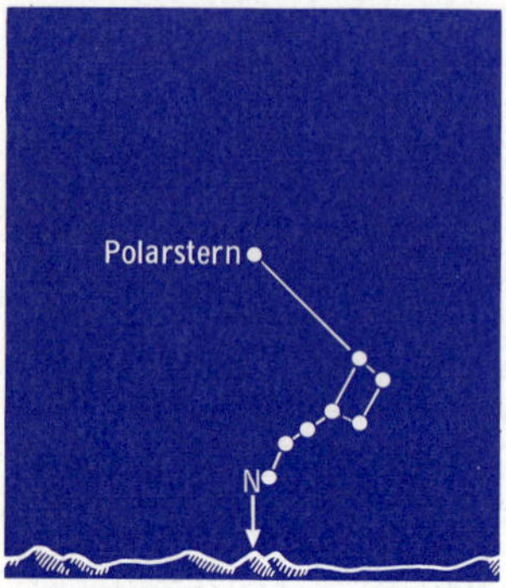

Himmelswagen
Anfang Dezember 22ʰ MEZ.

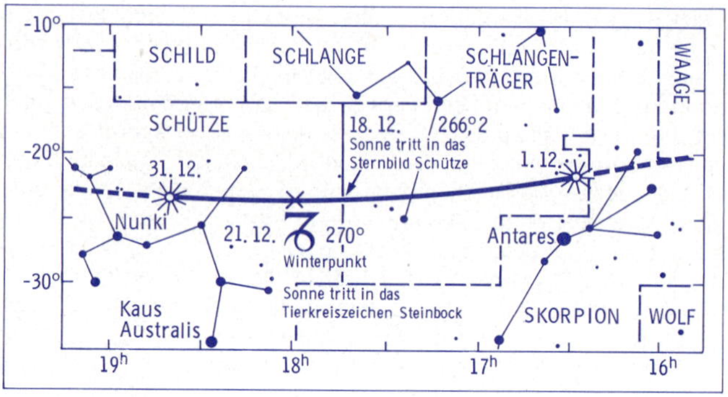

Sonnenlauf

Sonne

Datum	Aufgang	Untergang	Kulmination	Zeitgleichung	Mittagshöhe	Rektaszension	Deklination	Sternzeit 1ʰ MEZ
2.	7ʰ58ᵐ	16ʰ21ᵐ	12ʰ09ᵐ	+11ᵐ	18°,0	16ʰ33ᵐ	–21°,9	4ʰ43ᵐ
7.	8 04	16 19	12 12	+ 8	17,4	16 54	–22,6	5 03
12.	8 09	16 18	12 14	+ 6	16,9	17 16	–23,1	5 23
17.	8 13	16 19	12 16	+ 4	16,6	17 38	–23,3	5 42
22.	8 16	16 21	12 19	+ 1	16,6	18 01	–23,4	6 02
27.	8 18	16 24	12 21	– 1	16,7	18 23	–23,3	6 22
31.	8 19	16 28	12 23	– 3	16,9	18 40	–23,1	6 38

Julianisches Datum am 1. Dezember, 1ʰ MEZ: 2 447 861,5

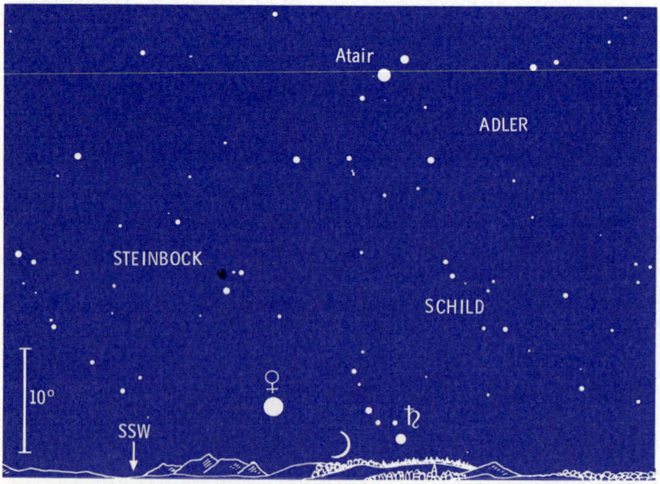

Abb. 113: Himmelsanblick am 1. Dezember gegen 18ʰ MEZ. In südwestlicher Richtung sind knapp über dem Horizont Venus und Saturn zu erkennen. Zwischen beiden Planeten steht die schmale Sichel des zunehmenden Mondes.

Tages- und Nachtstunden im Dezember

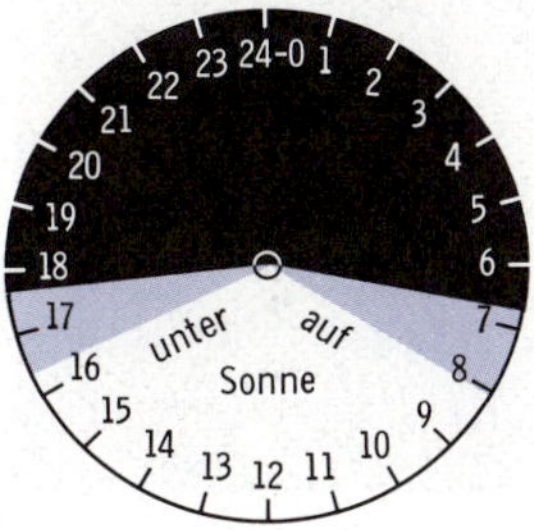

5. Dezember

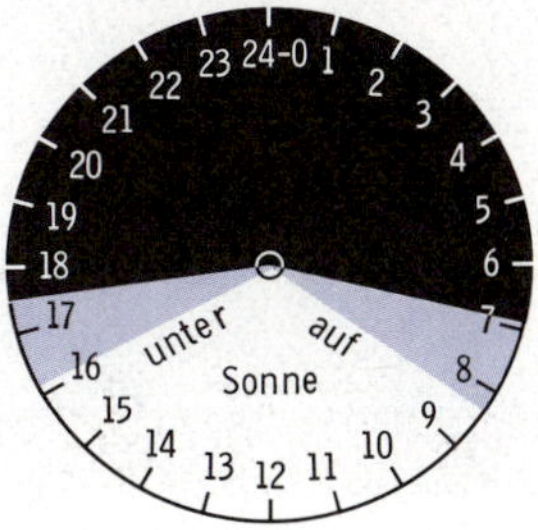

15. Dezember

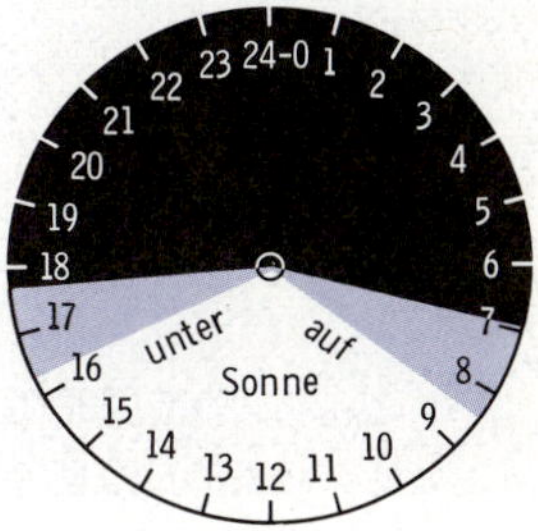

25. Dezember

Mondlauf im Dezember

Datum		Aufgang	Untergang	Rektaszension	Deklination	Sterne und Sternbilder	Phase	MEZ
Fr	1.	10^h59^m	18^h39^m	18^h36^m	$-26{,}^\circ5$	*Schütze		
Sa	2.	11 31	19 53	19 31	–24,2	Schütze		
So	**3.**	11 55	21 11	20 24	–20,7	Steinbock		
Mo	4.	12 14	22 29	21 15	–16,1	Steinbock	Aufsteigender Knoten Libration Ost	
Di	5.	12 31	23 48	22 05	–10,7	*Wassermann		
Mi	6.	12 46	–	22 54	– 4,7	*Wassermann	**Erstes Viertel**	2^h26^m
Do	7.	13 01	1 08	23 44	+ 1,7	Fische		
Fr	8.	13 19	2 31	0 35	+ 8,1	Fische		
Sa	9.	13 39	3 57	1 28	+14,3	Fische		
So	**10.**	14 07	5 27	2 26	+19,7	*Widder, Hamal	Erdnähe	
Mo	11.	14 44	6 56	3 27	+24,0	Plejaden	Größte Nordbreite	
Di	12.	15 37	8 17	4 32	+26,7	Aldebaran	**Vollmond**	17^h30^m
Mi	13.	16 45	9 23	5 39	+27,4	Stier, Al Nath		
Do	14.	18 05	10 11	6 43	+26,2	Zwillinge		
Fr	15.	19 27	10 45	7 44	+23,4	Kastor, Pollux		
Sa	16.	20 47	11 09	8 41	+19,3	Krebs, Krippe	Absteigender Knoten Libration West	
So	**17.**	22 02	11 27	9 32	+14,3	Löwe		
Mo	18.	23 14	11 42	10 20	+ 8,9	Regulus		
Di	19.	–	11 55	11 04	+ 3,3	Löwe		
Mi	20.	0 24	12 08	11 48	– 2,3	Jungfrau	**Letztes Viertel**	0^h54^m
Do	21.	1 32	12 21	12 31	– 7,7	Jungfrau		
Fr	22.	2 40	12 36	13 14	–12,8	Spica	Erdferne	
Sa	23.	3 50	12 54	13 59	–17,5	Jungfrau		
So	**24.**	5 00	13 17	14 46	–21,4	Waage	Größte Südbreite	
Mo	25.	6 09	13 47	15 37	–24,6	*Waage		
Di	26.	7 15	14 28	16 29	–26,6	Antares		
Mi	27.	8 12	15 22	17 25	–27,4	Schlangenträger		
Do	28.	8 58	16 27	18 21	–26,8	Schütze	**Neumond**	4^h20^m
Fr	29.	9 33	17 42	19 16	–24,9	Schütze		
Sa	30.	10 00	19 00	20 11	–21,6	Steinbock		
So	**31.**	10 20	20 19	21 03	–17,1	*Steinbock	Aufsteigender Knoten Libration Ost	

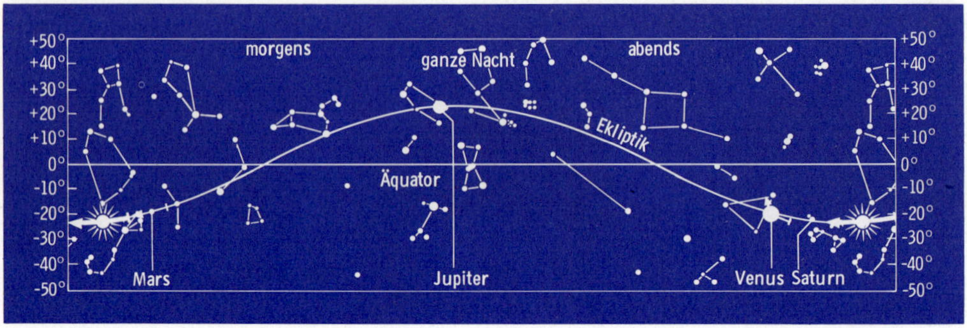

Planetenlauf im Dezember

Merkur bietet, sehr günstige Sichtverhältnisse vorausgesetzt, zum Jahresabschluß noch eine kleine Beobachtungschance am Abendhimmel. Am 23. erreicht der flinke Planet mit 20°01' östlichem Sonnenabstand seine größte Elongation. An diesem Tag geht der $-0^{m}\!,5$ helle Planet um $17^{h}47^{m}$ unter. Kurz nach 17^{h} kann man mit Aussicht auf Erfolg Merkur tief im Südwesten suchen. Am 28. kann man ihn letztmalig in diesem Jahr erhaschen. Sein Untergang erfolgt an diesem Tag um $17^{h}50^{m}$, wobei seine Helligkeit auf $0^{m}\!,1$ zurückgegangen ist. Die Dichotomie („Halbmerkur") zeigt das 7",3 große Merkurscheibchen am 26.
Schon am 30. wird Merkur stationär und eilt wieder auf die Sonne zu. Am 9. Januar 1990 steht er dann in unterer Konjunktion mit der Sonne.

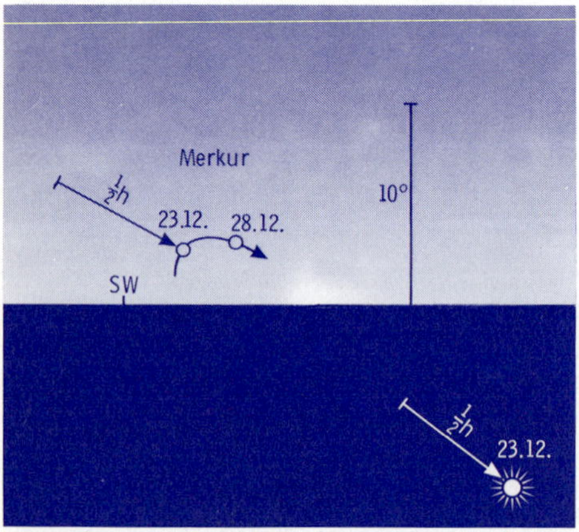

Die Konjunktionen von Merkur mit Uranus, Neptun und Saturn am 10., 15. und 16. bleiben unbeobachtbar.
Venus läßt das Jahr als Abendstern ausklingen. Sie zeigt sich um die Monatsmitte mit $-4^{m}\!,7$ in ihrem größten Glanz. Die Deklinationen nehmen weiter zu, Venus hat den Steinbock erreicht. Sie wird dabei immer langsamer. Am 28. bleibt sie stehen und nähert sich von da ab rückläufig schnell der Sonne, mit der sie am 19. Januar 1990 in unterer Konjunktion steht. Am 10. geht Venus um $19^{h}23^{m}$ unter, am 20. um $19^{h}16^{m}$ und am 31. um $18^{h}51^{m}$. Bis Jahresende geht die Venushelligkeit geringfügig auf $-4^{m}\!,6$ zurück, was praktisch nicht auffällt.
Im Fernrohr zeigt sich eine immer schmaler werdende Sichel. Am 15. zeigt sich das 42" große Venusscheibchen zu einem Viertel beleuchtet. Bis zum 31. ist die Venussichel auf 54" angewachsen.
Mars macht sich nur zögernd am Morgenhimmel bemerkbar. Der $1^{m}\!,6$ helle Planet wandert aus der Waage in den Skorpion. Die Aufgänge des roten Planeten erfolgen kurz nach 6^{h}, am 1. um $6^{h}05^{m}$ und am 31. um $6^{h}01^{m}$. Während des Monats verspäten sich allerdings die Sonnenaufgänge, so daß Mars etwa ab der Monatsmitte von geübten Beobachtern aufgefunden werden kann. Erschwerend kommt aber dazu, daß der rote Planet immer südlicheren Gefilden des Tierkreises zustrebt.
Am 29. geht Mars durch den absteigenden Knoten seiner Bahn.

Abb. 114: Stellung von Merkur über dem Südwesthorizont zu den angegebenen Daten jeweils eine Stunde nach Sonnenuntergang. Die Pfeile geben die Bewegung von Merkur und Sonne während der letzten halben Stunde an.

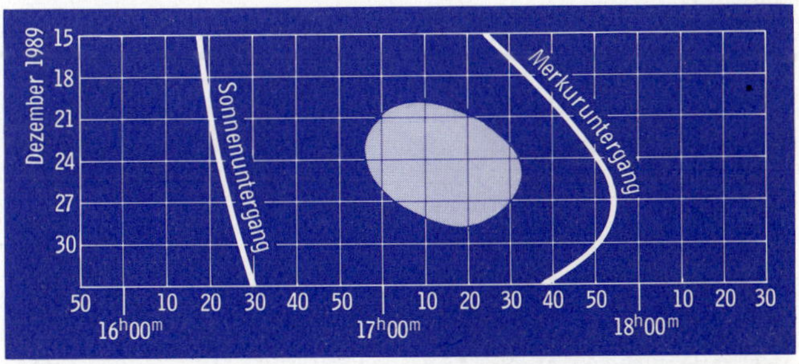

Abb. 115: Sichtbarkeitsdiagramm für Merkur (Erklärung siehe Seite 38, Abb. 34).

Konstellationen und Ereignisse im Dezember

Datum	MEZ	Ereignis
1.	6^h	Mond bei Neptun, Mond 4° südlich
1.	8	Mond bei Saturn, Mond 3° südlich
2.	9	Mond bei Venus, Mond 0°,8 nördlich
10.	14	Merkur bei Uranus, Merkur 2° südlich
13.	20	Mond bei Jupiter, **Mond 3° nördlich**
14.	10	Venus in größtem Glanz ($-4^m{,}7$)
15.	5	Merkur bei Neptun, Merkur 3° südlich
16.	23	Merkur bei Saturn, Merkur 2° südlich
21.	22^h22^m	Sonne im Winterpunkt, Sonnenwende
23.	9	Merkur in größter östlicher Elongation (20°)
25.	18	Mond bei Mars, Mond 5° südlich
27.	7	Uranus in Konjunktion mit der Sonne
27.	15	Jupiter in Opposition zur Sonne
28.	0	Venus im Stillstand, anschließend rückläufig
29.	16	Mond bei Merkur, **Mond 1°,7 südlich**
30.	17	Merkur im Stillstand, anschließend rückläufig
30.	18	Mond bei Venus, **Mond 3° südöstlich**

Jupiter kommt am 27. in Opposition zur Sonne. Steht ein Planet in Gegenschein zur Sonne, so ist er die ganze Nacht über beobachtbar. Er geht mit Sonnenuntergang auf, kulminiert um Mitternacht und geht morgens mit Sonnenaufgang unter.

Am 1. geht der Riesenplanet um 18^h11^m auf, am 15. um 17^h08^m und am 31. schon um 15^h55^m. Am letzten Tag des Jahres geht er um 8^h12^m kurz vor Sonnenaufgang unter.

Seine Oppositionshelligkeit beträgt $-2^m{,}7$. Er hat den Gipfel der Ekliptik in den Zwillingen erreicht und steht um Mitternacht hoch im Süden. Da Jupiter sich nahe dem aufsteigenden Knoten seiner Bahn befindet, kommt es von Jupiter aus gesehen zu einem Erdtransit.

Raumfahrer könnten von Jupiter aus die Erde als dunklen Punkt am Tag der Opposition vor der Sonnenscheibe sehen.

Im Teleskop macht sich die Abplattung des schnell rotierenden Jupiters deutlich bemerkbar: Das Jupiterscheibchen ist oval. Der Äquatordurchmesser hat 47",3, der Poldurchmesser aber nur 44",2 Winkelgröße.

Bereits am 26. um 10^h ist mit 623 Millionen Kilometer Distanz Jupiter der Erde am nächsten. Er ist damit etwas mehr als viermal soweit wie die Sonne entfernt, nämlich 4,17 AE.

Am 13. wandert der fast volle Mond 3° nördlich am Abendhimmel an Jupiter vorbei.

Saturn nähert sich seiner Konjunktion und zieht sich vom Abendhimmel zurück. Allenfalls zu Monatsbeginn kann der $0^m{,}6$ helle Ringplanet noch tief am Südwesthorizont in der Abenddämmerung erspäht werden.

Am 1. geht Saturn um 18^h36^m unter. Ab etwa 17^h20^m kann man ihn in der zunehmenden Dunkelheit erkennen. Bald nach 18^h verschwindet er in den horizontnahen Dunstschichten.

Am 10. erfolgt der Saturnuntergang bereits um 18^h06^m. Die Sichtbarkeit schrumpft auf eine Viertel-

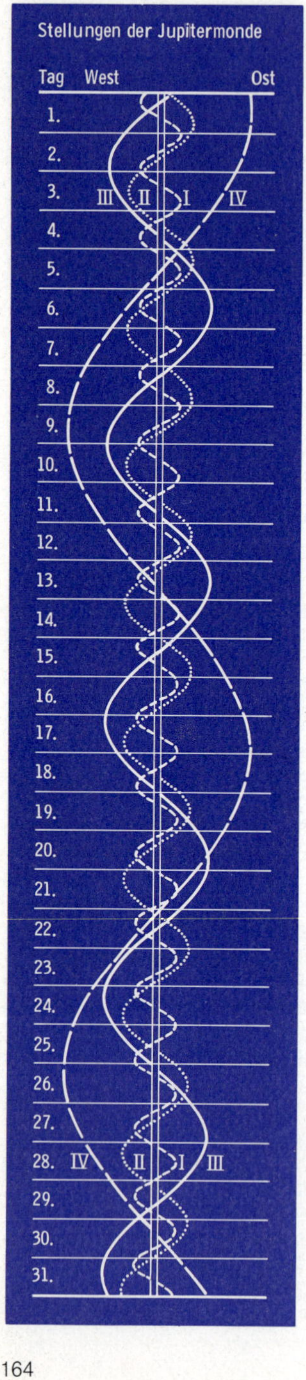

Jupitermond-Erscheinungen

Datum	MEZ	Vorgang	
1.	2^h03^m	III	DA
	2 21	III	SE
	5 00	III	DE
4.	4 49	I	SA
	5 23	I	DA
	7 02	I	SE
	18 46	III	BE
5.	2 05	I	VA
	4 54	I	BE
	23 17	I	SA
	23 49	I	DA
6.	1 30	I	SE
	2 03	I	DE
	2 21	II	SA
	3 27	II	DA
	5 00	II	SE
	6 06	II	DE
	20 34	I	VA
	23 20	I	BE
7.	19 59	I	SE
	20 29	I	DE
	20 47	II	VA
8.	0 24	II	BE
	3 25	III	SA
	5 23	III	DA
	6 21	III	SE
9.	18 18	II	SE
	19 14	II	DE
11.	6 42	I	SA
	7 07	I	DA
	22 04	III	BE
12.	4 00	I	VA
	6 38	I	BE
13.	1 11	I	SA
	1 33	I	DA
	3 24	I	SE
	3 47	I	DE
	4 58	II	SA
	5 43	II	DA
	7 37	II	SE
	18 43	IV	BA
	20 09	IV	BE
	22 28	I	VA
14.	1 04	I	BE
	19 39	I	SA
	19 59	I	DA
	21 53	I	SE
	22 12	I	DE
	23 21	II	VA
15.	2 37	II	BE
	7 24	III	SA
	19 30	I	BE
16.	18 16	II	SA
	18 50	II	DA

Datum	MEZ	Vorgang	
16.	20^h56^m	II	SE
	21 30	II	DE
18.	21 27	III	VA
19.	1 21	III	BE
	5 54	I	VA
20.	3 05	I	SA
	3 16	I	DA
	5 19	I	SE
	5 30	I	DE
	7 35	II	SA
21.	0 23	I	VA
	2 48	I	BE
	21 33	I	SA
	21 42	I	DA
	23 47	I	SE
	23 56	I	DE
22.	1 55	II	VA
	4 50	II	BE
	18 51	I	VA
	21 14	I	BE
23.	18 16	I	SE
	18 22	I	DE
	20 53	II	SA
	21 05	II	DA
	23 33	II	SE
	23 44	II	DE
25.	17 57	II	BE
26.	1 27	III	VA
	4 36	III	BE
27.	4 59	I	SA
	5 00	I	DA
	7 13	I	SE
	7 13	I	DE
28.	2 17	I	BA
	4 32	I	VE
	23 25	I	DA
	23 27	I	SA
29.	1 39	I	DE
	1 41	I	SE
	4 25	II	BA
	7 08	II	VE
	18 07	III	DE
	18 21	III	SE
	20 43	I	BA
	23 01	I	VE
30.	17 51	I	DA
	17 56	I	SA
	20 05	I	DE
	20 10	I	SE
	23 19	II	DA
	23 30	II	SA
31.	1 59	II	DE
	2 10	II	SE
	17 30	I	VE

Abb. 116: Das aschgraue Licht des Mondes (rechts oben; Aufnahme mit dem 7-Zoll-Refraktor der Schwäbischen Sternwarte in Stuttgart am 20. Februar 1988 um 19^h30^m MEZ von Gutzeit/Idler; der Stern knapp vor der hellen Mondsichel ist 60 Piscium [H = $6^m{,}0$], der kurz zuvor vom Mond bedeckt wurde).
Abb. 117: Sternengewimmel in der Milchstraße im Gebiet des Schwan (rechts unten; Aufnahme Gutzeit/Idler).

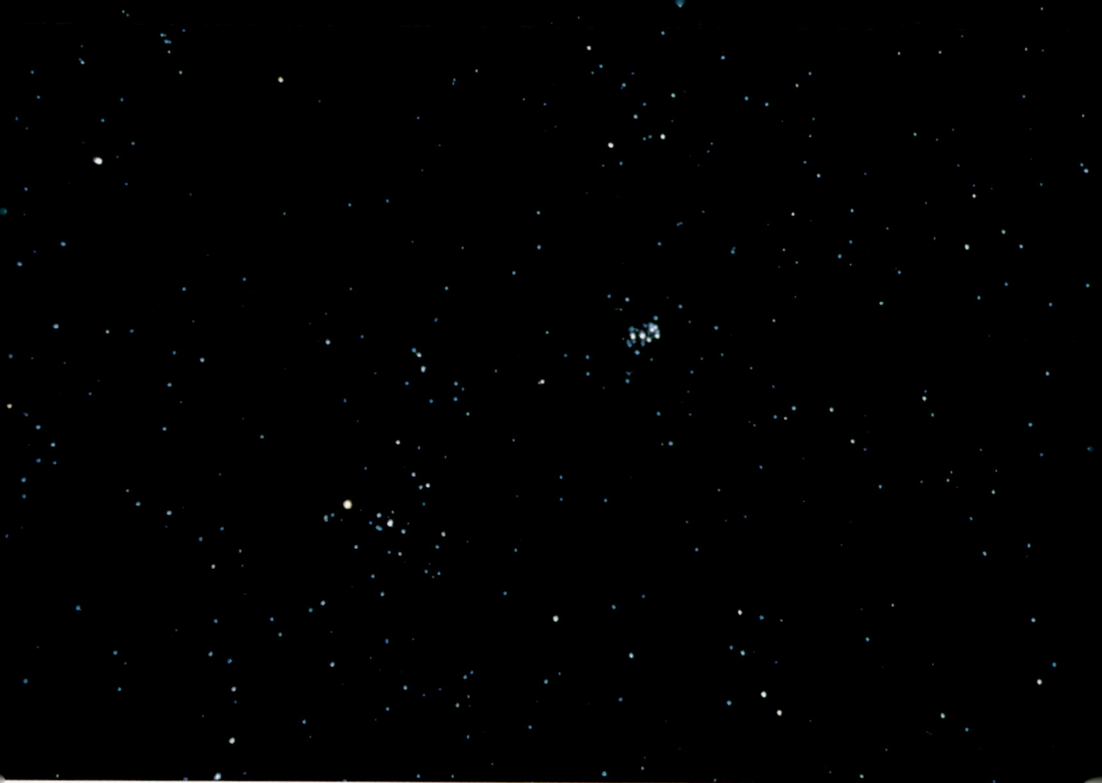

Abb. 118: Der offene Sternhaufen der Hyaden im Stier (siehe auch Abb. 124 auf Seite 172).

Abb. 119: Der offene Sternhaufen der Plejaden im Stier (M 45).

stunde zusammen – gute Sichtverhältnisse vorausgesetzt.
Nach dem 10. bleibt Saturn unsichtbar und ist vom Beobachtungsprogramm zu streichen. Auch die Begegnung mit Merkur am 16. bleibt unbeobachtbar.
Bis zum Jahresende wird Saturn von der Sonne noch nicht ganz eingeholt. Erst am 6. Januar 1990 steht Saturn in Konjunktion mit ihr.
Uranus im Schützen kommt am 27. in Konjunktion mit der Sonne. Er steht deshalb am Taghimmel und bleibt unbeobachtbar. Auch die Begegnung mit Merkur am 10. entgeht uns. Von Uranus aus gesehen verschwindet die Erde während der Konjunktion hinter der Sonne.
Neptun im Schützen nähert sich seiner Konjunktion mit der Sonne und bleibt unbeobachtbar. Zum Zusammentreffen mit der Sonne reicht es in diesem Jahr allerdings nicht mehr. Neptun kommt erst am 2. Januar 1990 in Konjunktion mit dem Tagesgestirn.

Planetoiden

Ceres – Planetoid Nr. 1 –, rückläufig in den Zwillingen, kommt am 20. in Opposition zur Sonne. Zu Monatsbeginn noch $7\overset{m}{,}3$ hell, wächst ihre Helligkeit bis zur Opposition auf $6\overset{m}{,}6$ an. Ceres wird damit jedem Fernglas leicht zugänglich (siehe auch Abb. 103 auf Seite 144). Am Tag der Opposition kulminiert sie um 0^h19^m, am 31. bereits um 23^h19^m.

Periodische Sternschnuppenströme im Dezember

Vom 6. bis 17. Dezember macht sich der ekliptikale Strom der **Geminiden** bemerkbar. Ihr Ausstrahlungspunkt liegt in den Zwillingen, rund 1° südwestlich von Kastor. Das Maximum tritt in den Abendstunden des 13. Dezember ein, wo stündlich bis zu 60 Meteore, mitunter auch sehr helle Objekte, über den Himmel huschen. Die Geschwindigkeiten liegen um 40 Kilometer pro Sekunde. Beobachtungszeit: 21^h bis 6^h.
Vom 17. bis 24. Dezember tauchen die **Ursiden** auf, deren Radiant im Sternbild Kleiner Bär zu finden ist. Ihr scharfes Maximum erreichen die Ursiden-Meteore in der Nacht vom 22. auf 23. Dezember gegen Mitternacht. Da der Radiant zirkumpolar ist, können die Ursiden die ganze Nacht über beobachtet werden. Der Ursprung der Ursiden wird auf den Kometen 1858 I Tuttle zurückgeführt. Die Sternschnuppen haben mittlere Geschwindigkeiten von 35 Kilometer pro Sekunde. In den letzten Jahren wurden rund 20 Objekte pro Stunde im Maximum registriert. Die Tendenz ist steigend.
Noch wenig bekannt ist der Strom mit dem Namen **Coma Bereniciden**, deren Radiant im Haar der Berenike liegt und die um die Jahreswende auftreten – etwa von Mitte Dezember bis Mitte Januar. Es handelt sich um sehr schnelle Objekte (um 65 Kilometer pro Sekunde). Über Häufigkeit und Maximumszeit gibt es noch kaum Angaben – ein dankbares Feld für ernsthafte Amateurastronomen.

Der Fixsternhimmel im Dezember

Nun stellt sich der Sternenhimmel vollends auf den Winter um. Atair im Adler ist bereits untergegangen und hat damit das Sommerdreieck aufgelöst. Deneb ist noch im Westen und Wega tief im Nordwesten zu erblicken, aber Deneb ist bei uns ohnehin zirkumpolar und die Wega fast.
Außer Perseus, der seinen Meridiandurchgang noch vor sich hat, sind alle Herbstbilder in die westliche Himmelshälfte gerückt. In Richtung Südwest erkennt man in halber Höhe das Pegasusquadrat, das bereits wieder schräg zum Horizont steht. Vom Pegasus zieht sich die Sternenkette der Andromeda zum Zenit. Südlich der Andromeda, noch in Meridiannähe, finden wir den Widder. Zwischen Andromeda und Widder liegt das Bildchen Dreieck (lat.: Triangulum). Im Südwesten bereitet sich der Wassermann auf seinen Untergang vor. Fomalhaut, der helle Hauptstern im Südlichen Fisch, ist bereits unter dem Horizont verschwunden.
Auch der Südbereich des Himmels wird nur von schwachen Bildern besetzt: dem Walfisch (lat.: Cetus), dem Chemischen Ofen (lat.: Fornax) und dem Fluß Eridanus. Das Sternbild Fornax ist bei uns kaum zu sehen; es ist auch ein neuzeitliches Sternbild, das erst Mitte des 18. Jahrhunderts eingeführt wurde.

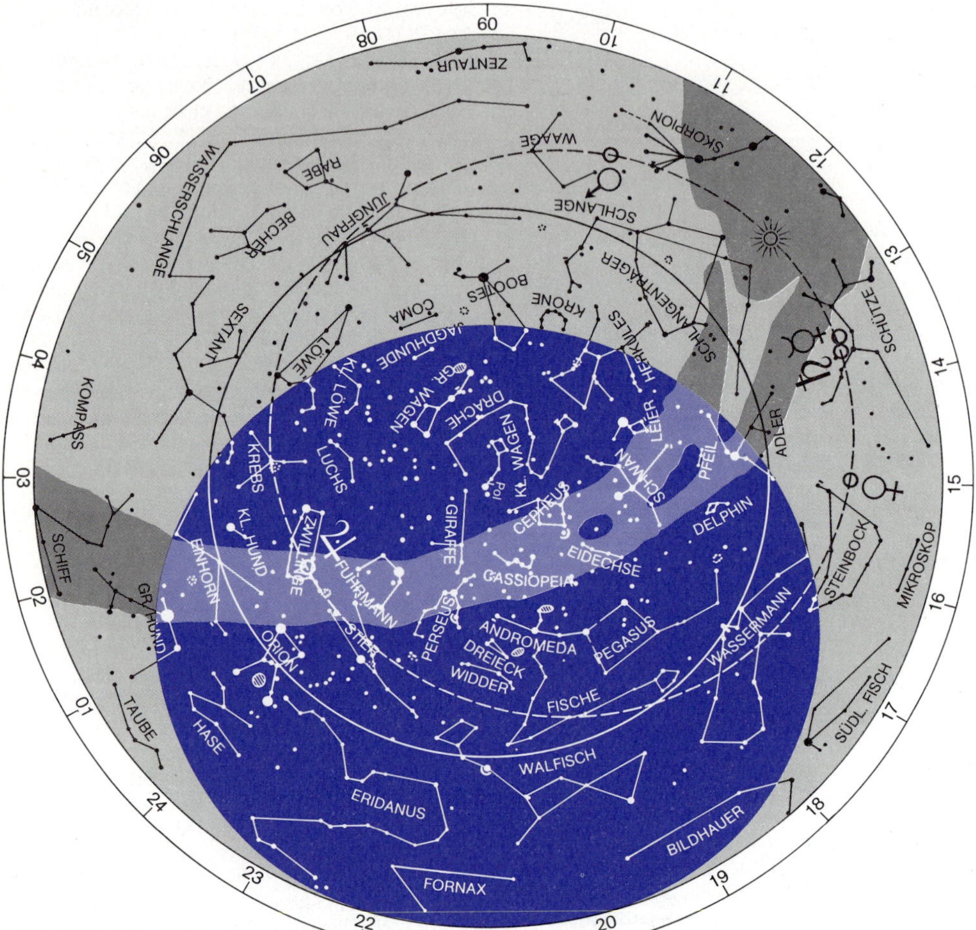

Abb. 120: Sternenhimmel am 1. Dezember 22^h bzw. 15. Dezember 21^h MEZ.

Vom Eridanus sehen wir in unseren Breiten nur einen Teil. Der Fluß Eridanus zieht sich von Rigel im Orion in Windungen nach Südwest. Sein heller Hauptstern Achernar (arab., Stern am Flußende) bleibt in unseren Breiten stets unter dem Horizont. Im Gegensatz zum wenig attraktiven Südhimmel funkelt der Osthimmel nur so von hellen Sternen. Alle bedeutenden Wintersternbilder sind bereits aufgegangen. Das komplette Wintersechseck mit Kapella – Pollux – Prokyon – Sirius – Rigel – Aldebaran ist nun sichtbar. Aufgewertet wird das Wintersechseck noch durch den hellglänzenden Jupiter in den Zwillingen.

Die Figur des Orion im Südosten kann auch der Anfänger kaum übersehen.

Knapp über dem Südosthorizont funkelt Sirius, der hellste Stern im Großen Hund und mit $-1^{m}\!.5$ der hellste Fixstern am Himmel überhaupt. Die meisten anderen Sterne des Großen Hundes sind allerdings noch nicht aufgegangen.

Aus der Sagenwelt der Sternbilder: Die Andromeda (Andromeda)

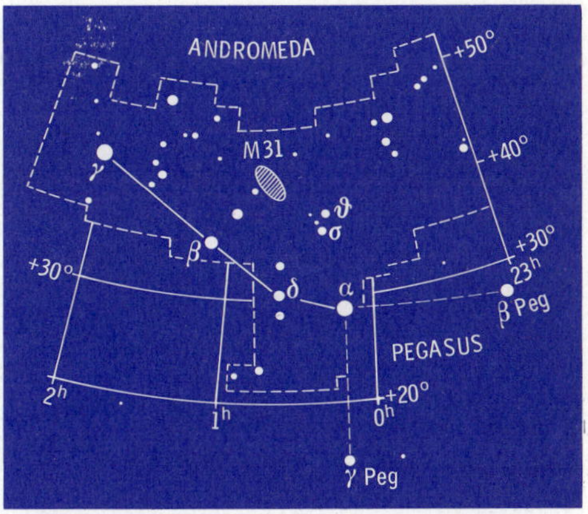

Abb. 121: Das Sternbild Andromeda mit dem berühmten Andromedanebel, M 31, unserer Nachbargalaxie.

Das Sternbild der Andromeda wird hauptsächlich von vier in einer Linie stehenden Sternen gebildet. Obwohl es keinen Stern 1. Größe enthält, ist die Sternenkette α – δ – β – γ Andromedae so auffällig, daß man sie relativ leicht und schnell am Himmel findet. α, β und γ And sind 2. Größenklasse, δ And ist mit $3^{m},3$ deutlich lichtschwächer. Insgesamt nur sieben Sterne sind heller als 4^{m}. Nach F. W. Argelander gehören 83 mit bloßen Augen sichtbare Sterne zur Andromeda. α Andromedae, Sirrah genannt, bildet dabei das eine Eck des Pegasusquadrates, gehört aber selbst nicht zum Sternbild Pegasus. Das Pegasusquadrat, auch als Herbstviereck bekannt, erweckt zusammen mit der Sternenkette der Andromeda den Eindruck eines überdimensionalen *Großen Wagens* oder immensen *Dippers* (engl., Schöpflöffel).

Im Norden wird das Andromeda-Areal von Kassiopeia und Perseus begrenzt. Perseus markiert auch den Ostrand. Im Westen grenzt die Andromeda an die Bilder Lacerta und Pegasus, im Süden an die Fische und das Dreieck. Schon bei den griechischen Astronomen Eratosthenes, Hipparchos und Ptolemaios findet man die Bezeichnung Ἀνδρομέδα (griech., Andromeda) für diese Sternenkette. Andromeda ist die Tochter des Königspaares Kepheus und Kassiopeia. Die meisten Völker sahen hier eine Mädchengestalt.

Der Ursprung dieser Vorstellung ist im alten Babylon zu suchen, im Epos von der Entstehung der Welt, in der Geschichte vom Gott Marduk und seinem Kampf mit dem Drachen Tiamat. Den Drachen finden wir ebenfalls als polnahes Sternbild am Himmel. Durch den chaldäischen Einfluß haben die Phönizier diese Mädchengestalt ebenfalls übernommen. Ursprünglich sahen jedoch die Phönizier in den Sternen der Andromeda einen Dreschboden bzw. eine Tenne, wobei die Sterne der Kassiopeia Ährenleser waren. Beide Sternbilder gehörten zum „großen Weizenfeld", dessen genaue Form aber unbekannt ist.

In der römischen Welt sprach man von Virgo Devota, der unseligen, dem Tode geweihten Jungfrau, von Persea, der Braut des Perseus, mit nivea cervice, dem weißen Nacken.

Die Araber sprachen von Asnade, dem unverheirateten, jungfräulichen Mädchen, das bei den Hindus Antamarda hieß. Im Hebräischen markierte diese Sternenkette die biblische Abigail aus den Büchern Samuels. Wie gesagt, fast alle Völker sahen hier eine hingestreckte Frauengestalt. Nur der Augsburger Jurist Julius Schiller erwähnt in seinem im Jahre 1627 erschienenen „Coelum stellatum christianum" dieses Sternbild als Sepulchrum Christi, als Grab Christi, das leer vorgefunden wird.

Die klassische Sage berichtet: Im fernen Lande

Veränderliche Sterne im Dezember

Algol-Minima	3. 5^h30^m	6. 2^h19^m	8. 23^h08^m	11. 19^h57^m	14. 16^h47^m	26. 4^h03^m
	29. 0^h52^m	31. 21^h41^m				
β-Lyrae-Minima	4. 8^h	17. 7^h	30. 5^h			
δ-Cephei-Maxima	4. 20^h	10. 5^h	15. 14^h	20. 23^h	26. 7^h	31. 16^h
Mira-Helligkeit	ca. 4^m, fallend					

Abb. 122: Die Andromedagalaxie (M 31) nach einer Aufnahme der Sternwarte Lemgo (W. REINEKE, 19. Oktober 1985).

Äthiopien, am Südrand der Erdscheibe, herrschte einst glücklich und zufrieden König Kepheus. Seine Gemahlin Kassiopeia gebar ihm eine Tochter, die Andromeda.

Kassiopeia, die als eingebildet und eitel bekannt war, war stolz auf ihre Tochter, deren Schönheit die aller anderen Äthiopierinnen weit übertraf. Kassiopeia prahlte damit, Andromeda sei noch viel hübscher als die Nereïden, die Töchter des Meeresgottes Nereus. Als die Nereïden von der Anmaßung der Kassiopeia hörten, beklagten sie sich tränenüberströmt bei ihrem Vater, Beherrscher der Weltmeere. Dieser beschloß, das Königspaar für seinen Frevel hart zu bestrafen, und schickte ein schreckliches Meeresungeheuer, den Ketos (röm.: Cetus) an die Gestade Äthiopiens. Der Ketos wühlte das Meer beim Herannahen auf, die sturmgepeitschten Wellen überschwemmten die Küstenstriche. Doch damit noch nicht genug. Aus seinen Augen zuckten Blitze, die Häuser und Scheunen in Brand steckten, aus seinem Rachen schoß ein heißer Feuerhauch, der das Land verdörrte und zur unfruchtbaren Wüste werden ließ. Aus den Ohren quollen dunkle Rauchwolken hervor, die das Land mitten am Tag in tiefe Finsternis hüllten und selbst Helios, den Sonnengott, verdunkelten. In seiner großen Not wandte sich König Kepheus an das Orakel. Dieses weissagte ihm: Erst wenn deine Tochter dem Ketos geopfert wird, werden die Götter besänftigt sein, und Ketos wird nicht länger dein Land bedrängen.

Schweren Herzens entschloß sich das Königspaar, den grausamen Orakelspruch zu befolgen, um Äthiopien vor dem totalen Untergang zu retten. Am nächsten Morgen, noch ehe die rosenfingrige Eos, Göttin der Morgenröte, ihre ersten Lichtstrahlen hervorbrechen ließ, wurde die unglückliche Andromeda an einen Küstenfelsen in Ketten angeschmiedet. Der Morgen begann zu grauen, da nahte aus den Lüften Perseus, der Bezwinger der schrecklichen Gorgone Medusa, auf seinen geflügelten Sandalen.

Im Dämmerlicht erblickte er das gefesselte, bildhübsche Mädchen. Doch schon kam Ketos mit aufgerissenem Maul heran, um mit seinen dolchartigen Zähnen die jungfräuliche Andromeda zu zerfleischen. Perseus stürzte kurzentschlossen herab auf das durch die Wogen pflügende Monster und stieß ihm sein Sägezahnschwert tief in den Nacken. Blut spritzte in hohem Bogen ins Meer, das schwer getroffene Untier bäumte sich auf. Die Andromeda

hatte es vergessen, denn Perseus war nun sein neues Angriffsziel. Trotz mehrmaliger Schwertstöße schien das Monster nicht zu erlahmen. Da holte Perseus das Gorgonenhaupt der Medusa aus seinem Reisesack und zeigte das Antlitz dem Ketos. Dieser war über den Anblick so entsetzt, daß er augenblicklich zu Stein erstarrte. Perseus löste die Fesseln der Andromeda und trug sie eilends heim zu ihren Eltern. Begeistert von dieser Heldentat, gaben sie ihre Tochter dem mutigen Perseus zur Frau. Im Königspalast ließ Kepheus eine Hochzeitsfeier ausrichten, wie sie Äthiopien noch nie erlebt hatte. Alle Beteiligten sind am Sternenhimmel wiederzufinden: neben der Andromeda ihr Retter Perseus, das Elternpaar Kassiopeia und Kepheus, wie sie mit erhobenen Armen die Götter anflehen, sowie Cetus, der Walfisch (siehe auch HIMMELSJAHR 19**87**, S. 149).
α Andromedae heißt mit Eigennamen Sirrah, was sich vom arabischen Surrat al Faras ableitet, der Nabel des Pferdes – nämlich des Pegasus.
Die Bezeichnung Mirach für β And stammt ebenfalls aus dem Arabischen und bedeutet Gürtel (der Andromeda). γ And wird Alamak genannt und kommt vom arabischen Al Anak, das „Schwarzohr“, eine Erdziegenart.

In der Nähe von γ And liegt auch der Radiant des Sternschnuppenstromes der Andromediden, die im November aktiv sind. Sie führen ihren Ursprung auf den Kometen Biëla zurück, weshalb sie auch Biëliden heißen.
Das wohl berühmteste Objekt in der Andromeda ist der große Andromedanebel, unsere Nachbarmilchstraße in rund 2,5 Millionen Lichtjahren Entfernung. Unter guten Sichtbedingungen ist M 31, so die Katalogbezeichnung des Andromedanebels, schon mit bloßen Augen als schwaches Lichtfleckchen auszumachen.

Monatsthema: Die Hyaden – ein interessanter Sternhaufen

Der offene Sternhaufen der Hyaden im Stier gehört zu den schönsten Beobachtungsobjekten für das bloße Auge. Zusammen mit dem benachbarten offenen Haufen der Plejaden, deren Sterne auf wesentlich engerem Raum zusammengedrängt sind, bilden die Hyaden das *Goldene Tor der Ekliptik*. Die scheinbare Sonnenbahn zieht zwischen beiden offenen Haufen hindurch, so daß immer mal ein

Abb. 123: Figürliche Darstellung des Sternbildes Andromeda in dem „Atlas der Sternbilder“ von Oswald THOMAS (Verlag Das Bergland-Buch, Salzburg, 1952).

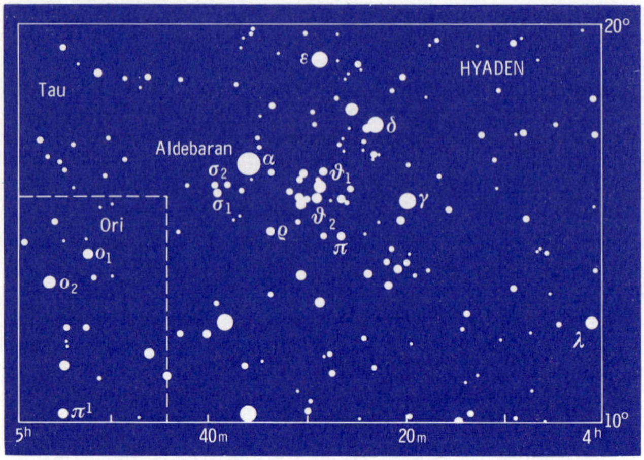

Abb. 124: Karte des offenen Sternhaufens der Hyaden.

Planet in dieser Gegend auftaucht und für einen besonders reizvollen Anblick sorgt. Auch der Mond zieht seine Bahn durch dieses Sternenareal, und je nach Lage seiner Knoten bedeckt er gelegentlich die Hyadensterne, ein anderes Mal wieder die Plejadensterne.

Selbst bei mäßiger Sicht fällt der Hyadenhaufen leicht auf, denn 40 Sterne sind heller als 5^m. Im Fernglas wimmelt es nur so von Sternen. Bis zur 9. Größenklasse sind 132 Sterne Mitglieder der Hyaden. Bis 16^m konnten insgesamt 260 Sterne als zu den Hyaden gehörig identifiziert werden. Die Hyaden bilden den V-förmigen Stierkopf, wobei das V von den drei Sternen Aldebaran (α Tauri), γ und ε Tauri umrissen wird. Aldebaran ist ein roter Riesenstern und als Objekt 1. Größenklasse der hellste Stern im Gebiet der Hyaden. Er gehört aber nicht zu ihnen. Als Vordergrundstern ist er nur halb soweit entfernt wie die Hyaden, deren Zentrum in 140 Lichtjahren Distanz liegt. Damit sind die Hyaden der nächste offene Sternhaufen, den wir kennen.

Die auffällige Sternenansammlung der Hyaden war schon im Altertum bekannt, und viele Sagen und Mythen ranken sich um diese Konstellation. Sie ist eines der ältesten Sternbilder, von denen die Überlieferung berichtet. Die Bezeichnung Hyaden stammt aus dem Griechischen und bedeutet soviel wie Regengestirn. Mit dem Auftauchen der Hyaden am Morgenhimmel Ende Juni setzt oft eine Regenperiode ein, andererseits aber auch gelegentlich eine Trockenperiode. Der griechische Dichter HOMER spricht von den „regnerischen Hyaden". Bei den Indianern Nordamerikas setzt die Regenzeit mit letzter Sichtbarkeit der Hyaden am westlichen Abendhimmel ein. In einem anonymen Gedicht aus dem chinesischen Buch der Lieder (Shih Ching, 6. Jahrhundert v. Chr.) werden die Hyaden ebenfalls mit dem „großen Regen" in Verbindung gebracht. Auch die römischen Dichter HORAZ, OVID und VIRGIL erwähnen die Hyaden in Zusammenhang mit Sturm und Regenschauern. Gelegentlich werden die Hyaden mehr in die ländliche Idylle eingebunden: CICERO spricht von der Schweinefamilie (lat.: sucula); Aldebaran ist die Muttersau, die Hyadensterne die Ferkel. In einer anderen Deutung stellt Aldebaran die Gluckhenne und die Hyaden ihre Küken dar. Die Araber sehen wieder in den Hyaden eine Gruppe von weidenden Kamelen. Einer isländischen Sage nach sind die Hyaden das Zentrum des aufgerissenen Fenrir-Wolfsrachens, der sich bis zu β und ζ Tauri erstreckt. Fenrir ist ein wolfsgestaltiger Dämon aus der nordischen Sagenwelt, Sohn von Loki und der Riesin Angrboda. Auch mit dem Cthulhu-Mythos, in dem rätselhafte Wesen jenseits von Raum und Zeit vorkommen, wurden die Hyaden in Verbindung gebracht. Sie bilden den geheimnisvollen Hali-See.

Die Hyaden stellen einen Meilenstein in der astronomischen Entfernungsbestimmung dar. Da sie der uns nächste galaktische Sternhaufen sind, können an ihm die verschiedenen Methoden der Entfernungsmessung geeicht werden. Fehler in der Entfernungsbestimmung wirken sich bis auf extragalaktische Distanzskalen aus. Vor allem für die

Sternstromparallaxen sind die Hyaden *das* Objekt schlechthin.

Die Hyadensterne zeigen eine gemeinsame Eigenbewegung (etwa 0",11 pro Jahr), was sie auch als Bewegungshaufen ausweist (siehe HIMMELSJAHR 19**87**, Seite 99). Alle Sterne dieses Haufens scheinen auf einen Punkt zuzulaufen, der etwas östlich von Beteigeuze im Orion liegt. Dieser Punkt heißt Fluchtpunkt oder Konvergenzpunkt. Seine Koordinaten lauten: $\alpha = 6^h21^m$ und $\delta = +7°28'$ (2000.0), während das Zentrum der Hyaden bei $\alpha = 4^h27^m$ und $\delta = +15°52'$ (2000.0) liegt. Das engere Raumgebiet der Hyaden hat etwa acht Lichtjahre Durchmesser, während vereinzelte Hyadensterne noch in über hundert Lichtjahren Entfernung vom Zentrum anzutreffen sind. Von uns aus betrachtet, stehen solch zentrumsferne Hyadensterne nicht mehr im Stier. So zählt man noch α Canum Venaticorum (das Herz Karl des Großen) sowie die helle Kapella zum Taurus-Strom und damit letztendlich zu den Hyaden, obwohl diese Beispiele rein optisch gesehen natürlich nicht zu diesem Sternhaufen gehören. (Siehe Abb. 118, Seite 166.)

Die Hyadensterne sind relativ jung, nämlich im Mittel etwa 500 Millionen Jahre alt. Unsere Sonne ist im Vergleich zu ihnen rund zehnmal älter.

In etwa 50 Millionen Jahren wird man die Hyaden nur noch als lichtschwachen Sternhaufen nahe dem Fluchtpunkt bei Beteigeuze mit einem scheinbaren Durchmesser von nur noch zwei Drittel der Mondscheibe im Fernglas beobachten können.

In den Hyaden findet sich eine Reihe interessanter Doppelsterne. Der hellste und ein typisches Feldstecherobjekt ist ϑ Tauri. Gute Augen, auf alle Fälle jedes Fernglas, trennen ϑ Tauri, denn die beiden $3^m,6$ und $3^m,9$ hellen Sterne stehen 337" weit auseinander. ϑ_1 ist ein orangeroter Stern (K 0), während der etwas hellere ϑ_2 ($3^m,6$) weiß (A 7) glänzt. Ein anderes weites Paar mit 429" ist σ Tauri, 1° südöstlich von Aldebaran. Die beiden Komponenten sind $4^m,8$ und $5^m,1$ hell.

Die Hyaden nehmen an der galaktischen Rotation teil, das heißt, sie laufen um das Milchstraßenzentrum. Ihre Raumgeschwindigkeit relativ zur Sonne beträgt dabei 44 Kilometer pro Sekunde. Diese Geschwindigkeit setzt sich aus zwei Komponenten zusammen: 40 Kilometer pro Sekunde entfallen auf die Richtung der galaktischen Rotation in der Sonnenumgebung (U-Komponente), –18 Kilometer pro Sekunde auf die V-Komponente, also auf die Richtung vom bzw. zum Milchstraßenzentrum. Das Minuszeichen gibt an, daß sich die Hyaden gegenwärtig 18 Kilometer in jeder Sekunde dem Mittelpunkt unserer Galaxis nähern.

Abb. 125: Der offene Sternhaufen der Hyaden im Stier (siehe auch Farbabb. 118 auf Seite 166).

Planetenscheibchen

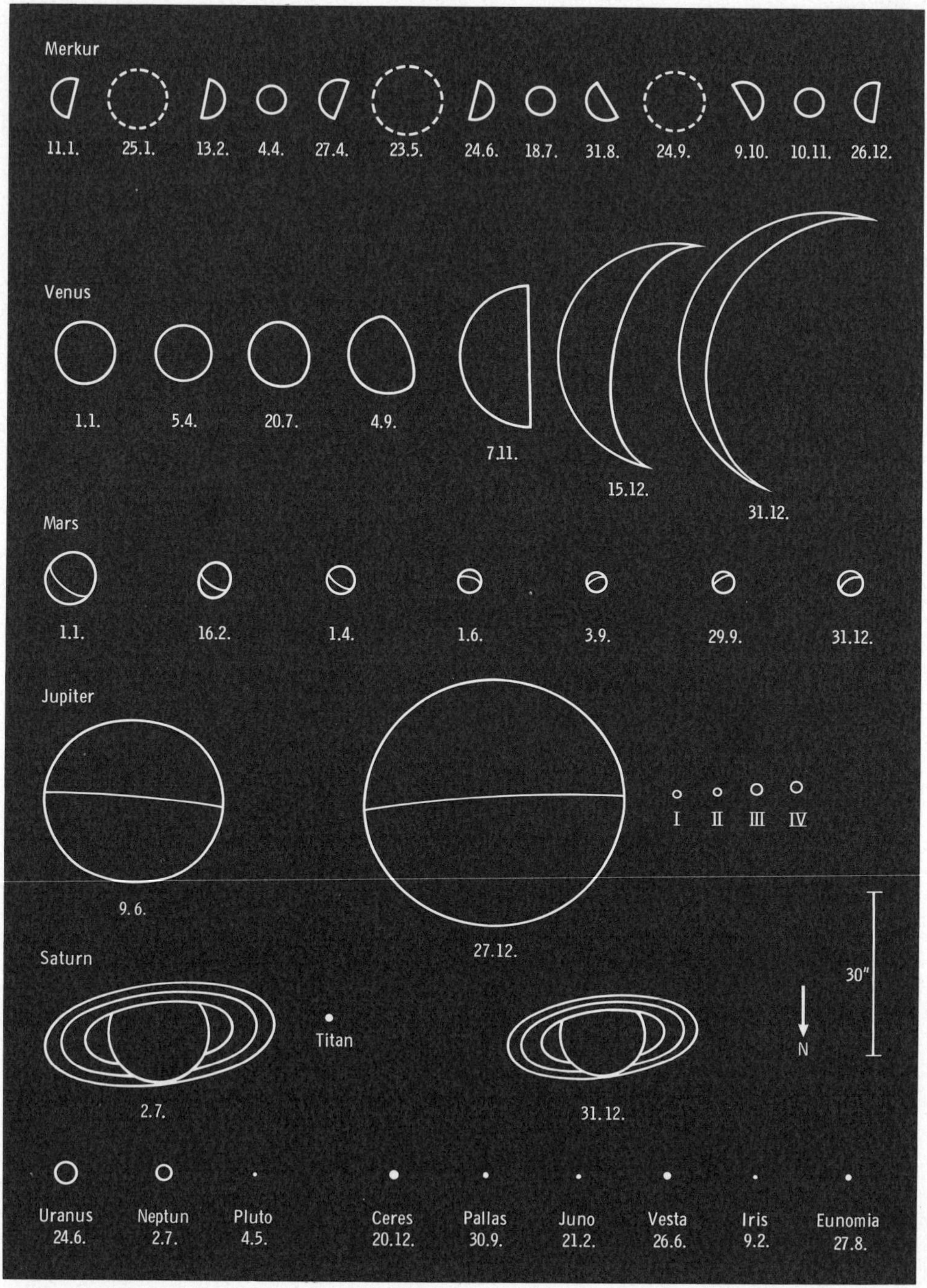

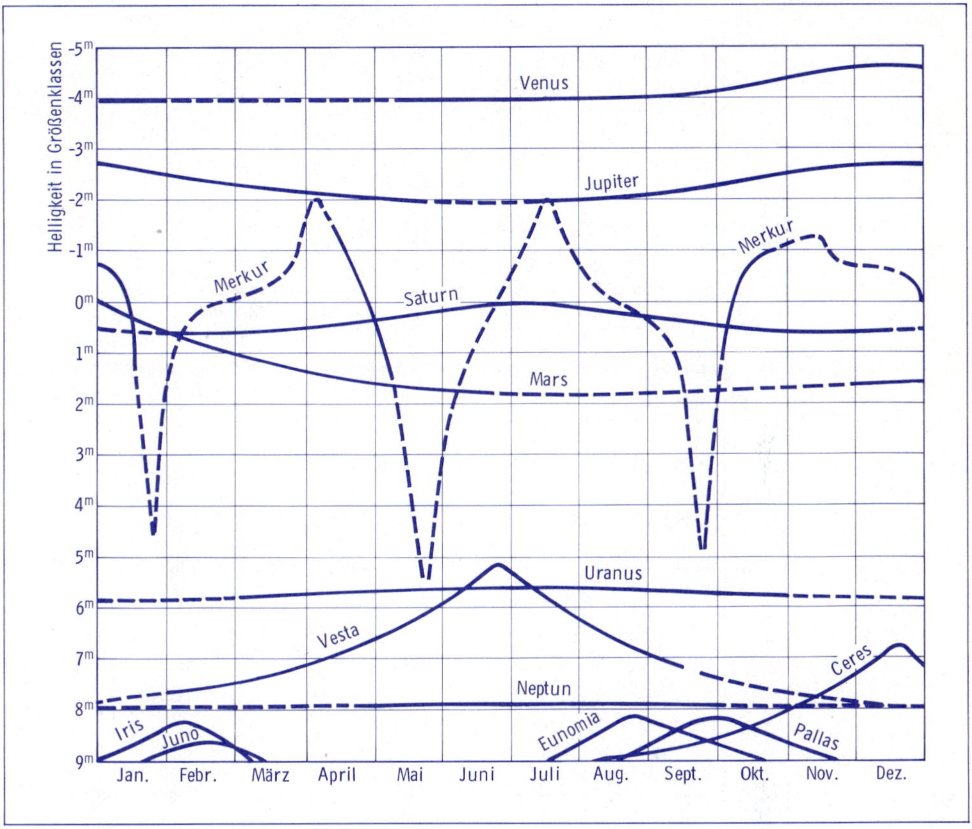

Abb. 126: Die Helligkeiten der Planeten 1989.

Abb. 127: Die Größen der Planetenscheibchen im Jahre 1989. Man beachte den Maßstab in Bogensekunden.

Tabellen und Ephemeriden

Ephemeriden der großen Planeten 1989

Datum		MERKUR Rektas.	Deklin.	Kulmin.	Unterg.	Du.	bel.	VENUS Rektas.	Deklin.	Kulmin.	Aufg.	Du.	bel.	MARS Rektas.	Deklin.	Kulmin.	Unterg.	Du.	bel.
Jan.	1.	19ʰ59ᵐ	−22°6	13ʰ38ᵐ	17ʰ46ᵐ	5"7	82%	17ʰ07ᵐ	−22°1	10ʰ46ᵐ	6ʰ37ᵐ	11"0	93%	1ʰ14ᵐ	+ 8°4	18ʰ50ᵐ	1ʰ36ᵐ	9"6	88%
	6.	20 28	−20,5	13 47	18 07	6,3	69	17 34	−22,7	10 53	6 48	10,9	93	1 23	+ 9,5	18 40	1 31	9,2	88
	11.	20 49	−18,2	13 46	18 20	7,2	50	18 01	−23,0	11 00	6 57	10,8	94	1 33	+10,5	18 30	1 26	8,8	88
	16.	20 56	−16,3	13 32	18 15	8,4	27	18 29	−23,1	11 08	7 05	10,7	95	1 43	+11,6	18 20	1 22	8,4	88
	21.	20 45	−15,5	13 00	17 45	9,6	6	18 56	−22,9	11 15	7 11	10,6	95	1 54	+12,6	18 11	1 18	8,0	88
	26.	20 21	−15,9	12 15		10,2	1	19 23	−22,3	11 23	7 15	10,4	96	2 05	+13,7	18 02	1 15	7,7	88
	31.	19 59	−17,1	11 35	Aufg.	9,8	11	19 50	−21,5	11 30	7 17	10,4	96	2 16	+14,7	17 54	1 12	7,4	88
Febr.	5.	19 50	−18,2	11 08	6 37	9,0	27	20 16	−20,4	11 36	7 17	10,3	97	2 27	+15,7	17 45	1 09	7,2	89
	10.	19 55	−19,0	10 54	6 27	8,1	42	20 42	−19,1	11 43	7 15	10,2	97	2 38	+16,6	17 37	1 06	6,9	89
	15.	20 09	−19,3	10 49	6 23	7,4	53	21 08	−17,5	11 48	7 12	10,1	98	2 50	+17,5	17 29	1 03	6,7	89
	20.	20 29	−19,1	10 50	6 23	6,8	62	21 33	−15,8	11 54	7 07	10,0	98	3 02	+18,4	17 21	1 00	6,4	89
	25.	20 54	−18,3	10 55	6 23	6,3	69	21 57	−13,8	11 58	7 02	10,0	99	3 14	+19,3	17 14	0 58	6,2	90
März	2.	21 20	−17,0	11 02	6 23	5,9	75	22 21	−11,7	12 03	6 55	9,9	99	3 26	+20,1	17 07	0 55	6,0	90
	7.	21 49	−15,1	11 11	6 22	5,6	80	22 45	− 9,4	12 07	6 48	9,9	99	3 39	+20,8	16 59	0 52	5,9	90
	12.	22 19	−12,8	11 22	6 19	5,4	84	23 08	− 7,1	12 10	6 40	9,9	99	3 52	+21,5	16 52	0 50	5,7	91
	17.	22 50	− 9,9	11 33	6 16	5,2	88	23 31	− 4,7	12 14	6 32	9,8	100	4 05	+22,1	16 46	0 47	5,5	91
	22.	23 22	− 6,5	11 45	6 11	5,1	92	23 54	− 2,2	12 17	6 23	9,8	100	4 17	+22,7	16 39	0 44	5,4	91
	27.	23 55	− 2,6	11 59		5,0	96	0 17	+ 0,3	12 20		9,8	100	4 31	+23,2	16 32	0 41	5,3	92
April	1.	0 30	+ 1,7	12 15	Unterg.	5,0	99	0 40	+ 2,8	12 23	Unterg.	9,8	100	4 44	+23,7	16 26	0 37	5,1	92
	6.	1 07	+ 6,3	12 32	19 09	5,1	100	1 02	+ 5,3	12 26	18 57	9,7	100	4 57	+24,0	16 19	0 33	5,0	92
	11.	1 44	+10,9	12 50	19 51	5,2	96	1 25	+ 7,8	12 29	19 12	9,7	100	5 11	+24,3	16 13	0 29	4,9	93
	16.	2 22	+15,2	13 08	20 32	5,6	86	1 49	+10,1	12 33	19 28	9,8	100	5 24	+24,6	16 07	0 25	4,8	93
	21.	2 58	+18,8	13 24	21 08	6,2	70	2 12	+12,4	12 36	19 43	9,8	100	5 38	+24,7	16 01	0 19	4,7	93
	26.	3 29	+21,5	13 35	21 33	6,9	54	2 36	+14,6	12 41	19 59	9,8	100	5 51	+24,8	15 55	0 14	4,6	94
Mai	1.	3 54	+23,0	13 39	21 46	7,9	38	3 00	+16,6	12 45	20 14	9,8	99	6 05	+24,8	15 49	0 08	4,5	94
	6.	4 11	+23,6	13 34	21 44	9,0	24	3 25	+18,4	12 50	20 30	9,9	99	6 19	+24,7	15 43	0 00	4,4	94
	11.	4 18	+23,3	13 22	21 27	10,2	13	3 50	+20,0	12 56	20 45	9,9	99	6 32	+24,6	15 36	23 53	4,3	95
	16.	4 17	+22,1	13 00	20 57	11,3	5	4 16	+21,4	13 02	20 59	10,0	98	6 46	+24,4	15 30	23 45	4,3	95
	21.	4 10	+20,4	12 32	20 18	12,0	1	4 42	+22,5	13 08	21 13	10,0	98	6 59	+24,1	15 24	23 37	4,2	95
	26.	3 59	+18,4	12 02		12,2	1	5 08	+23,4	13 15	21 25	10,1	97	7 13	+23,7	15 18	23 28	4,1	96
	31.	3 51	+16,8	11 34		11,8	4	5 35	+24,0	13 22	21 36	10,2	97	7 26	+23,3	15 12	23 19	4,1	96

(Fortsetzung)

Datum		MERKUR Rektas.	Deklin.	Kulmin.	Aufg.	Du.	bel.	VENUS Rektas.	Deklin.	Kulmin.	Unterg.	Du.	bel.	MARS Rektas.	Deklin.	Kulmin.	Unterg.	Du.	bel.
Juni	5.	3^h47^m	+15°,9	11^h12^m	3^h50^m	10″,9	11%	6^h02^m	+24°,3	13^h29^m	21^h45^m	10″,3	96%	7^h39^m	+22°,8	15^h05^m	23^h09^m	4″,0	96%
	10.	3 51	+15,9	10 56	3 34	9,9	20	6 28	+24,3	13 36	21 51	10,4	95	7 53	+22,2	14 59	22 59	4,0	97
	15.	4 01	+16,7	10 48	3 20	8,8	29	6 55	+24,1	13 43	21 56	10,5	95	8 06	+21,6	14 52	22 48	3,9	97
	20.	4 19	+18,1	10 46	3 10	7,9	40	7 22	+23,5	13 50	21 59	10,6	94	8 19	+20,9	14 45	22 37	3,9	97
	25.	4 43	+19,8	10 51	3 05	7,0	52	7 48	+22,6	13 56	21 59	10,8	93	8 32	+20,2	14 39	22 25	3,8	97
	30.	5 14	+21,5	11 03	3 06	6,3	65	8 14	+21,5	14 02	21 58	10,9	92	8 44	+19,4	14 32	22 14	3,8	98
Juli	5.	5 51	+22,9	11 22	3 14	5,7	79	8 39	+20,1	14 08	21 54	11,1	91	8 57	+18,5	14 25	22 01	3,8	98
	10.	6 35	+23,7	11 46	3 33	5,3	91	9 04	+18,5	14 13	21 49	11,3	90	9 10	+17,6	14 17	21 49	3,7	98
	15.	7 21	+23,4	12 13		5,1	99	9 28	+16,7	14 17	21 43	11,5	89	9 22	+16,7	14 10	21 36	3,7	98
	20.	8 07	+21,9	12 39	Unterg.	5,0	100	9 52	+14,7	14 21	21 36	11,7	88	9 34	+15,7	14 03	21 23	3,7	98
	25.	8 50	+19,6	13 02	20 45	5,1	96	10 15	+12,5	14 25	21 28	11,9	86	9 47	+14,6	13 55	21 10	3,6	99
	30.	9 29	+16,6	13 20	20 46	5,2	91	10 38	+10,2	14 28	21 19	12,2	85	9 59	+13,5	13 48	20 57	3,6	99
Aug.	4.	10 03	+13,3	13 35	20 42	5,3	85	11 00	+ 7,8	14 30	21 10	12,4	84	10 11	+12,4	13 40	20 43	3,6	99
	9.	10 34	+ 9,8	13 46	20 35	5,6	79	11 22	+ 5,3	14 33	21 00	12,7	83	10 23	+11,3	13 32	20 30	3,6	99
	14.	11 02	+ 6,3	13 53	20 25	5,9	74	11 44	+ 2,8	14 34	20 50	13,0	81	10 35	+10,1	13 25	20 16	3,6	99
	19.	11 27	+ 2,9	13 58	20 13	6,2	68	12 05	+ 0,2	14 36	20 39	13,4	80	10 47	+ 8,9	13 17	20 02	3,6	99
	24.	11 48	− 0,3	14 00	20 00	6,6	62	12 27	− 2,3	14 38	20 28	13,7	78	10 59	+ 7,6	13 09	19 48	3,6	100
	29.	12 07	− 3,2	13 58	19 44	7,2	54	12 48	− 4,9	14 40	20 18	14,1	77	11 10	+ 6,4	13 01	19 34	3,5	100
Sept.	3.	12 21	− 5,6	13 52	19 27	7,8	46	13 09	− 7,4	14 41	20 07	14,5	75	11 22	+ 5,1	12 53	19 20	3,5	100
	8.	12 30	− 7,2	13 41	19 08	8,5	36	13 31	− 9,9	14 43	19 57	15,0	74	11 34	+ 3,8	12 45	19 06	3,5	100
	13.	12 32	− 7,9	13 22	18 47	9,3	24	13 53	−12,3	14 45	19 47	15,4	72	11 46	+ 2,5	12 37	18 52	3,5	100
	18.	12 25	− 7,0	12 54		10,1	11	14 15	−14,6	14 48	19 38	16,0	71	11 58	+ 1,2	12 29	18 37	3,5	100
	23.	12 09	− 4,5	12 18	Aufg.	10,4	2	14 37	−16,8	14 50	19 29	16,5	69	12 09	− 0,1	12 21		3,5	100
	28.	11 52	− 1,1	11 42	5 45	9,9	3	15 00	−18,8	14 53	19 20	17,2	67	12 21	− 1,4	12 14	Aufg.	3,5	100
Okt.	3.	11 44	+ 1,5	11 16	5 06	8,8	18	15 23	−20,6	14 57	19 13	17,8	65	12 33	− 2,7	12 06	6 16	3,5	100
	8.	11 51	+ 2,2	11 05	4 51	7,5	41	15 46	−22,2	15 00	19 07	18,6	63	12 45	− 4,1	11 58	6 15	3,6	100
	13.	12 10	+ 0,9	11 05	4 57	6,5	64	16 10	−23,6	15 04	19 02	19,4	61	12 57	− 5,4	11 51	6 13	3,6	100
	18.	12 37	− 1,8	11 12	5 17	5,8	80	16 33	−24,8	15 08	18 58	20,2	59	13 09	− 6,7	11 43	6 12	3,6	100
	23.	13 07	− 5,1	11 22	5 43	5,3	90	16 57	−25,7	15 12	18 56	21,2	57	13 22	− 7,9	11 36	6 11	3,6	100
	28.	13 37	− 8,6	11 33	6 11	5,0	96	17 21	−26,4	15 16	18 55	22,3	55	13 34	− 9,2	11 28	6 10	3,6	100
Nov.	2.	14 08	−12,0	11 45	6 40	4,8	99	17 44	−26,8	15 20	18 56	23,4	53	13 47	−10,4	11 21	6 09	3,6	100
	7.	14 40	−15,1	11 56	7 08	4,7	100	18 07	−26,9	15 23	18 59	24,8	50	13 59	−11,6	11 14	6 08	3,7	100
	12.	15 11	−18,0	12 08		4,7	100	18 29	−26,8	15 26	19 03	26,2	48	14 12	−12,8	11 07	6 07	3,7	99
	17.	15 43	−20,4	12 21	Unterg.	4,6	100	18 51	−26,4	15 27	19 07	27,9	45	14 25	−14,0	11 01	6 07	3,7	99
	22.	16 16	−22,5	12 33	16 38	4,7	99	19 11	−25,9	15 27	19 12	29,7	42	14 39	−15,1	10 54	6 06	3,7	99
	27.	16 49	−24,1	12 47	16 42	4,8	97	19 30	−25,1	15 26	19 17	31,8	39	14 52	−16,1	10 48	6 05	3,8	99

(Fortsetzung)

Datum		MERKUR Rektas.	Deklin.	Kulmin.	Unterg.	Du.	bel.	VENUS Rektas.	Deklin.	Kulmin.	Unterg.	Du.	bel.	MARS Rektas.	Deklin.	Kulmin.	Aufg.	Du.	bel.
Dez.	2.	17^h22^m	–25°,2	13^h01^m	16^h49^m	4″,9	95%	19^h47^m	–24°,1	15^h24^m	19^h20^m	34″,1	36%	15^h06^m	–17°,2	10^h42^m	6^h05^m	3″,8	99%
	7.	17 56	–25,7	13 15	17 00	5,1	91	20 02	–23,0	15 19	19 23	36,8	32	15 20	–18,1	10 36	6 04	3,8	99
	12.	18 29	–25,6	13 28	17 14	5,4	86	20 15	–21,8	15 11	19 23	39,8	28	15 34	–19,0	10 31	6 04	3,9	98
	17.	19 00	–24,9	13 39	17 31	5,9	78	20 25	–20,6	15 01	19 20	43,1	24	15 48	–19,8	10 25	6 03	3,9	98
	22.	19 28	–23,7	13 46	17 46	6,5	65	20 31	–19,3	14 47	19 14	46,8	19	16 02	–20,6	10 20	6 03	4,0	98
	27.	19 46	–22,1	13 44	17 54	7,4	47	20 34	–18,1	14 30	19 03	50,7	15	16 17	–21,3	10 15	6 02	4,0	98
	31.	19 51	–20,8	13 31	17 48	8,4	28	20 33	–17,2	14 13	18 51	53,9	11	16 29	–21,8	10 11	6 01	4,0	97

Datum		NEPTUN Rektas.	Deklin.	Kulmin.
Jan.	1.	18^h44^m	–22°,2	12^h19^m
Febr.	1.	18 48	–22,1	10 22
März	1.	18 52	–22,0	8 35
April	1.	18 54	–21,9	6 35
Mai	1.	18 54	–21,9	4 37
Juni	1.	18 52	–22,0	2 33
Juli	1.	18 48	–22,0	0 32
Aug.	1.	18 45	–22,1	22 22
Sept.	1.	18 43	–22,2	20 18
Okt.	1.	18 42	–22,2	18 20
Nov.	1.	18 44	–22,2	16 20
Dez.	1.	18 48	–22,1	14 26
	31.	18 52	–22,0	12 32

Datum		PLUTO Rektas.	Deklin.	Kulmin.
Jan.	1.	15^h07^m	–1°,3	8^h43^m
Febr.	1.	15 09	–1,2	6 43
März	1.	15 10	–1,0	4 54
April	1.	15 08	–0,7	2 50
Mai	1.	15 05	–0,4	0 49
Juni	1.	15 02	–0,3	22 40
Juli	1.	15 00	–0,3	20 40
Aug.	1.	14 59	–0,6	18 38
Sept.	1.	15 01	–1,0	16 37
Okt.	1.	15 03	–1,4	14 42
Nov.	1.	15 08	–1,8	12 44
Dez.	1.	15 12	–2,1	10 51
	31.	15 16	–2,3	8 57

Durchmesser	Uranus	Neptun	Pluto
Juni–Juli	3″,8	2″,3	0″,1
Jan., Dez.	3″,5	2″,1	0″,1
Auf-/Untergang vor/nach Kulmination	3^h58^m	4^h08^m	6^h00^m

Rektaszension, Deklination für 1^h MEZ: aktuelles Äquinoktium bei Merkur bis Uranus, Äquinoktium 2000,0 bei Neptun, Pluto und Kleinplaneten.
Kulmination = Meridiandurchgang: MEZ für 10° östliche Länge.
Aufgang/Untergang: MEZ für 10° östliche Länge, 50° nördliche Breite.
scheinbarer Durchmesser, beleuchteter Teil des Planetenscheibchens für 1^h MEZ.

Vesta-Oppositionen 1980 – 2000

Opposition	Hell.	Dekl.
21. Febr. 1981	6^m,1	+19°
10. Aug. 1982	5,7	–22
13. Dez. 1983	6,4	+19
18. April 1985	5,7	+ 1
3. Okt. 1986	6,3	– 7
22. Jan. 1988	6,2	+23
26. Juni 1989	5,2	–21
15. Nov. 1990	6,5	+10
9. März 1992	6,0	+15
28. Aug. 1993	5,9	–19
25. Dez. 1994	6,3	+21
9. Mai 1996	5,6	– 7
17. Okt. 1997	6,4	– 2
4. Febr. 1999	6,2	+22
17. Juli 2000	5,3	–24

Datum		JUPITER Rektas.	Deklin.	Kulmin.	Unterg.	Äqu.	Pol	SATURN Rektas.	Deklin.	Kulmin.	Aufg.	Äqu.	Pol	RING Öffn.	gr.A.	kl.A.	URANUS Rektas.	Deklin.	Kulmin.
Jan.	1.	3^{h}39^{m}	+18°,5	21^{h}13^{m}	4^{h}54^{m}	46",0	43",1	18^{h}24^{m}	−22°,6	12^{h}00^{m}	7^{h}55^{m}	15",0	13",7	26°,1	34",1	15",0	18^{h}08^{m}	−23°,6	11^{h}44^{m}
	11.	3 37	+18,5	20 31	4 12	44,8	41,9	18 29	−22,6	11 26	7 21	15,0	13,7	26,0	34,1	15,0	18 10	−23,6	11 07
	21.	3 36	+18,5	19 51	3 32	43,4	40,6	18 34	−22,5	10 52	6 46	15,1	13,8	25,8	34,3	14,9	18 13	−23,6	10 30
	31.	3 37	+18,6	19 13	2 54	42,0	39,2	18 39	−22,4	10 17	6 11	15,2	13,9	25,6	34,5	14,9	18 15	−23,6	9 53
Febr.	10.	3 39	+18,7	18 36	2 18	40,6	38,0	18 43	−22,4	9 42	5 36	15,4	14,0	25,4	34,9	15,0	18 17	−23,6	9 16
	20.	3 42	+19,0	18 00	1 43	39,3	36,7	18 47	−22,3	9 07	5 00	15,5	14,2	25,3	35,3	15,1	18 19	−23,6	8 38
März	2.	3 47	+19,3	17 25	1 10	38,1	35,6	18 51	−22,2	8 31	4 24	15,7	14,4	25,1	35,7	15,2	18 21	−23,6	8 00
	12.	3 52	+19,6	16 52	0 39	37,0	34,6	18 54	−22,2	7 55	3 47	16,0	14,6	25,0	36,2	15,3	18 22	−23,6	7 22
	22.	3 59	+19,9	16 19	0 08	36,0	33,6	18 57	−22,1	7 18	3 10	16,2	14,8	24,8	36,8	15,5	18 23	−23,6	6 44
April	1.	4 06	+20,3	15 47	23 35	35,1	32,8	18 58	−22,1	6 40	2 32	16,5	15,0	24,8	37,4	15,7	18 23	−23,6	6 05
	11.	4 14	+20,7	15 16	23 06	34,4	32,1	19 00	−22,1	6 02	1 54	16,8	15,3	24,7	38,0	15,9	18 23	−23,6	5 26
	21.	4 23	+21,1	14 45	22 38	33,7	31,6	19 00	−22,0	5 23	1 15	17,1	15,5	24,7	38,7	16,2	18 23	−23,6	4 46
Mai	1.	4 32	+21,4	14 15	22 10	33,2	31,1	19 00	−22,1	4 44	0 36	17,3	15,8	24,7	39,3	16,4	18 22	−23,6	4 06
	11.	4 41	+21,7	13 45	21 42	32,8	30,7	18 59	−22,1	4 04	23 52	17,6	16,0	24,7	39,9	16,7	18 21	−23,6	3 26
	21.	4 51	+22,1	13 15	21 14	32,5	30,4	18 57	−22,1	3 23	23 11	17,8	16,2	24,8	40,4	17,0	18 20	−23,6	2 45
	31.	5 01	+22,3	12 46	20 46	32,4	30,3	18 55	−22,2	2 41	22 30	18,0	16,4	24,9	40,9	17,2	18 19	−23,6	2 05
Juni	10.	5 11	+22,6	12 16		32,3	30,2	18 53	−22,2	1 59	21 48	18,2	16,6	25,1	41,3	17,5	18 17	−23,6	1 24
	20.	5 21	+22,7	11 47	Aufg.	32,3	30,2	18 50	−22,3	1 17	21 06	18,3	16,7	25,2	41,5	17,7	18 15	−23,7	0 43
	30.	5 31	+22,9	11 17	3 13	32,5	30,4	18 47	−22,4	0 35		18,3	16,7	25,4	41,6	17,8	18 14	−23,7	0 02
Juli	10.	5 40	+23,0	10 48	2 43	32,7	30,6	18 44	−22,5	23 48	Unterg.	18,3	16,7	25,5	41,6	17,9	18 12	−23,7	23 17
	20.	5 50	+23,1	10 18	2 12	33,1	30,9	18 41	−22,5	23 06	3 15	18,3	16,7	25,7	41,4	17,9	18 10	−23,7	22 36
	30.	5 59	+23,1	9 48	1 42	33,5	31,4	18 38	−22,6	22 24	2 33	18,1	16,5	25,8	41,1	17,9	18 09	−23,7	21 55
Aug.	9.	6 08	+23,1	9 17	1 11	34,1	31,9	18 35	−22,6	21 42	1 51	17,9	16,4	25,9	40,7	17,8	18 08	−23,7	21 14
	19.	6 16	+23,1	8 46	0 40	34,8	32,5	18 34	−22,7	21 01	1 09	17,7	16,2	26,0	40,2	17,6	18 07	−23,7	20 34
	29.	6 23	+23,0	8 14	0 09	35,6	33,3	18 32	−22,7	20 20	0 29	17,5	16,0	26,1	39,7	17,4	18 06	−23,7	19 54
Sept.	8.	6 30	+23,0	7 41	23 33	36,5	34,1	18 32	−22,7	19 40	23 44	17,2	15,7	26,1	39,0	17,2	18 06	−23,7	19 15
	18.	6 36	+22,9	7 07	23 00	37,5	35,1	18 32	−22,8	19 01	23 05	16,9	15,5	26,1	38,4	16,9	18 06	−23,7	18 36
	28.	6 41	+22,8	6 33	22 26	38,6	36,1	18 33	−22,8	18 23	22 27	16,7	15,2	26,1	37,8	16,6	18 06	−23,7	17 57
Okt.	8.	6 44	+22,8	5 57	21 50	39,8	37,2	18 34	−22,8	17 45	21 49	16,4	15,0	26,1	37,2	16,3	18 07	−23,7	17 18
	18.	6 46	+22,8	5 20	21 13	41,1	38,4	18 36	−22,8	17 08	21 12	16,1	14,7	26,0	36,6	16,0	18 08	−23,7	16 40
	28.	6 47	+22,8	4 41	20 34	42,4	39,6	18 39	−22,7	16 32	20 36	15,9	14,5	25,9	36,0	15,7	18 10	−23,7	16 02
Nov.	7.	6 47	+22,8	4 01	19 54	43,6	40,8	18 43	−22,7	15 56	20 00	15,7	14,3	25,8	35,5	15,5	18 12	−23,7	15 25
	17.	6 45	+22,8	3 20	19 12	44,8	41,9	18 46	−22,7	15 20	19 25	15,5	14,1	25,6	35,1	15,2	18 14	−23,7	14 48
	27.	6 41	+22,9	2 37	18 29	45,8	42,9	18 51	−22,6	14 45	18 50	15,3	14,0	25,5	34,8	14,9	18 16	−23,7	14 11
Dez.	7.	6 37	+23,0	1 54	17 45	46,6	43,6	18 55	−22,5	14 10	18 16	15,2	13,9	25,3	34,5	14,7	18 19	−23,6	13 34
	17.	6 31	+23,1	1 09	16 59	47,1	44,1	19 00	−22,4	13 36	17 42	15,1	13,8	25,0	34,3	14,5	18 21	−23,6	12 57
	27.	6 26	+23,2	0 24	16 14	47,3	44,2	19 05	−22,3	13 01	17 08	15,0	13,7	24,8	34,1	14,3	18 24	−23,6	12 20
	31.	6 23	+23,2	0 06	15 56	47,2	44,2	19 07	−22,2	12 48	16 55	15,0	13,7	24,7	34,1	14,3	18 25	−23,6	12 06

Äqu.: Äquatordurchmesser Pol: Poldurchmesser Saturnring: Öffnung, große und kleine Ringachse

Ephemeriden hellerer Kleinplaneten 1989

(4) VESTA

Datum		Rektas.	Deklin.	Kulmin.
Febr.	5.	16^h49^m	−17°,1	8^h07^m
	10.	16 58	−17,4	7 57
	15.	17 08	−17,6	7 47
	20.	17 17	−17,8	7 36
	25.	17 25	−17,9	7 25
März	2.	17 34	−18,0	7 14
	7.	17 42	−18,1	7 02
	12.	17 50	−18,1	6 50
	17.	17 58	−18,2	6 38
	22.	18 05	−18,2	6 26
	27.	18 12	−18,2	6 13
April	**1.**	18 18	−18,1	5 59
	6.	18 24	−18,1	5 46
	11.	18 29	−18,1	5 31
	16.	18 34	−18,1	5 16
	21.	18 38	−18,1	5 00
	26.	18 41	−18,1	4 44
Mai	**1.**	18 44	−18,2	4 27
	6.	18 46	−18,2	4 09
	11.	18 47	−18,3	3 51
	16.	18 47	−18,5	3 31
	21.	18 46	−18,7	3 11
	26.	18 45	−18,9	2 50
	31.	18 42	−19,2	2 28
Juni	**5.**	18 39	−19,5	2 05
	10.	18 35	−19,9	1 41
	15.	18 31	−20,2	1 17
	20.	18 26	−20,6	0 53
	25.	18 21	−21,1	0 28
	30.	18 16	−21,5	0 03
Juli	**5.**	18 11	−21,9	23 34
	10.	18 06	−22,3	23 10
	15.	18 02	−22,7	22 46
	20.	17 59	−23,1	22 23
	25.	17 56	−23,4	22 01
	30.	17 54	−23,7	21 39

(1) CERES

Datum		Rektas.	Deklin.	Kulmin.
Sept.	3.	5^h41^m	+20°,5	7^h11^m
	8.	5 47	+20,6	6 57
	13.	5 52	+20,8	6 43
	18.	5 57	+20,9	6 29
	23.	6 02	+21,1	6 14
	28.	6 07	+21,2	5 59
Okt.	**3.**	6 11	+21,4	5 43
	8.	6 14	+21,5	5 27
	13.	6 17	+21,7	5 10
	18.	6 20	+21,9	4 53
	23.	6 22	+22,1	4 35
	28.	6 23	+22,3	4 16
Nov.	**2.**	6 23	+22,6	3 57
	7.	6 23	+22,8	3 37
	12.	6 22	+23,1	3 17
	17.	6 20	+23,4	2 55
	22.	6 18	+23,8	2 33
	27.	6 15	+24,1	2 10
Dez.	**2.**	6 11	+24,5	1 47
	7.	6 07	+24,8	1 23
	12.	6 02	+25,2	0 59
	17.	5 57	+25,5	0 34
	22.	5 52	+25,8	0 09
	27.	5 46	+26,2	23 39
	31.	5 42	+26,4	23 19
Aug.	**4.**	17 53	−24,1	21 19
	9.	17 53	−24,3	20 59
	14.	17 53	−24,6	20 40
	19.	17 55	−24,9	20 22
	24.	17 57	−25,1	20 05
	29.	18 00	−25,3	19 48
Sept.	**3.**	18 04	−25,5	19 33
	8.	18 09	−25,7	19 18
	13.	18 14	−25,8	19 03
	18.	18 19	−25,9	18 49
	23.	18 26	−26,0	18 36
	28.	18 32	−26,1	18 23

(2) PALLAS

Datum		Rektas.	Deklin.	Kulmin.
Sept.	3.	1^h07^m	− 3°,4	2^h38^m
	8.	1 05	− 4,6	2 16
	13.	1 03	− 5,9	1 54
	18.	1 00	− 7,2	1 31
	23.	0 56	− 8,5	1 09
	28.	0 53	− 9,9	0 45
Okt.	**3.**	0 49	−11,2	0 22
	8.	0 45	−12,4	23 54
	13.	0 41	−13,6	23 30
	18.	0 38	−14,7	23 07
	23.	0 34	−15,7	22 44
	28.	0 31	−16,5	22 21
Nov.	2.	0 28	−17,3	21 59
	7.	0 26	−17,9	21 37
	12.	0 24	−18,3	21 16
	17.	0 23	−18,7	20 55
	22.	0 23	−18,9	20 35
	27.	0 23	−19,1	20 15

(3) JUNO

Datum		Rektas.	Deklin.	Kulmin.
Jan.	1.	10^h35^m	− 1°,0	4^h11^m
	6.	10 35	− 0,9	3 52
	11.	10 34	− 0,7	3 31
	16.	10 33	− 0,4	3 10
	21.	10 31	0,0	2 49
	26.	10 28	+ 0,5	2 27
	31.	10 25	+ 1,1	2 04
Febr.	5.	10 22	+ 1,7	1 41
	10.	10 18	+ 2,5	1 17
	15.	10 14	+ 3,3	0 53
	20.	10 09	+ 4,1	0 29
	25.	10 05	+ 5,0	0 06
März	**2.**	10 01	+ 5,9	23 37
	7.	9 58	+ 6,7	23 14
	12.	9 55	+ 7,5	22 51
	17.	9 52	+ 8,3	22 29
	22.	9 50	+ 8,9	22 08
	27.	9 48	+ 9,6	21 47

(7) IRIS

Datum		Rektas.	Deklin.	Kulmin.
Jan.	1.	9^h55^m	+ 5°,8	3^h32^m
	6.	9 53	+ 5,6	3 10
	11.	9 50	+ 5,5	2 48
	16.	9 47	+ 5,5	2 24
	21.	9 43	+ 5,6	2 01
	26.	9 38	+ 5,7	1 36
	31.	9 33	+ 6,0	1 12
Febr.	**5.**	9 28	+ 6,2	0 47
	10.	9 22	+ 6,6	0 22
	15.	9 17	+ 6,9	23 52
	20.	9 12	+ 7,3	23 28
	25.	9 08	+ 7,7	23 04

(15) EUNOMIA

Datum		Rektas.	Deklin.	Kulmin.
Aug.	**4.**	22^h25^m	+ 1°,9	1^h54^m
	9.	22 21	+ 2,2	1 31
	14.	22 17	+ 2,4	1 07
	19.	22 12	+ 2,6	0 42
	24.	22 07	+ 2,6	0 18
	29.	22 02	+ 2,6	23 49
Sept.	**3.**	21 58	+ 2,6	23 24
	8.	21 53	+ 2,4	23 00
	13.	21 49	+ 2,3	22 36
	18.	21 45	+ 2,1	22 13
	23.	21 43	+ 1,9	21 51
	28.	21 40	+ 1,7	21 29

In den halbfett gedruckten Tagesintervallen sind die Kleinplaneten einfacher aufzufinden.

Zentralmeridiane Jupiter 1989 (1^h MEZ)

System I

Dat.	Jan.	Febr.	März	April	Aug.	Sept.	Okt.	Nov.	Dez.
1.	124°	337°	74°	282°	77°	288°	344°	200°	260°
2.	282	135	232	79	235	86	142	358	58
3.	80	293	29	237	33	244	300	156	216
4.	238	91	187	35	191	42	98	314	15
5.	36	248	345	192	348	200	256	112	173
6.	194	46	142	350	146	358	53	270	331
7.	352	204	300	148	304	155	211	68	129
8.	149	2	98	305	102	313	9	226	287
9.	307	159	255	103	259	111	167	24	85
10.	105	317	53	260	57	269	325	182	243
11.	263	115	211	58	215	67	123	340	41
12.	61	273	8	216	13	225	281	138	199
13.	219	70	166	13	170	22	79	296	357
14.	17	228	324	171	328	180	237	94	155
15.	174	26	121	329	126	338	35	252	313
16.	332	184	279	126	284	136	193	50	111
17.	130	341	77	284	82	294	351	208	269
18.	288	139	234	82	239	92	149	6	67
19.	86	297	32	239	37	249	306	164	225
20.	244	94	190	37	195	47	104	322	23
21.	41	252	347	195	353	205	262	120	181
22.	199	50	145	352	150	3	60	278	339
23.	357	208	303	150	308	161	218	76	137
24.	155	5	100	307	106	319	16	234	295
25.	313	163	258	105	264	117	174	32	93
26.	111	321	56	263	62	275	332	190	251
27.	268	118	213	60	219	72	130	348	50
28.	66	276	11	218	17	230	288	146	208
29.	224		169	16	175	28	86	304	6
30.	22		326	173	333	186	244	102	164
31.	179		124		131		42		322

System II

Dat.	Jan.	Febr.	März	April	Aug.	Sept.	Okt.	Nov.	Dez.
1.	154°	131°	14°	345°	290°	264°	91°	70°	262°
2.	304	281	164	135	80	55	241	221	52
3.	95	71	314	285	230	205	31	11	203
4.	245	221	104	75	20	355	182	161	353
5.	35	11	254	225	170	145	332	312	144
6.	185	161	44	15	320	295	122	102	294
7.	336	312	194	165	111	86	273	253	84
8.	126	102	344	315	261	236	63	43	235
9.	276	252	134	105	51	26	213	193	25
10.	66	42	284	255	201	176	3	344	176
11.	217	192	74	45	351	326	154	134	326
12.	7	342	224	195	141	117	304	284	116
13.	157	132	14	345	291	267	94	75	267
14.	307	282	164	135	82	57	245	225	57
15.	98	72	314	285	232	207	35	16	208
16.	248	223	104	75	22	357	185	166	358
17.	38	13	254	225	172	148	335	316	149
18.	188	163	45	15	322	298	126	107	299
19.	338	313	195	165	112	88	276	257	89
20.	129	103	345	315	262	238	66	47	240
21.	279	253	135	105	53	28	217	198	30
22.	69	43	285	255	203	179	7	348	181
23.	219	193	75	45	353	329	157	139	331
24.	9	343	225	195	143	119	308	289	121
25.	160	133	15	345	293	269	98	79	272
26.	310	283	165	135	83	60	248	230	62
27.	100	74	315	285	234	210	39	20	213
28.	250	224	105	75	24	0	189	171	3
29.	40		255	225	174	150	339	321	153
30.	190		45	15	324	301	130	111	304
31.	341		195		114		280		94

Korrektur für MEZ	0^h	1^h	2^h	3^h	4^h	5^h	6^h	7^h	17^h	18^h	19^h	20^h	21^h	22^h	23^h	24^h	Änderung
Jupiter System I	−37°	0°	+37°	+73°	+110°	+146°	+183°	+219°	−135°	− 98°	−62°	−25°	+12°	+48°	+85°	+121°	+36°,6/Stunde
Jupiter System II	−36°	0°	+36°	+73°	+109°	+145°	+181°	+ 217°	−140°	−104°	−67°	−31°	+ 5°	+41°	+78°	+114°	+36°,3/Stunde

Neigung der Planetenachse zur Erde: =3° (Jan. – April) bzw. 2° (Aug. – Dez.)

Sonne 1989

Zentralmeridian für 1^h MEZ

Datum		Z.M.	B_0	P
Jan.	1.	107°7	−3°0	+ 2°0
	11.	336,0	−4,1	− 2,9
	21.	204,4	−5,0	− 7,5
	31.	72,7	−5,9	−11,8
Febr.	10.	301,0	−6,5	−15,7
	20.	169,3	−6,9	−19,0
März	2.	37,6	−7,1	−21,8
	12.	265,9	−7,1	−23,9
	22.	134,1	−6,9	−25,3
April	1.	2,2	−6,5	−26,1
	11.	230,2	−5,8	−26,1
	21.	98,1	−5,1	−25,5
Mai	1.	326,0	−4,1	−24,1
	11.	193,8	−3,1	−21,9
	21.	61,6	−2,0	−19,1
	31.	289,3	−0,8	−15,7
Juni	10.	156,9	+0,4	−11,8
	20.	24,6	+1,6	− 7,6
	30.	252,2	+2,7	− 3,1

Datum		Z.M.	B_0	P
Juli	10.	119°8	+3°8	+ 1°4
	20.	347,5	+4,7	+ 5,9
	30.	215,2	+5,5	+10,0
Aug.	9.	83,0	+6,2	+13,9
	19.	310,8	+6,7	+17,3
	29.	178,6	+7,0	+20,3
Sept.	8.	46,6	+7,1	+22,7
	18.	274,5	+7,1	+24,5
	28.	142,5	+6,8	+25,7
Okt.	8.	10,6	+6,3	+26,2
	18.	238,7	+5,6	+26,0
	28.	106,8	+4,7	+25,0
Nov.	7.	334,9	+3,7	+23,3
	17.	203,1	+2,6	+20,8
	27.	71,3	+1,4	+17,5
Dez.	7.	299,5	+0,1	+13,6
	17.	167,7	−1,1	+ 9,2
	27.	36,0	−2,4	+ 4,5
	31.	343,3	−2,8	+ 2,6

(Änderung: −13°2/Tag)
B_0: Neigung der Sonnenachse zur Erde
P: Positionswinkel des Sonnen-Nordpols

Mitteleuropäische Sommerzeit (MESZ) in der Bundesrepublik Deutschland von 1980 bis 1993

Jahr	Beginn	Ende
1980	6. April	28. September
1981	29. März	27. September
1982	28. März	26. September
1983	27. März	25. September
1984	25. März	30. September
1985	31. März	29. September
1986	30. März	28. September
1987	29. März	27. September
1988	27. März	25. September
1989	26. März	1. Oktober
1990	25. März	30. September
1991	31. März	29. September
1992	28. März	27. September
1993	27. März	26. September

Nach der EG-Regelung beginnt die Sommerzeit am letzten Sonntag im März und endet an dem Sonntag, der dem letzten Samstag im September folgt.

Beginn der synodischen Sonnenrotation nach Carrington

Rot. Nr.	Datum		MEZ
1811	Jan.	9.	5^h19^m
1812	Febr.	5.	13 30
1813	März	4.	21 33
1814	April	1.	4 56
1815	April	28.	11 18
1816	Mai	25.	16 41
1817	Juni	21.	21 31
1818	Juli	19.	2 20
1819	Aug.	15.	7 38
1820	Sept.	11.	13 37
1821	Okt.	8.	20 15
1822	Nov.	5.	3 21
1823	Dez.	2.	10 49
1824	Dez.	29.	18 37

Die Daten der Sonnenrotation sind nach dem Improved IAU-System auf 0°01 bzw. 1^m berechnet.

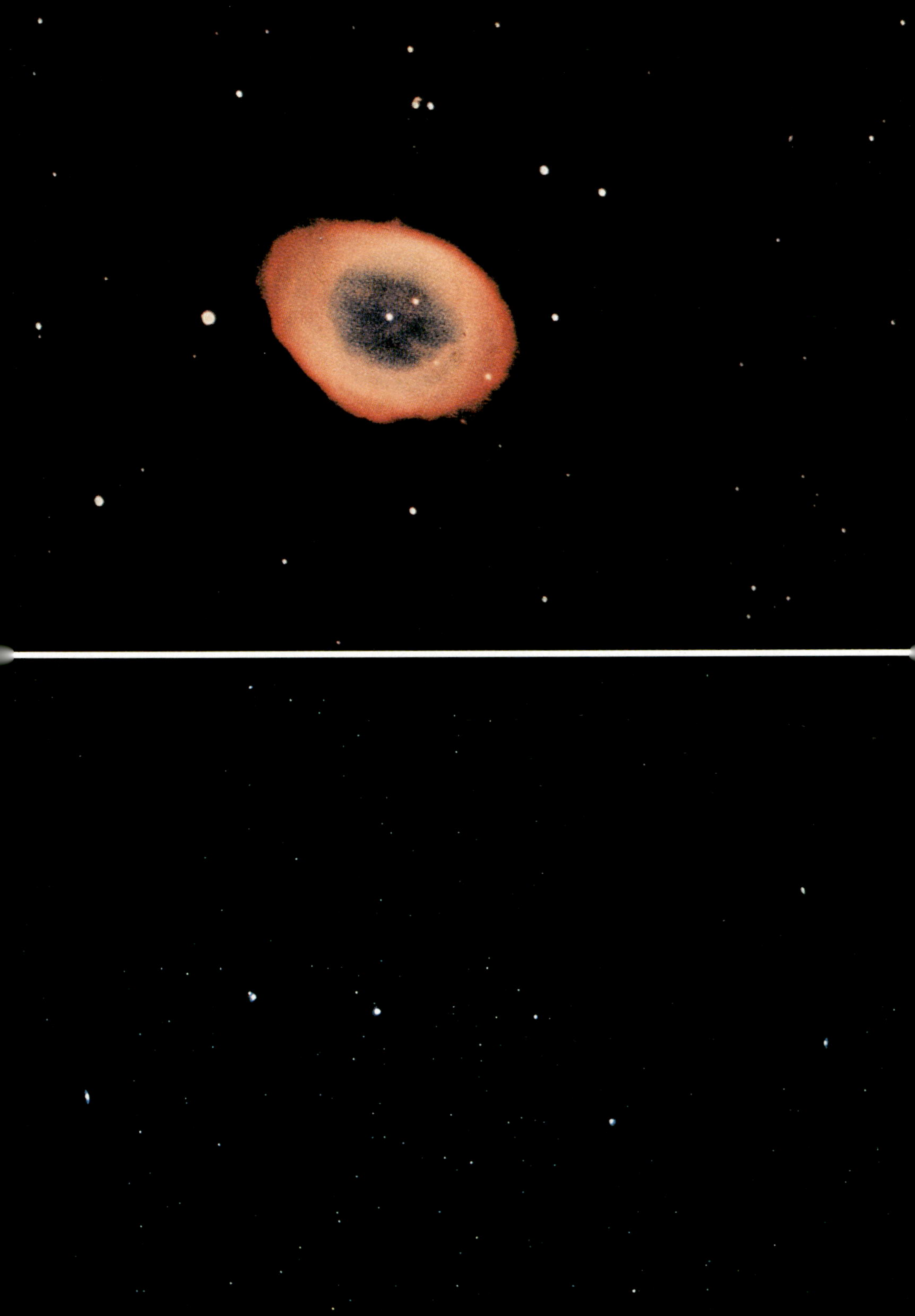

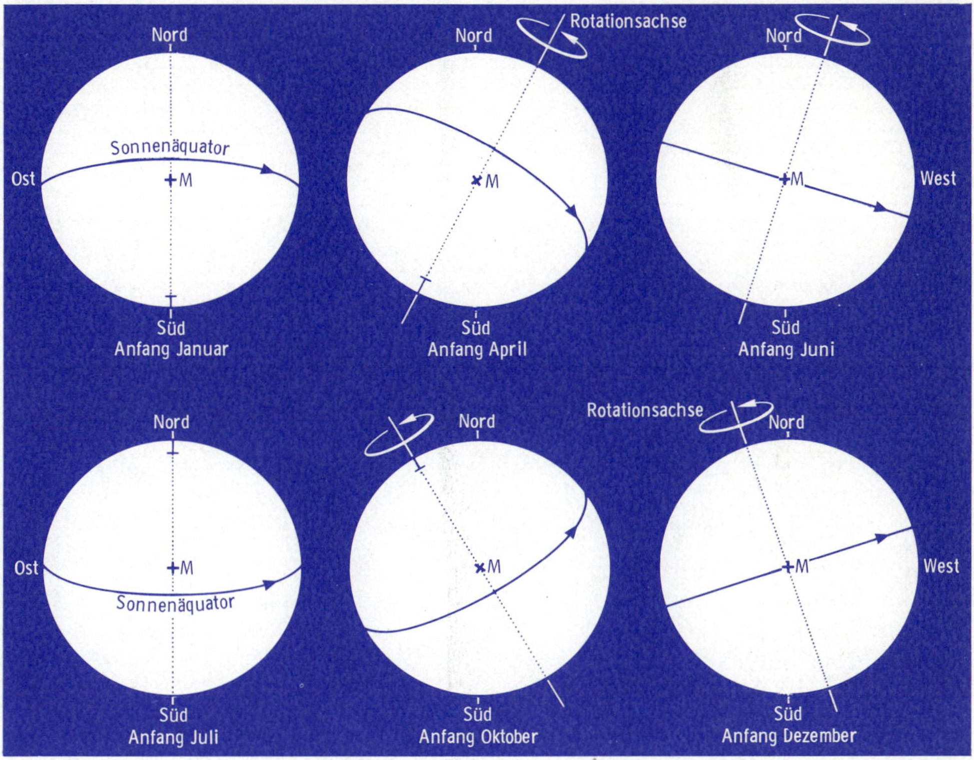
Nord
Ost
Sonnenäquator
M
Süd
Anfang Januar
Nord
Rotationsachse
M
Süd
Anfang April
Nord
M
West
Süd
Anfang Juni
Nord
Ost
M
Sonnenäquator
Süd
Anfang Juli
Nord
M
Süd
Anfang Oktober
Rotationsachse
Nord
M
West
Süd
Anfang Dezember

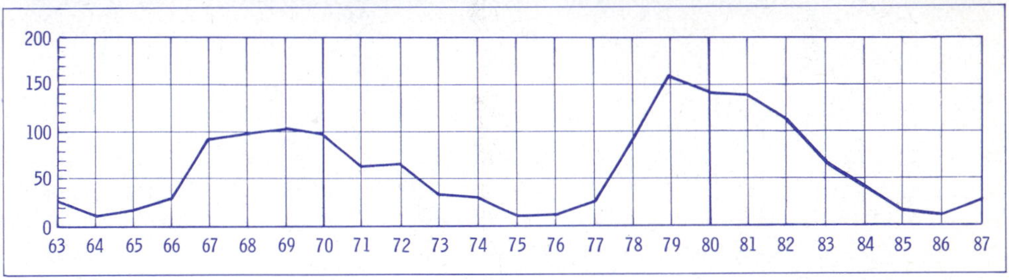
200
150
100
50
0
63 64 65 66 67 68 69 70 71 72 73 74 75 76 77 78 79 80 81 82 83 84 85 86 87

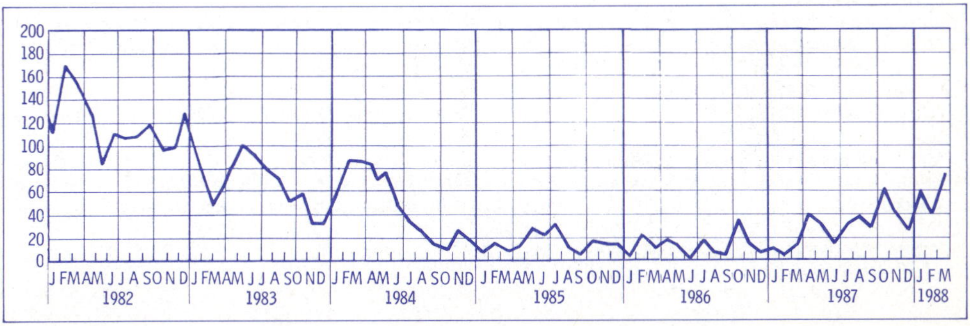
200
180
160
140
120
100
80
60
40
20
0
J F M A M J J A S O N D
1982
1983
1984
1985
1986
1987
J F M
1988

Tabellenteil

Tafel der halben Tagbogen

Wer die Auf- und Untergangszeiten der Planeten wissen möchte, der schlage in der Ephemeride die Deklination des Planeten auf, suche in der Tabelle „Halbe Tagbogen“ die Zeile, die in der ersten Spalte mit der betreffenden Deklination bezeichnet ist, und lese in dieser Linie unter der geographischen Breite, die seinem Beobachtungsort am nächsten kommt, den halben Tagbogen ab. Addiert man diesen zur Zeit des Meridiandurchganges, die in den Ephemeriden aufgeführt ist, so erhält man die MEZ des Untergangs (subtrahiert die MEZ des Aufganges) für 10° östliche Länge.

δ \ φ	46°	48°	50°	52°	54°
−25°	4^h09^m	4^h00^m	3^h50^m	3^h38^m	3^h26^m
−24	4 14	4 06	3 56	3 46	3 35
−23	4 20	4 12	4 03	3 53	3 43
−22	4 25	4 18	4 10	4 00	3 50
−21	4 30	4 23	4 16	4 07	3 58
−20	4 35	4 29	4 22	4 14	4 05
−19	4 40	4 34	4 28	4 20	4 12
−18	4 45	4 39	4 33	4 26	4 19
−17	4 50	4 44	4 39	4 32	4 25
−16	4 55	4 50	4 44	4 38	4 32
−15	4 59	4 54	4 50	4 44	4 38
−14	5 04	5 00	4 55	4 50	4 44
−13	5 08	5 04	5 00	4 56	4 50
−12	5 13	5 09	5 06	5 01	4 56
−11	5 17	5 14	5 11	5 07	5 02
−10	5 21	5 18	5 16	5 12	5 08
− 9	5 26	5 23	5 20	5 17	5 14
− 8	5 30	5 28	5 25	5 22	5 20
− 7	5 34	5 32	5 30	5 28	5 25
− 6	5 38	5 37	5 35	5 33	5 31
− 5	5 43	5 41	5 40	5 39	5 37
− 4	5 47	5 46	5 44	5 44	5 42
− 3	5 51	5 50	5 49	5 49	5 48
− 2	5 55	5 55	5 54	5 54	5 53
− 1	5 59	5 59	5 59	5 59	5 59
0	6 03	6 04	6 04	6 04	6 04

δ = Deklination des Gestirns

δ \ φ	46°	48°	50°	52°	54°
+ 1°	6^h08^m	6^h08^m	6^h08^m	6^h09^m	6^h10^m
+ 2	6 12	6 12	6 13	6 14	6 15
+ 3	6 16	6 17	6 18	6 19	6 20
+ 4	6 20	6 21	6 23	6 24	6 26
+ 5	6 24	6 26	6 28	6 29	6 32
+ 6	6 28	6 30	6 32	6 34	6 37
+ 7	6 33	6 35	6 37	6 40	6 43
+ 8	6 37	6 40	5 42	6 45	6 49
+ 9	6 41	6 44	6 47	6 50	6 54
+10	6 46	6 49	6 52	6 56	7 00
+11	6 50	6 54	6 57	7 01	7 06
+12	6 54	6 58	7 03	7 07	7 12
+13	6 59	7 03	7 08	7 13	7 18
+14	7 03	7 08	7 13	7 19	7 25
+15	7 08	7 13	7 19	7 25	7 31
+16	7 13	7 18	7 24	7 31	7 37
+17	7 17	7 23	7 29	7 37	7 44
+18	7 22	7 28	7 35	7 43	7 51
+19	7 27	7 34	7 41	7 49	7 58
+20	7 32	7 39	7 47	7 56	8 05
+21	7 38	7 45	7 53	8 02	8 13
+22	7 43	7 51	8 00	8 09	8 20
+23	7 48	7 57	8 06	8 17	8 28
+24	7 54	8 03	8 13	8 24	8 37
+25	8 00	8 09	8 20	8 32	8 46

φ = geographische Breite des Beobachtungsortes

Abb. 128: Ringnebel in der Leier, M 57 (Seite 183, oben; Aufnahme Hale-Observatories).

Abb. 129: Das Sternbild Großer Wagen (Seite 183, unten; Aufnahme Gutzeit/Idler).

Abb. 130: Der große Andromedanebel, M 31, wie er in einem guten Fernglas erscheint (Seite 184, oben; Aufnahme Gutzeit/Idler).

Abb. 131: Komet Halley im Sternbild Wassermann am 1. 1. 1986 (Seite 184, unten; Aufnahme Gutzeit/Idler).

Abb. 132: Lage der Rotationsachse und des Äquators der Sonne im Verlauf des Jahres relativ zum Beobachter auf der Erde (Seite 185, oben).

Abb. 133: Jahresmittel der Sonnenfleckenrelativzahlen von 1963 bis 1987 (Seite 185, Mitte).

Abb. 134: Monatsmittel der Sonnenfleckenrelativzahlen von Januar 1982 bis März 1988 (Seite 185, unten).

Sternzeit um 20^h Mittlerer Ortszeit (MOZ)

Tag	Jan.	Febr.	März	April	Mai	Juni	Juli	Aug.	Sept.	Okt.	Nov.	Dez.	Tag
1.	2^h45^m	4^h48^m	6^h38^m	8^h40^m	10^h39^m	12^h41^m	14^h39^m	16^h41^m	18^h44^m	20^h42^m	22^h44^m	0^h42^m	1.
2.	2 49	4 52	6 42	8 44	10 43	12 45	14 43	16 45	18 48	20 46	22 48	0 46	2.
3.	2 53	4 56	6 46	8 48	10 46	12 49	14 47	16 49	18 51	20 50	22 52	0 50	3.
4.	2 57	5 00	6 50	8 52	10 50	12 53	14 51	16 53	18 55	20 54	22 56	0 54	4.
5.	3 01	5 04	6 54	8 56	10 54	12 57	14 55	16 57	18 59	20 58	23 00	0 58	5.
6.	3 05	5 07	6 58	9 00	10 58	13 01	14 59	17 01	19 03	21 02	23 04	1 02	6.
7.	3 09	5 11	7 02	9 04	11 02	13 05	15 03	17 05	19 07	21 06	23 08	1 06	7.
8.	3 13	5 15	7 06	9 08	11 06	13 08	15 07	17 09	19 11	21 09	23 12	1 10	8.
9.	3 17	5 19	7 10	9 12	11 10	13 12	15 11	17 13	19 15	21 13	23 16	1 14	9.
10.	3 21	5 23	7 14	9 16	11 14	13 16	15 15	17 17	19 19	21 17	23 20	1 18	10.
11.	3 25	5 27	7 18	9 20	11 18	13 20	15 19	17 21	19 23	21 21	23 24	1 22	11.
12.	3 29	5 31	7 22	9 24	11 22	13 24	15 22	17 25	19 27	21 25	23 27	1 26	12.
13.	3 33	5 35	7 25	9 28	11 26	13 28	15 26	17 29	19 31	21 29	23 31	1 30	13.
14.	3 37	5 39	7 29	9 32	11 30	13 32	15 30	17 33	19 35	21 33	23 35	1 34	14.
15.	3 41	5 43	7 33	9 36	11 34	13 36	15 34	17 37	19 39	21 37	23 39	1 38	15.
16.	3 45	5 47	7 37	9 40	11 38	13 40	15 38	17 40	19 43	21 41	23 43	1 41	16.
17.	3 49	5 51	7 41	9 43	11 42	13 44	15 42	17 44	19 47	21 45	23 47	1 45	17.
18.	3 53	5 55	7 45	9 47	11 46	13 48	15 46	17 48	19 51	21 49	23 51	1 49	18.
19.	3 56	5 59	7 49	9 51	11 50	13 52	15 50	17 52	19 55	21 53	23 55	1 53	19.
20.	4 00	6 03	7 53	9 55	11 54	13 56	15 54	17 56	19 58	21 57	23 59	1 57	20.
21.	4 04	6 07	7 57	9 59	11 57	14 00	15 58	18 00	20 02	22 01	0 03	2 01	21.
22.	4 08	6 11	8 01	10 03	12 01	14 04	16 02	18 04	20 06	22 05	0 07	2 05	22.
23.	4 12	6 14	8 05	10 07	12 05	14 08	16 06	18 08	20 10	22 09	0 11	2 09	23.
24.	4 16	6 18	8 09	10 11	12 09	14 12	16 10	18 12	20 14	22 13	0 15	2 13	24.
25.	4 20	6 22	8 13	10 15	12 13	14 15	16 14	18 16	20 18	22 16	0 19	2 17	25.
26.	4 24	6 26	8 17	10 19	12 17	14 19	16 18	18 20	20 22	20 20	0 23	2 21	26.
27.	4 28	6 30	8 21	10 23	12 21	14 23	16 22	18 24	20 26	22 24	0 27	2 25	27.
28.	4 32	6 34	8 25	10 27	12 25	14 27	16 26	18 28	20 30	22 28	0 31	2 29	28.
29.	4 36	–	8 29	10 31	12 29	14 31	16 30	18 32	20 34	22 32	0 34	2 33	29.
30.	4 40	–	8 32	10 35	12 33	14 35	16 33	18 36	20 38	22 36	0 38	2 37	30.
31.	4 44	–	8 36	–	12 37	–	16 37	18 40	–	22 40	–	2 41	31.

Aus obiger Tabelle läßt sich schnell die Sternzeit bei abendlichen Himmelsbeobachtungen ermitteln. Man bestimme zunächst die Differenz der Mittleren Ortszeit (MOZ) zur Mitteleuropäischen Zeit (MEZ). Man erhält sie, wenn man die geographische Länge seines Beobachtungsortes (Heimatstadt, siehe Tabelle auf S. 168) von 15° (Zeitmeridian MEZ) abzieht. Das Ergebnis ist mit 4 zu multiplizieren (1° ≙ 4 Zeitminuten).
Sodann suche man unter dem Datum der obigen Tabelle den Wert für die Sternzeit heraus und stelle danach seine Armbanduhr (Beobachtungsuhr).
Achtung: Die Tabelle gibt *mittlere* Sternzeitwerte, die gegenüber den *wahren* Sternzeitwerten um 1 bis 2 Minuten differieren können (entsprechend der Zeit, die seit dem letzten Schaltjahr vergangen ist).

Beispiel: Man möchte am 1. März abends in Essen die Sternzeit wissen. Die geographische Länge von Essen beträgt laut Tabelle auf Seite 168 7°,0. Von 15° abgezogen erhält man 8° oder (x 4) 32^m Zeitdifferenz gegenüber MEZ. D. h., die Gestirne kulminieren in Essen 32^m später als im Zeitmeridian von MEZ (15°). Um 20^h MOZ ist es also 20^{h}32^m MEZ in Essen. Aus der Sternzeittabelle entnimmt man für den 1. März: 6^{h}38^m. Um 20^{h}32^m Mitteleuropäischer Zeit ist es also in Essen 6^{h}38^m Sternzeit. Danach kann man nun seine Uhr einstellen.

Abb. 135: Bahnlage der Galileischen Jupitermonde im Jahre 1989.

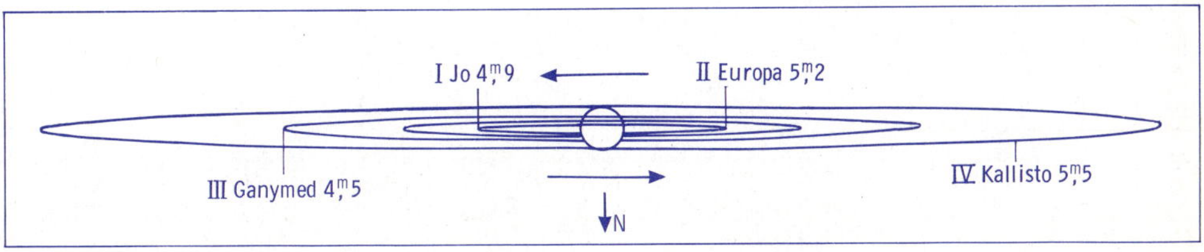

Sternbedeckungen durch den Mond 1989 (MEZ)

Sternname	Hell.	Datum	bel.	E/A	Pos.	Berlin	Hamburg	Hannover	Düsseldorf	Frankfurt	Nürnberg	Stuttgart	München	Zürich	Wien
SAO 164840	$7^{m}{,}4$	Jan. 10.	11 %	E	25°	$17^{h}33^{m}{,}9$	$17^{h}34^{m}{,}4$	$17^{h}33^{m}{,}3$	$17^{h}31^{m}{,}9$	$17^{h}31^{m}{,}3$	$17^{h}31^{m}{,}6$	$17^{h}30^{m}{,}5$	$17^{h}31^{m}{,}1$	$17^{h}29^{m}{,}2$	$17^{h}33^{m}{,}2$
104 Piscium	6,9	14.	53	E	70	21 58,9	21 55,9	21 56,3	21 54,5	21 56,9	21 59,5	21 58,5	22 01,2	21 59,3	22 04,9
μ Arietis	5,7	16.	66	E	135	2 14,4	2 13,6	2 16,7	2 22,6	2 24,6	–	–	–	–	–
SAO 76682	6,5	18.	85	E	40	2 42,5	2 39,9	2 39,6	2 37,4	2 39,1	2 41,0	2 39,9	2 41,7	2 40,1	2 44,7
SAO 77295	6,5	19.	91	E	110	1 21,3	1 17,1	1 19,0	1 19,0	1 22,5	1 25,5	1 25,7	1 28,4	1 28,4	1 30,9
83 Virginis	5,7	29.	58	A	320	6 49,9	6 45,2	6 46,4	6 44,3	6 47,9	6 51,8	6 50,4	6 54,3	6 51,4	7 00,4
14 Piscium	6,0	Febr. 8.	9	E	30	19 42,2	19 42,5	19 41,8	19 40,9	19 40,9	19 41,2	19 40,8	19 41,2	19 40,7	19 42,2
SAO 92395	7,0	10.	27	E	45	20 49,4	20 48,1	20 47,7	20 45,8	20 46,8	20 48,3	20 47,3	20 48,8	20 47,2	20 51,1
SAO 92873	7,4	11.	38	E	50	21 23,5	21 21,4	21 21,2	21 19,1	21 20,7	21 22,7	21 21,6	21 23,6	21 21,7	21 26,7
SAO 75806	7,0:	12.	48	E	75	21 11,9	21 08,3	21 08,7	21 06,2	21 09,1	21 12,3	21 10,9	21 14,1	21 11,7	21 18,6
SAO 76998	6,9:	14.	69	E	130	19 43,0	19 36,7	19 37,6	19 33,9	19 39,0	19 45,0	19 43,1	19 49,6	19 46,1	19 58,1
SAO 76990	6,1:	14.	69	E	10	–	–	–	–	–	–	–	–	19 52,8	–
SAO 78196	6,7	16.	80	E	170	0 41,7	0 38,8	0 43,3	0 52,5	0 56,1	0 55,4	–	1 03,1	–	0 54,7
57 Geminorum	5,1	17.	88	E	120	4 16,0	4 15,1	4 17,1	4 20,0	4 21,2	4 21,5	4 23,3	4 23,4	4 25,9	4 21,3
SAO 79864	6,4	17.	92	E	75	19 06,8	19 07,0	19 03,8	18 58,9	18 58,0	18 58,8	18 55,9	18 57,1	18 53,0	19 02,3
χ Virginis	4,8	24.	90	A	10	–	–	–	0 17,7	0 20,0	0 20,1	0 23,8	0 24,3	0 27,4	–
SAO 75671	6,7:	März 11.	24	E	90	22 26,8	22 25,7	22 27,2	22 29,1	22 30,4	22 31,0	22 32,3	22 32,7	22 34,5	–
SAO 76272	6,9	12.	32	E	80	19 16,0	19 12,0	19 12,0	19 08,7	19 11,6	19 15,1	19 13,2	19 16,8	19 13,5	19 22,5
SAO 76286	6,8	12.	32	E	85	19 37,6	19 33,6	19 34,1	19 31,5	19 34,7	19 38,1	19 36,7	19 40,2	19 37,6	19 45,0
SAO 76880	6,8:	13.	45	E	100	22 42,4	22 39,6	22 41,4	22 42,2	22 44,7	22 46,5	22 47,1	22 48,7	22 49,4	22 49,5
136 Tauri	4,5	14.	53	E	160	19 37,3	19 28,9	19 34,9	–	–	–	–	–	–	–
SAO 77837	6,1	14.	55	E	110	23 07,0	23 03,8	23 05,9	23 06,9	23 09,8	23 11,8	23 12,6	23 14,4	23 15,3	23 15,3
39 Geminorum	6,1	15.	65	E	175	23 21,8	23 19,4	23 24,2	–	–	23 36,7	–	–	–	23 34,6
SAO 79805	6,7	17.	75	E	70	0 22,2	0 17,1	0 17,7	0 15,0	0 18,5	0 22,1	0 20,5	0 24,1	0 21,3	0 29,8
SAO 79847	6,9	17.	76	E	90	2 06,1	2 03,7	2 05,5	2 06,6	2 08,7	2 10,2	2 10,9	2 12,2	2 13,0	2 12,6
SAO 80354	6,6:	17.	81	E	100	20 20,0	20 15,5	20 14,4	20 09,1	20 11,8	20 15,8	20 12,6	20 16,7	20 11,7	20 25,2
τ Scorpii	2,9	28.	72	E	110	5 30,0	5 24,5	5 24,9	5 20,7	5 24,4	5 28,9	5 26,1	5 30,7	5 25,9	5 38,9
τ Scorpii	2,9	28.	72	A	265	–	6 42,9	6 43,6	6 40,5	6 44,1	6 48,0	6 46,1	6 50,0	6 46,5	6 56,1
SAO 77295	6,5	April 10.	28	E	80	20 47,1	20 43,6	20 44,7	20 43,8	20 46,5	20 49,0	20 48,6	20 51,0	20 50,0	20 53,8
SAO 79562	6,3	12.	49	E	95	22 52,8	22 49,4	22 51,1	22 51,2	22 54,1	22 56,4	22 56,5	22 58,7	22 58,5	23 00,7
SAO 79580	6,0	12.	50	E	105	23 21,0	23 18,3	23 20,3	23 21,4	23 23,9	23 25,6	23 26,4	23 27,9	23 28,7	23 28,5
SAO 80201	7,0	13.	59	E	115	21 07,9	21 02,7	21 04,1	21 02,3	21 06,3	21 10,2	21 09,1	21 13,0	21 10,9	21 18,2
η Cancri	5,5	13.	60	E	145	23 58,7	23 56,4	23 59,0	24 01,7	24 04,0	24 05,2	24 07,0	24 08,0	24 10,2	24 07,1
SAO 98931	7,0	15.	77	E	135	21 43,0	21 37,9	21 39,4	21 38,1	21 42,0	21 45,8	21 45,0	21 48,7	21 47,0	21 53,8
37 Sextantis	6,3	16.	84	E	185	20 46,7	20 43,0	20 46,0	20 50,1	20 53,6	20 55,1	20 59,2	20 59,9	–	20 58,7
52 Geminorum	6,0	Mai 9.	24	E	180	21 47,4	21 48,0	–	–	–	–	–	–	–	21 56,9
75 Leonis	5,4	14.	71	E	140	21 44,1	21 39,4	21 41,2	21 40,6	21 44,3	21 47,7	21 47,3	21 50,7	21 49,5	21 55,0
76 Leonis	6,0	14.	72	E	155	23 07,2	23 03,3	23 05,6	23 06,6	23 10,0	23 12,6	23 13,2	23 15,8	23 16,2	23 18,0

Sternname	Hell.	Datum	bel.	E/A	Pos.	Berlin	Hamburg	Hannover	Düsseldorf	Frankfurt	Nürnberg	Stuttgart	München	Zürich	Wien
82 Geminorum	$6^{m},2$:	Juni 6.	11%	E	105°	–	–	–	–	$21^{h}08^{m},7$	$21^{h}09^{m},5$	$21^{h}10^{m},8$	$21^{h}11^{m},4$	$21^{h}13^{m},0$	$21^{h}10^{m},4$
SAO 98098	6,8	7.	19	E	130	–	$22^{h}34^{m},5$	$22^{h}36^{m},6$	$22^{h}39^{m},4$	22 40,7	–	–	–	–	–
SAO 158076	6,9	Juli 11.	58	E	155	–	21 54,7	21 56,9	21 56,5	22 00,5	22 04,4	22 04,0	22 07,8	22 06,5	–
SAO 186328	4,7	16.	96	E	55	$22^{h}40^{m},8$	22 36,7	22 35,9	22 30,8	22 33,2	22 36,8	22 33,4	22 37,1	22 31,5	22 44,9
SAO 184602	6,0	Aug. 11.	70	E	155	–	–	–	21 59,5	22 05,4	–	22 09,8	–	22 12,2	–
ε Arietis	4,6:	22.	60	A	210	22 34,5	22 37,9	22 36,0	22 35,5	22 32,7	22 30,3	22 30,1	22 27,7	22 28,1	22 25,3
SAO 164249	6,2	Sept. 13.	91	E	25	–	1 11,9	1 11,1	1 10,2	1 09,6	1 09,7	1 09,0	1 09,4	1 08,3	–
38 Aquarii	5,4	14.	97	E	90	1 22,2	1 18,0	1 18,7	1 16,2	1 19,3	1 23,0	1 21,3	1 25,4	1 21,9	1 32,1
μ Arietis	5,7	18.	83	A	180	22 50,6	22 56,0	22 52,9	22 51,6	22 47,4	22 43,0	22 42,9	22 36,9	22 48,5	–
Electra	3,7	19.	73	A	180	–	23 31,2	23 27,4	23 26,9	23 20,4	–	–	–	–	–
Celaeno	5,5	19.	73	A	225	23 50,2	23 52,0	23 49,6	23 47,1	23 45,1	23 43,8	23 42,4	23 41,1	23 39,5	23 41,3
Taygeta	4,3	19.	73	A	255	24 08,5	24 08,6	24 06,7	24 03,4	24 02,6	24 02,6	24 00,7	24 00,7	23 58,1	24 03,1
Maia	3,9	20.	73	A	220	0 17,2	0 18,7	0 16,3	0 13,4	0 11,5	0 10,4	0 08,7	0 07,6	0 05,7	0 08,2
Asterope	5,8	20.	73	A	260	0 28,2	0 27,7	0 25,9	0 22,3	0 21,8	0 22,4	0 20,2	0 20,7	0 17,6	0 23,9
22 Tauri	6,4	20.	73	A	250	0 31,3	0 31,1	0 29,2	0 25,6	0 24,9	0 25,2	0 23,1	0 23,3	0 20,4	0 26,2
SAO 77837	6,1	22.	49	A	335	4 42,2	–	–	4 35,7	4 45,0	4 51,7	4 49,8	4 55,7	4 51,4	–
39 Geminorum	6,1	23.	39	A	335	3 35,5	–	3 28,8	3 27,2	3 33,4	3 38,2	3 36,2	3 40,3	3 36,5	3 47,3
40 Geminorum	6,3	23.	39	A	290	4 17,8	4 14,3	4 13,7	4 09,9	4 11,5	4 14,0	4 11,3	4 13,8	4 09,5	4 20,1
7 Leonis	6,2:	26.	13	A	315	3 43,5	3 42,5	3 42,4	3 41,6	3 41,8	3 42,3	3 41,6	3 41,9	3 41,0	3 43,5
44 Leonis	5,9	27.	7	A	340	5 37,1	5 33,6	5 35,6	5 35,9	5 37,8	5 39,6	5 39,1	5 40,7	5 39,6	–
44 Capricorni	6,0	Okt. 10.	79	E	55	23 35,9	23 34,2	23 34,2	23 32,6	23 33,9	23 35,6	23 34,5	23 36,4	23 34,3	23 39,7
SAO 146216	6,4:	12.	88	E	75	0 53,6	0 50,8	0 51,3	0 49,9	0 52,1	0 54,6	0 53,6	0 56,3	0 54,3	1 00,2
χ Tauri	5,5:	17.	87	A	195	22 45,9	22 50,2	22 47,0	22 44,8	22 40,9	22 37,2	22 36,3	22 31,4	22 32,0	–
SAO 98517	6,5	23.	35	A	230	2 19,0	2 22,1	2 18,5	2 14,9	2 10,4	2 06,2	2 02,9	–	–	–
SAO 164249	6,2	Nov. 6.	51	E	60	18 03,9	18 00,8	17 59,7	17 55,0	17 56,5	17 59,4	17 56,2	17 59,2	17 54,1	18 06,4
37 Aquarii	7,0	7.	64	E	0	–	–	–	–	–	21 23,6	21 23,1	21 20,2	21 19,7	21 19,9
SAO 164922	7,4	7.	64	E	110	21 42,6	21 36,7	21 37,9	21 34,9	21 39,3	21 44,6	21 42,4	21 48,6	21 43,9	21 59,8
SAO 146451	6,2	8.	73	E	35	20 52,6	20 51,5	20 50,1	20 46,8	20 46,9	20 48,3	20 46,0	20 47,7	20 44,0	20 52,6
Alcyone	3,0	13.	99	E	120	20 04,8	20 03,8	20 02,3	19 59,2	19 59,2	20 00,5	19 58,4	20 00,1	19 56,7	20 06,4
Alcyone	3,0	13.	99	A	200	20 47,5	20 50,2	20 47,4	20 44,8	20 42,1	20 40,0	20 38,6	20 36,2	20 35,1	20 34,1
μ^2 Cancri	5,4	17.	73	A	275	23 50,6	23 50,4	23 48,9	23 46,3	23 45,6	23 45,7	23 44,0	23 44,0	23 41,7	23 46,3
SAO 80112	5,9	18.	70	A	330	6 38,5	6 34,4	6 37,3	6 38,4	6 42,2	6 45,3	6 45,7	6 48,8	6 48,4	–
SAO 187835	5,9	Dez. 1.	10	E	85	17 09,8	17 05,4	17 06,2	17 03,7	17 06,9	17 10,5	17 08,8	17 12,5	17 09,2	17 18,5
67 Aquarii	6,3	5.	47	E	90	19 08,2	19 03,5	19 03,3	18 59,1	19 02,1	19 06,4	19 03,4	19 08,0	19 02,7	19 17,2
12 Piscium	7,1	6.	57	E	50	16 58,9	16 57,8	16 55,8	16 51,4	16 51,4	16 52,6	–	–	–	16 56,6
26 Arietis	6,1	10.	90	E	15	3 50,8	–	3 45,6	3 41,3	3 41,5	3 42,3	3 40,8	3 41,7	3 39,9	3 44,1
1 Scorpii	4,8	25.	8	A	340	–	–	–	–	–	6 41,7	–	6 42,4	–	6 42,4
42 Capricorni	5,3	31.	13	E	130	–	19 17,0	19 20,5	19 20,2	19 29,4	–	–	–	–	–

bel. = beleuchteter Teil der Mondscheibe E/A = Eintritt/Austritt Pos. = Positionswinkel des Sterns, gezählt vom Nordrand gegen Uhrzeiger
Ein Doppelpunkt hinter der Helligkeit weist auf einen Doppelstern hin.

Tabellenteil

Präzession von 1950.0 auf 2000.0

Präzession in Rektaszension

Rekt.	6^h	7^h	8^h	9^h	10^h	11^h	12^h	13^h	14^h	15^h	16^h	17^h	18^h
Dekl.	6^h	5^h	4^h	3^h	2^h	1^h	0^h	23^h	22^h	21^h	20^h	19^h	18^h
+80°	8^m,9	8^m,7	8^m,0	7^m,0	5^m,7	4^m,2	2^m,6	0^m,9	−0^m,6	−1^m,9	−2^m,9	−3^m,5	−3^m,7
+70°	5,6	5,5	5,2	4,7	4,1	3,4	2,6	1,8	1,0	0,4	−0,1	−0,4	−0,5
+60°	4,5	4,4	4,2	3,9	3,5	3,1	2,6	2,1	1,6	1,2	0,9	0,7	0,6
+50°	3,9	3,8	3,7	3,5	3,2	2,9	2,6	2,2	1,9	1,6	1,4	1,3	1,2
+40°	3,5	3,5	3,4	3,2	3,0	2,8	2,6	2,3	2,1	1,9	1,8	1,7	1,6
+30°	3,2	3,2	3,1	3,0	2,9	2,7	2,6	2,4	2,2	2,1	2,0	1,9	1,9
+20°	3,0	3,0	2,9	2,8	2,8	2,7	2,6	2,5	2,4	2,3	2,2	2,2	2,2
+10°	2,8	2,8	2,7	2,7	2,7	2,6	2,6	2,5	2,5	2,4	2,4	2,4	2,4
0°	2,6	2,6	2,6	2,6	2,6	2,6	2,6	2,6	2,6	2,6	2,6	2,6	2,6
−10°	2,4	2,4	2,4	2,4	2,5	2,5	2,6	2,6	2,7	2,7	2,7	2,8	2,8
−20°	2,2	2,2	2,2	2,3	2,4	2,5	2,6	2,7	2,8	2,8	2,9	3,0	3,0
−30°	1,9	1,9	2,0	2,1	2,2	2,4	2,6	2,7	2,9	3,0	3,1	3,2	3,2

Präzession in Deklination (nur abhängig von der Rektaszension)

0^h	1^h	2^h	3^h	4^h	5^h	6^h	7^h	8^h	9^h	10^h	11^h	12^h
24^h	23^h	22^h	21^h	20^h	19^h	18^h	17^h	16^h	15^h	14^h	13^h	12^h
17'	16'	14'	12'	8'	4'	0'	−4'	−8'	−12'	−14'	−16'	−17'
0°,28	0°,27	0°,24	0°,20	0°,14	0°,07	0°	−0°,07	−0°,14	−0°,20	−0°,24	−0°,27	−0°,28

Beispiel für Regulus: Die Koordinaten im Äquinoktium 1950.0 lauten 10^{h}05^m,7 und +12°,21. Aus obiger Tabelle lesen wir unter 10^h (Zeile +10°) ab: + 2^m,7 und −0°,24. Also lauten die Koordinaten 2000.0: 10^{h}08^m,4. +11°,97.

Präzession in Zahlen

Jährliche allgemeine Präzession
in ekliptikaler Länge: 50",27
davon:
Lunisolarpräzession: 50",37
Planetare Präzession: −0",12
Geodätische (relativistische) Präzession: 0",02

Mittlere Präzessionsperiode
(Platonisches Jahr): 25780 Jahre

Schiefe der Ekliptik (J 2000,0): ε = 23°26'21",4
Extremwerte (21°55'/24°18')

Nutationskonstanten: $\Delta\varepsilon$ = +9",20/$\Delta\lambda$ = −17",20
$\Delta\varepsilon$: Differenz zwischen wahrer und mittlerer Ekliptikschiefe
$\Delta\lambda$: ekliptikale Längendifferenz wahrer minus mittlerer Frühlingspunkt
Geometrische Abplattung der Erde: 1:298
Dynamische Abplattung der Erde
(aus Präzession abgeleitet): 1:305

Standardepochen („Äquinoktien"):
J 1900,0 = 1900 Januar 0, 12^h E.T. = JD 2415020,0
J 2000,0 = 2000 Januar 1, 12^h T.D. = JD 2451545,0

J 2000,0 − J 1900,0 = 1 Julianisches Jahrhundert = 36525 Tage

J 1950,0 = 1950 Januar 1, 0^h E.T. = JD 2433282,5

B 1900,0 = JD 2415020,31
B 1950,0 = JD 2433282,42
B 2000,0 = JD 2451544,53

Anmerkung: Da 1900 kein Schaltjahr war, so ist der Julianische Jahresbeginn für J 2000,0 auf den 1. Januar 2000 festgelegt, damit die Zeitdifferenz zwischen beiden Äquinoktien ein volles Julianisches Jahrhundert beträgt. Nähere Erläuterungen siehe HIMMELSJAHR 19**88**, Seite. 41ff.

Abb. 136: Bahnlage der helleren Saturnmonde Titan, Rhea und Japetus 1989.

Geographische Koordinaten größerer Städte mit Zeitkorrektur in Minuten

Stadt	östl. Länge	nördl. Breite	Zeitkorrektur gegen 10° östl. Länge
Aachen	6°,1	50°,8	+16^m
Augsburg	10,9	48,4	− 4
Baden-Baden	8,2	48,8	+ 7
Basel	7,6	47,6	+ 9
Berlin	13,4	52,5	−14
Bern	7,4	46,9	+10
Bielefeld	8,5	52,0	+ 6
Bochum	7,2	51,5	+11
Bonn	7,1	50,7	+12
Bozen	11,3	46,5	− 5
Braunschweig	10,5	52,3	− 2
Bregenz	9,8	47,5	+ 1
Bremen	8,8	53,1	+ 5
Coburg	11,0	50,3	− 4
Darmstadt	8,7	49,9	+ 5
Dortmund	7,5	51,5	+10
Dresden	13,7	51,1	−15
Düsseldorf	6,8	51,2	+13
Duisburg	6,8	51,4	+13
Eisenach	10,3	51,0	− 1
Emden	7,2	53,4	+11
Erfurt	11,0	51,0	− 4
Essen	7,0	51,5	+12
Frankfurt (Main)	8,7	50,1	+ 5
Frankfurt (Oder)	14,6	52,3	−18
Freiburg (Breisgau)	7,9	48,0	+ 9
Genf	6,2	46,2	+15
Görlitz	15,0	51,2	−20
Graz	15,5	47,1	−22
Halle	12,0	51,5	− 8
Hamburg	10,0	53,6	0
Hannover	9,7	52,4	+ 1
Heidelberg	8,7	49,4	+ 5
Heilbronn	9,2	49,1	+ 3
Innsbruck	11,4	47,3	− 6
Kaiserslautern	7,8	49,4	+ 9
Karl-Marx-Stadt	12,9	50,8	−12
Karlsruhe	8,4°	49°,0	+ 6^m
Kassel	9,5	51,3	+ 2
Kiel	10,1	54,3	− 1
Klagenfurt	14,3	46,6	−17
Koblenz	7,6	50,4	+10
Köln	7,0	50,9	+12
Konstanz	9,2	47,7	+ 3
Krefeld	6,6	51,3	+14
Leipzig	12,4	51,3	−10
Linz (Donau)	14,3	48,3	−17
Ludwigshafen (Rh.)	8,4	49,5	+ 6
Lübeck	10,7	53,9	− 3
Magdeburg	11,6	52,1	− 7
Mainz	8,3	50,0	+ 7
Mannheim	8,5	49,5	+ 6
Mönchen-Gladbach	6,4	51,2	+14
München	11,6	48,1	− 6
Münster	7,6	52,0	+10
Nürnberg	11,1	49,5	− 4
Osnabrück	8,0	52,3	+ 8
Potsdam	13,1	52,4	−12
Regensburg	12,1	49,0	− 8
Reutlingen	9,2	48,5	+ 3
Saarbrücken	7,0	49,2	+12
Salzburg	13,1	47,8	−12
Stralsund	13,1	54,3	−12
Stuttgart	9,2	48,8	+ 3
Trier	6,6	49,8	+13
Tübingen	9,1	48,5	+ 4
Ulm	10,0	48,4	0
Wien	16,4	48,2	−25
Wiesbaden	8,2	50,1	+ 7
Wilhelmshaven	8,1	53,5	+ 8
Worms	8,4	49,6	+ 7
Würzburg	9,9	49,8	0
Wuppertal	7,1	51,3	+11
Zürich	8,6	47,4	+ 6

Erläuterungen siehe Seite 21

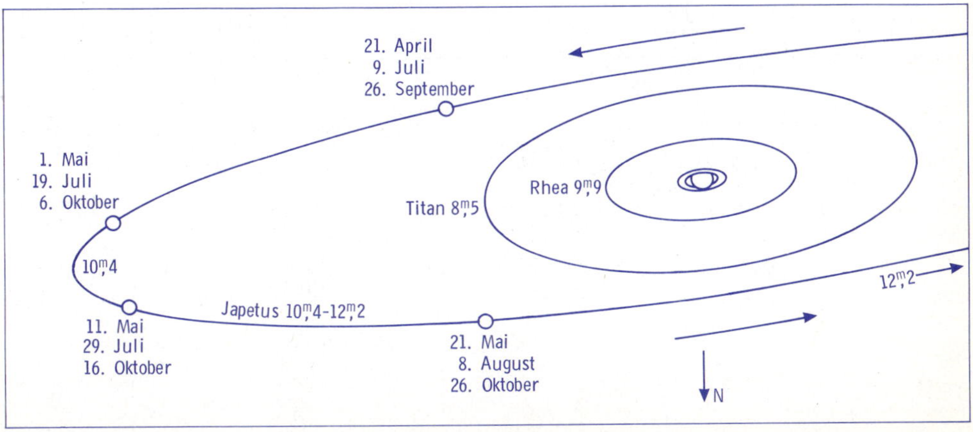

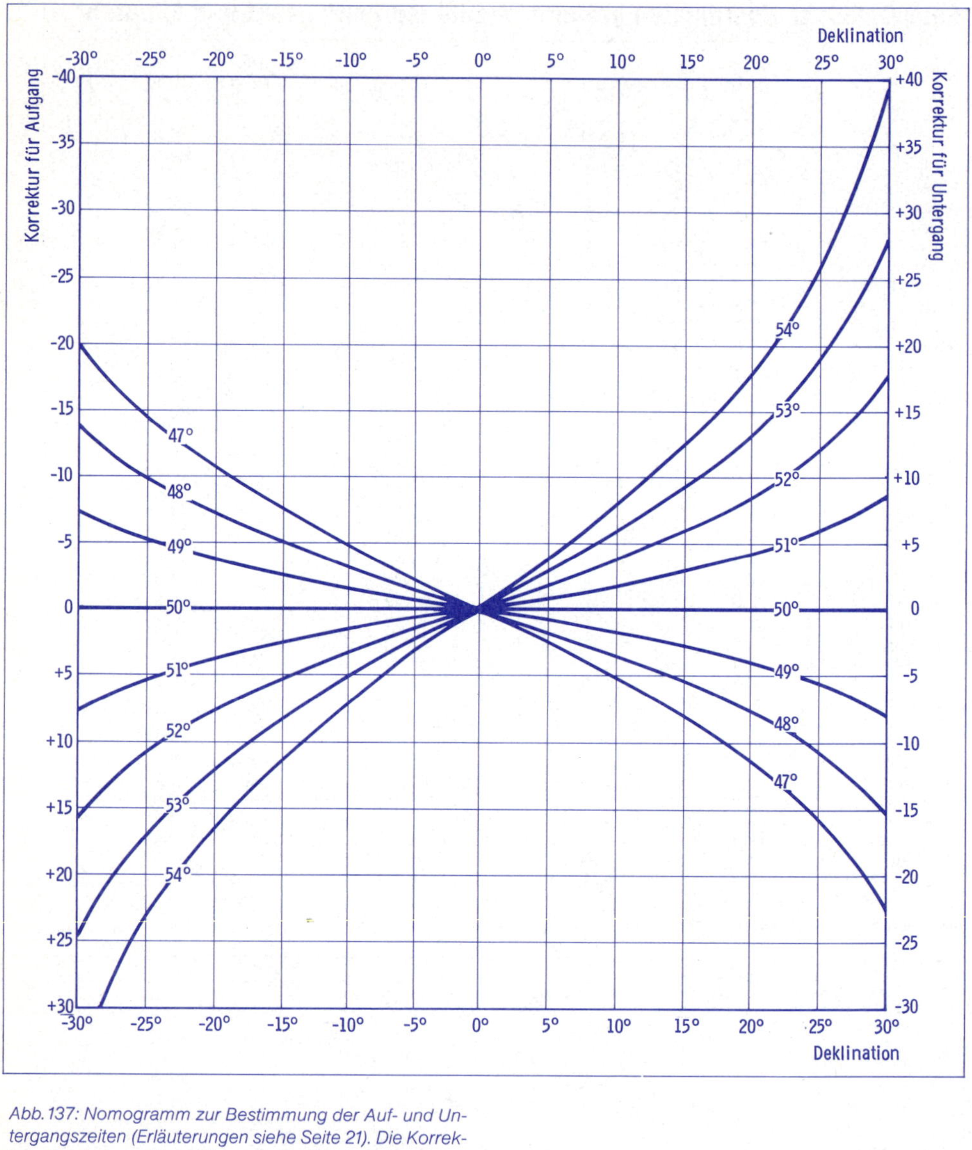

Abb. 137: Nomogramm zur Bestimmung der Auf- und Untergangszeiten (Erläuterungen siehe Seite 21). Die Korrekturen für Auf- und Untergänge sind in Minuten angegeben (senkrechte Achse).

Aus der Sagenwelt der Sternbilder

Sternbild	Jahrgang	Seite	Sternbild	Jahrgang	Seite
Adler (Aquila)	1985	106	Leier (Lyra)	1987	117
Andromeda (Andromeda)	1989	169	Löwe (Leo)	1983	46
Bootes (Bootes)	1982	67	Nördliche Krone (Corona Borealis)	1986	85
Drache (Draco)	1989	132	Pegasus (Pegasus)	1988	116
Einhorn (Monoceros)	1984	50	Perseus (Perseus)	1982	112
Eridanus (Eridanus)	1988	148	Schwan (Cygnus)	1983	99
Fische (Pisces)	1983	126	Schütze (Sagittarius)	1989	98
Fuhrmann (Auriga)	1984	134	Skorpion (Scorpius)	1988	82
Großer Bär (Ursa Maior)	1986	53	Steinbock (Capricornus)	1982	88
Großer Hund (Canis Maior)	1988	51	Stier (Taurus)	1986	146
Herkules (Hercules)	1983	72	Waage (Libra)	1984	79
Jagdhunde (Canes Venatici)	1987	85	Walfisch (Cetus)	1987	149
Jungfrau (Virgo)	1985	78	Wassermann (Aquarius)	1986	116
Kepheus (Cepheus)	1984	107	Wasserschlange (Hydra)	1989	62
Kleiner Hund (Canis Minor)	1987	50	Widder (Aries)	1985	134
Krebs (Cancer)	1982	45	Zwillinge (Gemini)	1985	48

Monatsthemen 1982 – 1989

Astronomische Vereine, Planetarien und Sternwarten mit öffentlichen Führungen

Bei den mit * versehenen Einrichtungen handelt es sich um professionelle astronomische Institute mit hauptberuflichem Personal. Die übrigen Anschriften beziehen sich auf private Vereinigungen und Organisationen, wobei die angegebene Adresse häufig die Wohnanschrift eines Vorstandsmitgliedes ist. Mit kurzfristigen Adressenänderungen ist daher zu rechnen.

Aachen
Volkssternwarte
Am Hangeweiher,
5100 Aachen

Aalen
Schul- und Volkssternwarte
Rombacherstraße 30,
7080 Aalen

Albstadt
Astronomische Vereinigung Albstadt e.V.
Hartmannstraße 140,
7470 Albstadt 1 (Ebingen)

Augsburg
Astronomische Vereinigung
Volkssternwarte/Planetarium
8901 Diedorf bei Augsburg

Bad Driburg
Sternwarte der F.-W.-Weber-Realschule, Elsterweg 13,
3490 Bad Driburg

Bad Nauheim
Volkssternwarte
Kurverwaltung Staatsbad,
6350 Bad Nauheim

Bad Salzuflen
Schulsternwarte im Zentrum
Lohfeld, Wasserfuhr 25 e,
4902 Bad Salzuflen 1

Basel
Astronomischer Verein
Venusstraße 7,
CH-4102 Binningen

Bautzen
Sternwarte Johannes Franz
Czornebohstraße 82,
DDR-8600 Bautzen

Berlin
*Archenhold-Sternwarte
Alt-Treptow 1,
DDR-1193 Berlin-Treptow

*Wilhelm-Foerster-Sternwarte
und Planetarium
Munsterdamm 90,
1000 Berlin 41

*ZEISS-Großplanetarium
Prenzlauer Allee 80,
DDR-1055 Berlin

Bernkastel-Kues
Privatsternwarte
Cusanusstraße 35,
5550 Bernkastel-Kues

Blaibach
Amateurastronomische Vereinigung Hohebogenwinkel-Regental, Pechlergasse 36,
8491 Blaibach

Bochum
*Planetarium und Sternwarte
Castroper Straße 67,
4630 Bochum 1

Bonn
Volkssternwarte Bonn e.V.
Poppelsdorfer Allee 47,
5300 Bonn 1

Braunschweig
Sternfreunde Braunschweig-Hondelage e.V., Ackerweg 1B,
3300 Braunschweig

Bremen
*Planetarium und Sternwarte
der OLBERS-Gesellschaft
Hochschule für Nautik,
Werderstraße 73,
2800 Bremen

Bülach
Schul- und Volkssternwarte
Bülach
Rotzibüch bei Eschenmosen
CH-8180 Bülach

Carona
Feriensternwarte CALINA
Osservatorio Calina,
CH-6914 Carona

Cottbus
Raumflugplanetarium Juri Gagarin
Heinrich-Mosler-Straße 39,
DDR-7500 Cottbus

Cuxhaven
Feriensternwarte
Haydnstraße 16,
2190 Cuxhaven

Darmstadt
Volkssternwarte e.V.
Helfmannstraße 26,
6100 Darmstadt

Drebach
Jugend- und Feriensternwarte
DDR-9362 Drebach (Erzgebirge)

Düsseldorf
Astronomische Vereinigung
Steinkaul 4,
4000 Düsseldorf 13

Duisburg
Rudolf-Römer-Sternwarte
Schwarzenberger Straße 147,
4100 Duisburg 14

Eilenburg
Volks- und Schulsternwarte
Am Mansberg,
DDR-7280 Eilenburg

Eisenstadt
Burgenländische Landessternwarte, Dr.-Karl-Renner-Straße 1,
A-7000 Eisenstadt

Ennepetal
Volkssternwarte
Am Hinnenberg 80,
5828 Ennepetal 14

Erfurt
Volkssternwarte
DDR-5000 Erfurt

Erkrath
Sternwarte Neanderhöhe
Hochdahl, Stellarium
Hildener Straße 17,
4006 Erkrath 2

Essen
Walter-Hohmann-Sternwarte
Wallneyer Straße 159,
4300 Essen 1

Frankfurt/Main
Volkssternwarte des Phys. Vereins Frankfurt
Robert-Mayer-Straße 2–4,
6000 Frankfurt 1

Freiburg
*Richard-Fehrenbach-Planetarium in der Gewerbeschule II
Friedrichstraße 51,
7800 Freiburg i. Breisgau

Sternfreunde Breisgau e.V.
Talstraße 27,
7809 Gutach-Siegelau

Volkssternwarte Freiburg
Staudinger Straße 10,
7800 Freiburg/Br.

Fürstenfeldbruck
AG Astronomie in der VHS
Schöngeisingerstraße 6/II,
8080 Fürstenfeldbruck

Fulda
Hans-Nüchter-Sternwarte
Domänenweg 2,
6400 Fulda

Gescher
Sternwarte
Holtwickerstraße 8,
4420 Coesfeld

Geseke
Amateur-Astronomische Arbeitsgemeinschaft
Erwitter Straße 16a,
4787 Geseke

Glücksburg
Planetarium und Sternwarte
Fördestraße 35,
2392 Glücksburg

Gmunden
Eisner-Sternwarte
Kalvarienberg,
A-4810 Gmunden

Hagen
Volkssternwarte
Eugen-Richter-Turm,
5800 Hagen

Halle
*Raumflugplanetarium
Peißnitz
DDR-4020 Halle

Hamburg
*Planetarium
Hindenburgstraße Ö1,
2000 Hamburg 60

Hamm
Astronomische Arbeitsgemeinschaft
Gustav-Heinemann-Straße 1,
4700 Hamm 1

Hannover
Planetarium der Bismarckschule
An der Bismarckschule 5,
3000 Hannover
Volkssternwarte
Am Lindener Berg 27,
3000 Hannover 91

Heidelberg
*Landessternwarte,
Königstuhl,
6900 Heidelberg 1

Heilbronn
Robert-Mayer-Sternwarte
Bismarckstraße 10,
7100 Heilbronn

Heppenheim
Starkenburg Sternwarte
Kl. Bach 3,
6148 Heppenheim

Herford
Sternwarte Friedrichsgymnasium, Werrestraße 9,
4900 Herford

Herzberg
Schulsternwarte
Am Wasserturm,
DDR-7930 Herzberg

Heuberg-Baar
Astronomische Vereinigung
Heuberg-Baar e.V.
Eisenbahnstraße 53,
7208 Spaichingen

Hof
Volkssternwarte Hof
Egerländerweg 25,
8670 Hof

Hoyerswerda
Schulsternwarte Oberschule X
Geschwister-Scholl-Straße 23,
DDR-7700 Hoyerswerda

Ingolstadt
Volkssternwarte
Schulzentrum Südwest
Maximilianstraße,
8070 Ingolstadt

Jena
*Planetarium
Am Planetarium 5,
DDR-6900 Jena
Urania-Volkssternwarte
Schillergäßchen 2a,
DDR-6900 Jena

Kaiserslautern
Stud. AG Astronomie e.V.
Universität Kaiserslautern
Erwin-Schrödinger-Straße, Bau 46,
6750 Kaiserslautern

Karlsruhe
Sternwarte des Max-Planck-Gymnasiums
Krokusweg,
7500 Karlsruhe-Rüppurr

Kiel
*Planetarium
Knooper Weg 62,
2300 Kiel 1

Klagenfurt
*Raumflugplanetarium
Villacher Straße 239,
A-9020 Klagenfurt
Sternwarte Kreuzbergl

Köln
Volkssternwarte
Nikolausstraße 55,
5000 Köln

Planetarium
Blücherstraße 17,
5000 Köln 60

Kreuzlingen
Sternwarte Kreuzlingen
Breitenreinstraße 21,
CH-8280 Kreuzlingen

Kufstein
Astro-Club Planetarium
Schützenstraße 16,
A-6332 Kufstein

Langwedel
Volkssternwarte
Moorstraße 10,
2815 Langwedel

Laupheim
Volkssternwarte e.V.
Carl-Lämmle-Weg 2,
7958 Laupheim

Lemgo
Sternwarte Lemgo der FH Lippe
Liebigstraße 87,
4920 Lemgo

Linz
Volkssternwarte
Sternwarteweg 5,
A-4020 Linz

Lübeck
Sternwarte
Am Ährenfeld,
2400 Lübeck

Luxemburg
Amateurs-Astronomes
du Luxembourg
16 B, rue Emile Mayrisch,
L-3522 Dudelange

Luzern
*Planetarium im Verkehrshaus
der Schweiz, Lidostraße 5,
CH-6000 Luzern

Magdeburg
Astron. Zentrum
Oberschule Nordpark,
DDR-3000 Magdeburg

Mainz
Volkssternwarte
Karmeliterplatz 1,
6500 Mainz 1

Mannheim
*Planetarium
W.-Varnholt-Platz 1,
6800 Mannheim 1

Mönchengladbach
Astronomischer Arbeitskreis
Bökelstraße 138,
4050 Mönchengladbach 1

München
*Planetarium und Bayerische
Volkssternwarte
Anzinger Straße 1,
8000 München 80

*Planetarium im Deutschen
Museum, Museumsinsel 1,
8000 München 26

Münster
*Planetarium im Naturkunde-
museum, Sentruper Straße 285,
4400 Münster

Neumarkt
Bayerische Volkssternwarte
Altenhofweg 33,
8430 Neumarkt

Nordenham
Planetarium
Bahnhofstraße 52,
2890 Nordenham

Norderstedt
Volkssternwarte Norderstedt e.V.
Alsterstieg 11,
2000 Norderstedt

Nürnberg
*Planetarium, Am Plärrer 41,
8500 Nürnberg

*Sternwarte
Regiomontanusweg 1
8500 Nürnberg

Osnabrück
*Naturwissenschaftliches
Museum/Planetarium
Am Schölerberg 8,
4500 Osnabrück

Ottobeuren
Allgäuer Volkssternwarte
Bergstraße 37,
8942 Ottobeuren

Papenburg
Astronomischer Verein
Wilhelm-Leuschner-Straße 48,
2990 Papenburg

Paderborn
Volkssternwarte
Im Schloßpark,
4790 Paderborn

Passau
Volkssternwarte
Veste Oberhaus,
8390 Passau

Pforzheim
Astronom. Arbeitskreis
Im Blumengarten 5,
7530 Pforzheim

Potsdam
Planetarium – Beobachtungs-
station, Neuer Garten 6,
DDR-1500 Potsdam

Radebeul
Volkssternwarte
Adolph Diesterweg
Auf den Ebenbergen,
DDR-8122 Radebeul

Ravenstein
Sternwarte
Goethestraße 16,
6963 Ravenstein

Recklinghausen
*Westf. Volkssternwarte
und Planetarium
Stadtgarten Cäcilienhöhe,
4350 Recklinghausen

Regensburg
Volkssternwarte
Ägidienplatz 2,
8400 Regensburg

Remscheid
Volkssternwarte
Diederichstraße 10,
5630 Remscheid

Reutlingen
Planetarium und Sternwarte
Karlstraße 40,
7410 Reutlingen

Rodewisch
Schulsternwarte
Rützengrüner Straße 41 a,
DDR-9706 Rodewisch (Vogtland)

Rostock
Astronomische Station
Nelkenweg,
DDR-2500 Rostock

Rüsselsheim
Rüsselsheimer Sternfreunde e.V.
Am Brongraben 40,
6096 Rüsselsheim

Schkeuditz
Astronomisches Zentrum
An der Bergbreite,
DDR-7144 Schkeuditz

Schneeberg
Pionier- und Volks-
sternwarte
DDR-9412 Schneeberg

Schwerin
Schulsternwarte und Planetarium
Weinbergstraße 17,
DDR-2700 Schwerin

Seewalchen
Astronom. AK. Salzkammergut
Sachsenstraße 2,
A-4863 Seewalchen

Sohland
Volks- und Schulsternwarte
DDR-8608 Sohland (Oberlausitz)

Singen
Volkssternwarte
Rielasingerstraße 23,
7700 Singen

Soest
Volkssternwarte
Steinkuhlenweg 6,
4770 Soest

Solingen
Sternwarte
Sternstraße 5,
5650 Solingen 19

Solothurn
Sternwarte der Kantonsschule
CH-4500 Solothurn

Spandau
Bruno-H.-Bürgel-Sternwarte
Beerwaldstraße 12 A,
1000 Berlin 61

Steißlingen
Sternwarte
Silcherstraße 1,
7705 Steißlingen

Stuttgart
*Planetarium
Neckarstraße 47,
7000 Stuttgart 1

Schwäbische Sternwarte
Zur Uhlandshöhe 41,
7000 Stuttgart 1

Sternwarte der Universität
Institut für Plasmaforschung
Pfaffenwaldring 31,
7000 Stuttgart 80

Suhl
Volks- und Schulsternwarte
Auf dem Hoheloh,
DDR-6000 Suhl

Tübingen
*Astronomisches Institut
der Universität
Waldhäuser Straße 64,
7400 Tübingen

Violau
Sternwarte
Bruder-Klaus-Heim,
8900 Violau 84 über Augsburg

Wertheim
Johann-Kern-Sternwarte e.V.
Mittlere Flur 20,
6980 Wertheim

Wetzlar
Sternwarte Burgsolms
Lindenstraße 1,
6336 Solms

Wien
Kuffner-Sternwarte
Johann-Staud-Straße 10,
A-1160 Wien

*Planetarium
Oswald-Thomas-Platz 1,
A-1020 Wien

*Universitäts-Sternwarte
Türkenschanzstraße 17,
A-1180 Wien

*URANIA-Sternwarte
Uraniastraße 1,
A-1010 Wien

Astronomischer Jugendclub
Richard-Wagner-Platz 2/7,
A-1160 Wien

Wiesbaden
Sternwarte
Auf dem Oberstufengymnasium
am Moltkering,
6200 Wiesbaden

Winterthur
Sternwarte Eschenberg
der AG Winterthur
Breitenstraße 2,
CH-8542 Wiesendangen

Wolfach
Astron. Beobachtungsstation
Schmelzegrün 27,
7620 Wolfach

Wolfsburg
*Planetarium
Uhlandweg 2,
3180 Wolfsburg

Würzburg
*Sternwarte der Universität
Johannes-Kepler-Straße,
8700 Würzburg

Wuppertal
Bergische Volkssternwarte e.V.
Mainzer Straße 10,
5600 Wuppertal 1

Zürich
URANIA-Sternwarte
Uraniastraße 9,
CH-8000 Zürich

Tabellenteil

Überregionale astronomische Vereinigungen

Berliner Arbeitsgemeinschaft für Veränderliche Sterne e.V. (BAV), Munsterdamm 90, 1000 Berlin 41

Österreichischer Astronomischer Verein, Seegasse 8, A-1090 Wien

Schweizerische Astronomische Gesellschaft (SAG)
Zentralsekretariat:
Hirtenhofstraße 9,
CH-6005 Luzern

Vereinigung der Sternfreunde e.V. (VdS), Anzingerstraße 1 (Volkssternwarte), 8000 München 80

Das Verzeichnis erhebt keinen Anspruch auf Vollständigkeit. Weitere Vereinigungen nimmt der Herausgeber gerne auf. Entsprechende Hinweise sende man bitte an: PLANETARIUM STUTTGART, Neckarstraße 47, 7000 Stuttgart 1

Verzeichnis wichtiger Abbildungen und Tabellen

kosmos

Führer durch die Sternenwelt!

Volker Kasten

Faszinierende Astronomie

In zehn unterhaltsam geschriebenen Kapiteln kann sich der Leser auf einen Streifzug durch das Sonnensystem begeben. Er lernt dabei die neuesten Ergebnisse der Planeten- und Halleysonden kennen. Er erfährt von Sternen und Nebeln der Milchstraße und kann den phantastischen Vorstoß fast bis an den „Rand des Weltalls" miterleben, der den Astronomen in unserem Jahrhundert gelang.
264 Seiten, 88 Abbildungen, gebunden
ISBN 3-440-05893-X

Irene Naumczyk

Himmelsspaziergang

Mit der Tonkassette im Walkman oder einem tragbaren Kassettenrekorder kann jeder „hören, wo die Sterne stehen". Ausgehend von bekannten Sternbildern werden für Frühjahr, Sommer, Herbst und Winter die Sternbilder erklärt. Mit der Mini-Sternkarte lassen sich die Planetenstände einstellen, ablesen und in die Himmelsbeobachtung miteinbeziehen. Orientierungshilfen am Nachthimmel und die Handhabung der Mini-Sternkarte werden im Textheft beschrieben.
Tonkassette, Drehbare Kosmos Mini-Sternkarte und Textheft: komplett in Faltschachtel
ISBN 3–440-05869-7

Ian Ridpath/Wil Tirion

Der große Kosmos-Himmelsführer

Der nördliche und südliche Sternenhimmel in 142 ganzseitigen Sternkarten mit 88 nach Monaten geordneten Sternbildern und ausführlicher Beschreibung. Die neuesten Forschungsergebnisse von Sternen, Planeten und deren Monden werden prägnant präsentiert. Tips und Informationen über astronomische Instrumente sowie Anleitungen zum Fotografieren des Nachthimmels finden sich im Anhang.
383 Seiten, 280 Abbildungen, kartoniert in Klarsichthülle
ISBN 3-440-05787-8

Kosmos-Verlag · Stuttgart